本书系第二批"云岭学者"培养项目"中国西南边疆发展环境监测及综合治理研究"（项目编号：201512018）阶段性科研成果、云南大学服务云南行动计划"生态文明建设的云南模式研究"项目（项目编号：KS161005）阶段性科研成果、2016年云南省马克思主义理论研究和建设工程及哲学社会科学重大项目（第二批）"云南争当生态文明建设排头兵实践经验研究"（项目编号：K6050439）阶段性科研成果。

云南省生态文明排头兵建设事件编年

（第二辑）

周琼　杜香玉 / 编著

科学出版社

北 京

内 容 简 介

　　本书按照历史发展进程对云南生态文明建设进行分类、整理、考证，将云南生态文明建设分为理论篇、政策篇、实践篇、路径篇、区域特色篇，主要包含 2016—2017 年的生态规划、生态文明体制改革、生态监测、生态治理与修复、生态文明宣传与教育、生态文明交流与合作、生态经济、生态法治、生态科技、生态安全、生态屏障、生态红线等方面的内容。

　　本书可供历史学、地理学、生态学等相关专业的师生阅读和参考。

图书在版编目（CIP）数据

云南省生态文明排头兵建设事件编年. 第二辑 / 周琼，杜香玉编著. —北京：科学出版社，2017.12
　（生态文明建设的云南模式研究丛书 / 杨林主编）
　ISBN 978-7-03-055685-1

　Ⅰ. ①云⋯　Ⅱ. ①周⋯　②杜⋯　Ⅲ. ①生态环境建设–概况–云南
Ⅳ. ①X321.274

　中国版本图书馆 CIP 数据核字（2017）第 292790 号

责任编辑：任晓刚 / 责任校对：韩　杨

责任印制：张　伟 / 封面设计：楠竹文化

科 学 出 版 社 出版
北京东黄城根北街 16 号
邮政编码：100717
http://www.sciencep.com

北京教图印刷有限公司 印刷

科学出版社发行　各地新华书店经销

*

2017 年 12 月第 一 版　　开本：787×1092　1/16
2017 年 12 月第一次印刷　　印张：27 1/2
字数：520 000

定价：159.00 元
（如有印装质量问题，我社负责调换）

丛书总序

生态文明是人类社会继原始文明、农业文明、工业文明后的新型文明形态，属于人类文明发展的新阶段，是一种超越工业文明的绿色文明。在党的"十七大"报告中，中央第一次明确提出"建设生态文明"的历史任务，把"生态文明"这个当时还是新概念的词语写入党代会的政治报告中。具体来说，其指出中国建设生态文明的基本目标是："基本形成节约能源资源和保护生态环境的产业结构、增长方式、消费模式。循环经济形成较大规模，可再生能源比重显著上升。主要污染物得到有效控制，生态环境质量明显改善。生态文明观念在全社会牢固树立。"这标志着国家在认识发展与环境的关系上有了重大转变，以经济建设为中心的战略开始逐步让位经济增长与环境保护和谐发展的理念。党的"十八大"将生态文明建设纳入中国特色社会主义事业"五位一体"总体布局，首次把"美丽中国"作为生态文明建设的宏伟目标。十八大审议通过《中国共产党章程（修正案）》，将"中国共产党领导人民建设社会主义生态文明"写入党章，作为行动纲领；十八届三中全会提出加快建立系统完整的生态文明制度体系；十八届四中全会要求用严格的法律制度保护生态环境。

经过近十年的理论摸索与实践，生态文明建设成效显著。如今以生态文明为中心的理论思考在高校及科研院所遍地开花，产生大批优秀成果；更为重要的是，生态文明观念已如细雨春风般深入普通百姓心中。这是近十年来生态文明观念走过的历程，也是国家发展理念不断转型并得到逐步落实的过程。党的"十九大"报告也明确指出我国的"生态文明建设成效显著"，"全党全国贯彻绿色发展理念的自觉性和主动性显著增强，忽视生态环境保护的状况明显改变"。除了观念上的转变之外，生态文明制度体系也在加快形成，主体功能区制度逐步健全，国家公园体制试点积极推进。全面节约资源有效推进，能源消耗强度大幅度下降。重大生态保护和修复工程进展顺利，森林覆盖率持续提高。生态环境治理的强度也明显加强，环境状况得到改善。即便如此，中央仍强调要大力推进生态文明建设，不仅要解决内部发展与保护的问题，还要成为全球生态文明建设的重要参与者、贡献者、引领者，具有新时代的更高要求。

环境史以历史时期人与自然的互动为研究主题，具有极强的现实关怀性。西南环境史研究所长期以来一直致力于西南地区的环境变迁研究，以期待从中探索出影响环境变迁的驱动因素及人与自然的互动关系，并探索出生态文明建设的云南模式。云南素有植物王国之美誉，拥有复杂的生态系统，是分析历史时期人与环境互动的最佳区域。2015年1月19—21日，习近平总书记对云南省进行了视察，视察期间，总书记做出了重要指示，要求云南省要主动服务和融入国家发展战略，努力成为民族团结进步示范区、生态文明建设排头兵、面向南亚东南亚的辐射中心。总书记对云南省提出的三个战略新定位，明确了云南省发展的新目标和新方向，特别是生态文明建设排头兵的提出，更是要求云南省把生态环境保护放在更加突出的位置，这深刻揭示了生态环境对于云南发展的极端重要性，为云南省进一步找准目标定位、突出优势特色、推动跨越发展具有重要指导意义。"十三五"期间，云南省将紧密围绕创新驱动发展和"三个定位"战略目标，牢固树立五大发展理念，主动服务和融入云南省林业发展战略，着力实施林木育种、森林资源高效培育、林药和林下资源培育、森林经营、湿地保护与修复、生物多样性保护、生态修复与保护、森林有害生物防控、森林生态功能评价、林产品加工等"十大林业科技创新工程"，为云南省争当全国生态文明建设排头兵做出新的更大贡献。

云南省还是中国西南边疆的重要生态安全屏障，是中国面向南亚东南业的前沿地带。在国内外资源环境形势日益严峻的时期，云南省可持续发展既面临严峻挑战，生态文明建设也孕育着重大机遇。加快转变发展方式，把保护好生态环境作为云南省各族人民的生存之基和发展之本，积极探索资源节约型、环境友好型的现代文明发展道路，不仅是云南省可持续发展的迫切需要，也是维护西南生态安全和保障国家整体生态安全大局的需要，还是云南贯彻落实科学发展观和习近平总书记"绿水青山就是金山银山"理论的必然选择，对全国生态文明建设也将发挥先行示范作用。云南省委、省政府高度重视生态文明建设，将其视为云南省发展的生命线。目前，云南省正秉持"创新、协调、绿色、开放、共享"的五大发展理念，以"等不起"的紧迫感、"慢不得"的危机感、"坐不住"的责任感抓好云南省生态文明建设。

云南省是展示"美丽中国"的重要窗口。作为西南生态安全屏障和生物多样性宝库，云南省承担着维护区域、国家乃至国际生态安全的战略任务。为当好生态文明建设排头兵，2009 年以来，云南省先后制定并发布《七彩云南生态文明建设规划纲要（2009—2020 年）》《中共云南省委、云南省人民政府关于争当全国生态文明建设排头兵的决定》《云南省生态保护与建设规划（2014—2020 年）》《云南省生态文明先行示范区建设实施方案》《云南省主体功能区规划》《云南省生态功能区规划》《云南省国民经济和社会发展第十三个五年规划纲要》等一系列重要文件，先后成立云南省生态文明建设处，全面负责全省生态文明建设的相关工作。通过多年来的努力和奋斗，云南省围绕成为生态文明建设排头兵的总目标，竭尽全力完成培育生态意识、发展生态经济、保障生态安全、建设生态社会、完善生态制度五大任务，九大高原湖泊及重点流域水污染防治、生物多样性保护、节能减排、生物产业发展、生态旅游开发、生态创建、环境保护基础设施建设、生态意识提升、民族生态文化保护、生态文明保障体系十大工程建设取得了显著的成效。

以云南省为试点，生态文明建设研究丛书希望通过对历史时期西南地区人与自然互动过程的探讨，以及相关文献资料的搜集整理等工作，论证云南省生态文明建设的合理性与紧迫性，以及为如何科学、有效地开展生态文明建设提供理论与经验总结。目前生态文明建设研究团队取得了部分成绩，但这些工作只是阶段性的成果，随着生态文明建设项目的继续推进，更多、更优秀的研究成果将不断涌现，殷切希望能有更多的学者加入生态文明建设研究的队伍。

周 琼

2017 年 11 月于云南大学西南环境史研究所

前　言

自 2007 年，党的十七大将生态文明纳入全面建设小康社会的五大目标之一，生态文明建设提上日程，逐渐从理念向制度转化。党的十八大以来，以习近平同志为总书记的党中央站在战略和全局的高度，对生态文明建设和生态环境保护提出一系列新思想、新论断、新要求，为努力建设美丽中国，实现中华民族永续发展，走向社会主义生态文明新时代，指明了前进方向和实现路径。[①] 自此，生态文明建设作为国家战略在全国全面展开，云南作为边疆民族生态文明建设的重心，在不断地摸索之中取得一定成绩。

21 世纪以来，学术界关于云南生态文明建设的相关研究颇多，仅云南关于生态文明建设的文章就有 200 余篇、著作 10 余部，尤其是 2015 年以后，学术界关于云南生态文明建设的研究如雨后春笋般相继出现，但迄今为止未有专门的文献梳理云南省生态文明建设的工作历程。2015 年 1 月，习近平总书记在考察云南时明确提出了云南争当生态文明排头兵的新定位，强调云南要把生态环境保护放在突出位置，坚决保护好青山绿水、蓝天白云。2016、2017 年是云南生态文明排头兵建设的关键时期，对于云南生态文明排头兵建设起到了重要的推动作用。因此，总结这一时期云南在生态文明排头兵事

---

① 周生贤：《走向生态文明新时代——学习习近平同志关于生态文明建设的重要论述》，《求是》2013 年第 17 期。

件过程中的成功经验和不足之处，才能更好地推进并实现云南生态文明排头兵建设的总体目标。

云南生态文明建设事件散见于各种新闻报道之中，本书以纪年为单位，按照历史进程进行编排，但由于云南生态文明建设可追溯的时间上限并未确定，但下限至今。由于云南生态文明建设在不同时期的侧重有所区别，本书遵循略古详今的原则，重点记述党的十八大之后的云南生态文明建设事件。本书将云南生态文明建设事件分为理论篇、政策篇、实践篇、路径篇、区域特色篇。按照生态文明建设的内容来看，全书包含生态规划、生态城乡及示范区、生态文明体制改革、生态监测、生态治理与修复、生态文明宣传与教育、生态文明交流与合作、生态经济、生态法治、生态科技、生态安全、生态屏障、生态红线方面的内容。本书按照历史学的方法，在搜集文献的基础上进行分类、整理、考证，忠实于原基本数据、政治观点，不做改动。因编著者周琼教授、杜香玉皆是历史学出身，对于文稿的编排、整理均以历史学方法进行修订、考证，不同于以往环境保护年鉴、环境保护志，本书对于资料的作者、出处进行了详细的说明。

由于该书内容涉及一些敏感人物，在编年之中会做出一些改动，但并不改变历史事实。在此，书中有不当之处，敬请方家指正！

目录

第一编　云南省生态文明排头兵建设理论篇

第四编　云南省生态文明排头兵建设路径篇

第五编　云南省生态文明排头兵建设区域特色篇

第一编

云南省生态文明排头兵

建设理论篇

第一章　树立"绿水青山就是金山银山"的绿色发展新理念①

党的十八大以来，以习近平同志为核心的党中央带领全党全国人民积极推进生态文明建设，在理论和实践上取得了突破性进展，由此带来的发展方式转化切实地改变着云南的面貌，全省各地全面实践习总书记"走向生态文明新时代，建设美丽中国，是实现中华民族伟大复兴的中国梦"的重要内容。2015 年 1 月 20 日上午，习近平总书记在考察洱海边的大理市湾桥镇古生村后表示，经济发展不能以破坏生态环境为代价，生态环境保护是长期任务，要久久为功；在村民李德昌家考察时说："云南有很好的生态环境，一定要珍惜，不能在我们手里受到破坏"。此后，习近平总书记提出的"绿水青山就是金山银山""山水林田湖是一个生命共同体""要像保护眼睛一样保护生态环境，像对待生命一样对待生态环境"等一系列新思想、新观点、新要求就成为云南省绿色发展的号角及经济转型的指路灯塔。

云南省委政府明确以"绿水青山就是金山银山"的绿色发展新理念为宗旨，坚持保护好生态环境、发挥好生态优势作为云南各项政策的基础，以生态文明建设力促转型升级为创新驱动力，积极发展绿色产业、生态经济，努力实现绿色崛起。在全省范围内逐

---

① 本章为周琼教授"生态文明丛书"绪论部分节选内容。

渐树立起"绿水青山就是金山银山"的新理念，边疆民族地区各级领导干部积极遵照习近平总书记"良好生态环境是最公平的公共产品，是最普惠的民生福祉"的指示，把绿色发展的理念、原则、目标深刻融入和贯彻到"五位一体"建设的各方面及全过程，自觉把绿色发展作为执政智慧和责任担当。全省各级宣传教育部门也积极进行加强绿色发展理念的宣传，让绿色发展意识植根于群众心中，培养全社会的生态操守、提倡生态道德，致力于建设独特的云南民族生态文化环境。

第一节　"在生态环境保护上算大账、算长远账、算整体账、算综合账"

习近平总书记在云南考察时指出："要把生态环境保护放在更加突出位置……在生态环境保护上一定要算大账、算长远账、算整体账、算综合账，不能因小失大、顾此失彼、寅吃卯粮、急功近利。"因此，算好生态环境保护的大账、长远账、整体账和综合账，就成为云南省生态文明建设及树立绿色发展新理念的首要问题，云南省主要遵循以下步骤：

生态环境保护的"四盘账"具有深刻内涵。"大账"就是要将建设生态文明排头兵看作是关系人民福祉、关乎民族未来的长远大计。"长远账"就是让循环经济减量化、再利用、资源化的原则，贯穿于生产、流通、消费过程的每个环节之中。"整体账"就是要看到节能减排、发展绿色经济、低碳经济和环境保护产业，经济上也是可取和可行。"综合账"就是将能否保护好生态环境，看作一个政党是否真正代表群众利益、站在时代发展前列、保持先进性的试金石，要将经济账、政治账、民生账综合起来一起算。正确理解"四盘账"之间的关系就是算好眼前经济账的同时要算好大账、长远账，政府要算好与算准整体账和综合账，建立反映市场供求和资源稀缺程度、体现生态价值和代际补偿的资源有偿使用制度和生态补偿制度，把生态环境保护这"四盘账"做细做实①。

---

① 李志青：《"绿色化"——算好生态文明建设"政治账"》，《决策探索》2015年第8期。

一、云南"绿色发展新理念"的形成

云南省在深入学习贯彻习近平总书记考察云南重要讲话精神的基础上，通过制定各种措施、规划，发布各种政策及制度，切实增强云南省生态环境保护的紧迫感、责任感和使命感，逐步贯彻、实施"绿色发展新理念"。2015 年习近平总书记考察云南时特别强调："生态环境是云南的宝贵财富，也是全国的宝贵财富。"云南省委强调，要始终坚持生态立省、环境优先，像保护眼睛一样保护生态环境，坚决保护好云南的绿水青山、蓝天白云，明确保护我国重要的生物多样性宝库和西南生态安全屏障，为子孙后代留下可持续发展的"绿色银行"。强调各部门要认真学习、深刻领会和贯彻习近平总书记考察云南重要讲话精神，采取切实可行的措施，保护好云南的绿水青山、蓝天白云，使云南的山更青、水更绿、天更蓝、空气更清新，使"绿色发展新理念"成为云南省各级党政部门重要的宣传思想及工作目标①。

（一）正确解释并宣传"绿色发展"的新思想

首先，中央宣讲团通过与云南省干部群众的交流，解释并宣传云南省"绿色发展"的新思想。2015 年 11 月 12 日，中央宣讲团与云南省干部群众座谈交流，认为"云南有着丰富的环境资源、生物资源、气候资源，走绿色发展之路应该'大有可为'"。云南省各族各界干部群众对国家绿色发展的思想及理念更为关切、理解，云南要树立新理念，结合自身实际，保护、利用好"绿色"优势，实现绿色发展②等新思想、新理念得到广泛传播。

其次，云南省通过制定政策及党政部门召开各种政治学习的方式，宣传习近平同志提出的改革发展"既要金山银山、又要绿水青山""绿水青山就是金山银山""金山银山不如绿水青山"的思想及理念。深切阐释习近平同志在党的十八届三中全会上提出的"山水林田湖是一个生命共同体，人的命脉在田，田的命脉在水，水的命脉在山，山的

---

① 普绍忠：《树立青山绿水就是金山银山理念，切实增强生态环境保护的急迫感和责任感》，《红河日报》2015 年 7 月 22 日。

② 佚名：《中央宣讲团与云南省干部群众座谈交流：树立新理念 实现新发展》，http://yn.yunnan.cn/html/2015-11/13/content_4009500.htm（2015-11-13）。

命脉在土，土的命脉在树"的科学论断。阐释了云南省树立绿色理念就是保护自然生态，绿色主要由森林、湿地和生物多样性组成的观念。宣传习近平总书记指出的森林是自然生态系统的顶层、陆地生态系统的主体、人类生存的根基，拯救地球首先要从拯救森林开始的思想，号召全党全省人民从理解总书记的重要讲话开始去正确理解并树立绿色理念[①]。

2015 年，中共云南省委九届十二次全体会议审议并通了《中共云南省委关于制定国民经济和社会发展第十三个五年规划的建议》，诠释了云南省"绿色发展"的内涵，提出云南省要坚持协调发展必须坚持绿色发展、节约优先、保护优先，坚持绿水青山就是金山银山的理念，营造绿色山川，发展绿色经济，建设绿色城镇，倡导绿色生活，打造绿色窗口。

再次，云南省内各单位部门及各级媒体的报道及宣传。各类媒体争相报道全会及《中共云南省委关于制定国民经济和社会发展第十三个五年规划的建议》的主要精神，各部门以不同形式宣传、普及省委"绿色发展"的新思想、新理念。实行严格的环境保护制度，形成政府、企业、公众共治的环境治理体系等理念及思想。青藏高原南缘生态屏障、哀牢山—无量山生态屏障、南部边境生态屏障、滇东—滇东南喀斯特地带、干热河谷地带、高原湖泊区和其他点块状分布的重要生态区域为核心的"三屏两带一区多点"生态安全屏障[②]等符合云南省绿色发展特点的新思想及新理念，得到了云南省高校、科研机构的重视，云南大学、西南林业大学等召开学术研讨会，宣传、研究新理念的内涵及实施。

（二）完善"绿色发展"的新理念

深入贯彻习近平总书记系列重要讲话和考察云南重要讲话精神，牢固树立创新、协调、绿色、开放、共享发展理念，云南省逐步完善具有云南特色的"绿色发展"新理念。提出绿色发展必须坚持节约优先、保护优先，设定并严守资源消耗上限、环境质量底线、生态保护红线，筑牢西南生态安全屏障，实现经济发展和生态建设双赢等基本发展思路。

[①] 普绍忠：《树立青山绿水就是金山银山理念，切实增强生态环境保护的急迫感和责任感》，《红河日报》2015 年 7 月 22 日。

[②] 姜萍萍、程宏毅：《中共云南省委九届十二次全会在昆举行 李纪恒作重要讲话》，http://cpc.people.com.cn/n/2015/ 1211/c117005-27917292.html（2015-12-11）。

2016 年 1 月 24 日，在云南省第十二届人民代表大会第四次会议上，时任云南省省长陈豪做的云南省政府工作报告及提请与会代表审议的《云南省国民经济和社会发展第十三个五年规划纲要（草案）》中，明确提出绿色发展的新目标，云南省必须坚持生态文明建设，尊重自然、顺应自然、保护自然，推进绿色发展、循环发展、低碳发展，保持和扩大云南的生态优势等，进一步完善了云南省绿色发展的新理念。

陈豪在报告中提出 2016 年云南需重点做好 9 个方面工作，他从三个方面阐述了云南要落实绿色发展的内容：推进云南资源的节约循环高效利用、加强生态治理修复、加强生态安全屏障建设。开展多种形式开展生态文明创建活动，加大生态转移支付和生态补偿力度；加强昆明市等重点城市绿化和生态建设。[1]

（三）推行"生态集体主义"价值理念

云南省在全面推进绿色创建活动中，把生态文明的意识、制度和行为作为绿色创建的重要规范，牢固树立政府生态政绩观、企业绿色生产观、公民生态文明道德观，不断丰富和升华绿色创建的内涵，贯彻和推行党的十八届五中全会提出的"创新、协调、绿色、开放、共享"的"生态集体主义"思想精髓和价值要求。

"生态集体主义"是十八大以来习近平总书记多次提出的人类"命运共同体"或"利益共同体"。云南各地坚持"生态集体主义"思想，即既有全局视野，又有长远谋划，将绿色、共享作为"生态集体"发展的价值追求，遵循经济社会发展规律和自然规律，处理好人与自然的关系，这使云南省在绿色发展中成效显著[2]。云南红河州绿色发展之路，就是积极推行及贯彻"生态集体主义"理念的典型案例，强化生态建设、强化环境保护、强化节能减排、发展绿色产业、贯彻实施新修的《环境保护法》等法律法规，规范生态环境保护工作。[3]

二、树立生态环境保护算大账、长远账的新理念

党的十八大以来，习近平总书记在各类场合多次就生态文明建设发表讲话、做出批

---

[1] 佚名：《2016 年云南省政府工作报告解读》，http://www.yn.gov.cn/yn_zt/bgjd/2016bg/new_20.html（2016-10-12）。
[2] 佚名：《2016 年云南省政府工作报告解读》，http://www.yn.gov.cn/yn_zt/bgjd/2016bg/new_20.html（2016-10-12）。
[3] 黄德亮：《红河州扎实推进"林业生态绿洲景观美州产业富州"建设》，《云南林业》2015 年第 5 期。

示。2015 年年初，习总书记考察云南洱海时再次强调，要把生态环境保护放在更加突出位置，像保护眼睛一样保护生态环境，像对待生命一样对待生态环境，在生态环境保护上一定要算大账、算长远账、算整体账、算综合账，不能因小失大、顾此失彼、寅吃卯粮、急功近利。此后，云南省在生态文明建设中，推行、贯彻总书记高频率强调、形象化比喻的生态环境保护要算大账、长远账的新理念。

云南省具有远虑近忧的问题意识、增强居安思危的忧患意识，广泛推行树立责任观念，树立久久为功的过程观念，唤起人们坚持稳扎稳打、步步为营的环境保护理念和认真态度，引导社会成员践行从我做起、从现在做起、从点点滴滴做起的责任担当和求真务实。认真实施生态保护"算大账""长远账"的新思想[①]。云南通过在广大党员干部中推行习总书记所说的"我国的生态环境矛盾有一个历史积累过程，不是一天变坏的，但不能在我们手里变得越来越坏，共产党员应该有这样的胸怀和意志"等思想理念，使生态环境保护算大账、长远账的新理念逐渐普及、深入民心。

（一）推行"生态惠民"新理念

生态文明建设要和满足人民群众物质、文化、生态需求更加紧密地结合起来，生态文明建设的惠民度越高，人民群众共建共享生态文明的积极性、主动性、创造性就会越高。在生态文明建设实践中，云南省始终坚持优生态、惠民生的发展思路，推行"生态惠民"新理念。

云南省始终把"生态立市"和以人为本统一起来，坚持把深化生态功能区调整、山区农民异地转移、集体林权制度"三大改革创新"作为首要前提；突出生态文明建设和改善民生的有机结合，坚持把发展生态经济作为物质基础。我们认为突出生态文明建设和改善民生有机结合的难点在于农村；突出生态文明建设和改善民生有机结合的基础在于良好的人居环境，坚持把城乡人居环境生态化作为基础工程，提倡和推行包容性绿色旅游扶贫的新理念，最优地配置了旅游资源，体现益贫式特点，实现增长、减贫、生态"三赢"的路径[②]，这是云南省绿色发展、是生态环境保护算大账、长远账新理念的具体体现。

---

① 张玉胜：《污染治理需作长远计》，《西部大开发》2016 年第 4 期，第 12—15 页。
② 沈涛、朱勇生、吴建国：《基于包容性绿色发展视域的云南边疆民族地区旅游扶贫转向研究》，《云南民族大学学报》（哲学社会科学版）2016 年第 5 期，第 124—130 页。

云南省通过制定各项生态考评的制度、措施，积极推行"生态惠民"新理念。如普洱市积极推行坚持五大发展理念，于 2014 年委托国家行政学院经济学部编制绿色经济考评体系，形成《普洱市绿色经济考评体系》和《普洱市绿色经济考核评价办法》，考评设计突出绿色导向，用绿色发展理念引领发展行动，让绿色经济考评立起来、实起来、严起来，对地方发展、干部行为形成正向激励、负向倒逼，使绿色成为干部政绩的主色调、主旋律，使干部绿色政绩看得见、摸得着、测得准，推动绿色发展，在资源容量和环境承载力的范围内最大限度实现经济社会的协调发展、可持续发展。①

（二）确立"保护中开发，开发中保护"的发展理念

云南省确定了生态立省和环境优先的战略以来，坚持以最小的资源消耗实现最大的经济效益和社会效益，积极推行"在保护中开发，在开发中保护"的绿色发展理念，最大限度地实现人与自然的和谐共处，本着科学规划、统筹兼顾、趋利避害、合理开发、保护优先、防治结合的原则，努力创建环境和谐的生态开发模式。

推行"保护中开发，开发中保护"的发展理念最典型的案例是中国华能集团公司澜沧江水电有限公司乌弄龙·里底水电工程建设管理局负责云南澜沧江乌弄龙水电站、云南澜沧江里底水电站、云南迪庆州维德二级公路沿江段改建工程，水电工程建设管理局以先进的生态文明理念指导环境保护管理工作，提高环境和生态质量、生态环境保护管理，坚持在开发中保护，在保护中开发，使水电工程建设与环境建设同步推进，实现水电项目建设过程中的环境保护和谐。另外，云南省宣威市国土资源局一直坚持以"在发展中保护，在保护中开发"的理念，正确处理好加强耕地保护与加快经济发展的关系，提高了国土资源为地方经济社会可持续发展的保障能力②。

此外，云南省环境保护厅通过系列环境监管的政策、制度及措施，用实际行动推行"保护中开发，开发中保护"的发展理念。推行有效的制度和严格的监管措施，开展环境监察工作，落实"三同时"及执行相关环境保护法律法规情况进行现场监督检查，形成会议纪要，作为每年开展此项目环境保护的重要依据。③

---

① 王永刚：《普洱市在全国率先推行绿色经济考评体系——走上绿色生态惠民发展路》，《云南日报》2017 年 7 月 10 日，第 4 版。

② 甘仕恩：《在发展中保护 在保护中开发》，《云南法制报》2007 年 07 月 13 日。

③ 王文生：《保护中开发，开发中保护》，《水电周刊》2016 年 2 月 24 日，第 A04 版。

（三）推广"不欠子孙债、不推自身责"的新理念

云南省委政府在生态文明排头兵建设中，贯彻习近平总书记强调的一定要生态保护优先，扎扎实实推进生态环境保护的思想，推行"我们不能欠子孙债，一定要履行好责任，为千秋万代负责，要有这种责任担当"的生态建设理念。尤其是习近平总书记在云南洱海"立此存照"并发表讲话以来，"绿水青山就是金山银山""不欠子孙债、不推自身责"等成为生态文明排头兵建设的新理念得到大力推广。

云南省环境保护厅印发了《2015 年全省环境宣传教育工作要点》和《2015 年全省环境政策法制工作要点》，推广将新《环境保护法》及其配套法规制度的学习宣传纳入全省环境法制宣传工作重点，开展新《环境保护法》专题研讨、《云南省环境保护条例》立法调研，利用"六五环境日""12·4 宪法日"等开展面向社会的法制宣传活动，推行"生态环境保护是一个长期任务，要久久为功"的新理念。

云南省支持"云南蓝"等环境保护益行动，形成了政府主导、市场推进、社会参与的多元化投资机制，联合环境保护部门开展环境质量监测[①]，在云南广大民众中逐渐建立了"不欠子孙债、不推自身责"的生态担当思想及理念。

三、树立生态环境保护算整体账、综合账的新绿色理念

习近平总书记在云南考察时，要求云南把生态环境保护放在更加突出的位置，在生态环境保护上一定要算大账、算长远账、算整体账、算综合账。云南省委政府深切领会习近平总书记的讲话精神，制定政策、措施，积极推行"生态环境保护算整体账、综合账"的新理念，增强生态的全局意识、综合调度及生态系统运筹等观念。

（一）确立"绿色财富"新理念

云南省积极推行的"绿色财富"新理念，是指保护生态就是保护生产，发展生态就是发展生产，绿色生态就是宝贵财富——"绿水青山就是金山银山"的科学理念。这是一个把自然生态和人文生态相互结合、以生态发展促进生产发展的真正意义上的生态发

---

① 刘慧娟：《争当证态文明建设排头兵——访云南省财政厅厅长陈秋生》，《中国财政》2013 年第 16 期。

展之路。

云南省委政府积极把2015年1月习近平总书记考察云南时强调指出的"良好的生态环境是云南的宝贵财富,也是全国的宝贵财富"的思想贯穿在生态文明建设、环境保护的各种政策及具体措施中,把生态环境保护放在更加突出的位置,积极建设成为生态文明建设的排头兵。为此,云南积极推广、确立"绿色财富"新理念。

云南省把良好生态环境作为云南发展的独特优势和核心竞争力,积极探索有云南特色的"绿色发展"新路径,大力推进"美丽云南"建设,实现中央对云南发展的新定位、新要求①。相继出台了《云南省人民政府关于加快林业产业发展的意见》《云南省人民政府关于加快木本油料产业发展的意见》《云南省人民政府关于加快林下经济发展的意见》等一系列政策、措施,为推进林业贷款贴息政策提供强有力的保障。在此基础上,省财政厅出台《云南省林业贷款贴息资金管理实施细则》,省林业厅出台《云南省观赏苗木抵押登记管理办法》等政策,明确把林业贴息贷款政策作为拓展林业投资、融资的重要渠道,作为调动社会各界投入林业生产建设的重要举措。这些政策充分调动了林业经营主体的积极性和主动性,盘活了森林资源资产,实现森林资源从资产向资本的转变。在林业贴息贷款的推动下,绿色山林成为全省林农名副其实的"绿色银行"。通过"以短养长"和"以林护农",林业资源优势转化为市场优势,林业经济周期缩短,林业附加值增加。既保护森林生态,又促进农民增收,真正实现"百姓富、生态美"。②"绿色财富"的新理念得到了普及与推广。

以新理念为基础,云南积极探索建立绿色发展试验示范区;绿色发展理念贯彻并指导西南生态安全屏障建设,形成西南生态安全屏障建设对绿色发展牵引机制,在转型升级中贯彻绿色发展;创新绿色科技,提升实现云南经济社会可持续发展与保护环境的整体能力;发掘、保护和弘扬优秀民族传统生态文化,提高全社会的绿色意识,推动绿色理念入脑入心,在全社会形成良好的绿色发展的氛围与环境。③

（二）构建云南"绿色银行"新理念

2015年4月,云南省委九届十次全会审议通过了《中共云南省委关于深入贯彻落实

---

① 刘慧娴:《争当生态文明建设排头兵——访云南省财政厅厅长陈秋生》,《中国财政》2013年第16期。
② 胡晓蓉:《林业小额贴息贷款"贷"出绿色致富路》,《云南日报》2015年10月28日。
③ 吴松:《"云南:探索建立绿色发展试验示范区"》,《云南日报》2016年6月3日,第7版。

习近平总书记考察云南重要讲话精神闯出跨越式发展路子的决定》，提出了以习近平总书记考察云南重要讲话精神为指引，在更高起点上谋划和推动云南跨越式发展的新思想。明确提出把保护好生态环境作为生存之基、发展之本，牢固树立"绿水青山就是金山银山"的理念，坚持绿色、循环、低碳发展，在生产力布局、城镇化发展、重大项目建设中充分考虑自然条件和资源环境承载能力，为子孙后代留下可持续发展的"绿色银行"等一系列新理念。

同时建立健全绿色金融体系，为绿色发展提供政策支撑，为绿色发展提供融资支持，实现绿色发展成为云南省生态文明排头兵建设的重要举措。云南省委主要提出并推广以下理念：一是完善绿色财政、税收政策。加大对绿色产业的财政投资，激励企业由传统生产向绿色生产转变；推进绿色预算管理，通过调整绿色预算收支结构，提升绿色产业投资占投资预算的比例；建立健全绿色税收体系，指引生产者和消费者的经济行为，完善环境税、资源税，并通过所得税、消费税、增值税等绿色税收政策，促进绿色生产和绿色消费，践行绿色发展。二是大力推行绿色金融政策。通过绿色信贷支持项目财政贴息、设立绿色发展基金等措施支持绿色发展，实现云南绿色金融创新，引导和鼓励更多社会资本投向绿色产业，指引企业研发绿色技术，执行绿色生产，实现绿色发展。此理念在云南省不同地区得到了实施，典型案例是曲靖市实施繁茂山林变身"绿色银行"，增绿与增收同步推进，通过生态扶贫、产业扶贫与政策扶贫相结合，生态环境得到持续改善，全市贫困群众收入不断增加。贫困地区群众的自我发展能力和"造血"功能不断增强。[1]此外，云南临沧市双江拉祜族佤族布朗族傣族自治县也推行"绿色银行"理念及措施，双江拉祜族佤族布朗族傣族自治县勐勐镇彝家村委会退耕还林带来了巨变[2]，所以临沧市全面推进"生态立市、绿色崛起"战略。[3]

（三）确立"生态优先、绿色发展"的新政策、新目标

牢固树立生态优先、绿色发展的新理念是推动云南经济发展的基础，云南省坚持走生态优先、绿色发展的道路，在云南经济的推进过程中，绿色可持续发展的思路逐渐明晰。通过林业部门的实践，云南省绿色发展新理念不断完善，不断具有云南特色，继续

---

[1] 谭雅竹：《城镇添绿农民增收》，《云南日报》2017年3月29日，第10版。
[2] 木胜玉、朱红霞：《云南双江：荒山上建起"绿色银行"》，《临沧日报》2016年6月20日。
[3] 李春林、谢进：《让农民住在"绿色银行"》，《云南日报》2015年2月27日。

将林业产业、生态扶贫作为做好精准扶贫工作的重要举措，农业部门也以绿色发展为主线，逐步打造云南高原特色现代农业的生态牌，创新推动云南绿色发展新理念。

历届云南省委、省政府高度重视生态文明建设，党的十八大以来，云南省委、省政府按照"五位一体"战略布局要求，坚持把生态文明建设摆在突出位置，实施"生态立省、环境优先"战略，先后出台《关于争当全国生态文明建设排头兵的决定》《关于努力成为生态文明建设排头兵的实施意见》《关于贯彻落实生态文明体制改革总体方案的实施意见》，深入扎实推进生态文明建设，生态优先理念逐步得到推广。

"十三五"期间，绿色发展成为治国理政的重要理念，生态文明建设排头兵战略定位进一步凝聚全省共识，经济新常态、供给侧结构性改革和实行最严格的环境保护制度等有利于加快产业转型升级，促进资源节约、集约利用和环境保护工作。云南省坚持节约资源和保护环境的基本国策，坚持生态优先、绿色发展，加快形成节约资源和保护环境的空间格局、产业结构、生产方式、生活方式和价值理念，努力建设天更蓝、地更绿、水更净、空气更清新的美丽云南，积极确立"生态优先、绿色发展"的新政策、新理念。2016 年 11 月，云南省委、省政府印发了《云南省生态文明建设排头兵规划（2016—2020 年）》，确立了云南省"生态优先、绿色发展"的新目标。

（四）推行"产业绿色转型发展"新理念

云南省各部门严格遵照《云南省生态文明建设排头兵规划（2016—2020 年）》的要求，积极推行产业绿色转型发展理念。积极贯彻落实"中国制造 2025"云南行动计划，积极构建循环型产业体系，推动生产方式绿色化、生产过程清洁化，大幅提高经济绿色化程度，迅速化解过剩产能、改造提升传统产业、加快培育八大重点产业，促进经济结构优化调整；大力发展节能环境保护产业、清洁能源产业，鼓励开发绿色产品，提高经济绿色化程度；大力发展循环经济，促进工业、农业和服务业循环发展，使产业绿色转型发展理念及计划逐渐深入人心。

云南制定推动环境质量全面改善的任务目标，统筹污染治理、总量减排和环境风险管控，做好水、土壤、大气污染防治，构建环境安全防控体系，提高环境安全水平。落实水污染防治行动计划，实施大气污染防治行动计划，稳定并提升大气环境质量；落实土壤污染防治行动计划，改善土壤环境质量。强化环境风险防范，提高涉重、涉危污染物风险防范能力。

　　通过政府的政策支持，各级部门的落实，逐步建立了培育生态文明良好风尚的新理念。如倡导尊重自然、顺应自然、保护自然的生态文明理念，弘扬云南各少数民族长期与自然相依相存中形成的优秀传统生态文化，鼓励公众积极参与，实现生活方式绿色化。

第二节　"保护生态环境就是保护生产力"

　　为了贯彻习近平总书记强调的"要正确处理好经济发展同生态环境保护的关系，牢固树立保护生态环境就是保护生产力、改善生态环境就是发展生产力"的理念，云南省通过政策、法规的制定，逐步在全社会树立起了保护生态就是保护生产，发展生态就是发展生产的绿色发展理念，大力发展绿色经济、循环经济和低碳技术，进一步提高生产力发展水平，走绿色发展之路。牢固树立"生态环境也是生产力"的理念，就是要把保护和改善生态环境作为生态文明建设的重点，促进人与自然和谐相处，奋力书写无愧于历史的云南生态文明建设新篇章，争当全国生态文明建设排头兵。

一、推行"两山"理论的新理念

　　"坚持绿水青山就是金山银山"的"两山理论"是习近平总书记系列重要讲话的重要内容，为加快推进生态文明建设提供了重要的指导思想，也以其蕴涵的绿色新观念为各族人民牢固树立尊重自然、顺应自然、保护自然的生态文明理念提供了重要的理论依据和实践指南。2015 年 3 月 24 日，中央政治局审议通过的《关于加快推进生态文明建设的意见》，把"坚持绿水青山就是金山银山"这一重要理念正式写入了中央文件，成为推进中国生态文明建设的指导思想，为"十三五"提出绿色发展理念提供了理论支撑。对于云南来说，坚守"绿水青山就是金山银山"理念，实现绿色减贫，最根本的方法就是要走可持续发展的道路，守住发展和生态的两条底线。

为了更好地实践"两山"理论的思想，云南省委政府一直强调、注重云南省在生态文明排头兵建设的政策及措施中体现的理念。2016年6月16日，时任云南省省长陈豪在云南省环境保护厅调研环境保护工作时明确强调，云南省要守住发展和生态两条底线，深刻领会习近平总书记"绿水青山就是金山银山"的重要思想，切实承担起发展和保护双重责任，让绿色发展理念和生态文明建设各项决策部署贯穿云南经济社会发展全过程。陈豪在讲话中多次强调了"两山"理念的精髓，主要指出了云南省实施"两山"理念的四个精神：

> 一是要坚持用绿色发展理念引领生态文明建设排头兵新实践，按照习近平总书记把云南建成全国生态文明排头兵的要求，将生态环境保护放在更加突出的位置，坚定不移地用绿色发展理念指导经济社会建设。二是加强污染治理和生态修复，始终坚持"生态立省、环境优先"战略不动摇，把保护好生态环境作为生存之基、发展之本，坚持绿色可持续发展。三是加快云南省推进资源节约和循环高效利用。树立绿色生产和生活观念，确保资源节约型和环境友好型社会建设取得重大进展。四是加强生态安全屏障建设，保护好云南独特生态系统和生物多样性，推动环境保护机构监测监察执法垂直管理。①

云南省各党政部门提供各类培训学习，以及各种媒体、新闻的宣传报道，均把"两山"理念推行到生态文明建设的各领域，在社会各阶层、群体中普及。

（一）树立"绿色边疆"新理念

云南根据省情培育、推行"两山"理念的第一项重要措施，就是建设、树立"绿色边疆"的新理念。在云南进行绿色边疆理念的建设，就是通过各种活动及政策，在全社会普及、宣传加强西南边疆生态安全和生物安全建设、保证边疆生态系统稳定协调、捍卫国家边疆生态安全和形象的理念。

在绿色边疆理念中注重提倡保护水源水质、空气质量和土壤健康等关系边疆人民的生活生产、生命健康等安全问题，推广在云南实现"望得见山、看得见水、呼得到新鲜

---

① 陈晓波、李绍明：《陈豪调研环境保护工作时强调守住发展和生态两条底线 让绿色发展理念厚植七彩云南》，《云南日报》2016年6月17日，第1版。

空气"的生态、生活目标，通过开展一系列绿色边疆建设活动，普及、强化云南省"绿色边疆"建设的新理念。云南省最有特点的"绿色边疆"新理念的普及与实践活动，就是怒江、德宏、临沧等地的边防部队及党政部门在开展"青山绿水、和谐边疆"义务植树活动中，积极宣传建设以先进生态文化、绿色生产生活方式和良好生态环境为基本内涵的美丽边疆思想。

云南省强调绿色发展与美丽边疆同步建设的属性及理念，强调以绿色低碳循环为主要原则，以生态文明建设为基本内容，追求人与自然和谐的价值取向。在边疆生态环境治理中，云南省推行先进生态文化、绿色生产生活方式和良好生态环境的理念，维护国家重要的生态安全屏障和保障国家可持续发展，实现生态文明目标，最终在云南全社会形成天更蓝、地更绿、水更清，人民更健康、更幸福的绿色发展理念①。

绿色边疆理念的建设及普及，云南省主要是通过各环境保护及生态文明建设部门的具体建设工作、学术研究团队的项目研究，积极发掘边疆各族群众长期养成的生态意识和良好习俗，将其余生态文明、绿色发展理念更好地融合起来，形成云南特有的"绿色边疆"新理念。

通过这些理念的宣传及民族优良生态理念的挖掘、普及，云南逐渐形成了发展绿色经济、循环经济、低碳经济的社会共识，民众逐渐具有了实现生产方式的生态化、勤俭节约的消费观、生活方式绿色低碳化的思想及理念，全社会普遍具有了"蓝天白云""青山绿水"就是云南边疆地区"长远发展的最大本钱"的思想理念。

（二）推行"绿色消费"新理念

树立"绿色消费"理念、推广绿色生活方式是云南推行"两山"理念的另一个重要措施。《云南省委关于制定国民经济和社会发展第十三个五年规划的建议》对云南"绿色消费"理念做了阐释，认为绿色发展涉及经济社会发展方方面面，渗透到生产、生活和消费方式中。提倡把绿色发展理念贯穿于经济社会的各方面和全过程，把绿色产业、绿色经济作为经济社会发展的重要抓手，把绿色生产、绿色消费作为争当全国生态文明建设排头兵的全民行动。

---

① 沈涛、朱勇生、吴建国：《基于包容性绿色发展视域的云南边疆民族地区旅游扶贫转向研究》，《云南民族大学学报》（哲学社会科学版）2016年第5期，第124—130页。

云南省把"绿色消费"新思想、新理念的建设融合到生态文明排头兵建设的规划及理论建设中，政府鼓励消费绿色产品、倡导企业要注重生产绿色产品、自觉选择绿色产品的理念，并通过宣传、制定政策等方式，把云南建设为一个吃有绿色食品、穿有生态服饰、住有绿色建筑、行有绿色交通的绿色社会等思想观念逐渐传播到民众中，全社会形成推广、使用绿色标准产品的属性、理念逐渐得到民众认可，如省政府在 2014 年通过颁布《云南省加强节能标准化工作实施方案》《云南省绿色建筑评价标准》《云南省加强节能标准化工作实施方案》等，在全社会提倡"绿色"标准、绿色消费、"绿色办公"的思想理念，动员全社会力量，形成人人参与、全民行动的合理消费的社会风气。

（三）树立"绿色生产"新理念

树立"绿色生产"理念、践行绿色生产实践是云南省推行"两山"理念的又一项重要措施。云南省积极推动生产方式绿色化，淘汰高污染、高耗能的落后产能，在全社会注重培育和发展新材料、文化创意、生物、信息和节能环境保护等绿色产业，推动现有的装备制造、能源、建筑等产业和行业的绿色化转型，引导云南省的社会资本投向绿色、环境保护产业和服务业等理念，逐渐在云南省推广开来。

在云南省委省政府的宣传、普及下，"绿色生产"新理念如发展林业以形成花卉苗木、林业经济、森林旅游等绿色增长点，生产空间集约高效、绿色交通和绿色能源等新理念以及宣传，并在云南省社会生产及社会开始发挥影响。如云南省风能、太阳能、生物质能、核能等替代能源发展及运用是云南成真初步实现了能源领域的绿色化生产，云南推广使用节能、低车辆和新能源汽车的理念，引导城乡居民选择公共交通、非机动车交通工具出行的行动，促使云南逐步实现交通运输的绿色化。这与云南省"绿色生产"新理念的推行有密切关系。

二、确立"保护生态环境就是保护生产力"新理念

云南省正确处理好发展与生态的关系，就是"要正确处理好经济发展同生态环境保护的关系，牢固树立保护生态环境就是保护生产力，改善生态环境就是发展生产力的理念"。云南省推广各种政策，逐步确立了"保护生态环境就是保护生产力"的新理念。

（一）确立"生态底线"新理念

要正确处理好经济发展同生态环境保护的关系，只有牢固树立保护生态环境就是保护生产力，改善生态环境就是发展生产力的理念，更加自觉地推动绿色发展、循环发展、低碳发展，绝不以牺牲环境为代价去换取一时的经济增长。

"绿水青山就是金山银山"的两山理论的根本要义正在于守住两条底线、树立底线思维。生态底线理念是云南省贯彻"良好生态环境是最公平的公共产品，是最普惠的民生福祉"的基础，留住了绿水青山就是留住了生存的本钱、留住了希望等绿色底线成为云南省生态文明排头兵建设中的重要理念，走粗放增长老路、越过生态底线去竭泽而渔的发展思想受到了云南各界的摒弃。

生态环境底线就是绿水青山与金山银山的辩证关系和科学理念。保护生态就是保护生产、发展生态就是发展生产是当代云南一直坚持的重要理念，云南省彻底摒弃、禁止以牺牲生态环境为代价换取经济增长的陈旧理念，尤其是充分认识到 20 世纪 90 年代云南省开始践行国家的可持续发展战略，在经历了用绿水青山去换金山银山以后，逐渐意识到生态环境的重要性，在生产发展和生态环境的关系上，提出人与自然和谐发展的理念。

（二）确立弘扬"民族生态文化价值"理念

发掘优秀民族生态文化资源的整理和保护、发掘传统生态文化内涵，是云南省确立"保护生态环境就是保护生产力"新理念的内涵之一。

在生态文明建设理论的宣传、观念的普及中，云南省重视民族生态知识，挖掘民族生态观念，融入现代生态文明建设的理念，进一步丰富云南生态文明建设的内涵；注重把尊重和敬畏自然的民族传统行为文化与各民族农耕传统及方法相结合，妥当发掘运用各民族生态农作技术，促进云南绿色农业建设与发展；支持和推广民族优良环境保护理念和行为规范，尤其是宣传、弘扬各民族关于保护生态、环境的习惯和有关的乡规民约，认可、规范对妨碍、危害生态及环境发展的行为予以规范及制裁的民间规定，以促进生态环境可持续发展等理念，在云南得到了较好体现。如发掘藏族"神山崇拜"、蒙古族"祭海节"、傣族"森林崇拜"中人与自然和谐共生的属性及理念进行推广，发掘、普及各民族乡规民约中的绿色法律传统文化的属性及理念，并制定一系列能有效地推动和促进人与自然生态和谐关系的规范体系和各种制度，如完备的森林法、水法、水土保持法、防沙治沙法、野生动物保护法、退耕还林条例等法律法规作保障。

云南省在各民族地区的生态文明建设中，对民族地区经济社会发展和各民族生产生活观念进行了适当的引导和调整，妥当地发掘、运用各民族生态农作技术及传统的理念，探索一条适合云南并可以推广的绿色农业建设与发展之路的思想，得到了各民族的认可。这些理念使各民族在持续运用各式各样的传统农耕文化的同时，对生态环境在利用、因势改造的同时，对生态基础、环境起到较好的保护和持续利用的目的。

云南省第十次党代会也强调发挥民族文化众多、生物多样性特色鲜明这两个不可替代的优势理念。发掘云南各民族对自然资源的适度开发与有序利用的观念，为经济社会变迁提供了可持续发展的动力；尊重各民族的生态观念并妥善引导，挖掘其中有生态价值的理念及内涵，强化尊重、爱护自然的理念，并提炼出具有云南特色、能够推广的生态文明建设理念，夯实生态文明排头兵建设模式的理论基础。

三、确立生态建设与长远发展结合的新理念

（一）确立经济发展与环境保护"舟水关系"理念

环境如水，发展似舟。水能载舟，亦能覆舟。"绿山青山就是金山银山"的科学论断阐述了经济发展与环境保护的"舟水关系"。云南省确立了经济发展与环境保护"舟水关系"理念，并且从不同角度对经济发展与环境保护之间的辩证统一关系及其理念予以诠释和推广。

习近平总书记阐述的"金山银山却买不到绿水青山""宁要绿水青山，不要金山银山"理念在云南省得到了较好推广、普及。各级党政部门在相关政策及理论宣传中，明确宣传了生态环境优先的理念，强调在"绿水青山"和"金山银山"发生矛盾时，必须将"绿水青山"放在首位，不能走以"绿水青山"换"金山银山"的老路，确立经济发展与环境保护"舟水关系"，并为经济发展划定了生态保护红线，宣传了云南省生态环境优先的发展理念，逐渐在云南全省确立经济发展与环境保护"舟水关系"，让"生态兴则文明兴，生态衰则文明衰，生态环境保护是功在当代、利在千秋的事业"的理念，

成为在云南省生态文明排头兵建设的重要理论基础。

云南省走"绿水青山就是金山银山"发展之路，是对原有发展观、政绩观、价值观和财富观的全新洗礼，也是对传统发展方式、生产方式、生活方式的根本变革，符合云南省经济发展和广大人民群众的需要，在云南省各族人们心中生根发芽，潜移默化地表现出在日常生活的点点滴滴之中，使保护生态成为人们的自觉行动，目前云南省各地州正齐心协力，全力推进云南省"绿水青山就是金山银山"的生态文明建设新局面。

（二）推广"生态问责"新理念

生态问责是生态文明制度的重要组成部分，是加快生态文明建设、推进绿色发展的重要方式，是提高生态治理现代化水平的必由之路。健全生态问责制度，明确问责事项和范围，规范问责程序，加大责任追究力度，已成为时代的呼唤。

云南省面对各地不同类型的生态危机、发展困境和时代呼唤，推行生态红线是保障和维护国家生态安全的底线和生命线，有利于维持生态平衡、保护生物多样性、支撑经济社会可持续发展的新绿色发展的理念。积极贯彻2015年8月中共中央办公厅、国务院办公厅联合印发的《党政领导干部生态环境损害责任追究办法（试行）》，明确提出出现生态环境损害情形应追究相关地方党委和政府主要领导成员的责任即"党政同责"的原则。

云南省把生态环境保护纳入党政领导和相关领导的责任体系中，例如，为了贯彻2016年11月28日中共中央办公厅、国务院办公厅印发《关于全面推行河长制的意见》，云南省委书记陈豪、省长阮成发及分管省领导及时做出了"重要江河湖泊的'河长'，应由省级领导担任，各州市和县域都应落实'河长'责任制"的重要批示。云南省水利厅迅速起草了《云南省全面推行河长制的实施意见》，后经正式印发，云南省河长制全面推行。

（三）推行"生态扶贫""绿色减贫"新理念

云南省在生态脱贫攻坚工作中一直秉承"既要金山银山，更要绿水青山"的发展理念，大力实施、推广生态扶贫、产业扶贫、政策扶贫为一体的绿色扶贫，实现城镇添绿、农民增收的双赢目标等"生态扶贫""绿色减贫"新理念。而绿色减贫，则是贫困地区贯彻落实绿色发展理念的重要体现，也是以生态扶贫带动精准扶贫理念的较好体现。

云南省如曲靖等地自 2017 年以来，推广林业扶贫的"生态扶贫""绿色减贫"新理念及新举措，利用高新技术和先进适用技术改造传统产业，推行优先发展资源节约、环境友好的项目开发、研究理念，鼓励发展资源消耗低、附加值高的高新技术产业和服务业等，积极推广"生态扶贫""绿色减贫"新理念，引导社会生产力要素向有利于生态文明建设的方向流动。

云南省立足绿色扶贫、减贫理念，在脱贫攻坚战的生态精准扶贫发展中，注重产业扶贫与生态保护的有效结合，实现"金山银山"减贫经济效益与"青山绿水"长远生态保护的双重成效，健全生态精准扶贫的良性运行机制。强化扶贫开发工作者的绿色发展理念，加强生态扶贫的理论学习和人才培养，尤其是通过举办云南省国际交流会、研讨会等形式进行集体探讨，深刻认识绿色发展理念，把握新形势下生态扶贫的必要性和重要性，完善制度和考评的相关内容，通过强化知识技能和培训学习，保障生态扶贫的高效治理思想及理论的顺利推行，使得扶贫开发工作更具专业性。建立健全扶贫信息生态网络，强化科学管理机制，实现对生态问题的动态监控，创新扶贫管理方式，深化绿色发展理念，利用生态资源将扶贫开发的功效达到最大化，将绿色发展理念应用于现实情况，在工作的过程中完成从理论知识到实践应有的转变，从而实现贫困问题的综合治理。

第三节   "一定要像保护眼睛一样保护生态环境"

一、优化云南生态环境保护新理念

云南省积极推广尊重自然、顺应自然、保护自然的理念，自觉遵循绿色发展、循环发展、低碳发展的原则，形成节约资源、保护环境的空间格局、产业结构、生产方式、生活方式，确立为子孙后代留下天蓝、地绿、水清的生活环境的新理念。

（一）树立"云南蓝"的生态建设新理念

云南省开展的确立"云南蓝"生态理念，主要是指保护大气、水体和土壤资源，实现天蓝、水净、地绿的生态环境。

加强九大高原湖泊及重点流域水污染综合防治，从源头上杜绝和消除重大环境污染事故的发生，维护水环境安全；改善城市大气环境质量，加强重点行业大气污染源治理；治理固体废物污染，减少固体废物产生，加强工业固体废弃物资源化利用；加强农业污染防治。强化土壤环境监管，建设土壤监测网络体系，加强主要农产品产地土壤环境常规监测，在重点区域建立土壤环境质量定期评价制度，成为树立、推广"云南蓝"安全建设新理念的新举措。

云南省第十次党代会明确提出良好的生态环境是云南的宝贵财富、也是全国的宝贵财富。强调必须坚持生态优先、绿色发展的新理念，明确提出"良好的生态环境是云南的靓丽名片和宝贵财富，也是云南实现跨越发展的独特优势和核心竞争力"，使具有云南特色生态环境"云南蓝"理念得到广大民众的认可和接受。

2016 年，云南省编制了《云南省土壤污染防治工作方案》，启动全省土壤环境状况详查前期工作，实施土壤污染治理与修复试点项目，完成《重金属污染综合防治"十二五"规划》实施情况考核；还编制完成《云南省"十三五"水土保持规划》《云南省水土保持规划（2016-2030 年）》《云南省国家水土保持重点工程规划》《云南省坡耕地水土流失综合治理工程规划》《全省水土保持监测规划》《云南省"十三五"农村环境综合整治工作方案》《云南省水污染防治工作方案》等一批重要规划，逐步树立了"云南蓝"的安全建设新理念。

（二）树立"创新生态文明制度"新理念

绿色发展离不开科学合理的制度保障。云南树立"创新生态文明制度"的新理念，主要通过制定系列政策、制度等实现，根据《中共云南省委办公厅、云南省人民政府办公厅关于印发〈云南省全面深化生态文明体制改革总体实施方案〉的通知》精神，各地为全面提升当地生态文明建设的质量和水平，制定了相应的规章制度。例如，昆明市制订《昆明市全面深化生态文明体制改革总体实施方案》，建立系统完整的生态文明制度体系。另外，云南省委九届十二次全会提出关于绿色发展的部署，提出了完善生态环境保护制度、健全绿色发展的法律制度、完善党政领导干部考评机制的新理念；提出了较新颖的构建领导干部绿色发展政绩考核指标体系、新常态下的绿色 GDP 核算、自然资源资产离任审计等新理念。推行生态环境损害责任终身追究制，形成领导干部自觉践行绿色发展的倒逼机制等理念，成为云南省生态文明制度建设的新思路、新方向。

云南省发改委还在抓好国家发展改革委等 6 部委批复的《云南省生态文明先行示范区建设实施方案》贯彻落实的基础上，让基础条件较好的大理州、普洱市、红河州、西双版纳州的率先启动、先行一步，从实际建设实践中积极探索不同资源禀赋、不同条件的地区开展生态文明建设的新思路、新理念。推广云南省生态文明制度创新的新理念，建立健全公众参与机制，开展环境保护宣传等社会公益活动新理念，加强交流与合作，建立健全人才培养机制，优先发展国民教育，培养应用型、复合型、研究型人才；建立健全干部考核机制，推进政府任期和年度生态文明建设目标责任制，使各地、各部门对本行政区域、本行业和本系统生态文明建设的责任落到实处。

云南省着力树立"创新生态文明制度"新理念，构建生态保护法律法规体系，促进边疆民族贫困地区与经济较为发达地区共同发展，建立系统完整的制度体系，把生态文明建设纳入法治化、制度化轨道等新理念。云南还研究制定生态文明标准体系，通过完善生态文明考核评价体系，完善以绿色化发展为先导的经济社会发展考核评价体系，形成科学发展、绿色发展的政绩导向理念。对造成生态环境损害的责任者严格实行赔偿制度，情节严重者依法追究刑事责任；加强生态执法监测监督，以零容忍态度打击环境违规违法行为，创新生态执法监测监督机制，加大生态保护行政执法检查监督力度，创新生态环境司法保护方式，维护新修订环境保护法等相关法律法规的权威[①]。

二、云南生态文明排头兵建设的新理念

2015 年习近平总书记在云南调研讲话指出：要像保护大熊猫一样保护耕地，要像保护眼睛一样保护生态环境，保护好我省重要的生物多样性宝库和西南生态安全屏障，

---

① 云南省发展和改革委员会：《〈云南省国民经济和社会发展第十三个五年规划纲要〉解读》，http://www.yn.gov.cn/jd_1/jdwz/201606/t20160617_25597.html（2016-06-17）。

要求云南把生态环境保护放在更加突出的位置，要努力成为生态文明建设的排头兵。2015年4月，云南省通过了《中共云南省委关于深入贯彻落实习近平总书记考察云南重要讲话精神闯出跨越式发展路子的决定》，强调全省各级党组织和广大党员干部要以习近平总书记的重要讲话精神为指引，努力成为我国生态文明建设排头兵，更加重视生态环境保护，坚定不移走绿色发展之路，确保生态文明建设走在全国前列。

（一）明确"争当生态文明排头兵"的新理念

2015年，习近平总书记视察云南时，指示云南要争当生态文明排头兵，成为习近平总书记对云南发展的重要定位及国家赋予云南的光荣使命。云南省始终以习近平总书记考察云南重要讲话精神为引领，坚定不移推进生态文明建设、加大环境保护力度。在争当生态文明建设的排头兵建设过程中，更新生态文明发展理论，强化生态建设的系新理念。

云南省委省政府牢固树立尊重自然、顺应自然、保护自然的理念，坚持绿水青山就是金山银山，深入持久地推进生态文明建设。云南省很快确立了以"生态立省、环境优先"的理念引领云南的生态转型发展。引导社会各界深入理解云南争当生态文明建设排头兵就是主动服务和融入国家发展战略，在思想上和行动上当好国家生态安全屏障的西南守护者和建设者。

云南省还提出了建设满足云南生态化发展需要的科技教育支撑体系。主张建立一批生态环境保护、生物生态资源利用开发的复合型科技支撑平台和国际交流平台，培养和引进一批领军人才、实用技术人才等，启动一批重大科技攻关项目。在生态教育方面，主张培养和引进一批高层次人才培养团队，让生态文明教育相关理论和知识系统地进入中小学、高校课堂。

2015年4月，云南省委九届十次全会审议通过了《中共云南省委关于深入贯彻落实习近平总书记考察云南重要讲话精神闯出跨越式发展路子的决定》提出了云南省生态文明排头兵建设的系列新理念：一是大力推进生态文明先行示范区建设。把生态文明建设放在突出位置，融入经济、政治、文化、社会建设各方面和全过程。二是加强生态环境保护与治理。三是推进生态环境保护法治化建设。"争当生态文明排头兵"新理念的确立及推广、普及，已经成为云南省生态文明各项实践建设的理论指导及各项措施实施的重要基础。

（二）完善"生态建设法制化"新理念

2015年4月，云南省委九届十次全会审议通过了《中共云南省委关于深入贯彻落实习近平总书记考察云南重要讲话精神闯出跨越式发展路子的决定》，树立了云南省推进生态环境保护法治化建设的新理念。云南省生态文明和绿色发展的推进，不仅需要正确理念的传播和强化，而且需要建构必要的制度规范，进而依靠制度规范来发挥导向和规制作用。生态环境保护领域的相关法律法规，在生态文明建设的推进中可以针对各类行为主体的行为活动，发挥至关重要的支撑、保护、引导和约束作用。

云南省为推动生态文明法制化建设，提出了抓紧修订完善相关地方性法规、政府规章和配套制度问题等理念，积极实施健全依法决策机制，把公众参与、专家论证、风险评估、合法性审查、集体讨论决定确定为生态环境重大行政决策法定程序。完善生态环境监管体系，完善生态环境保护责任追究制度和环境损害赔偿制度，严格执行项目审批生态环境保护一票否决制的新理念。云南省各级党组织积极动员全社会各方面力量，切实提高群众生态环境保护意识，努力走出一条全民参与、共同推进生态文明建设的新路子，争当全国生态文明建设排头兵。

（三）明确"生态文明示范乡镇发展"新理念

生态文明建设示范区创建是生态文明建设的重要载体。长期以来，云南省委、省政府始终高度重视生态文明建设和生态建设示范区创建工作，先后出台《关于加强环境保护重点工作的意见》《关于争当全国生态文明建设排头兵的决定》《关于努力成为生态文明建设排头兵的实施意见》等重要政策和文件，提出了一系列新的建设思想和理念。省委、省政府主要领导部署全省经济社会发展工作时，都把加强生态文明建设和环境保护、生态建设示范区创建作为重要内容，提出明确要求。

其中一个重要理念是坚持标准严格，深入推进生态建设示范区创建工作，使"生态文明示范乡镇发展"新理念逐步深入民心，对强化区域的农村环境保护起到了较好的示范作用，不断提高生态文明建设水平，为实现绿色发展，建设美丽云南做贡献。

云南省在生态文明示范区建设中，以"发扬成绩，深化创建内涵，巩固创建成果，建立长效机制，积极发挥典型示范作用"为指导，开展"示范乡镇"建设的实践工作，弥补以往生态创建的不足。因此，云南基层生态文明创建以生态村、生态乡镇和生态县市区位重点展开，遵循创新、协调、绿色、开放、共享的发展理念，以促进形成绿色发展方式和绿色生活方式、改善生态环境质量为导向①。"生态文明示范乡镇发展"新理念的推广，让云南各族人民得到实惠，点燃、激发了广大人民参与生态文明建设的热情。

三、积极推行"留得住青山绿水，记得住乡愁"理念

2015 年习近平在云南考察工作时强调：环境保护要算大账算长远账，新农村建设一定要遵循乡村自身发展规律，充分体现农村特点，注意乡土味道，提出了"保留乡村风貌，留得住青山绿水，记得住乡愁"的全新理念，云南全省深入贯彻落实习近平总书记关于生态文明建设重要论述的精神和要求，全力推进生态文明排头兵建设。从2015—2017 年的云南省两会上的历届《政府工作报告》中可知，"留得住青山绿水，记得住乡愁"理念成为省委政府生态文明建设工作重点任务。

（一）倡导"森林云南"新理念

早在 2009 年，云南省颁布了《中共云南省委云南省人民政府关于加快林业发展建设森林云南的决定》，明确提出"建设'森林云南'是推动生态文明建设"的具体体现。党的十八大以来尤其是 2015 年以来，"森林云南"新理念更是成为云南生态文明排头兵建设的重要理念及实践措施之一。

"森林云南"建设的理念，主要包含了以下内涵：一是维护好森林、湿地等生态系统，为生态文明建设提供环境基础。二是提供木材、林产品、绿色食品、药材、生物质能源等丰富的能源和资源。三是通过发展森林文化、湿地文化、生态旅游文化、绿色消费文化等生态文化，形成尊重自然、热爱自然、善待自然的良好氛围。

建设"森林云南"的理念也是绿色经济强省建设的重要内容。林业是云南实施生态

---

① 云南省人民政府：《云南省人民政府关于命名第一批云南省生态文明州市第二批云南省生态文明县市区和第十批云南省生态文明乡镇街道的通知》，http://www.yn.gov.cn/yn_zwlanmu/qy/wj/yzh/201703/t20170310_28723.html（2017-03-03）。

立省战略、建设绿色经济强省的主体。建设"森林云南",加快绿色经济发展,必将进一步夯实建设绿色经济强省基础,促进经济发展与生态保护、社会进步相和谐。在建设森林云南"的过程中,一直坚持生态优先,生态建设产业化、产业发展生态化,发挥商品林和公益林的主体功能,坚持兴林富民,城乡统筹,全民参与、强化政府引导并发挥市场机制作用,理顺林业管理体制、激活林业发展机制,科技兴林。并按照总量不断增加、质量不断提高、管理不断规范的理念及要求,积极强化林业部门森林资源保护监管职责。

（二）倡导"自然保护区、森林及湿地公园建设"新理念

2012 年以来,云南省着力建立并倡导构建生物多样性保护体系、自然保护区建设工程、全面提升生物多样性保护水平的生态文明建设。

（1）倡导"自然保护区"理念。各级党组织加快推进极小种群保护工程建设,深入推进自然保护区规范化建设,起草编制《自然保护区生态移民规划》和《云南省生物多样性监测体系规划》,出台《云南省自然保护区规范化建设管理指南》,完成《自然保护区建设项目生态补偿研究》,规范生物多样性监测、保护体系,建立涵盖全省绝大多数自然生态系统和动植物物种的自然保护区网络,开展生物多样性恢复试点示范,继续实施纳入国家规划治理范围的重点县、市、区石漠化综合治理,组织开展石漠化监测治理,水土流失防治重点工程等。

（2）积极倡导森林公园建设理念。2015 年 1 月 8 日,时任省长陈豪签署了《云南省人民政府关于提请审议〈云南省国家公园管理条例（草案）〉的议案》,正式提请省人大常委会审议,国家公园、森林公园的建设理念开始大范围影响云南省生态文明建设的实践。云南省林业厅会同相关部门完成了《云南省国家公园发展战略研究》,出台了《云南省人民政府关于推进国家公园建设试点工作的意见》、《国家公园申报指南》和《国家公园评估指南（试行）》,编制了《云南省国家公园发展规划纲要》,成立了国家公园专家委员会,建立了国家公园建设科学决策的咨询机制;开展《自然保护区和国家公园旅游项目生态补偿研究》《国家公园特许经营研究》等研究课题,提出并规范了国家公园的基本条件、资源调查与评价、总体规划编制、生物多样性监测和管理评估等技术要求。同时提出了要开展生物多样性监测体系建立、生物多样性影像调查、高山湖

泊考察、水质监测、洞穴生物多样性考察、土地利用调查、社会经济统计、亚洲象监测等工作，为国家公园科学管理提供依据①。

（3）积极推行湿地公园建设理念。云南省湿地公园建设的新理念，主要包含以下四个方面的内涵及实践措施。一是加快推进湿地保护法规体系建设，出台《云南省人民政府关于加强湿地保护的意见》，地方湿地保护立法力度加大，大理州出台了《云南省大理白族自治州湿地保护条例》。二是积极探索建立湿地分类保护管理体系，大力推进湿地保护区建设，积极申报国际重要湿地和国家重要湿地，稳步推进国家湿地公园建设。三是扎实开展湿地保护基础工作，成立云南省湿地保护专家委员会，出台《云南省省级重要湿地认定办法》和《湿地生态监测》2个地方标准。开展湿地生态监测网络体系建设，印发《云南省湿地生态监测规划》，科学布局监测站、点，逐步规范开展湿地生态监测。四是大力开展湿地保护与恢复，将云南省湿地类型的国家级和省级自然保护区、国家湿地公园、农业湿地建设等纳入《全国湿地保护工程"十二五"实施规划》。②

（三）树立"生态教育和生态公益"新理念

生态文明建设必须大力培育生态意识，使人们对生态环境的保护转化为自觉行动。通过生态教育、生态宣传、生态文化传播等多种形式，提高全民生态文化素质和生态文明意识及生态公益理念。"生态教育和生态公益"新理念主要是树立、普及生态文明观念，全面推行生态文化教育，开展生态体验教育，广泛开展生态文明宣传，建设生态教育体系和一批生态科普教育和体验基地，支持民间组织和社会团体开展生态科普宣传活动。

云南省树立"生态教育和生态公益"新理念，提出意识是行为的先导的理念，通过生态文明教育增强公民的节约意识、环境保护意识、生态意识，实现人的全面发展与生态环境保护的和谐统一，积极构建家庭、学校、社会"三位一体"的云南生态教育模式，提高公民生态意识，培育公民环境保护理念，引导公民树立绿色发展观，恪守生态环境"责任红线"，为建设美丽云南贡献自身力量。充分发挥政府职能，利用新媒体在

① 王睿：《加速推进林业生态建设步伐，构建云南生态文明先行示范区》，《云南林业》2015年第4期。
② 云南省发展和改革委员会：《〈云南省国民经济和社会发展第十三个五年规划纲要〉解读》，http://www.yn.gov.cn/jd_1/jdwz/201606/t20160617_25597.html（2016-06-17）。

全社会传播和普及生态知识，弘扬生态文化，传播绿色理念，践行低碳生活，教育引导全体公民形成绿色价值取向、绿色思维方式、绿色生活方式，使绿色发展理念深入人心并外化为自觉行动。

云南省倡导在生活中公众要自觉崇尚和躬行勤俭节约、绿色低碳、文明健康的生活方式与消费模式，在全省大力推动形成绿色生活方式，弘扬绿色消费观，倡导绿色消费行为；强化生活方式绿色化理念、增强绿色低碳意识，自觉践行绿色生活；倡导环境友好型消费，推广绿色服装、提倡绿色饮食、鼓励绿色居住、普及绿色出行，发展绿色旅游，抵制和反对各种形式的奢侈浪费、不合理消费。

（四）确立"美丽乡村建设"新理念

云南省"美丽乡村建设"新理念是以建设"美丽乡村"为契机，各地加强农村污染治理，推动城乡协调发展，健全农村投入长效机制，实现新房新村、绿化美化、宜居宜业。

云南省确立"美丽乡村建设"的新理念主要有三个内涵：一是调整优化村庄布局，建设特色村寨。二是改善农村人居环境，实施 "千村示范、万村整治工程"，集中力量解决农民安居问题，提高农村人居安全水平和防灾减灾能力。三是培育和谐文明新风尚，挖掘和传承乡村优秀传统文化①。

在"美丽乡村建设"的新理念倡导下，云南省美丽宜居乡村建设包含"七大行动"，即产业提升行动、村寨建设行动、环境整治行动、脱贫攻坚行动、公共服务行动、素质提升行动、乡村治理行动，取得了较好的成效，"美丽乡村建设"的各种理念深入人心。

---

① 云南省发展和改革委员会：《〈云南省国民经济和社会发展第十三个五年规划纲要〉解读》，http://www.yn.gov.cn/jd_1/jdwz/201606/t20160617_25597.html（2016-06-17）。

第二章 云南省生态文明排头兵建设的区域模式研究①

从党的十七大明确提出生态文明以来，对中国生态文明的研究，无论是从理论还是实践，著述繁多。云南省在努力作为生态文明建设排头兵的同时，省内学者从对生态文明的政策理念、区域生态文明的建设方案、民族文化与生态文明建设的关系以及建立在个案分析上的生态文明建设等方面对云南省生态文明建设的相关问题进行了阐释，做出了不少的贡献。

第一节 国家、区域与地方性知识：跨学科构建生态安全与屏障

跨学科构建生态安全与屏障建设的理论与实践是当前生态文明建设的重点之一。从国家视角反思和丰富生态文明理论与方法，基于区域生态差异性现状，对环境资源优势和生态脆弱性进行综合分析，并制定科学的地方生态实践模式，重视实践，实现理论与实践相结合。同时，挖掘地方性知识和国家政策的融合维度，使地方性知识服务于国家生态文明建设，有助于发挥国家—基层不同建设主体的积极性和主动性，实现广泛的深度合作，避免国家政策和地方实践的对立分化，从而保障生态文明建设和生态安全屏障建设实践的长久可持续发展。

---

① 本章选自袁晓仙：《国家、区域与地方性知识：跨学科构建生态安全与屏障》，《保山学院学报》2017年第3期。

生态文明建设是新时期国家实现人与自然和谐共生，人与人平等发展、人与社会全面繁荣的关键保障和重大战略任务。生态安全是基础性的国家安全战略和边疆安全的重要内容，边疆生态安全关乎国家的整体安全，生态屏障是维护生态安全的重要方式，是国家生态文明建设的重要内容和应对全球性生态问题的关键环节。只有巩固边疆生态安全，才能保障国家安全。云南是中国—东盟自由贸易区建设和大湄公河次区域合作的前沿，是"一带一路"倡议建设的区域合作高地，是国家物种资源宝库和生态屏障的重要区域，建立由国家主导、云南参与的跨境生态安全合作机制和跨界生态安全协作机制，健全完善生态保护责任共负机制，推进云南生态屏障建设，构筑生态安全防线，在全面构筑面向南亚、东南亚和谐的国际合作环境和保障国家整体生态安全建设中的战略地位极为重要。

为深入探讨云南生态文明建设理论和实践研究，科学实现云南生态文明排头兵建设的总体目标，提升云南大学融入国家战略的整体水平，以创新、和谐、绿色、开放和共享的理念引领云南生态文明建设，2016年12月3—5日由云南大学和中国科学院昆明分院联合主办的"屏障与安全：云南生态文明区域建设的理论与实践"高端学术论坛分别在云南省昆明市云南大学和保山市腾冲县举行，会议提交论文42篇。论坛期间，来自伦敦大学亚非学院、德国海德堡大学、国务院发展研究中心、国家林业局、国家海洋局、中国地震局、环境保护部、中国生态文明研究与促进会、中国社会科学院、中国科学院、中央党校、北京大学、清华大学、中国人民大学、复旦大学、厦门大学、云南大学等国内外30多所高校、科研院所及政府机构的60余位不同学科的专家学者应邀参加，即人类学、生态学、民族学、环境史、农学、林学、生物学以及生态文明等相关研究领域的专家学者。论坛围绕"生态文明认知与实践""生态文明建设理论与方法""生态屏障与生态安全建设""云南生态文明建设"等重大现实问题，采取主题报告、专题讨论和汇报总结的形式，共同探讨区域与国家安全建设的理论与实践，深入分析地方性知识如何融入并服务于区域与国家生态文明建设，充分实现自然科学与社会科学的跨学科交流互动，群策全力为国家及区域生态文明建设提供理论支撑和实践指导。

一、国家视角：生态文明理论与方法的跨学科反思与突破

基于国家层面的生态文明理论与方法是区域生态文明和安全建设的指导纲领和宗

旨，以最终实现区域和国家的可持续发展和安全稳定为目标。然而，生态文明与安全建设仍处于初级阶段，其概念界定、理论基础、建设模式、国家和区域的良性互动等有待深入挖掘和完善，这是当下生态文明与安全建设与此次论坛所面临的基本而重要的议题之一。

（一）不同视域情境下的生态文明基础理论探讨

各个学者基于不同视角和理论基础的探讨，带来不同学科之间的碰撞，从而激发的学术性批评和反思，尤其是国内学者对党和国家生态文明建设的高度评价和质疑呼吁，充分显示专家、学者等知识分子的本色，对完善中国生态文明理论和制度设计以及生态文明建设具体的实践操作做出的巨大贡献。

1. 生态文明概念的丰富性与模糊性

不同视角下生态文明概念的阐释体现了生态文明基础理论的广泛性和多元化。当前对生态文明相关概念进行考辨性认识有利于形成全局整体性的生态文明理论并明晰其本质和意义，不同视野的生态文明概念解读体现其内涵的丰富性。国务院发展研究中心社会发展研究部室主任周宏春研究员认为生态反映自然存在状态，文明反映社会进步状态，生态文明反映人与自然的和谐状态，是理论与实践的有机统一。中国社会科学院城市发展与环境研究所人居环境中心主任侯京林研究员则认为"生态"是全球各种生命体的生存状态，"生态系统"是所有生命体的关系，并借用"生物圈"和"智能圈"解释人类社会与自然世界的关系，认为生态文明是对人类的工业社会文明观的反思。北京大学哲学系徐春教授在《生态文明建设新机制路径探索》中，从马克思主义哲学视角，认为生态文明是人类文明史螺旋上升发展过程中的一个阶段，是对工业文明生产方式的否定之否定，是对以往农业文明、现存工业文明优秀成果的继承、保存和超越。中国生态文明研究与促进会常务理事，国家林业局经济发展研究中心原主任黎祖交教授在其《"生态环境"的意涵再探》中，围绕当前学术界和民间对"生态环境"一词产生的"模糊性"进行详细的梳理与解析。他认为"目前在我国广为流传的"生态环境"一词，无论是作为联合词组还是偏正词组，只要使用者明白它的意涵分别是什么，就无须去改变它。中共中央党校哲学部社会发展研究中心赵建军教授在《绿色技术范式与生态文明制度建设互动关系研究》中，认为当前"历史学倾向、社会学倾向、战略学倾向以及发展理论导向"使生态文明的概念极为"模糊"。而尹绍亭和夏明方则认为概念模糊是可行的,关键是要以"人与自然和谐"为目标,避免错误的理解逻辑。"生态文明是什么"每个人应该有自己的理解,不同学者可以有不同的理解。

2. 生态文明理论的挖掘与创新

人与自然的和谐是生态文明理论的核心价值观,实现人类社会与自然环境的良性互动演变是生态文明建设的渊源和发展动力。中国台湾东华大学人文社会科学学院院长王鸿濬教授在《生态文明伦理之比较观点》中,比较东西方生态文明伦理的异同,分析人类社会与自然环境之间高度依存的本质关系。认为应该挖掘和发扬中华民族文化的传统生态智慧的现代意义与价值,加强环境伦理教育,摈弃传统的人类中心主义价值观,转向环境整体主义,坚持人与自然环境相互依存、共同演化、代际共享的可持续发展原则。北京第二外国语学院国外马克思主义研究中心孟根龙教授在其《社会主义生态基本三角思想简析》一文中,围绕社会主义生态基本三角思想,认为社会主义不是建立在以剥削人们的劳动和征服占有自然为代价来积累财富的基础上,倡导在稳固的生态原则基础上,科学使用而不是占用自然资源,构建生态道德价值观念,合理地调节人类与自然之间的关系,实现满足当代和未来的公正和可持续的社会发展。厦门大学生态文明研究中心主任钞晓鸿教授在《生态文明建设中的环境史——中国环境史研究的理论与实践》中提出,生态文明是一个庞大的思想体系与系统工程,需要从环境史研究的角度对人与自然的关系进行历史追溯。中国环境史作为一门学科,主要研究历史上人与自然的互动,其时限的纵深性与内容的广泛性有利于生态文明建设。中国生态文明理论体系应将国际化与本土化相结合,继承并弘扬中国的学术传统,树立学术自信,充分发挥本土的学术优势与自主性,建立相应的学术体系、话语体系以及生态文明学科体系,为全球生态史的发展乃至整个人类的生态文明与社会福祉,贡献自身的力量与智慧。

不同维度的生态文明理论解析体现了生态文明理论的学术性和实践性。生态文明建设是一项庞大的国家工程体系,涉及不同领域不同群体的切身利益和发展,必须从跨学科的角度构建起理论支撑体系。周宏春在《共同迈向生态文明》报告中,站在国家的高度审视生态文明建设的重要性和建设途径,强调人是生态文明的主体,提出"三段论、绿色化、绿色发展"的生态文明新理念。同时,周宏春在《生态文明建设理论与实践概述》一文中,从生态文明的理论演进分析生态文明的内涵、挖掘中华民族传统文化中孕育的生态智慧，认为"绿水青山就是金山银山"是生态文明的理论升华。北京生态文明工程研究院副院长贾卫列在《从可持续发展到绿色发展》中，反思传统工业文明的可持续发展概念，提出应汲取中外传统文化中的生态智慧，结合科学技术重建绿色发展理论作为未来生态文明建设的思想基础。北京大学马克思主义学院郇庆治教授在其《生态文明视野下的小康社会建设：2020 及其以后》中，认为生态文明是一种新型的人与自然、社会与自然关系构架，是经济、政治、社会、文化与生态的统一体，提出"政治向度"明确生态文明的社会性质和方向，"空间维度"协调省市县三级生态文明建设的合作机制，如何实践"政治向度"和"空间维度"的统一和谐是中国生态文明建设的重要基础。

3. 巩固和完善生态文明制度建设

建设生态文明，必须依靠制度和法治，不同领域的生态文明制度探析有利于全面构建生态文明建设。我国环境保护中存在的一些突出问题，大都与体制不完善、机制不健全、法治不完备有关。习近平总书记指出："只有实行最严格的制度、最严密的法治，才能为生态文明建设提供可靠保障。"中国社会科学院城市发展与环境研究所黄承梁在《我国生态文明建设的严峻形势及其现代化发展趋势》[1]中，指出当前中国生态与资源问题日益突出，生态关系陷入"五个极限"[2]的生死存亡局面，提出通过观念革命、行为革命和制度革命，调整社会制度，加强生态法治建设，普及生态文明的生态常识和良知，探讨生态文明建设的基本方法。对此，周宏春提出创建生态社会文化氛围，完善生态文明建设的保障体系，制定并实施最严格的制度是生态文明建设的保障体系。生态文明制度建设包括建立健全资源生态环境管理制度、生态文明评价指标体系、完善经济社会发展考核评价体系、建立责任追究制度等，应严格按照十八届三中全会要求，建成系统完备、科学合理、运行高效的生态文明制度，包括空间开发、用途管理、有偿使用、污染治理、生态补偿、红线管理、损害赔偿、责任追究等方面，保障生态文明建设取得预期成效。

---

[1] 黄承梁，男，中国社会科学院城市发展与环境研究所博士后、山东省生态文明研究中心原主任、研究员、中国生态文明研究与促进会理事、中国环境伦理学会副会长，在此次会议上提交的参会论文是《建设生态文明的生活方式》，出版会议论文集将以提交的参会论文为准。

[2] 黄承梁提出生态关系陷入"五个极限"的局面，即资源消耗接近极限、能源消耗接近极限、污染排放达到极限、生态环境承载能力达到极限、部分人贫穷达到极限。

特定领域的生态文明制度建设探析。北京林业大学生态文明研究中心副主任林震教授在《建立健全领导干部自然资源资产离任审计制度》中，提出防治"绿色腐败"，建立健全领导干部生态权责制度。认为领导干部自然资产离任审计制度建设，既是对领导干部的约束，又是一种激励，是一种自上而下的约束方式。夏明方赞成对国家干部应有更多的规范，必须对其职能采取"有为"的制度约束和奖惩管理，同时，林震教授提到的绿色造假、绿色腐败是一种创新，在生态文明建设中要防止此类事件出现。云南省人民政府研究室于尧研究员在《浅谈构建云南生态文明建设排头兵评价指标体系的思路和方法》中，以云南为例，建议采用层次分析法，突出定量、现状、进度、功能、贡献等要素，按照整体性、定量化、代表性和可操作性等原则，构建生态文明建设评价指标体系。徐绍华提出生态文明建设驱动公式，建议加强政策驱动、利益驱动、激励驱动、文化驱动作为正向驱动力，辅之法律约束、制度约束、舆论约束、文化约束作为反向驱动力，从正反驱动两个方面鼓励和保障生态文明建设稳步发展。南京大学应用生态研究中心李建龙教授在《城市生态文明建设评价指标体系构建理论及应用——以苏州市吴中区实践为例》中，以苏州市吴中区的生态城市建设为例，综合国内外生态文明建设背景与评价标准，构建18项生态文明建设评价定量指标，并提出12条应对措施，为我国城市生态文明建设评价指标体系提供一定的科学依据。

（二）不同语境下的生态文明建设模式探讨

生态文明建设涉及人与自然、人与人、人与社会、当下与未来等不同主体、不同时空的多重关系，涵盖生态学、生态哲学、生态伦理学、生态经济学、生态现代化理论等多种学科，是一项贯穿于经济建设、政治建设、文化建设和社会建设的系统工程。反思传统生态文明建设的不足，打破学科界限，构建科学全面的生态文明建设模式是该论坛的重要议题和目的之一。

中国生态文明建设已经取得显著成果，但也存在诸多问题，反思以往生态文明建设的经验和不足，有利于探索新的生态化、科学化的建设模式。中国人民大学清史研究所、生态史研究中心主任夏明方教授在《无为而治：当代中国的生态修复与社会发展》中，从历史学研究视角，对极端科学主义、极端权威主义、极端市场主义、极端文化保守主义、极端发展主义进行深刻反思，探讨生态文明建设与历史研究相结合的可能性，认为自然系统是人与自然的混合体，提出实行"无为而治"的生态修复模式，调整人与自然的关系。云南大学西南环境史研究所所长周琼教授在《自然与人为之间：生态安全与屏障的"建设"探讨》中，反思"人为"生态屏障建设的单一性，认为过多的人为建设不可能达到自然的程度，反而破坏生态的复杂性和平衡性，提出"自然"生态屏障建设模式，强调屏障和安全的自然属性，具备区域性的概念及意识，把握好"度"的范围，避免过多的人为参与和干预。侯京林在《生态文明社会发展模式的建立》中，认为当前的生态文明模式应按照生态方向调整生态经济结构，降低生产产品和服务的资源消耗量，减轻对环境的压力和对自然资源的总需求量；同时，完善农村探索新型城市（镇）化中的保障机制，打破"城乡二元制"思维模式，运用生态学的方法和生态思维①，通过生态智能化的农工综合体发展模式，发现与重塑乡村价值，实现"地权资本化、耕地农场化、农民市民化、村镇集镇化"的生态建设格局。

生态文明建设是全民性的社会工程，需要不同群体的合作参与，探讨生态文明建设主体的不同合作模式，有利于形成上下互动的国家力量共创生态文明新未来。当前中国大多数公民的自我生态责任意识薄弱，仅仅依靠政府从上到下贯彻生态文明政策，无法将民众不同的环境认知容纳到政策之中，难以形成全国上下民众共同参与负责的趋势和动力。周宏春强调人是生态文明建设的主体，应加强政府、企业和公众参与的三方合作，实现循环经济、低碳经济、美丽乡村的生态文明"中国梦"。徐春认为生态文明建设最终是人的问题，提出"三生三赢"理论范式，要求处理好"生产、生活、生态共赢"与"政府、企业、公众共赢"之间的关系，从政府的管理体制、社区如何参与，以及企业的生态责任等多方合作，寻求以社会共治来化解环境社会风险的机制和路径。侯京林则倡导实现国家法规政策条例、地方政府、农户家庭、集体组织互动的"四维协作共生共享机制"，通过生态产品组合，资源性资产合并与溢价能力的实现，实现社会主义国家福利共享的机制。于尧则提出政府、企业、企业和公民是生态文明建设的主体驱动力量，使以政府为主导的干预机制、以企业为主体的市场机制、以智库为核心的引领机制、以社会为基础的监督机制，形成"政企学民四位一体"的协同机制。徐绍华提出

---

① 侯京林教授在《生态文明社会发展模式的建立》一文中，提出通过生态学的方法，即系统方法、链条结点方法、生态适宜度方法等协调人与自然的关系；运用生态思维来处理人与自然以及人与社会的关系，即合理利用系统的整体思维、开放的区域思维、生态位适宜度的趋适思维、动态的平衡思维、协同的调控思维、预警的限制思维、可持续发展思维来处理和解决现实生活中的具体问题。

构建生态文明建设驱动保障模型，使政治、经济、文化、社会、生态等建设要求对"政企学民"形成压力源，迫使其通过各种驱动要素促进生态文明建设，形成压力—动力、输入—输出—反馈驱动系统。

二、地方实践：基于区域生态现状的文明认知与科学建设

区域生态安全理论与实践是国家生态安全建设的重要组成部分，是部分与整体不可分割的关系。立足区域的自然生态规律和现实困境，因地制宜发挥区域资源优势，科学规划区域发展与安全建设，实现区域生态安全的稳定和可持续发展有利于维护国家生态安全的整体性。

（一）因地制宜发挥区域资源优势探索科学可持续的生态产业

因地各异的地理、气候、水源、土壤、光热等自然条件，孕育不同区域生态资源的差异性与独特性。基于区域自然生态系统优势分析，综合生态与经济发展诉求，发挥区域资源优势，调整产业结构，发展生态产业是区域实现可持续生态文明建设的重要路径之一。

云南"真菌"生态产业的利国利民。中国科学院昆明植物研究所科技处长于富强研究员在其《一种混农林立体生态经济及其应用前景》中从生物学的角度指出云南是"真菌"的王国，探讨食用菌的生态效应、经济效益、医药营养效益和社会效益，提出"食用真菌"产业链发展途径。将植树造林与食用菌培育相结合，在田间、林地内进行食用菌的"轮作""套作""间作"的新型复合生态农业模式，使蘑菇的生态种植与荒山造林、植被恢复相结合，实现产业化发展模式的生态、经济与社会效益，对我国食用菌与林业的可持续发展、荒漠化治理、"五采区"复垦和中低产田改造等具有重要意义。

友好型橡胶园实现生态保护和经济发展共赢。中国科学院西双版纳热带植物园唐建维研究员在其《环境友好型橡胶园建设关键技术攻关与试验示范》，从研究背景、现状问题、研究发现、研究成果、如何建设、存在问题分析六个方面进行阐述。西双版纳橡胶产业的可持续发展，关乎中国橡胶产业的健康，而当前橡胶树大面积的单一种植已导致一系列的生态环境问题。基于此，建构环境友好型橡胶园，根据生态学原理和经济学

原理，通过一定的生物、生态以及工程技术与方法，建立多层多种的高效人工橡胶园生态系统，以保持水土、保护生物多样性、保护土壤和防治病虫害等为目标，实现其结构功能的稳定动态平衡状态。

怒江森林防火体系关乎边疆和国家生态安全。国家林业局昆明勘察设计院农业与生态环境工程设计所生态环境规划设计室刘永杰主任在《生态文明视角下的怒江州森林防火体系构建》中，指出怒江傈僳族自治州森林防火工作面临的严峻形势，分析怒江森林防火对保护怒江傈僳族自治州、云南省乃于全国生态安全的重要性和必要性，提出构筑森林防火体系的指导思想、基本原则、目标定位、分区管理和机制保障等措施。认为加强防火基础设施建设，构建系统完善的森林防火体系，推进科技防火建设，提高专业队伍建设和完善现代管理体制，保障防火能力提升，严格边境火源管理等，对保护森林资源和生物多样性，实现怒江州生态安全屏障巩固、兴边富民、保障国防都具有重要价值意义。

（二）攻坚克难构建国家和区域生态安全和屏障

局部地区日益加剧的环境污染、生态退化导致资源供应不足、生物多样性减少和生态系统功能丧失，增加污染治理成本，严重影响环境保护与经济可持续发展。因此，关注局部区域最具挑战性和重要性的环境资源问题，攻坚克难，有利于从源头上解决环境问题，促进区域和国家的生态安全和屏障建设。

对区域内具有重大影响力的自然资源进行保护，有利于区域生态安全和屏障建设。水是生命之源，水安全建设对于保护区域生物多样性、维护区域生态系统稳定和促进社会生态经济发展至关重要。中国科学院昆明分院党组书记、副院长周杰教授在其《秦岭地区生物多样性变化与水安全》中，运用大量的图表、数据等直观材料阐明目前秦岭地区生态环境非常脆弱的现实状况，并提出发展生态经济为核心的产业结构调整是秦岭水源涵养区平衡区域经济发展与生态保护的有效手段。云南大学生命科学学院段昌群教授在其《滇池污染治理与昆明生态化发展》中，深刻分析滇池治理存在"容小""少水""割肾""取肺""败血""绝后"六大先天问题，强调加强滇池流域水污染的综合治理，制定"昆明的生态化发展"区域战略，实现减压发展、清洁发展、优化发展、跨越发展。

对区域内具有显著"生态脆弱性"特征的环境状况加强综合治理，有利于实现区域环境保护和经济发展双赢。石漠化加剧喀斯特地区的生态系统脆弱性，严重影响区域环境与经济的可持续发展。中国科学院地球化学研究所副所长王世杰教授在其《西南喀斯特地区石漠化治理与区域发展》中，从当前喀斯特地区石漠化治理的背景、成效、驱动力分析、存在的主要问题、综合治理五个角度分析石漠化治理与区域经济发展的内在联系，认为要加快国家重要经济带的生态屏障建设，加快区域精准脱贫的步伐，加快构建区域人与自然和谐发展的新局面，必须加快西南喀斯特地区的石漠化治理速度。地质结构的脆弱性要求加强政府"作为"，共筑抗震房屋。中国地震局地质研究所高建国研究员在《屏障与安全：云南碰不得》中，通过列举智利的成功案例和我国新疆安居建筑，凸显云南省目前居住房屋的巨大风险，他主要探讨云南房屋的脆弱性，指出这种脆弱性主要是政府做得不好造成的。他认为按照中国地震灾害的"三十年"周期规律，目前中国已经进入新的地震高发期，因此，加强云南省的房屋抗震建设，尤其是偏远落后地区的乡村聚落的抗震防灾减灾能力，是云南省当前的安全建设和灾害防治的重点工作。

全球化背景下经济问题与生态环境安全问题相互交织，加强跨界区域地带的生态经济发展，防治跨境环境污染和物种入侵有利于巩固边疆生态屏障和维护国家生态安全。林超民强调加强边疆地区野生动物资源保护和有害生物防治工程和管理，设立疫情监测点，构建县、乡、村三级防控网络维护跨境生态安全很有必要。《生态经济》的杂志执行主编冯胜军，在其《"一带一路"中的生态经济和生态安全问题》的报告中结合"一带一路"中的生态经济和生态安全问题可能出现环境污染、外来物种的输入与输出以及未来能源开发等可预见或不可预见的危险，提出重视"一带一路"中的低碳经济建设和生态安全建设（包括环境安全、能源安全、粮食安全、生物安全等），避免在"一带一路"倡议实施中引发严重的环境冲突，实现"一带一路"可持续发展，并通过多层次的合作与交流，在国际范围内推广中国生态安全和文明建设经验。对此，周琼指出，要清醒地意识到在"一带一路"倡议未来发展之中加强生态经济建设和构筑生态安全和屏障，避免中国成为生态帝国的指责，尤其面对"一带一路"沿线国家和地区错综复杂的文化，要坚持云南未来朝向低碳发展，使生态文明在"一带一路"推广中获得国际认同。此外，北京林业大学马克思主义学院周国文教授在其报告《生态屏障、生态城乡与生态安全》中，以跨界地区生态城乡建设为例，认为生态屏障是地方、国界、区域与地球在相互触及与多边融入过程中的观念认知与实践作为，提出尊重屏障区域的自然规律，以生态安全为根本，结合地方特色建设生态城市和生态乡村，强调防治区域生态功能的退化以维护国家生态安全的整体性。

三、地方性知识：融合区域差异和多样性的生态工程

詹姆斯·斯科特在其《国家的视角：那些试图改善人类状况的项目是如何失败的？》一书中，论证那些试图摈弃地方性知识的多样性而推行极端现代主义的社会工程的失败是必然的，究其原因是其宏大的规划与设计是对地方多样性和差异性的简单同化，与地方实际相脱离。因此，尊重地方差异和多样性，基于地方性知识的生态文明建设实践，有利于尊重和发扬区域优秀生态文化，完善生态文明理论，有效贯彻生态实践。

（一）丰富多样的地方知识体系是生态文明理论的文化基础

传统生态知识主要由自然生态观和生态实践知识构成，是传统社会或社区中的原住民在长期利用自然生态环境过程中所形成的一套关于生态环境各要素之间相互联系和相互作用，以及关于人与自然的相互关系的理解及其实践知识的总和。因此，加大对民族生态文化的保护和科学引导，对地方性知识体系加以容纳是生态文明理论建设的重要内容。

丰富多样的地方知识体系包括传统的生态文化、环境认知和独具特色的生计模式，极大地丰富生态文明理论的内涵和基础。复旦大学历史地理研究中心的戴星翼教授在其《追求七彩云南生态文明》中，认为中国的生态文明理论基础极不充分，必然对实践、制度的设计带来影响，比如行政化、孤立化等。戴星翼以云南为例，认为应充分发挥云南文化多样性、民族多样性的特色，尊重民族传统、尊重民众的首创精神，鼓励基层的自主性、主体性，承认和尊重多样化的本土文化有利于区域生态安全建设。滇西民族走廊的生态文明建设需要挖掘具有地方性、历史性、宗教性和民族性的特点"山水生态文化"。云南民族大学民族研究所李全敏副教授在其《从山水文化看滇西南民族走廊的生态文明》中指出，云南滇西南民族走廊的 17 个（包括汉族）云南跨境民族的格局是由

其特定的生态环境和人文地理所决定的。其中，具有丰厚山水文化的"滇西南民族走廊"是集资源、历史、人文、宗教为一体的生态文化，对于保护当地的山水资源，协调人与自然的和谐关系具有重要的生态文明意义。因此，在民族群体分布格局的交替融合中，以地方性知识为基础，保护生态环境，促进民族团结和谐发展，共同推动滇西南民族走廊的区域可持续发展。

关注传统本土知识，挖掘地方生态智慧，对于助力云南生态文明建设非常重要。英国伦敦大学亚非学院 Andrea Janku 教授在其《八景与生态文明建设》中，用八景的历史重构地方的环境变迁，通过个案研究和田野调查，从图片、照片、诗歌、游记类等记载中，探析区域生态环境变迁，挖掘云南"八景"中所蕴含的传统生态知识在生态文明建设中的价值。建议以多层次、多主体的理解和参与为基础，了解不同主体看待同一环境问题的认知转变，如外来人、精英与农民等对八景变迁的理解和认知，并结合当下生态文明建设的概念、途径、标准等，关注当地人的观念和需要制定地方环境政策。德国海德堡大学金兰中教授在其《生态文明与地方智慧：田野考察感想》中，通过田野调查中的环境破坏理解生态文明建设的必要性，强调重视小地方的现实和居民认知，认为丰富的环境知识对地方的生态文明实践有重要参考价值。生态文明建设应将地方对环境认知、传说、口述历史、文物等进行科普和保护，挖掘其生态价值为地方开发、决策提供参考信息，倡导开发小规模、有限量的乡村旅游景点，发扬地方传统生态文化，把地方生态智慧引入生态文明教育建设中。

云南少数民族聚居地区的生态空间、生态经济、生态环境、生态文化和生态制度的核心是人与自然和谐发展，为生态文明建设提供理论与技术指导，有利于边疆生态安全和屏障建设。环境保护部华南环境科学研究所生态文明研究中心副主任张修玉研究员在《云南少数民族生态文明建设路径》中，以云南生态文明建设规划为主题，从农业、工业、城市环境保护、通信、水资源等进行宏观规划，建议云南从五个方面，即调整产业结构、提升对外开放和区域合作水平、强化污染防治、充分挖掘、保护和弘扬民族优秀传统生态文化、全面构建"云南省委省政府统一领导、环境保护部门统筹负责、多部门协调分工"的生态文明建设工作机制，推动云南的生态文明建设。

承认和尊重多样的本土文化价值，有利于发挥地方主体建设的自主性，实现国家"生态维度"和地方"文化维度"的良性互动。中国社会科学院农村环境与社会研究中心荀丽丽研究员在《国家生态治理及其文化维度：基于西北经验的反思》中，以西北地区的长期调查为基础，围绕国家"生态治理"及其"文化维度"，认为国家的"生态治理"作为一种强制统一的干预方式容易导致中央政府、地方政府和基层民众对"环境脆弱性"概念的差异解读，造成实际操作的困难和冲突。荀丽丽以内蒙古、宁夏"生态移民"、"精准扶贫"和"新型城镇化"等为例，论证一旦国家、地方政府、企业和基层民众难以达成一致认识和行动，则不利于当地的生态保护和经济发展。因此，建议应该考量基于社区建设的生态建设，承认和尊重多样的本土文化价值，为维护地方性社区共同体的自主性提供更多保障的制度体系。

（二）基于地方性知识体系的差异性生态实践探析

国家生态治理政策是国家视野的生态危机应对模式，是以一种现代化、理性化、国家化的统一政策，使生态环境本身的价值与国家荣誉、国家安全相结合，使生态治理成为国家对地方区域发展新的指导方式，出现"去社会化"和"去地方化"。在这种政策之下，尽管投入大量财力和人力却难以达到生态治理和恢复的积极性成果。因此，制定基于地方性知识体系的差异性生态实践模式，有利于地区生态治理实践的推广和落实。

结合地方实际，发挥地方主体作用，发扬民族生态文化，科学合理设计建设方案发挥地方优势，实现地方生态转型。云南大学林超民教授在其《天蓝地绿山清水秀——腾冲生态立市的实践》中，以西南边疆民族地区的腾冲生态立市的成功转型与面临的挑战为例，通过大量的数据和案例以历史的长时段视角探析腾冲生态立市的实践经验。如实行村民承诺、村级登记、县乡挂牌的古树名树保护；实行限额管理，规范活树移植；建立集观光、游览、科普、教育为一体的公益性生态文化旅游教育示范基地和国家级公园；严格落实保护森林、河流资源的管理办法，产生良好的经济效益和社会效益。尤其是腾冲市的责任追究制度、生态文明建设考核奖惩机制和循环、生态、低碳可持续发展理念贯穿经济社会发展的全过程和各个领域，并率先在全国提出绿色食品发展战略，在全省开展循环经济试点，其生态建设经验值得借鉴。但是腾冲的生态环境问题也依旧存在，仍需做出很大努力才能改善腾冲生态环境。云南师范大学生命科学学院副院长崔明昆教授在《传统生态知识在区域生态系统安全中的作用——以云南少数民族的传统知识为例》中强调传统生态知识在维护生态安全中的作用，认为云南少数传统生态知识中的文化信仰和生产实践模式，如"万物有灵"、西双版纳"森林—水—水田—粮—人"、哀牢梯田，苗族、布依族应对石漠化的传统经验和实践等，生动展现了云南少数民族的传统生态知识对生态安全的重要作用、传统生态知识的丧失及其对生态安全的影响，以及如何弘扬和保护少数民族传统生态知识，促进云南区域生态环境安全的重要性。

区域生态文明建设实践需以大量的田野调查为基础，全面分析区域生态环境资源状况和地方传统生态经济模式，实现生态环境保护和社会经济发展的共赢。云南大学人类学博物馆原馆长、民族研究院生态人类学研究中心主任尹绍亭教授在《口述史在生态文明建设中的重要作用》中，基于人类学视角在云南的田野调查所收集的大量资料和数据，以西双版纳的橡胶种植为例，强调云南的环境保护和生态修复的研究与实践需考虑当地居民的主体生态价值观和发展需求，认为研究者、新闻记者等应摈弃外来者的身份客观认识橡胶林种植的利弊，结合当地人种植或不种植橡胶林的态度和立场，综合主客体种植和发展生态橡胶林的诉求，从主位的立场考虑政策的制定以及生态文明建设方略。中国人民大学环境学院副院长吴健教授在《生态保护与社会经济协调发展：基于一个案例的观察》中，通过微观案例的研究探讨区域保护与发展如何融入国家宏大生态工程建设的途径与意义。吴健通过云南省拉市海的微观个案分析，探讨了资源受限地区如何实现当地生态保护与经济发展良性循环的可持续发展途径，即绿水青山是可以变成真正的金山银山，凡是转型成功的村子的人均收入是未转型的 3 倍。

四、蓝色屏障：加强我国海洋生态文明安全和发展建设

丰富的海洋自然资源和巨大生态系统服务价值是国家经济社会发展的重要基础和保障。我国是海洋大国，海洋自然资源丰富，加强海洋生态文明安全和发展建设具有重大战略意义和现实价值。然而，当前我国海洋经济产业发展不平衡、不协调，保障发展的机制不完善；加之，海洋生态系统的敏感性、脆弱性和封闭性强，使我国的海洋生态系统极易受到人类开发活动的干扰与破坏，易于破坏退化、难于恢复修复。因此，我国海洋生态环境面临的巨大压力，减少陆源污染排放量，加强近岸污染治理，科学规划海洋生态系资源的开发利用项目，有效防治海洋生态系统破坏和退化，预防海洋环境风险、

环境突发事件和生态灾害，保障海洋生态系统稳定，加强生态安全屏障建设是海洋生态文明的重大国家工程。海洋生态安全是当前我国海洋生态文明建设的重要内容。国家海洋局生态环境保护司副司长王孝强研究员在其《关于海洋生态文明建设的思考与实践》中，主要从现状、认识、要求和建设思路四个方面介绍我国的海洋生态文明建设体系。通过详细介绍当前我国海洋生态文明建设的重要性和必要性，形成"维护人与海洋的和谐关系"基本认识，确定海洋生态文明建设的基本要求。提出通过海洋开发活动向循环利用型转变，落实海洋生态文明建设的"八条"路径，实现"经济富海、依法治海、生态管海、维权护海、能力强海"的目标。海洋是特殊的地理单元和生态系统，保障海洋生态安全屏障建设的重点是：第一，在沿海省份全部划定生态安全红线，建立海洋生态红线制度。第二，完善海洋领域的生态赔偿补偿标准和制度建设。第三，优化海洋开发与保护空间格局。第四，加强海洋生态保护与修复。第五，全面促进海洋资源节约利用。第六，推进海洋生态文明示范区建设。第七，建立生态系统为基础的海洋综合管理模式。第八，建立海洋生态文明制度体系。

海洋生态安全和海疆生态屏障建设与陆疆生态安全屏障构成我国生态安全建设的主体，是我国安全体系的重要内容。海洋生态安全建设在保障经济社会发展所必需的资源环境需求的同时，对有效控制并消除粗放型发展方式所造成的资源浪费和环境污染具有无可替代的作用。诚然，目前关于海洋生态文明的建设是一个全新的内容，但学界对于海洋的关注度仍旧不够，有待各科研机构、高校和国家海洋局加强合作，开展关于海洋生态文明的研究，切实将理论与实践进行有效结合，时刻警惕海洋开发造成的海洋污染问题。

五、结语

生态文明是什么并非重要的问题，重要的是如何建设生态文明，如何建设一种适合云南、中国乃至世界的模式，实现从工业发展模式到生态发展模式的转变。本次论坛突出之处，一方面在于跨学科的参会人员和论文成果的体现论坛的高端性和学术性。从国家层面的资政专家学者、官员，到全国各高校著名学者以及基层的专家学者，形成囊括宏观层面的理论、规划和实践研究，以及涉及生态文明建设不同学科之间的区域和个案的微观研究的论文成果，充分展现生态文明研究的深度和广度。另一方面在于国家、区域和地方不同层面的生态文明建设理论与实践模式体现论坛的国际性和实践性。其探讨的内容和范围从内陆、边疆到海疆，涉及城市、乡村和跨境地区的森林、土壤、水资源等不同生物资源的保护和生态经济产业发展，实现历史与现实、理论与实践的结合，深刻体现生态文明安全建设广泛的实践维度。同时，论坛中围绕生态文明建设的理论和实践的争论性探讨和交流，其最终目的是推进生态文明实践，保障国家生态安全。由全会审议并通过形成的《关于加强云南生态屏障和安全保障的十大建议》，是各位专家思想的精华和理论的凝练，尤其是围绕生态文明的理论与方法、云南生态文明建设、生态文明认知与实践的深入探讨对全国和区域生态文明建设有重大参考价值。

可持续的生态文明建设需要综合自然界的生态系统稳定和人类社会层面的经济发展需求，实现两个系统之间的交互、平衡关系。中国是一个负责任的大国，在生态文明建设领域已取得重大成果，必须宣传中国的生态文明理念，发扬中国传统生态文化中的生态智慧。从国家视角出发，基于区域差异，尊重文化多样性，发挥地方主体积极性，调整地方产业结构，在国家触及力度有限的地方生成自我保护和负责的内在驱动力，自下而上推动地方实践是解决关键问题的有效途径。正如林超民教授指出，生态文明建设中要重视三种关系的协调互动，即理论与实践的关系，应重视实践的作用；上级与下级的关系，要注重民众的力量；地方知识与国家政策，要用地方知识推动国家生态文明建设。但是，正如参会专家们达成的共识，当前生态屏障和安全的构建中依然存在相关保障机制不完善、不同建设主体缺乏全面深度合作、宏观理论规划与区域实践矛盾等问题，仍需加强开放包容的跨学科交流与互动，综合国家、区域和地方知识体系的力量，跨学科构建和巩固生态安全和屏障建设。

第二节　云南省加快推进美丽乡村建设对策研究[①]

美丽乡村是区域经济、政治、文化、社会和生态文明协调发展，规划科学、生产发展、生活宽裕、乡风文明、村容整洁、管理民主、人居改善，宜居、宜业和宜游的可持

---

① 本节节选自聂选华：《云南加快推进美丽乡村建设对策研究》，《保山学院学报》2016 年第 1 期。

续发展乡村。目前，云南乡村农业生产的自然环境渐趋恶化，农业发展基础设施建设滞后，农业升级技术相对落后，农业产业经营管理简单粗放，农民生活水平受到农业生产的严重束缚。加强乡村基础设施建设，改良土壤，兴修水利，推广良种种植，保障农田基本建设，全面提高农业综合生产能力和发展潜力，促进乡村公共服务能力提升，着力提高乡村广大人民群众生产和生活水平，是推进云南美丽乡村建设的必然选择。

2014 年，中共云南省委、云南省人民政府出台《关于推进美丽乡村建设的若干意见》，该意见要求全省应当"深入贯彻党的十八大和全国改善农村人居环境工作会议精神，建设美丽云南，推进城镇化与新乡村建设良性互动，运用省级重点村建设的经验和成果，在试点示范的基础上，从 2015 年起，进一步改善农村人居环境，大力推进美丽乡村建设。"①云南乡村要按照全面建成小康社会的总体要求，扎实开展农村人居环境整治，加快改善乡村生产生活条件，积极建设宜居乡村，提高社会主义美丽乡村的建设水平。目前，关于云南美丽乡村建设的研究主要侧重于从生态文明视角探讨美丽乡村建设②、创意农业与美丽乡村建设关系分析③、发展生态农业与建设美丽乡村的辩证关系梳理④、少数民族地区美丽乡村建设的生成范式和构建途径⑤以及区域性美丽乡村建设个案分析⑥，但对云南美丽乡村建设的整体性关注较少。本书拟结合云南乡村实际，就云南全省各地如何加快推进美丽乡村建设，挖掘乡村发展潜能，提高乡村居民生活质量，从美丽乡村建设的现状与问题、目标、原则、模式和对策等进行研究，并提出建设具有云南高原特色美丽乡村的具体对策。

一、云南推进美丽乡村建设的现状及存在的问题

"建设美丽乡村的发展行动，强调的是人与自然和谐相处，突出了生态文明建设的

---

① 中共云南省委云南省人民政府：《关于推进美丽乡村建设的若干意见》，《云南日报》2014 年 7 月 23 日，第 1 版。
② 刘燕屏：《生态文明视野下的"美丽乡村"建设》，《中共云南省委党校学报》2014 年第 5 期。
③ 王奇：《云南省创意农业与美丽乡村建设研究》，《安徽农业科学》2014 年第 20 期。
④ 唐亚凯、李永勤：《发展生态农业，建设美丽乡村》，《经济研究导刊》2015 年第 4 期。
⑤ 肖应明：《少数民族地区美丽乡村多维构建途径》，《生态经济》2014 年第 9 期。
⑥ 彭正章：《富源县连片攻坚扮靓"美丽乡村"》，《今日民族》2014 年第 1 期；刘婧：《美丽乡村规划及建设要点浅析——以墨江哈尼族自治县景星镇新华村大平掌小组为例》，《城市建设理论研究》2015 年第 23 期；中共云南省委党校课题组：《美丽乡村建设的勐海实践》，《中共云南省委党校学报》2014 年第 5 期；中共云南省委党校课题组：《红塔区美丽乡村建设问题研究》，《中共云南省委党校学报》2014 年第 6 期。

价值理念。在城乡发展的整体背景下，美丽乡村建设行动将生态文明建设和新农村建设有机集合起来，努力实现各类资源要素向广大农村地区倾斜配置，不断推动农村人口向中心村和中心镇有效集聚。"①2014 年 7 月，中共云南省委云南省人民政府出台《关于推进美丽乡村建设的若干意见》，该意见指出，云南省要在试点示范的基础上，运用省级重点村建设的经验成果，做好县域城镇体系规划和村庄整治规划的编制，要按照"培育中心村、提升特色村"的要求，推进城镇化与新农村建设良性互动，有序开展美丽云南建设。该意见还强调，云南省"从 2015 年起，每年推进 500 个以上以中心村、特色村和传统村落为重点的自然村建设，全面推进环境整治、基础设施建设和公共服务配套，建设周期不超过 2 年。要通过典型示范，串点成线，连线成片，带动全省面上新农村建设。到 2018 年，力争在全省的中心村、特色村和传统村落建成一批富有云南特色的'宜居宜业宜游'美丽乡村。"②此后，云南省市（州）、县、乡（镇）各级党委和政府部门明确目标、高度重视、科学筹划、扎实推进，组织动员广大青年积极参与美丽乡村的建设，充分发挥共青团生力军和突击队的作用，全力推进美丽乡村建设，村民自治基本得到实现，乡村民主政治建设稳步推进；基层组织关系得到理顺，党群、干群关系更加密切；村民参与公益事业的积极性被广泛调动起来；各建设村的基础设施建设不断增强，农业生产力得到发展，村容村貌发生巨大变化，村民生活水平不断提高。但由于云南集处于边疆、民族、山区、贫困地区，是全国扶贫攻坚的主战场之一，扶贫攻坚难度较大，导致在推进美丽乡村建设的过程中尚存在着一些亟待解决的问题。

（一）基础设施建设尚待完善

"三农问题"是云南现代化进程中与乡村整体发展水平密切相关且要亟须解决的现实问题，农业经济的发展转型、农村基础设施的建设完善和农民生活水平的提高已成为制约云南乡村现代化进程的主要瓶颈。云南能否实现全面建设美丽乡村和小康社会的总体目标，关键取决于全省"三农问题"的有效解决。加强基础设施建设，发展现代农业和新型产业，增加农民经济收入，改善贫困地区面貌，建设生态文明乡村，是云南贫困

---

① 李一：《从打造美丽乡村到实现和谐发展：浙江乡村生态文明建设的路径与经验》，杭州：浙江教育出版社，2012年，第132页。
② 中共云南省委云南省人民政府：《关于推进美丽乡村建设的若干意见》，《云南日报》2014年7月23日，第1版。

地区实现脱贫致富的重要物质基础。

据统计，2013 年底，云南乡村公路总里程达 18.9 万千米，1367 个乡镇中有 1312 个实现通畅，乡镇通畅率达 96%，14 015 个建制村中有 13 874 个通公路，通达率为 99%，6587 个建制村实现通畅，通畅率达 47%。[1]到 2014 年，云南完成乡村公路投资 151 亿元，新改建乡村公路 1.9 万千米，全省乡村地区的交通条件得到进一步改善。尽管云南乡村公路通车里程明显增加，但是乡村道路拓宽及硬化难度较大，乡村公路管理工程和危桥加固工程仍然存在"短板"，由于缺乏完善的交通路网体系，广大贫困群众出行难的问题还需努力解决。

2009 年以来，由于气候异常，云南省遭遇的连续干旱，江河来水持续偏少、库塘蓄水严重不足，部分地区抗旱形势严峻，给山区和半山区广大人民群众的生产、生活带来了严重影响，尤其是严重干旱地区的部分学校师生面临着用水困难和饮水安全问题。由于云南对水路建设投资小，系统性的水库、水窖、水渠和水管等互联互通的水网建设难度大，乡村供水安全责任难以明确到位，应急供水措施无法有效落实，致使乡村农田灌溉用水和安全饮水不容乐观。

（二）乡村贫困面大，扶贫开发任务艰巨

云南省贫困地区呈现出"整体性、民族性和素质性"的贫困交织状况，是集"边疆、山区、民族、宗教、贫困"为一体的重要扶贫开发区。"十二五"期间，云南省在 4 年期间累计投入财政专项扶贫资金 183.18 亿元[2]，使 440 万乡村贫困人口摘掉贫困的"帽子"。2011—2014 年，云南省整合投入各类资金 267.11 亿元，启动实施 166 个整乡推进项目，完成 2800 个行政村、9350 个自然村整村推进。[3]但是，在推进区域发展与扶贫攻坚，突出抓好民族聚居地区综合扶贫开发，组织各贫困地区实施扶贫开发项目，探索解决集中连片特困地区脱贫发展路子的过程中，饮水不便、出行困难、住房破旧、收入微薄等问题依然集中显现，脱贫致富仍面临严峻的挑战。据 2013 年统计资料显示，

① 余雪彬：《云南农村公路总里程近 20 万公里 通达率超 90%》，http://www.chinanews.com/df/2014/02-18/5852476.shtml（2014-02-18）。
② 薛丹：《云南贫困人口四年减少 440 万 力争到 2020 年消除绝对贫困》，http://yn.people.com.cn/news/yunnan/n/2015/0619/c228496-25296447.html（2015-06-19）。
③ 杨旻昊、乐志伟：《扶贫开发，闯出增收致富路》，《云南日报》2015 年 8 月 7 日。

云南省有 4 个集中连片特困地区（全国有 14 个），91 个贫困片区县，数量居全国之首；全省贫困人口达 661 万人，居全国第二位，其中边远少数民族贫困地区深度贫困人口有 120.4 万人。[①]截至 2014 年底，云南省仍有 15 个州市 93 个贫困片区县和重点县尚未脱贫，有乡村贫困人口 574 万人，下一步扶贫开发工作依然艰巨，消除绝对贫困有待奋发努力。

（三）建设资金来源单一，引资建设困难

云南美丽乡村的建设主要依赖于上级财政资金拨款，可谓问题重重。一是资金主要依赖于各级财政安排的专项资金和转移支付，而社会资金、群众自筹和其他投入较少，乡村金融体系对美丽乡村建设的投入没有实质性的突破。二是县、乡（镇）一级政府部门在财政资金使用与美丽乡村建设指导方面缺乏统筹规划，美丽乡村建设哪些建设需由国家投入，或由集体投入，或由农民投入，没有明确的规定，部门整合资金的积极性不高。三是部分市县在安排美丽乡村建设专项资金时，缺乏实地调研，没有根据各示范村的实际情况区别对待，而是搞平均分配，使美丽乡村示范建设和整村推进难以形成合力。四是涉农资金条块分割，农业、水利、林业、国土、扶贫等部门在资金分配和项目设置方面职能交叉，整合统筹难度较大。五是资金缺口较大，乡（镇）村一级经济发展不平衡，部分偏远山区和半山区缺少项目带动，乡村集体经济基础薄弱，引资建设较为困难。六是美丽乡村建设资金管理制度落实不严，财政部门监管难度大，建设项目未做到规划先行，也未实行规范招投标，工程办理决算时效性差。

（四）整体建设和发展缺乏科学规划

科学规划、有序建设是云南美丽乡村建设的重要组成部分。但目前云南美丽乡村的建设仍缺乏科学合理规划，主要表现为：政府对美丽乡村建设的规划引领作用不够突出，对彰显民族地区优秀传统文化的策划不符合实际；美丽乡村建设示范村规划内容单一，远期和近期建设目标存在较大差距，发展规划有待完善。美丽乡村建设与发展规划与当地生态、文化、产业不协调。云南美丽乡村建设处于起步阶段，部分乡村制定的建

---

① 杨之辉、彭锡：《民族团结进步示范区建设 云南一直在路上》，http://yn.yunnan.cn/html/2015-03/14/content_3644115.htm（2015-03-14）。

设规划缺乏科学论证，尤其是在挖掘村庄自然、历史人文和产业元素方面不到位，村庄鲜明的民族传统和特色文化未能全部体现；部分村庄存在多次规划，规划标准低，边建设边规划，边规划边改造，导致建设项目存在不必要的重复和浪费。

（五）乡村特色产业发展不足

发展具有云南高原特色的乡村产业是新时期云南现代化美丽乡村建设的战略抉择，是提升云南美丽乡村经济发展水平的重要支撑力量。在云南美丽乡村建设的过程中，解决乡村剩余劳动力，大力发展生态农业，保障主要农产品有效供给，发展乡村生态旅游业，是增加农民收入的有效途径。当前，云南乡村特色产业发展存在许多问题，主要是特色资源开发利用深度不够，特色农产品的开发潜力未能全部挖掘，各类产业综合开发水平不高，龙头企业带动及辐射面不广，产业组织运作不规范和农民的文化素质不高，进而导致美丽乡村重点项目建设滞后，产业定位不明确，产业结构单一，产业运作模式混乱。

（六）人居环境综合整治有待加强

云南为高原山区省份，全省 25°以上的陡坡地几乎占土地总面积的 40%，可供建设和耕作的土地资源相对不足。由于水土资源时空分布不均匀，农田水利建设成本高，滇中地区严重缺水，滇东南喀斯特地形众多，全省大部分地区面临水土流失严重和易遭受滑坡、泥石流等自然灾害威胁，并严重限制着乡村农、林、牧、副、渔业的发展。近年来，云南的社会主义新农村建设取得了显著的进展，但乡村房屋规划无序，生产供水困难紧张，厕所改建滞后，畜禽圈舍面积狭小，居住地淤泥清理难，生活区扬尘管控乏力，森林植被覆盖锐减等一系列问题依旧存在，致使乡村自然生态环境质量持续恶化。乡村各类生活垃圾泛滥，缺少垃圾处理设施，"白色"污染比较严重，水环境不断遭到污染，农药、化肥等面源污染问题严重。总的来看，云南乡村道路建设、通信设施、供电可靠性、消防设施、文化公共品、绿化问题比较突出，各项基础设施建设水平需要提高；各地乡土文化传承出现间断的可能性增大，乡村公共服务人员素质偏低，乡村公共服务水平持续下降。

二、云南美丽乡村建设的八大原则

美丽乡村是"是规划科学、布局合理、环境优美的秀美之村；是家家能生产、户户能经营、人人有事干、个个有钱赚的富裕之村；是传承历史、延续文脉、特色鲜明的魅力之村；是功能完善、服务优良、保障坚实的幸福之村；是创新创造、管理民主、体制优越的活力之村。"①云南美丽乡村建设是一项体现云南城乡经济发展水平、居民生活水平、公共服务能力和人与自然协调发展的系统工程和惠民工程。云南作为山区和农业大省，美丽乡村蓝图的绘制是美丽云南建设进程的重要前提。坚持因地制宜、自愿互助、民生为本、生态优先、科学规划、量力而行、安全有序和统筹兼顾的建设原则，是推进云南美丽乡村建设的内生动力。

（一）因地制宜原则

云南美丽乡村的建设，必须从云南各地乡村自然环境状况和人口规模的实际出发，根据乡村原有聚落的分布形式和特点；因地质、地形、海拔和气候的不同，制定不同的建设模式和规格，推行一户一策、一组一策和一村一策，积极优化美丽乡村建设格局；紧密结合乡村的区位优势和人文因素进行科学开发和建设，打造一村建设一个样、两村建设式不同、三村建设千般样、四村建设万家同的云南美丽乡村。

（二）自愿互助原则

在云南美丽乡村建设的过程中，各地政府部门要坚持维护农民切身利益的主体地位不动摇，在美丽乡村建设专家团队、指导员与户主充分协商的基础上，充分发挥村民的主体建设作用，引导广大村民投工、投资，自己动手、自力更生、自主建设；云南美丽乡村建设要由政府规划、科学引导、财政扶持、村组组织、村民自愿和邻里互助，必须尊重农民积极建设美丽乡村的意愿，不强行摊派，不搞任务分配，有序推进乡村布局和综合建设，加快美丽乡村建设步伐。

---

① 崔仁璘：《"美丽乡村"内涵解读》，http://yn.yunnan.cn/html/2013-03/07/content_2644799.htm（2013-03-07）。

（三）民生为本原则

推进云南美丽乡村建设，要重点保障群众生活水平显著提高。要坚持从实际出发，把解决好百姓最渴望、最迫切和最需求的民生问题置于首位，着力提升乡村基本公共服务水平，切实解决人民群众最关心、最直接和最现实的民生问题；要坚持以改善民生为基础，加大山区扶贫攻坚力度，以贫困人口集中的贫困村为重点，以村为单位制定和实施扶贫开发规划，总体部署、整村推进，分轻重缓急实施山区扶贫，集中力量改善乡村的基本生产条件，提高人民群众的生活水平。

（四）生态优先原则

云南美丽乡村的建设，要坚持生态优先，环境保护先行。在制定美丽乡村建设规划的过程中，充分考虑采用有利于保护原始生态环境的最佳建设方案，建立乡村原始生态环境保护责任制；实施山地植树造林和退耕还林还草工程，提高森林植被覆盖率；加强农田环境保护，严禁过度使用农药和化肥；强化乡村饮用水源地保护，建立健全水污染防治应急处理机制；对生活污水和垃圾实行集中有效处理，开展污染整治和环境净化；遵循乡村自然发展规律，切实保护乡村生态环境，围绕乡村生态环境、生态经济、生态文化和生态人居项目建设，大力发展乡村生态文化产业。

（五）科学规划原则

云南美丽乡村的建设，要坚持规划先行，凸显个性设计，科学合理兴建。在建设过程中，要结合各村地理区位、资源禀赋、产业发展和村民实际需要，对村庄进行科学规划，实施差异化指导，坚持个性化塑造；根据每户具体情况，量身设计可供选择的聚落样式，免费提供设计图纸，实行一户一图；以乡村长远发展为着眼点，重点突出乡村聚落、公路交通、文化教育、医疗卫生、用水供应、电能保障、信息网络和生态环境等基础公共设施服务规划，综合考虑乡村人口和环境综合承载能力。

（六）量力而行原则

云南大部分乡村地区属于山区、半山区和欠发达地区，乡村经济发展基础十分薄弱，乡村居民生活水平较低，各村情况千差万别、全然不同。推进美丽乡村建设，要按照各村的实际情况做好长远规划，根据政府财政投入力度、政策支持程度和村民的财力状况逐年择期改造和完善，坚持科学引导、量力而行、循序渐进；准确把握建设标准，加强乡村综合环境整治，千方百计保护青山绿水，想方设法留住家园乡愁，竭尽全力克服为应付检查而急功冒进，确保美丽乡村建设沿着正确的轨道稳步推进。

（七）安全有序原则

云南美丽乡村的建设，要积极树立安全就是发展、有序就是和谐的意识，适时强化美丽乡村建设过程中的安全意识防范。加强政府领导，落实责任担当，大力开展生产安全宣传活动，推行安全生产制度化和建设改造标准化；实行美丽乡村项目建设安全检验、质量监督，确保整个项目施工安全和建设有序；增强农民科学用药的意识，推广安全科学使用农药技术，整治农药残留超标、环境污染和农田生态破坏现象，确保粮食生产供给和家畜饲养安全；加大乡村自然灾害防治力度，建立健全区域自然灾害预防体系。

（八）统筹兼顾原则

加快云南美丽乡村的建设，各村要深入贯彻落实云南省委、省政府关于美丽乡村建设的意见，突出重点、统筹兼顾、协调发展。要结合村情实际，统筹乡村基础保障、改造建设和长效机制的关联互动，以点带面、各个击破、整体提高、有序建设；统筹美丽乡村建设的内容、任务和目标，开展美丽乡村先行示范点建设；统筹美丽乡村建设规划与经济社会发展、生态农业、生态旅游业和生态文化产业之间的衔接，通过项目带动、资源整合、合力推进；统筹完善村规民约的制定与城乡法治建设，在充分发挥村民主人翁建设主体的前提下，坚持用法治引导、规范和保障美丽乡村建设稳步推进，促进乡村人居自然环境的协调发展。

三、云南美丽乡村建设的三大模式

云南美丽乡村的建设，要最能彰显云南的环境优势、体现云南的生态价值、突显云南的民族文化特色；要把建设美丽乡村作为云南强化农业、惠及乡村、富裕农民的重要手段和基础工程；要根据云南乡村的区位优势，推动具有云南高原特色的美丽乡村建设。

（一）低碳生态乡村

云南要积极支持生态资源可持续性发展的低碳生态型乡村建设，一是推进各个乡村积极承担自然生态环境保护的责任，努力完成国家节能、截污、降耗和减排指标的要求。二是调整乡村经济发展结构，提高资源和能源利用效益，摒弃此前乡村先污染后治理、先粗放后集约的发展模式，发展生态农业、生态工业和生态旅游业，积极推动生态文明建设，力争实现经济发展与资源环境保护双赢。

2012 年，云南省新建农村沼气 120 113 户，完成率达 80.08%；实现农村改灶 87 505 户，完成率达 87.51%，乡村能源建设二氧化碳减排成效显著。与此同时，全省各乡村推广太阳能热水器 110 667 台，推动大中型沼气工程建设、秸秆优质化能源利用和小型光伏发电等其他可再生能源项目稳步发展。到 2012 年底，全省农村沼气用户将累计达 290 多万户，乡村改灶累计达 600 多万户，太阳能热水器保有量达 217 万平方米。据估测，云南省 2012 年农村能源建设年节约标准煤 400 万吨，二氧化碳减排 800 多万吨，大约有 1000 万农民从中受益。[1]2014 年 10 月，云南省新建农村户用沼气池 55 688 户，完成率 112.50%；推广节柴改灶 124 027 户，完成率 82.68%；推广太阳能热水器 87 076 台，完成率 86.21%。[2]全省农村积极推进各项生态工程建设，大力发展清洁能源，引领山区农民走向全新的低碳生活。

昭通市巧家县是一个典型的山区县，山区面积占国土总面积的 99.81%，农业人口占总人口的 93%。沼气池项目是惠及乡村千家万户的"民心工程"，自 20 世纪 70 年代以来，巧家县严格实施沼气池建设审批地点、投资规模、建设期限、质量要求和效益目标，坚持"高起点、高标准、高质量、高效益"的原则，不断加大科技与经费投入，积极探索在海拔 1200 米以下至 2800 米左右的高寒山区建造沼气池建，开创大寨镇药峰村、山店村等高海拔地区全年正常产气供应农户生活的先例，高寒山区正常推广使用沼

---

① 李丹丹：《云南省千万农民受益低碳经济》，《昆明日报》2012 年 12 月 14 日。

② 安丽华、孙培培：《全省农村能源建设业务工作会议在昆明召开》，http://www.ynly.gov.cn/8415/8494/8503/99784.html（2014-11-27）。

气池达 2800 余口。2010 年,巧家县累计建成沼气池 40 409 口,完成节柴改灶 67 198 眼,太阳能项目 3600 平方米,12 个乡村能源村级服务队常年在各乡镇开展后续服务。[①]

2014 年,玉溪市新平彝族傣族自治县采取加强领导、明确责任、严管资金、统一招标和物资统购等举措,开展乡村能源项目建设,投入财政资金 285 万元,积极开展乡村节柴改灶兴建、沼气建设、太阳能热水器安装、病旧沼气池修复、沼气服务网点建设,共完成巩固退耕还林节柴改灶 900 眼;建成中央预算内投资养殖小区小型沼气池(50 立方米)10 个,建设标准和质量均达规划要求;安装巩固退耕还林乡村太阳能热水器 600 台;修复病旧沼气池 2500 口;建成沼气服务网点 1 个。[②]全县乡村各类能源项目建设稳步推进,形成森林资源节约和生态环境的保护良好格局,促进了乡村生产生活条件、经济效益、社会效益和生态效益的协调发展。

(二)民族特色乡村

大理白族自治州洱源县茈碧湖镇梨园村是一个有着悠久历史和丰富传统文化的白族聚居村,是云南省级民族文化生态村。梨园村里有树龄 500—1000 年不等的古梨树近万株,环境优美,风景独特,是全国农业旅游示范点。梨园村南临高原湖泊茈碧湖,东、西、北三面环山,是洱海源头聚落特征明显的白族聚居村寨。村庄依托茈碧湖湿地公园建设,以生态、绿色、环境保护和休闲建设为特色,对村落进行科学规划,按 3A 级景区标准对村庄环境进行全面改造提升,实施茈碧湖梨园村面源污染控制示范村建设工程,完成鹅卵石和青石板砼路面、排水沟、污水处理湿地等建设,并成立乡村旅游协会,加大对村内生态环境保护的监督力度,推进了村庄集浓郁历史文化和优美自然风光为一体的生态旅游业的发展。目前,梨园村建有农家乐 10 户,家庭式旅馆 9 户,其余村民设置摊点,主要出售当地的名优产品和特色小吃;另外,梨园村还大力发展种植业和乳牛养殖业,并成为村民的重要经济收入来源。近年来,洱源县政府投入 100 多万元,完成梨园村旅游开发规划的编制、村内道路改造以及旅游厕所的建设。2010 年,村庄共接待游客 6.5 万人次,旅游接待户纯收入 183 万元。2013 年 1—6 月份,全村共接待旅

---

① 牟顺泽:《巧家积极开展高寒山区农村能源示范点建设》,http://www.ynsncny.com/ztnews/265.htm(2012-04-20)。

② 佚名:《新平县加大资金投入推进农村能源建设》,http://www.mof.gov.cn/mofhome/mof/xinwenlianbo/yunnancaizheng xinxilianbo/201503/t20150310_1200069.html(2015-03-10)。

游者 6 万人次，旅游收入达 80 万元[①]，营造出生态保护与经济发展共赢的良好局面。

泸西县向阳乡沙马村委会山色村是一个彝汉杂居的寨子，它位于向阳乡东北部，距离泸西县城 27 千米，面积 3.58 平方千米。全村有 94 户 390 多人，有彝族 69 户 285 人，彝族占全村总人口的 72.7%。[②]2014 年，向阳乡党委、政府积极协调资金，在山色村实施《山色民族特色旅游示范村建设项目》，对村庄进行"五改一亮一化一池一场地"改造和建设，投资 100 余万元，硬化鲁黑路口至山色村段水泥路，全长 2.5 千米，路基宽 5 米；投资 35 万元对村内现有的坝塘进行淤泥清除、护墙石方支砌、休息凉亭等建设；投资 28.2 万元，对全村 94 户农户安装自来水管网；投资 32 万元按户均补助 0.8 万元的标准进行住房提升改造建设。[③]通过各项基础设施建设，促进了彝族文化的传承、保护和发展，使村内各民族的经济社会得到一定程度的发展，各族人民群众的生产和生活条件得到改善，村寨环境得以美化，群众文体活动逐渐丰富，增进了民族团结。

（三）宜居和谐乡村

2008 年以来，德宏傣族景颇族自治州实施一事一议财政奖补政策，全州各级财政部门筹措和兑现财政奖补资金达 28 185.39 万元，引导并带动群众和社会投资达 38 754.43 万元，直接投入村级公益事业建设，实施项目 1750 个，直接受益群众达 66 余万人[④]。一事一议财政奖补政策为德宏的美丽乡村建设提供了契机，助力实现公共财政向乡村基础设施建设的覆盖，促使乡村基础设施和面貌得到改善，为农民发展致富创造了良好的时机。从 2013 年开始，德宏州积极推进一事一议财政奖补政策转型升级，以美丽乡村建设为主攻方向，以单个项目建设不低于 100 万元省级资金补助的方式，对交通条件好、民族特色浓郁、旅游资源丰富和产业基础较好的 31 个自然村进行项目改造和建设，并鼓励各族人民群众和社会各界积极投入人力、财力和物力，有效推进"村庄秀美、环境优美、生活甜美、社会和美"的宜居、宜业、宜游型美丽乡村的建设。

待补镇距会泽县城 38 千米，是会泽的南大门。2009 年，待补镇开始实施整乡推进

---

① 赵菊芳：《洱源梨园村景点开发进展顺利》，《大理日报》2013 年 3 月 28 日，第 B3 版。
② 李立章：《如画山村——山色村"美丽家园"建设一瞥》，《红河日报》2015 年 2 月 6 日，第 1 版。
③ 赵江洪、王睿：《泸西县"美丽家园"建设绘制山村新画卷》，http://www.hh.cn/news_1/xw01/201502/t20150205_1146109.html（2015-02-05）。
④ 何映荷：《多元化投入建设德宏美丽乡村》，《德宏团结报》2013 年 8 月 2 日，第 1 版。

扶贫开发，围绕建设"现代生态高效农业示范镇、小城镇与新乡村建设'双轮驱动'的城乡统筹示范区和会泽南部中心城镇"三大目标，以集镇建设为龙头，以美丽乡村建设为突破口，大力夯实基础设施，积极探索农业生产发展方式，全面推进扶贫开发和美丽乡村建设进程。2010 年，待补镇在野马村投入资金 6000 多万元，实施中低产田改造项目，使全村近 3 万亩的烂草海从过去的"跑水、跑土、跑肥"的"三跑"地成为"保水、保土、保肥"的"三保"地[①]，全村的农业生产条件和生态环境得到改善，土地产出率有效提高。同时，野马村通过合理进行土地流转，发展草莓、百合花、生菜、大蒜、青花等多种特色作物种植，现代高效农业种植模式逐步建立。尤其是待补坝子里万亩灌区项目的建设，农业发展基础设施得到改善，使糯租、新发、待补和哨牌等 7 个村庄建成面积为 1.1 万亩高产稳产农田[②]，经营向规模化发展，有效促进土地保值升值，扶贫开发、环境综合治理、产业富民与美丽乡村建设得到统筹发展。

四、云南大力推进美丽乡村建设的对策

（一）因地制宜完善规划，合理布局保障建设

根据云南全面建成小康社会和社会主义新乡村建设的总体要求，结合城乡大力推进生态文明建设的战略部署，切实加强领导、科学规划、明确责任，科学编制美丽乡村建设整体规划，做到各地美丽乡村建设有方案、有部署、有举措、有督促和有行动；结合乡村实际，突出个性亮点和区域特色，基于不同村庄自然条件和产业基础的差异性，完善区域生产、生活、服务各板块功能定位，明确垃圾、污水、改厕、绿化、环境保护等项目的建设的具体时间和要求，统筹规划、分类指导、具体施策。

根据云南美丽乡村建设的实施意见，科学决策、合理布局，坚持统一要求与尊重差异相结合；预先统筹、建立机制，坚持集中规划与分步建设相结合；突出重点、讲求协调，坚持改善环境与促进发展相结合。以交通改善、产业发展、环境保护规划为重点，以保障乡村居民住房安全、饮水安全、出行安全为基本要求，优化完善村庄空间布局和

① 吉哲鹏：《乌蒙山片区扶贫见闻：野马村化害为利"逆袭"记》，http://yn.xinhuanet.com/newscenter/2015-06/19/c_134340566.htm（2015-06-19）。

② 刘光信：《破茧成蝶的美丽蜕变——待补镇扶贫开发与美丽乡村建设纪实》，《曲靖日报》2015年4月1日，第1版。

建设规划，高起点、高标准、高要求合理布局并建设具有云南高原特色的美丽乡村。

（二）优化资源综合利用，促进产业结构升级

有效促进乡村土地经营权流转体制改革，科学优化乡村国土资源配置和利用格局，严格保护耕地红线，推进贫瘠土地治理；加强水土流失和石漠化整治，保障基本农田的生产能力，合理开发利用乡村公共自然资源，维护国土生态空间；通过引进废物综合利用技术，加强对乡村养殖业废弃物、种植业废弃物、乡村生活垃圾、农业加工业废弃物的循环利用；倡导建立"资源—农产品—废弃物—再生资源"的物质循环利用模式，利用科学的方法对农业资源构成要素进行多层次、多用途综合开发和集约利用。

根据乡村区位优势，以科学发展观为指导，按照科学规划布局美、村容整洁环境美、创业增收生活美、乡风文明身心美的目标要求，坚持把美丽乡村建设与产业发展、农民增收和民生改善紧密结合起来，按照宜工则工、宜农则农、宜游则游的原则，全面提升产业结构层次。促进低碳发展布局清晰，深入推进低碳试点，推动乡村产业发展转型和绿色低碳发展，在平坝地区有条件的乡村建立新型产业发展模式，在山区和半山区的乡村大力推广低碳经济，积极发展生态农业、绿色支柱产业和休闲旅游业，优化乡村人居环境，提高乡村人民群众生活品质。

（三）推进人居环境治理，强化公共服务能力

加强基层民主政治建设，优化村组公共事务管理体制和机制，提升村组公共服务能力；加强乡村治安综合治理和维护，推进物质文明、精神文明和生态文明协调发展；继续出台支农惠农和扶贫开发政策，深入推进"领导挂点、部门包村、干部帮户"和"转作风走基层遍访贫困村贫困户"扶贫工作长效机制的健全和完善，制订贫困村、贫困户脱贫发展计划，创新扶贫攻坚模式，助力脱贫致富进程。保护并利用好乡村土地，严格控制大肆兴修和拆建，加强乡村危房改造力度，提升自然灾害防治水平；加大政府财政投入力度，把农村人居环境改造与建设逐步纳入公共财政覆盖范围；坚持拓宽社会各界参与扶贫开发的途径，调动一切积极力量，努力形成支持乡村人居环境建设的强大合力。

在云南美丽村庄创建的过程中，尊重各乡村人民群众意愿，耐心细致解决广大群众

最迫切、最关心和最需要改善的基本生产生活条件。以文明、生态、宜居和现代美丽乡村为目标，加强村组道路硬化、垃圾处理、污水治理、电网改造、水利修建等基础设施建设，加强饮用水源地保护，加大乡村污染治理，推广太阳能利用和沼气建设，实施节柴改灶，整治村内坑塘，开展旱厕改造，开展村庄绿化美化；在有条件的村庄深入推进集党员活动、就业社保、卫生计生、教育文体、综合管理、民政事务于一体的乡村社区服务中心建设，健全以公共服务设施为主体和以专项站点为补充的服务网络格局；加快乡村通信、宽带覆盖和信息综合服务平台建设，进一步加大乡村信息点、网上信息库、网上农副产品等项目的开发力度，促进农业产业信息化和现代化。

（四）弘扬优秀乡土文化，引领乡村文明风尚

云南各族人民在长时期的社会生产与生活实践中，不断对自然环境进行适应和改造，并通过宗教信仰、习俗禁忌、民间口传文学等形式，创造出特色鲜明、内容丰富的民族文化，进而遗留下形态各异、内容充实的民族生态文化。加强云南美丽乡村建设，要以中共十八大提出的"把生态文明建设放在突出地位，融入经济建设、政治建设、文化建设、社会建设各方面和全过程，努力建设美丽中国，实现中华民族永续发展"为契机，在少数民族聚居地区大力开展生态文明建设，开展乡风文明提升行动，树立生态平衡和可持续发展的观念，大力传承和弘扬各民族与自然和谐相处的生态道德观和伦理观，将各民族独具特色的生态文化推向更高层次的发展水平。

美丽乡村建设承载云南各族人民群众的美好梦想，生产发展、生活宽裕、乡风文明、村容整洁和管理民主是云南各族人民的共同愿景。推进云南美丽乡村建设，要深刻认识各个乡村经济发展、村容环境、社会风尚、村民素质好和文化建设等方面存在的现实问题和即将面临的挑战，进一步增强乡村广大干部和人民群众加快精神文明建设和生态文明建设的紧迫感和使命感；要紧紧围绕培育和践行社会主义核心价值观，坚持以文化育民、文化惠民、文化乐民和文化富民为导向，积极加强教育引导，扎实推进好家风好家训、村规民约建设，全面提升乡村人民群众的文化素质，树立先进典型示范，深化乡村志愿服务；加强乡村基层文化设施建设，丰富人民群众精神文化生活，鼓励支持乡村文化繁荣发展，定期组织农民文化艺术节、农民运动会或乡村民族文化调演活动，引领乡村社会新风尚，为推动美丽乡村建设提供精神动力。

第二编

云南省生态文明排头兵

建设政策篇

云南的生态文明制度建设主要从生态规划、生态创建及生态文明体制改革三个层面展开。生态规划主要是基于云南省针对保障人与自然关系可持续发展提出的政策，生态创建是在生态规划的基础上具体到州市的建设性行为，生态规划所制定的目标、内容都是通过生态创建逐步实现的；生态文明体制改革是保障生态文明建设得以有效实施的重要制度。

第一章　云南省生态规划建设
事件编年

　　生态规划是实现生态文明建设可持续发展的重要工具。我国的生态规划起源于20世纪80年代，"生态规划"这一概念脱胎于生态学之中，最早的研究来自欧美学界。学界对于"生态规划"的概念和内涵，不同学科之间各有侧重，多学科的交叉和融合，构成了生态规划的多元化。生态规划的实质就是运用生态学原理去综合地、长远地评价、规划和协调人与自然资源开发、利用和转化的关系，提高生态经济效率，促进社会经济的持续发展。[①]可以说，生态规划是人类协调人与自然之间关系的桥梁。

　　2016年9月20日，云南省委召开常委会议，研究云南省生态文明建设相关工作，审议并原则同意《云南省生态文明建设排头兵规划（2016—2020年）》。此规划进一步强调了云南生态文明建设工作的具体落实，开创了适合云南气候多样、地形多样、民族多样的制度建设的新模式、新路径，奠定了生态文明排头兵制度建设中的坚实基础。

---

① 欧阳志云、王如松：《生态规划的回顾与展望》，《自然资源学报》1995年第3期，第203—215页。

第一节　云南省生态规划建设（2016年）

习近平总书记在 2015 年新年伊始来云南考察时指出，云南要主动服务和融入国家发展战略，努力成为我国生态文明建设的排头兵。云南人民不断重温总书记的讲话，深入盘点云南资源、条件和优势，对云南省情和发展路径又有了新的认识：云南作为我国西南生态安全屏障，维护着中国乃至世界最重要的生物多样性宝库，担负着多条国际国内大江大河及其下游黄金经济带的生态安全责任，承载着包括水资源、生物资源、水电能源等清洁能源、矿产等国家战略资源的科学保护和有序利用的国家担当，从而成为我国生态资源最富集、生物多样性最丰富、生态产品和生产条件最好的省份之一，在解决我国资源环境问题、建设生态文明国家中具有特殊的地位和作用。不仅如此，我国经济社会发展进入转方式、调结构的关键时期，绿色发展已经成为转方式、调结构的主要方向和关键途径，绿色生态产业将成为产业发展、经济转型的战略先导，云南是我国生态产品最优良的生产区域，云南面向全社会提供生态产品将使之生态后发优势历史性地变为重大发展优势，通过科学保护和生态开发，让生态生物资源变为经济社会资源的新时代为期不远。在国内不少中心城市及相关地区面临雾霾困扰、食品安全影响、对优良环境有更高期待时，云南保护住的生态环境就具有不可替代的经济价值，后发优势正在得到体现。在牢记嘱托、把握导向方面，习近平总书记嘱托到："生态环境是云南大宝贵财富，也是全国的宝贵财富，一定要世世代代保护好！"。云南人牢记这个光荣使命，着力推进生态环境保护，取得了显著的成效。

目前，滇池、洱海等高原湖泊的保护取得新进展，滇池水质进一步企稳向好，顺利通过国家考核，洱海水质情势不断改善，全省大中城市空气质量优良，"森林云南"稳步推进，大江大河更加清澈安澜，在经济得到快速发展的同时，资源和能源消耗有所降低，经济社会生态化、绿色化发展势头良好。2015 年，云南以更加绿色的发展方式，顺利地完成了"十二五"规划的主要任务和目标，并把绿色发展作为创新发展的目标定位，启动了"十三五"经济社会发展蓝图的绘制，对推进绿色发展、循环发展、低碳发展，形成节约资源和保护环境的空间格局、产业结构、生产方式、生活方式构建了新的愿景。

2015 年，云南人清醒地认识到，云南努力成为生态文明建设排头兵不仅是一项光荣的使命，而且是一份沉甸甸的任务。事实上，云南作为全国首批四个省区之一，已经率先入选为全国生态文明先行示范区建设名单。云南省生态文明排头兵的建设就要以先行示范区建设为抓手，全面贯彻落实党的十八大"五位一体"总体布局，牢固树立尊重自然、顺应自然、保护自然的生态文明理念，坚持"生态立省、环境优先"的发展战略，以落实主体功能规划、推进新型城镇化建设、调整优化产业结构、大力发展可再生能源、推进绿色循环低碳试验试点、促进资源节约高效利用、强化生态保护和环境污染治理、培育生态文明理念、加强制度和基础能力建设为重点，大力推动绿色发展、循环发展、低碳发展，并融合到创新发展、协调发展、共享发展中，构建体现国家发展战略定位、符合云南资源环境条件、满足新常态下市场特征需求的生态经济发展新形态，把云南省建设成为生态屏障建设先导区、发展方式转变先行区、边疆脱贫稳定模范区、制度改革创新实验区、民族生态文化传承区，成为全国生态文明建设排头兵。

在慎思破题、奋发有为方面：以生态为主线，加快推进生态文明排头兵建设步伐，打造云南经济社会发展升级版，在这个基调下，生态文明建设的发展定位将聚焦于六个方面。第一，国家重要的生态文明建设示范区。云南集边疆、民族、贫困等特征于一体，探索该类地区的生态文明先行示范区建设，将为经济落后省份如何实现转型发展和合理空间布局探索新路。第二，国家重要的绿色循环低碳试验试点先行区。依托云南省、昆明市国家低碳发展试点工作，云南国家级循环经济试点工作，普洱国家绿色经济试验示范区建设工作，以及州市生态文明示范区创建工作，开展先行先试，为全国绿色发展、循环发展和低碳发展探索有效途径和模式。第三，国家重要的生物多样性宝库和西南生态安全屏障。切实加强生物多样性保护，进一步发挥云南作为我国重要的生物多样性宝库的地位和作用，加快滇池等高原湖泊水环境综合治理，推进大江大河上游林业生态建设、水土保持和重点区域石漠化治理，巩固和提升西南生态安全屏障的重要功能。第四，国家重要的清洁能源基地。充分发展云南作为全国水电建设和"西电东送"战略实施的主战场优势，以建设三江干流水电为主的国家级电力基地为中心，大力发展风电、太阳能、生物质能等清洁能源，通过西电东送，为转变我国能源结构，降低东部地区的雾霾污染，提升全国能源的绿色化水平做出云南省的特殊贡献，努力将云南建成国家重要的清洁能源基地。第五，国家重要的民族生态文化保护与弘扬阵地。充分挖掘少数民族丰富多样的生态文化潜力，加强传统生态文化习俗、节庆等文化的传承延续和发扬光大，形成民族优秀传统生态文化的保护与弘扬阵地。第六，国家重要的生态文明建设成果交流展示窗口。充分发挥云南毗邻东南亚的地理区位优势，在发展绿色经济、保护生物多样性、维护区域生态安全、应对气候变化等领域广泛开展国际合作，打造生态文明建设典范，向世界全方位、立体式展示中国生态文明建设成就。

在问题导向、精准发力方面：生态文明是人与自然协同发展的新型文明，生态文明建设的核心就是要突破保护与发展两张皮的难题。如何在确保生态环境得到有效保护的同时，经济社会能实现跨越发展，与全国同步迈进小康社会，这不仅是云南的问题，也是我国西部，尤其是西南地区生态环境相对较好、经济社会发展比较滞后的区域面临的共性问题。云南为此应创新工作思路，破解生态建设与经济建设不协调、不同步、不平衡的发展难题，为我国西部其他地区的发展提供示范和借鉴。当前正是编制和讨论"十三五"规划的高峰时段，建议在谋篇布局之时把以下三个方面的基础性问题抓实、抓好。

第一，把"生态优先"的思想贯穿到云南的生态转型发展过程中。

一要深入认识云南成为生态文明建设排头兵就是主动服务和融入国家发展战略的关键内容之一，清醒认识保护生态环境、治理环境污染的重要性和紧迫性，在思想上充分认识到生态保护、污染治理的长期性和艰巨性，牢固树立保护生态环境就是保护生产力、改善生态环境就是发展生产力的理念，按照"五位一体"的整体布局，把生态环境保护落实、贯穿到经济发展、脱贫致富、边疆治理、民族进步、社会发展等具体工作中，把良好的生态系统保护起来，把受损退化的关键地区的环境恢复起来。二是按照"发展要严守生态红线、保护为发展留下空间"的基本思路划定并严守生态红线，构建科学合理的城镇化推进格局、农业发展格局、生态安全格局，把生态环境目标作为区域经济发展顶层设计的刚性指标，倒逼其他各种规划和发展计划对生态环境保护的适应性，在高位上实现区域发展方式和产业布局的优化。三要加快制度建设。把生态环境放在经济社会发展评价体系的突出位置，建立责任追究制度，大幅度提高生态环境指标权重，建立体现争当生态文明排头兵要求的目标体系、考核办法、奖惩机制。根据资源承载力、生态环境容量制定科学技术水平高、长远和现实结合程度好、法律法规约束性强的发展规划和空间布局，做到换届换人不换规划；把保护好生态环境融合和贯通到每一个区域、每一个产业、每一个部门，把具体的责任分解和任务落实到每一个规划地块、每一个建设项目、每一届责任领导。

第二，从战略抢滩的高度尽快推进云南生态产品新兴制造业的创建。尽快规划在云南建立生态产品生产基地，对生态产品的生产方式、发展业态、产品交易、产品消费进行试点，筹建生态产品国家交易中心和国际交易中心。加快打造云南的生态品牌，抢占生态发展的制高点。把云南产业发展、社会面貌按照生态化模式进行整体性、综合的形象打造，树立云南的生态型发展基础、生态型发展优势、生态化发展先机，在全国乃至世界上形成凡是云南的就是生态的、环境保护的、绿色的理念，为云南产品和社会形象全面打上生态标识，为云南各民族产品走多样化、小批量、高端化、高效益打下基础。

第三，从"只有创新才有未来"角度打造适合云南生态化发展的科技教育创新支撑体系。在科技支撑方面，要尽快建立一批跨学科、跨领域的生态环境保护、生物生态资源利用开发的复合型科技支撑平台和国际交流平台，培养和引进一批理论水平高、技术手段好、服务社会能力强的领军人才、战略科学家、市场开拓人才、国际活动专家，启动一批服务生物生态保护和产业发展的重大科技攻关项目。在技术研发方面，积极引进、消化、吸收和开发利用国内外关键技术，着力突破资源综合利用、高原湖泊污染防治、重金属污染土壤修复、石漠化治理等领域的技术瓶颈，精心组织实施国家水体、土壤、大气污染控制与治理科技重大专项。支持建立生态修复、环境保护重点实验室、环境保护工程技术研究中心、环境保护技术服务中心、环境保护科技产业基地等基础平台，培育和发展各类环境保护科技中介服务机构，推进生态科技成果产业化和普及推广。加大生态文明科技投入，在科技计划专项资金中，对环境保护、生态建设研究和成果转化项目优先给予支持。积极开展与生态文明建设相关的宏观规划、研究示范、调查评估、政策创新等一批重大课题研究。在生态教育方面，尽快扩大云南省高校生态学、生物多样性、环境保护等直接涉及生态文明科技支撑领域的专业人才培养规模，培养一批高层次的专业人才，尽快让生态学、环境保护的理论和知识系统地进中小学课堂，并把生态学、生物多样性保护等课程或主要内容列入高校公共必修课程，显著提升学生的相关知识，为云南生态发展做好智力支持和观念革新。云南作为经济社会发展水平较低的省份，只有建立起符合自己发展阶段和直接需求的科教支撑体系，才能真正实现科教创新引领和支撑发展，这在当前普遍热衷设想未来成效的时候，尤其值得谨记。①

2016 年 1 月 14 日，云南省大理白族自治州委七届八次全体（扩大）会议审议通过《中共大理州委关于制定大理白族自治州国民经济和社会发展第十三个五年规划的建议》，有力推动了大理的生态文明建设。该建议提出，"十三五"期间，生产方式和生活方式绿色、低碳水平要得以提升。以洱海保护治理为重点的生态保护与建设取得重大进展，洱海水质稳定向好；山水林田湖治理取得新进展，森林覆盖率稳步提升，重点流域水质优良率继续提高，土壤环境质量明显改善；生物多样性得到有效保护；资源综合利用效率明显提高，主要污染物排放总量大幅减少；环境质量和生态环境保持良好，城乡人居环境持续改善，主体功能区布局基本形成，绿色发展达到全国先进水平。该建议强调，打响生态文明品牌，争当全国生态文明建设排头兵。在加快主体功能区建设、着力保障生态安全、统筹推进生态建设的同时，加强洱海保护治理，严格落实《云南省大理白族自治州洱海保护管理条例》等法规，突出抓好依法治湖、工程治湖、科学治湖、全民治湖，严格落实全流域网格化保护管理责任制，把洱海流域打造成贯彻落实《水污染防治行动计划》的示范区和全国生态文明建设的综合样板示范区。落实《洱海保护治理与流域生态建设"十三五"规划（2016—2020）》，重点实施流域截污治污等 6 大工程，力争基本完成洱海保护工程性项目建设，强化建成项目的运营管理，确保流域生态环境明显改善。②

2016 年 1 月 19 日，中国环境报记者蒋朝晖昆明报道：云南省玉溪市委四届七次全会审议通过《中共玉溪市委关于制定国民经济和社会发展第十三个五年规划的建议》，玉溪"十三五"加大"三湖两库"保护力度，抚仙湖全流域开展生态修复。该建议提出，"十三五"期间，要加大以"三湖两库"为重点的生态环境保护力度，扎实推进绿色玉溪建设，促进人与自然和谐共生。该建议强调，加强水生态文明建设，提高水环境安全保障。对"三湖"重点流域实施整体保护、系统修复、综合治理，增强生态系统循环能力，维护生态平衡。开展抚仙湖全流域生态修复，构建生态修复示范区，实施流域生态治理与修复、重点污染源控制与治理、农业面源污染防治、入湖河道整治、综合监管体

---

① 段昌群：《以生态文明建设排头兵为己任 努力打造云南经济社会发展升级版》，http://special.yunnan.cn/feature13/html/2016-01/19/content_4126004.htm（2016-01-19）。

② 蒋朝晖：《大理"十三五"强化绿色发展 洱海水质要稳定向好》，《中国环境报》2016 年 1 月 15 日。

系建设等五大类项目，保持Ⅰ类水质。统筹推进星云湖、杞麓湖、南盘江、红河流域及饮用水水源地水污染综合防治，实施控源截污、入湖河道整治、农业农村面源治理、生态修复及建设、污染底泥清淤、生态补水等措施，力争星云湖、杞麓湖水质明显好转，东风水库、飞井海水库水质稳定在Ⅲ类。同时，深入推进"森林玉溪"建设，构筑以新平哀牢山、元江国家级自然保护区等 21 个森林生态类自然保护区、珠江和红河两大流域河流生态带为骨架，以禁止开发区域为重要组成的生态安全屏障。加强天然林保护、生物多样性保护、湿地保护与恢复，开展陡坡地生态治理、石漠化综合治理和水土流失综合防治，积极推进自然保护区、国家湿地公园、森林公园建设，深入实施造林绿化工程。[①]

2016 年 1 月 27 日，在昆明召开的 2016 年云南省环境保护工作会议明确提出，"十三五"期间，云南省环境保护系统要以改善提升环境质量为核心，创新工作方法和理念，着力弥补短板，全面构建环境保护工作八大体系，在成为生态文明建设排头兵上取得重大突破。

第一，把握新特点新情况，坚持做到"五个必须"。地处我国西部、经济欠发达的云南省，拥有良好的生态环境和自然禀赋，作为西南生态安全屏障和生物多样性宝库，承担着维护区域、国家乃至国际生态安全的战略任务。同时，云南又是生态环境比较脆弱的地区，保护生态环境和自然资源的责任重大。据云南省环境保护厅厅长张纪华介绍，"十二五"以来，云南环境保护事业取得重大突破、重大进展和重大成果。云南省委、省政府高度重视环境保护工作，坚持生态立省、环境优先，先后出台了《关于加强环境保护重点工作的意见》《关于争当全国生态文明建设排头兵的决定》《关于努力成为生态文明建设排头兵的实施意见》等一系列重要政策和文件。云南省委、省政府主要领导部署全省经济社会发展工作时，把加强生态文明建设和环境保护作为重要内容，提出明确要求；省人大、省政协切实加强法律监督、民主监督，对环境保护工作给予强有力的支持。"十二五"以来，经过各级各部门及全社会共同努力、攻坚克难，云南省环境保护工作取得明显成效：污染减排任务圆满完成，环境监管执法进一步强化，环境评价服务经济社会发展提速增效，污染防治工作落实到位，构建国家生态安全屏障工作全面推进，综合保障能力有效提升，生态文明体制改革和宣教工作取得新突破。张纪华表

---

① 蒋朝晖：《玉溪"十三五"加大"三湖两库"保护力度 抚仙湖全流域开展生态修复》，《中国环境报》2016 年 1 月 20 日。

示，当前，云南省生态文明建设和环境保护面临新形势、新任务，必须清醒认识到存在的许多不足和差距，不断创新工作方法和理念，千方百计补齐短板。张纪华强调，"十三五"期间，全省环境保护系统要深刻把握生态文明建设和环境保护的新思想、新战略、新特点、新情况、新任务、新要求，坚定信心，着眼绿色发展，坚决做到"五个必须"（必须科学处理好环境保护与经济发展的关系，必须坚持以改善环境质量为核心，必须坚持最严格的环境保护制度，必须坚持绿色革命，必须坚持全社会共建共治），努力为云南成为全国生态文明建设排头兵做出更大的贡献。

第二，着眼环境质量提升，全面构建八大体系。作为全国重要的生态屏障，云南省生态环境质量整体优良，但生态环境脆弱，环境基础设施欠缺，环境保护能力薄弱，局部环境问题依然突出。当前，云南生态文明建设和环境保护面临着重大战略机遇和诸多挑战。"十三五"期间，云南全省环境保护系统将立足现有条件，以改善提升环境质量为核心，在着力构建环境保护工作八大体系（确立环境质量改善目标体系，健全环境法律制度体系，完善环境预防防控体系，构建环境综合治理体系，加强自然生态保护体系，强化环境监管执法体系，落实环境保护责任体系，建立健全保障体系）上取得实质性成效。如在确立环境质量改善目标体系上，城市空气环境质量优良率持续保持并提升，声环境质量持续达标并得到有效控制，辐射环境质量继续保持良好。六大水系和九大高原湖泊为主的水环境质量切实改善，地表水、省控以上断面无劣V类水质和严重富营养化状态。全面完成污染减排指标，有效防范环境风险，生态安全屏障功能稳定。在健全环境法规制度体系上，完善环境保护系列法规，积极推进《云南省环境保护条例》修订，加快推进《生物多样性保护条例》立法。完善环境标准体系，制定符合云南省实际的环境保护领域相关标准。在加大自然生态保护体系上，严格控制自然保护区范围和功能区的调整，鼓励具备重要生态保护价值的区域建立自然保护区。完善自然保护区管理体系，将生物走廊带等作为生态保护的重要补充手段。在落实环境保护责任体系上，加快建立落实环境保护督察、自然资源资产负债表、离任审计、损害责任追究等制度体系。逐步建立企业环境信用评价体系，激励和约束企业主动落实环境保护责任。建立公众参与环境管理决策的制度，形成政府、企业、公众共治的责任体系。张纪华强调，"十三五"开局之年，云南省将扎实做好科学编制实施"十三五"规划、精准有效开展污染防治、切实加强环境监管执法、积极服务经济社会发展、高度重视生态文明体制改革和生态保护、完善环境保护法制和科技保障、不断提升环境宣教和信息化水平、持续加强环境保护队伍能力建设8项重点工作。①

2016年3月24日，由长江水利委员会长江科学院编制的《大屯海环湖生态格局构建工程可行性研究报告》通过专家评审。同时，广泛征求个旧市规划、发改、财政、住建、环境保护、国土、林业、农业、水务、文广旅游十部门和大屯镇意见，将对可行性研究报告进一步修改完善。大屯海位于个旧市大屯镇与蒙自市雨过铺镇之间，是昆明—河口经济走廊和滇南城市群建设的核心。为了改善大屯海水环境质量，恢复水域生态系统，构筑与片区经济、社会、环境相协调的自然生态景观，着力推动大屯新城建设，个旧市政府委托昆明龙慧工程设计咨询有限公司开展大屯海水生态系统保护与修复工程——个旧境内水环境综合整治工程的可行性研究工作，具体内容包括面山治理、生态沟渠建设、西坝闸工程、环湖生态格局构建工程。为了促进项目顺利开展，昆明龙慧工程设计咨询公司委托长江科学院承担大屯海环湖生态格局构建工程可行性研究工作。长江科学院在收集大屯海水系个旧境内环境现状、水文、地质、规划、城建和当地物种等方面资料基础上，开展大屯海水系个旧境内湖滨带生态格局构建可行性研究工作，编制完成可行性研究报告。大屯海环湖生态格局构建工程包括生态湿地公园工程和湖滨带生态修复工程，目的是在大屯海水系5号沟渠来水经过源头截污和生态沟渠处理的基础上进行入湖末端净化，并构建大屯海环湖生态格局，达到大屯海个旧境内的环湖区域生态修复、景观提升和改善局部水体水质的目的。研究报告的编制以尊重规划，综合治理，人水和谐，尊重自然，景美人欢，科技引领为原则。工程实施后，将有效改善大屯海水系个旧境内5号沟渠的末端水质，使经生态湿地净化的水体达到III类水体要求，降低入湖污染负荷；提升大屯海和中海湖滨带生态系统的自我修复能力，美化大屯海西岸和中海沿岸的生态环境；为当地人民的生活娱乐休闲提供良好环境，为旅游业发展营造良好空间，提供人水和谐的生态环境；为个旧提供水生态保护宣传教育基地，为红河州水源地湖库沿岸生态建设提供示范。项目总投资估算22 560.57万元，其中生态湿地工程11 437.62万元，湖滨带生态修复工程11 122.95万元。②

---

① 蒋朝晖：《创新工作方法和理念 科学编制"十三五"规划 云南构建环境保护工作八大体系》，《中国环境报》2016年1月28日。

② 李文利：《大屯海环湖生态格局构建工程可研通过评审》，http://www.wcb.yn.gov.cn/arti?id=57248（2016-04-26）。

2016 年 3 月 7 日，中国环境报记者蒋朝晖报道：在前不久召开的云南省两会上，代表委员结合省政府工作报告明确的"十三五"目标，围绕营造绿色山川、发展绿色经济等热点话题各抒己见，积极为当好全国生态文明建设排头兵建言献策。坚持生态保护与绿色发展互动共享，探索绿色考核体系。云南省人大代表、省环境保护厅厅长张纪华认为，云南是生态环境较为脆弱敏感的地区，保护生态环境和自然资源的责任重大。坚持绿色发展，争当全国生态文明建设排头兵是国家赋予云南的使命。在云南省实现新跨越发展的过程中，要切实改变环境保护制约经济发展的单向思维，坚持保护优先、发展优良，把环境保护真正作为推动经济转型升级的动力。云南省政协委员李国锋认为，注重协调，倡导绿色，将是云南省今后很长一段时期的指导纲领。应把绿色概念贯穿可持续发展的始终，真正使绿色发展理念融入市场准入、交易、竞争秩序监管的各个环节。大力营造绿色消费环境，推动形成低碳节约的社会风尚。

云南省人大代表段跃庆建议以"绿色化"引领产业转型升级，提高绿色指标在"十三五"规划中的权重，提升旅游产业在全省国民经济中的地位和占比，提升旅游业在服务业中的龙头带动作用。民进云南省委提案建议在产业布局上，第一产业要大幅提升绿色、有机、生态农业比例，做好绿色营销，打造和巩固云南省农产品绿色、有机、生态的金字招牌。第二产业坚持绿色生产，丰富绿色产品，打造绿色工业品牌。第三产业积极探索和发展现代服务业，打造旅游文化产业新优势。云南省政协委员周平忠建议把生态文明建设的考核纳入领导干部政绩考核评价指标体系，作为考核干部政绩的重要内容。应积极探索绿色 GDP 考核体系，在政绩考核中不仅看经济指标，还要看人文指标、资源和环境指标，改变"重经济建设、轻生态建设"和"重经济发展、轻环境保护"等现象。致公党云南省委提案认为，建议创新地方政府政绩考核制度，将生态环境治理和资源保护纳入考核指标体系中，作为干部任免奖惩的重要依据。对生态保护做出贡献的，制定出表彰奖励的具体细则。对于因不作为或作为不当，不能如期完成任务的，严格问责。对于造成重大生态环境事故的，按有关规定追究相关人员责任。

云南省人大代表、昆明市委书记程连元认为，滇池治理要坚持"量水发展、以水定城"的理念。滇池治理工作要科学规划，严格控制城市规模、人口和产业发展，有计划地疏解一部分城市功能，还要通过科学治理、严格管理、全民参与的社会治理，降低城市发展对滇池的压力。云南省人大代表李劲松认为，治湖理念应该首要保住好水，保护治理的关键在于多措并举，综合治理。科学决策能少走弯路，实施全流域截污、生态治理等工程，可以减轻入湖污染负荷。

云南省政协委员夏静提出《关于推进"互联网+九湖"，提升高原湖泊管理水平》的提案，尽快构建"互联网+九湖"大数据信息平台，建成多元化采集、主题化汇集和知识化应用的大数据治理体系，提升滇池、洱海等九湖管理水平。构建九湖空间数据库，为提升滇池等九湖水环境规划和管理水平提供信息支持。

云南省人大代表杨丽萍认为，进一步完善生态补偿机制推进生态扶贫，将生态公益林补助标准提升为每亩每年 50 元。政府每年按一定比例递增设立生态补偿专项资金，进行森林生态效益补偿反哺，实现绿色发展、共享发展。云南省政协委员费绍杰认为，建立健全生态补偿公共财政机制，结合流域生态环境质量指标体系、万元 GDP 能耗等指标，逐步建立科学的生态补偿标准体系。设立生态补偿专项资金，整合现有省级财政转移支付和补助资金，将生态省建设、环境保护补助、水利建设等 10 项专项资金纳入生态补偿专项资金，形成聚合效应。云南省政协委员卢仕海认为，云南应加强农村农业生态环境治理，一方面要着手治理当前存在的生态环境问题；另一方面要加大农业生态环境资源的保护力度。同时，扩大农业生产补贴范围，加大投入，强化对边远乡村农业生态环境资源的保护，有针对性实施项目资金补贴，发展生态农业。

云南省人大代表马宝功认为，农村环境整治，持续最难，最关键、最根本的问题是资金来源。建议增加对美丽乡村建设投入，以切实解决农村人居环境、污水处理、垃圾治理等问题，统筹城乡一体化发展。云南省政协委员陈庆华建议在今年出台相关政策，要求汽车生产厂家和销售商在云南销售的新车必须达到国Ⅳ标准。在 2017—2020 年出台相关政策，要求汽车生产厂家和销售商在云南销售的新车应达到国Ⅴ标准。用年检手段，淘汰不能通过改造排气装置而达到国家排放标准的老旧汽车和柴油车。云南省人大代表李琪认为，要控制机动车尾气排放。一方面政府要为市民提供便捷快速的公共交通服务，鼓励大家低碳出行；另一方面应重视公交车的尾气排放，加快淘汰"黑尾巴"公交车。[①]

2016 年 3 月 20 日，云南省委办公厅、省政府办公厅印发的《开展领导干部自然资

[①] 蒋朝晖：《营造绿色山川 发展绿色经济——部分云南两会代表委员为生态文明建设建言献策》，《中国环境报》2016年 3 月 7 日。

源资产离任审计试点实施方案》（以下简称《方案》）明确，紧紧围绕领导责任，客观评价领导干部履行自然资源资产管理和生态环境保护责任情况，强化审计结果运用，促进自然资源资产节约集约利用和生态环境安全。《方案》要求，2016—2017 年，云南省审计厅每年开展 1 个自然资源资产离任审计试点项目，2016 年组织大理白族自治州和普洱市审计机关开展两个试点项目，2017 年组织德宏傣族景颇族自治州和曲靖市审计机关开展两个试点项目。2018 年，全面开展领导干部自然资源资产离任审计工作，建立经常性的审计制度。《方案》明确要求，将生态文明建设有关政策的贯彻落实情况、领导干部履行自然资源资产管理和生态环境保护责任情况、自然资源资产开发利用与保护情况、自然资源开发利用和生态环境保护有关资金的征收管理使用情况等作为审计内容。《方案》提出，要有重点、有步骤地对领导干部任职期间区域自然资源资产存量、动态消耗量和区域资源承载情况进行监督和评价，并根据当地的自然资源禀赋和管理基础，对其进行适当的分析、筛选，针对不同类别自然资源资产和重要生态环境保护事项，选择对当地影响较大、经济依赖程度较高或者具有显著特色的自然资源资产，分别确定审计重点。[1]

2016 年 6 月中下旬，根据《红河生态州建设规划》和《红河州州级生态村建设管理规定（试行）》文件精神，经红河哈尼族彝族自治州人民政府同意，建水县白家营等 10 个村民委员会被命名为"红河州州级生态文明村"。至此，全州共有州级生态文明村 218 个。红河哈尼族彝族自治州政府要求获得"红河州州级生态文明村"命名的村委会，要总结经验，发扬成绩，强化创建工作机构和制度建设，狠抓各项创建工作的落实，进一步加强生态环境保护，不断提高资源利用效率，促进红河哈尼族彝族自治州生态文明建设和城乡统筹发展，为实现红河哈尼族彝族自治州科学发展、和谐发、跨越发展和建设"美丽家园"做出新贡献。要求各县市人民政府要从落实科学发展，促进社会和谐的高度出发，强化组织领导，创新工作方法，切实保障州级生态文明村创建活动深入持续开展。[2]

2016 年 9 月 20 日，云南省委召开常委会议，研究云南省生态文明建设相关工作，

---

[1] 蒋朝晖：《云南推进领导干部自然资源资产离任审计试点 客观评价生态环境保护责任情况》，《中国环境报》2016 年 3 月 21 日。

[2] 佚名：《红河州州级生态文明村创建有成效》，http://honghe.yunnan.cn/html/2014-06/20/content_3255386.htm（2014-06-20）。

审议并原则同意《云南省生态文明建设排头兵规划（2016—2020 年）》。省委书记陈豪主持会议。会议强调，编制《规划》是贯彻落实习近平总书记考察云南重要讲话精神，将中央关于生态文明建设顶层设计与我省具体实践相结合的重大举措，对筑牢国家西南生态安全屏障、建设美丽云南具有重要意义。全省各地各有关部门要按照系统工程的思路，抓好生态文明建设重点任务的落实，把绿色发展理念真正贯穿到经济社会发展各领域各环节，特别是要推动国土空间开发格局向科学适度有序转变、生产方式和生活方式向绿色低碳转变、资源利用向节约集约和循环利用转变、能源消费结构向多元发展转变、环境治理向制度化法治化转变，让全省各族人民共享"生态红利"、分享"绿色福利"，努力当好我国生态文明建设排头兵。会议强调，生态文明建设中，要坚持问题导向，着力解决关乎人民群众切身利益的资源环境问题；要深化生态文明体制改革，把生态文明建设纳入法治化、制度化轨道；要完善经济社会发展和生态环境建设考核评价体系，使之成为推进生态文明建设的重要导向和约束；要实行生态文明建设一岗双责制度，严格责任追究，加快推进以"四治三改一拆一增""七改三清"为重点的城乡环境综合整治；要按照《规划》确定的重点工程及任务分工表，推动各项部署落到实处；要加大舆论监督力度，曝光违法行为，宣传环境保护先进典型，营造良好社会风尚。

此外，会议还研究了关于教育卫生补短板促脱贫的实施意见，强调推进现代职业教育和县级公立医院及妇女儿童医院建设，是打赢脱贫攻坚战的重要举措，有利于提升公共服务水平，保障基本民生，促进公共服务均等化，提高教育医疗水平，促进经济社会跨越发展。各相关部门和单位要各司其职、密切配合，抓好资金落实和项目准备。各级政府要承担好项目建设的主体责任，创新体制机制，提高管理水平，加强东西部扶贫协作，强化专业人员培训，确保项目建好、管好，服务好贫困地区群众。会议传达学习中央宣传部、中央组织部召开的党委中心组学习经验交流座谈会精神，研究云南省贯彻意见。会议强调，省委中心组要为全省各级领导班子和干部学习树标杆作示范，形成层层抓学习的良好局面；要始终把学习贯彻习近平总书记系列重要讲话和考察云南重要讲话精神作为党委中心组学习的重中之重，真正提高认识水平、思想水平、理论水平，切实增强实践能力和领导本领。要着力提高中心组学习的质量和效果，不断改进创新学习的方式方法，大力弘扬理论联系实际的学风，切实推动改革发展。要认真抓好中央关于党委（党组）中心组学习相关制度规范的贯彻落实，推进云南省党委中心组学习的制度化和规范化。[①]

2016 年 10 月 20 日，云南省环境保护厅在大理白族自治州召开小湾电站库区生态环境保护总体实施方案编制推进会。贺彬副厅长，临沧市、大理白族自治州、保山市环境保护局领导及涉及县（市）环境保护部门负责人参加会议。会议听取技术支持单位云南省环境科学院对实施方案编制总体情况汇报和临沧市、大理州、保山市环境保护局及各县（市）环境保护部门的意见，就《小湾电站库区生态环境保护总体实施方案》编制过程中存在的问题进行了协调和统一，并对下步上报、审批工作提出了具体要求。贺彬副厅长要求方案需进一步明确水质目标，优化考核断面，研究建立生态补偿机制，明确政策性问题，划定禁养区；建设项目要紧紧围绕中央水污染防治和重金属两个专项资金的支持方向进行设置；防污项目要结合省政府提升人居环境计划一并来实施，适当考虑环境保护部门自身的能力建设；涉及相关部门职能以任务形式分解；10 月底完成方案修改上报审查工作。[②]

2016 年 12 月下旬，玉溪四届市人民政府第 68 次常务会议审议通过了《玉溪市"十三五"生态建设与环境保护规划》。立足于"成为生态文明建设排头兵"的战略定位，围绕"保护优先、发展优化、治污有效"的思路，明确玉溪市"十三五"生态建设与环境保护的总体目标是：到 2020 年，全市生态环境质量总体保持优良，重点流域和重点区域环境质量有明显改善，生物多样性得到有效保护，生态系统稳定性持续增强，初步实现经济、社会与生态环境协调发展。同时确定了五大类共 25 项规划指标，其中，资源能源节约利用 4 项指标、生态环境质量改善 8 项指标、环境污染防治 7 项指标、生态文明建设 3 项指标、能力建设与环境管理 3 项指标。玉溪市将采取四项措施确保"十三五"生态建设与环境保护规划目标任务的落实。一是严格落实环境保护党政同责、一岗双责，把各项指标任务分解到区域、项目、实施主体等各个环节，层层落实责任，加强督促考核和跟踪评估。二是紧盯目标，突出重点，进一步改善区域综合环境、空气和水环境质量，使蓝天常在、青山常在、绿水常在，让市民群众有更多的获得感。三是结合推进供给侧结构性改革，加快推进绿色、循环、低碳发展，形成节约资源、保护环境的

---

① 尹朝平、谭晶纯：《云南省生态文明建设工作：把绿色发展理念贯穿到各领域各环节》，http://llw.yunnan.cn/html/2016-09/21/content_4542625.htm（2016-09-21）。

② 云南省环境保护厅湖泊处：《小湾电站库区生态环境保护总体实施方案编制推进会在大理州召开》，http://www.ynepb.gov.cn/zwxx/xxyw/xxywrdjj/201611/t20161101_161306.html（2016-11-01）。

生产生活方式，绝不以牺牲环境为代价谋取经济指标的增长。四是充分发挥环境保护执法"撒手锏"作用，严肃查处违纪违法行为，确保环境治理和生态建设顺利实施。[①]

2016 年 12 月下旬，云南省委书记陈豪在开幕的中国共产党云南省第十次代表大会上强调，必须坚持生态优先、绿色发展，牢固树立绿水青山就是金山银山的理念，坚定走生产发展、生活富裕、生态良好的文明发展道路，筑牢国家西南生态安全屏障。陈豪要求，要严格落实主体功能区规划，推动城乡、土地利用、生态环境保护等规划"多规合一"，强化空间"一张图"管控，严守资源消耗上限、环境质量底线、生态保护红线，构建"三屏两带一区多点"生态安全格局。扎实推进森林云南建设，大力实施退耕还林还草、石漠化综合治理、水土流失综合防治、矿区及周边生态治理等重点工程。坚持重拳治理、有效治污，深入实施大气、水、土壤污染防治行动计划和工业污染源全面达标排放计划，加强长江、珠江等六大水系和滇池、洱海等九大高原湖泊保护治理，强化重金属污染防治，防控和整治农业面源污染。推动建立跨省、跨境资源环境保护协作机制，严防外来有害物种入侵。陈豪强调，要坚决把"党政同责""一岗双责"落到实处，完善生态文明绩效考核、终身责任追究制度。加快构建政府、企业、公众共治的环境治理体系。继续推进生态文明体制改革和制度体系建设，深化环境保护管理体制改革。积极探索建立资源有偿使用和生态补偿制度。加强环境保护督察巡视，严格环境保护执法，严厉惩处环境违法违规行为。[②]

第二节　云南省生态规划建设（2017 年）

2017 年 2 月 9 日，昭通市环境保护局召开了昭通市"十三五"生态环境保护规划专题审查会议，对昭通市"十三五"生态环境规划编制文本进行审核和研讨，并安排部署下一步规划编制和收尾工作。会议强调，昭通市"十三五"生态环境保护规划编制，紧

① 玉溪市环境保护局：《玉溪市"十三五"生态建设与环境保护目标确定》，http://www.ynepb.gov.cn/zwxx/xxyw/xxywzsdt/201612/t20161223_163650.html（2016-12-23）。
② 蒋朝晖：《云南省委书记陈豪在省第十次代表大会上强调 坚持生态优先绿色发展》，《中国环境报》2016 年 12 月 23 日。

紧围绕了国家已经出台的"十三五"生态环境保护规划、省环境保护"十三五"规划纲要和当前环境保护工作面临的新情况，主动适应了经济发展与生态文明建设的新常态，结合昭通实际，精心谋划了昭通市"十三五"环境保护规划的主要目标、重点任务和保障措施，切实提高了规划编制的前瞻性、科学性和可操作性，能够成为指导全市"十三五"生态环境保护工作的引领性文件。会议还针对昭通市"十三五"生态环境规划文本提出了修改意见和建议，安排部署了各科室配合完成编制，有序开展编制工作，完成并发布规划。[1]

2017年2月中旬，云南省政府办公厅印发《云南省生态环境监测网络建设工作方案》。该方案以重点解决全省生态环境质量监测网络建设存在的突出问题为导向，从全面构建生态环境监测网络、建立生态环境监测信息互联共享和统一发布机制、加强环境管理与风险防范、构建生态环境监测与监管联动机制、健全生态环境监测管理制度与保障体系5个方面入手，提出全省生态环境监测网络建设的17项重点建设任务，并对涉及的23个省直部门和单位进行任务分工，明确牵头部门要会同有关配合部门尽快梳理现状，编制实施方案并向省政府备案。该方案提出，到2018年，初步建成覆盖全省国土空间，全面涵盖环境质量、重点污染源和生态环境状况各要素的生态环境监测网络，构建生态环境监测数据网络和质量管理体系。到2020年，基本建成全省生态环境监测网络和生态环境监测大数据平台，生态环境监测立体化、自动化、智能化水平明显提升。该方案明确指出，要加快推进环境监测体制改革，划分政府、企业、社会的监测事权，贯彻落实省以下环境保护机构监测监察执法垂直管理制度，建立与生态环境网络功能、作用相适应的监测机构、人员编制、运行经费保障机制，确保全省生态环境监测网络有效运行。[2]

2017年2月16日，《中国环境报》记者蒋朝晖昆明报道：新修订的云南省《昆明市河道管理条例》近日由昆明市人大常委会对外公布，将于2017年3月1日起施行。该条例适用于昆明市行政区域内河道（包括干渠、支流、河槽、滩涂、湿地、堤防、护堤地）及其配套设施的保护与管理。昆明市在2010年制定并施行的《昆明市河道管理条

---

[1] 昭通市环境保护局：《强化规划编制，落实规划引领》，http://www.ynepb.gov.cn/zwxx/xxyw/xxywzsdt/201702/t20170215_164954.html（2017-02-15）。

[2] 蒋朝晖：《云南加快生态环境监测网络建设 2020年基本建成大数据平台》，《中国环境报》2017年2月17日。

例》，明确了河道管理职责、健全了河道管理制度、界定了河道管理范围，在推动全市河道管理的规划与治理、保护与管理等方面发挥了积极作用。为了适应生态文明建设深入推进对河道治理工作提出新的要求，同时也为了解决 2013 年云南省颁布施行的《云南省滇池保护条例》中涉及出入滇池河道管理部分内容与现行河道管理条例规定不一致的问题，昆明市对《昆明市河道管理条例》进行修订、补充和完善。修订的《昆明市河道管理条例》增加了《云南省滇池保护条例》作为《昆明市河道管理条例（修订草案）》的立法依据，增加了工业和信息化、交通运输部门在河道管理方面的职责；明确了在出入滇池河道实行河（段）长责任制；对主要出入滇池河道管理范围做了特别规定；增加了在出入滇池河道管理范围内的禁止性规定；调整了有关法律责任；规范了主要出入滇池河道名称。修订的《昆明市河道管理条例》明确，建立市、县（市、区）、乡（镇）及街道办事处三级管理和统一、分级、分类相结合的河道管理体系。全市行政区域内河道实行河（段）长责任制。其主要职责是：巡查河道的保护和管理工作；监督河道治理计划和方案的落实；协调河道治理中的有关问题。修订的《昆明市河道管理条例》规定，河道治理计划应当包括雨污分流、截污导流、防洪排涝、清淤保洁、工程防护、生态修复及保护等基本内容，明确责任单位和任务分工。出入滇池河道应当建设沿岸片区和城乡干渠的截污、污水处理、再生水利用等基础设施，做到污水无害化，实现再生水资源化；建设滨水游憩林荫带，做到因地制宜、适地适树；禁止在河道两侧各200 米范围内规模化养殖畜禽。修订的《昆明市河道管理条例》特别规定了主要出入滇池河道管理范围为河道两岸堤防上口外侧边缘线沿地表水平外延 50 米以内的区域；河道的保护范围为河道管理范围以外 100 米以内的区域。修订的《昆明市河道管理条例》在出入滇池河道管理范围内，增加了禁止"在非指定区域内游泳"内容，结合出入滇池河道管理需求，增加"禁止在主要出入滇池河道利用船舶、船坞等水上设施从事餐饮、娱乐、住宿等活动；以及悬挂、晾晒有碍景观的物品"内容。针对在河道中洗浴、清洗车辆、衣物、卫生器具、容器及其他污染水体物品的违法行为，把现行《昆明市河道管理条例》规定"处以 200 元以上 1000 元以下罚款"，调整为"处以 50 元以上 500 元以下罚款"。①

---

① 蒋朝晖：《昆明河道管理条例下月施行 明确河（段）长负有巡查、监督和协调职责》，《中国环境报》2017年2月16日。

2017 年 3 月 10 日上午，迪庆藏族自治州维西县人民政府组织召开维西县城乡环境总体规划编制启动会，安排部署规划编制工作。县政府常务副县长施春德出席会议并作动员讲话，他指出，维西县编制城市环境总体规划是贯彻"五位一体"战略部署、推进生态文明建设的重要任务，是城镇化进程中落实环境优先、生态优先理念和实现城乡现代化管理和经济社会全面发展的一项重要工作，这对于优化经济发展、改善环境质量、保障改善民生具有重大意义。并就总体规划编制工作协调有序推进，施副县长对参会的各部门提出具体的要求。负责编制规划工作的云南省环境科学院专家介绍县城乡总规划划的相关内容，通过总规划确定区域生态红线、排污上限、资源底线、质量基线，从而为各类开发建设性规划的落地提出环境保护底线要求。会上，为了编制好维西县城乡环境总体规划，参加会议的各部门积极提出了意见和建议。①

2017 年 4 月上旬，《澄江县生物多样性保护实施方案（2017—2030）》通过专家评审，意味着澄江县的生态文明建设迈上了一个新台阶。澄江县地处滇中核心区域，位于云南省生物多样性保护优先区域的"滇中高原湿地区"，主要保护对象为抚仙湖高原湖泊淡水生态系统、植物群落和物种、国家级重点保护特有鱼类抗浪鱼等。但是，从 20 世纪 90 年代以来，澄江县生物多样性保护面临着诸多威胁和挑战，外来物种入侵和滥捕导致抚仙湖水生植物资源急剧减少，特有鱼类濒临灭绝；旅游业的快速发展也给抚仙湖带来巨大的环境压力；磷矿开采导致面源污染及古生物化石地层破坏等问题，严重威胁澄江生物多样性保护和生物资源的可持续利用。

为了确保抚仙湖水环境安全、帽天山化石地世界遗产完整、梁王山森林生态系统的稳定，2017 年，澄江县委、县政府将生物多样性保护工作提到首位。明确要求由县环境保护局牵头，县人大常委会城建环境保护资源工作委员会、县法制和民族外事华侨工作委员会、县发展改革局、县工业商贸科技信息局、县国土资源局、县住房和城乡建设局、县农业局、县林业局、县水利局、县政府法制办，各镇、街道为责任单位，加强生物多样性保护工作。同时，为了全面贯彻落实《云南省生物多样性保护战略与行动计划（2012—2030）》及《玉溪市生物多样性保护实施方案（2015—2020）》，澄江县建立由政府主导、企业和公众多方参与的保护机制，形成多层次的保护体系，并委托西南林

---

① 迪庆藏族自治州环境保护局：《维西县召开城乡环境总体规划编制启动会——将确定区域生态红线、排污上限、资源底线、质量基线》，http://www.ynepb.gov.cn/zwxx/xxyw/xxywzsdt/201703/t20170323_166291.html（2017-03-23）。

业大学编制了《澄江县生物多样性保护实施方案（2017—2030）》。澄江县的生物多样性保护是世界、我国和云南省生物多样性保护战略与行动计划的重要组成部分，具有特别重要的保护价值和重大的国际意义。其境内的生物多样性资源除了具有重要的科学价值、生态价值和美学价值外，还有巨大的经济开发潜力，这些资源都是打造"生态美丽澄江"最重要的资源基础和环境条件。该实施方案划定了"两山一湖一椿"四个生物多样性保护优先区，总面积29 886平方千米。主要确定了7个优先领域，编制了27个项目。其目标是依托澄江县生物多样性保护优先区域，逐步建立完善、布局合理的多层次保护体系，采取以就地保护为主、近地保护和离体保护为辅的手段，为重要的生态系统、生物物种和遗传资源提供有效保护，构筑生态和生物安全体系，遏制生物多样性丧失趋势。建立生物多样性保护制度和长效机制，鼓励社会参与生物多样性保护和合理开发，实现生物多样性资源的可持续利用，为建设澄江县生态文明建设做出积极贡献。该实施方案将成为今后一段时期澄江县生物多样性保护和资源可持续利用的指导性文件。[①]

2017年8月18日，玉溪市三湖办副主任、市环境保护局副局长黄朝荣在玉溪主持召开星云湖、杞麓湖流域水环境保护治理"十三五"规划项目进展情况及水质分析调度会，江川区、通海县政府分管领导，环境保护局局长、分管副局长、环境监测站站长及负责规划项目推进的业务股室负责人，市发展改革委、市环境保护局业务科室及市环境监测站有关负责同志参加会议。此次会议主要是为及时了解掌握星云湖、杞麓湖流域水环境保护治理"十三五"规划推进情况，落实好玉溪市政府批准实施的星云湖、杞麓湖年度实施方案，确保年度各项目标责任顺利完成。该会议听取了上述县区关于星云湖、杞麓湖流域水环境保护治理"十三五"规划推进情况的汇报，逐项梳理规划项目推进过程中存在的问题和下一步工作措施。市环境监测站通报了2017年1—7月星云湖、杞麓湖及主要入湖河道水质变化情况，上半年星云湖水质综合评价为Ⅴ类，但7月又变为劣Ⅴ类，杞麓湖1—7月水质综合评价为Ⅴ类，两湖主要入湖河道多数月份仍为劣Ⅴ类，2017年以来，星云湖、杞麓湖水质有好转趋势，但稳定保持Ⅴ类水质的基础还不牢靠。市发展改革委要求县区抓实项目前期工作，重视前期工作质量，避免前期设计深度不够、后期实施中频繁变更。黄朝荣肯定了星云湖、杞麓湖保护治理取得的初步成效，

---

① 玉溪市环境保护局：《澄江县加强生物多样性保护，为打造生态美丽澄江奠定资源基础》，http://www.ynepb.gov.cn/zwxx/xxyw/xxywzsdt/201704/t20170411_166893.html（2017-04-11）。

两湖规划项目开工率达到了 73.33%，水质出现了转好的趋势。他指出，目前要如期实现规划水质目标仍然任务艰巨，规划项目开工率虽高，但形成的实物工程量少，前期工作相对滞后。黄朝荣要求：一要进一步提高认识对湖泊保护治理工作重要性的认识，加强湖泊保护治理是产业发展的需要，是深入落实河长制的需要，是加强生态文明建设的需要。二要抓紧推进规划项目实施，紧盯工作目标、坚持问题导向，倒排工期，切实解决工作推进中存在的困难和问题，全面完成规划项目前期工作，开工项目不能停工，要多渠道筹措资金，专款专用，突出重点抓重点，打好保护治理攻坚战。三要注重湖泊及河道水质监测数据应用，加强对重点污染企业监管。四要加强非工程措施管理，形成长效机制。①

2017 年 8 月 23 日，云南省环境保护厅湖泊处副处长余辉率湖泊处到玉溪市通海县督促检查杞麓湖"十三五"规划项目推进情况。检查组实地检查了杞麓湖流域村落环境综合整治（大回村）工程及杞麓湖湖体植物收割打捞工程建设情况。现场检查结束后，检查组一行与通海县政府进行座谈。就杞麓湖"十三五"规划项目推进、2018 年项目储备工作交换了意见。通海县委副书记、县长柳洪参加座谈会，副县长常伟、县环境保护局及玉溪市三湖办有关负责同志陪同检查及座谈。②

---

① 玉溪市环境保护局：《市三湖办调度星云湖杞麓湖"十三五"规划项目进展及水质变化情况》，http://www.ynepb.gov.cn/zwxx/xxyw/xxywzsdt/201708/t20170824_171593.html（2017-08-24）。
② 玉溪市环境保护局：《省环境保护厅湖泊处到通海县督促检查杞麓湖"十三五"规划项目推进情况》，http://www.ynepb.gov.cn/zwxx/xxyw/xxywzsdt/201708/t20170828_171766.html（2017-08-28）。

第二章　云南省生态城乡及示范区创建编年

　　生态乡镇及示范区创建是生态文明建设的重要组成部分，其内容包括自然保护区、生态建设示范区、生态城市、生态县、生态乡镇、生态村，生态创建工作对于保护区域性生态环境、推进生态文明建设具有至关重要的作用。云南的生态创建工作的开展源头应始于自然保护区的建立，云南省委、省政府高度重视生态创建工作，把生态文明建设示范区创建作为生态文明建设的重要载体和有效抓手。全省各地通过编制实施生态建设规划，完善生态创建工作机制，加快城乡环境基础设施建设，加强农村环境综合整治，优化调整产业结构，有力促进了创建地区经济、社会、环境协调可持续发展，生态建设示范区创建工作取得明显成效。

　　云南生态规划与生态创建工作几乎是同步进行，生态规划是生态创建工作得以有效贯彻落实的重要保障。生态创建工作主要通过生态建设示范区、生态文明建设试点县、生态文明示范村展开，通过示范区和试点的建立，统筹城乡协调发展，依托区域、人文、生态优势，开展生态旅游、生态农业、生态工业等绿色产业，从根本上解决环境与经济之间的矛盾。2016年以来，云南省坚持把生态文明建设示范区创建工作作为推进生态文明建设的重要载体和抓手，着力在提档升级、强化示范上下功夫，全省创建层次和水平不断提升。云南省环境保护厅在2015年12月组织召开全省生态文明建设示范区创建培训会议的基础上，于2016年3月组织16个州（市）环境保护局领导和生态科科长等召开了省级生态文明乡镇现场检查培训会，重点学习《国家生态文明建设示范区管理规程（试行）》。组织编制的《云南省生态文明建设示范区规划纲要（讨论稿）》已通过审查，将着力构建生态经济、生态环境、生态人居、生态文化、生态制度五大体系，制定组织、制度、机制、资金、技术、舆论六大保障措施，为全省创建生态文明建设示范区提供支持。①

第一节 云南省生态城乡及示范区创建（2016 年）

2016 年 1 月 13 日，笔者从云南省水利厅获悉，"十三五"期间，丽江市将通过构建防洪抗旱减灾、水资源合理配置与高效利用调控、水源地保护和河湖健康保障、民生水利惠民保障、丽江坝区生态水网、水利管理与能力建设等 6 大体系，加快推进水生态文明城市建设。"十二五"以来，丽江市累计完成水利投资 57 亿元，开工建设了文海、腊姑河、小米田等 3 座中型水库和龙开口、拉子、八湾、头台河等 13 个水源工程，实施了白水河提水工程、永胜城乡供水一体化工程等一批应急项目，解决了 50.2 万人的饮水安全。另外，完成了 130 座水库除险加固任务，治理河道 50.08 千米，建成"五小水利"工程 36 858 件，修建水库干支渠 259.27 千米。2016 年是"十三五"的开局之年，丽江市计划完成水利建设项目 59 个。"十三五"期间，丽江市将扎实推进龙蟠提水工程项目建设；争取将南瓜坪水库及配套干渠工程由现在的"十三五"备选项目列入"十三五"规划建设项目，力争 2018 年内开工建设；尽快开工建设马鹿水库、务坪水库和华坪县"9·15"特大暴雨洪涝灾后水利恢复重建项目；推进为解决宁蒗河流域农田产业、宁蒗大兴片区城乡安全饮水和生态用水的宁利中型水库前期工作，并争取尽快开工建设。同时，稳步推进农田水利建设"先建机制、后建工程"的农民参与、企业入股、水价形成的民办公助模式。进一步建立完善水利投融资平台，采用政府与社会资本合作、水利工程代建、设计施工总承包等模式建设水利工程。充分利用水权、水价、水市场优化水资源配置，完善水价形成机制，建立完善精准补贴和节水激励机制、水权交

---

① 蒋朝晖：《云南 4 县市通过国家生态县考核验收》，《中国环境报》2016 年 12 月 22 日。

易平台。全面深化落实最严格的水资源管理制度，扎实推进依法治水管水，为水生态文明城市建设提供良好的法治环境和有力的法治保障。[①]

　　2016 年 1 月 17 日，记着从云南省林业厅获悉，在云南省林业厅编制的"十三五"规划中，到 2020 年，云南全省森林覆盖率将达到 60% 以上，森林蓄积量达到 18.53 亿立方米以上，森林年生态服务价值达到 1.6 万亿元，全社会林业总产值超过 5000 亿元，林农从林业中获得的人均年收入达到 3000 元以上，为林区群众脱贫做出重要贡献。从 2016 年开始，云南林业系统将加大林业供给侧改革，转变林业发展方式，更加注重生态保护和改善民生，并实施森林抚育和低效林改造 1500 万亩、人工造林 1500 万亩、封山育林 1000 万亩。同步推进新一轮退耕还林还草工程和陡坡地生态治理工程，对 25 度以上坡耕地、15—25 度重要水源地和石漠化治理区非基本农田坡耕地有计划地实施退耕还林还草，力争完成新一轮退耕还林还草面积 1278 万亩；完成营造林面积 2500 万亩以上。开展热带雨林保护工程，保护森林面积 860 万亩。开展森林碳汇造林试点，经营培育示范林 100 万亩，建立碳汇林示范基地 10 个。新建农村户用沼气池 10 万户，改造病旧沼气池 5 万户，推广节能炉灶 75 万户、太阳能热水器 75 万台，建设项目服务网点 1000 个、绿色能源低碳乡村示范点 25 个、沼气综合利用示范项目 10 个。

　　此外，力争到 2020 年，全省自然保护区面积达到 300 万公顷，国家公园数量达到 13 处，国家森林公园数量达到 43 处，国家重点保护野生动植物物种保护率达 88%。力争建成标准化林业站 780 个，加大对火灾易发区、多发区的重点监控与防范力度。力争在"十三五"期间，森林火灾当日扑灭率保持在 98% 以上、查处率 80% 以上，森林火灾受害率稳定控制在 1‰ 以下；林业有害生物成灾率控制在 4‰ 以下，无公害防治率达到 85% 以上。记者还了解到，林业部门力争到 2020 年，恢复退化湿地 3 万公顷，新建国家湿地公园 4 处，国家湿地公园数量达到 15 处以上，全省自然湿地保有量达到 42 万公顷，自然湿地保护率达到 45%；力争完成木本油料基地建设 500 万亩、提质增效示范基地 300 万亩；力争打造 2—3 个千亿元级龙头产业；力争林业科技成果储备数量达到 1000 项以上，推广项目 600 项以上，科技示范基地 200 个以上、核心示范面积达 10 万亩以上；力争国家森林城市达到 5 个，全国生态文化村达到 30 个，省级森林城市达到

---

① 李秀春：《丽江构建"六大体系"加快推进水生态文明城市建设》，《云南日报》2016 年 1 月 8 日。

10 个，省级生态文明教育基地达到 30 个。①

2016 年 2 月 16 日至 18 日，云南省环境保护厅对西双版纳傣族自治州三县市进行国家生态县（市）考核验收省级预审。2015 年以来，西双版纳傣族自治州各级党委、政府深入贯彻落实习近平总书记考察云南重要讲话精神，积极创建国家生态县（市），加快国家生态州建设步伐，并取得显著成效。2015 年 9 月，景洪市、勐海县、勐腊县通过国家环境保护部国家生态县（市）技术评估。2015 年 12 月底，三县市按照国家环境保护部的整改意见完成整改。在 2016 年 2 月 18 日的意见反馈会上，预审组听取了三县市政府负责人汇报技术评估整改情况；西双版纳傣族自治州环境保护局负责人汇报了州级检查情况；预审组专家反馈了预审档案资料、现场检查情况和预审意见。预审组专家认为，景洪市、勐海县、勐腊县创建国家生态县（市）整改工作达到了环境保护部整改要求，同意通过考核验收省级预审，可按程序上报环境保护部申请考核验收。预审的顺利通过，为下一步上报环境保护部考核验收奠定了基础。西双版纳傣族自治州政府、州实施生态立州战略领导小组负责人在会上表示，在下一步工作中将根据专家意见，进一步加大对三县市工作的督办，要求三县市对工作要再排查、再整改、再研究、再部署，把各项工作抓好抓实抓出成效，确保创建国家生态县（市）通过环境保护部的考核验收。云南省环境保护厅生态文明建设处负责人要求，西双版纳要提高认识、高度统筹；查缺补漏、完善材料；明确责任、强化督查；加强协调、全力推进，争当"排头兵中的排头兵"，在全省率先成功创建国家生态县（市），建成全省首个国家级生态州。②

2016 年 2 月 19 日，云南省环境保护厅生态文明建设处负责人带领省级生态文明州技术评估组，对西双版纳傣族自治州省级生态文明州创建工作进行技术评估。当日下午，评估组主持召开技术评估反馈会。州委常委、副州长、州实施生态立州战略领导小组组长杨沙，州人大常委会副主任刀琼平，州政协副主席玉香伦，以及州实施生态立州战略领导小组主要成员单位、三县市政府分管负责人参加会议。听取州政府及技术报告编制单位关于省级生态文明州创建工作情况汇报，来自云南省环境科学院、南京大学、云南农业大学的评估组专家，以及其他成员，对西双版纳傣族自治州省级生态文明州创

---

① 彭锡：《到 2020 年云南全社会林业总产值将超过 5000 亿元》，http://www.yunnan.cn/html/2016-01/17/content_4121868.htm（2016-01-17）。

② 杨春：《西双版纳三县市通过国家生态县（市）考核验收省级预审》，http://xsbn.yunnan.cn/html/2016-02/22/content_4182888.htm（2016-02-22）。

建工作给予充分肯定，认为西双版纳傣族自治州高度重视省级生态文明州创建工作，思路明确，认识到位；高度统筹，整体推进；机制健全，制度完善；因地制宜，亮点纷呈；督导有力，成效明显。创建省级生态文明州的6项基本条件和18项验收指标达到考核验收指标要求，同意西双版纳傣族自治州通过省级生态文明州创建工作技术评估。同时，评估组提出，要进一步增强创建决心，按照要求、对照标准认真整改，查缺补漏；建管结合，巩固创建成果；认真总结，开展创建工作回头看；提档升级，再创佳绩。杨沙指出，评估组提出的意见是西双版纳傣族自治州下一阶段开展创建工作的努力方向。今后，我州各级各相关部门要提高认识，高度重视省级生态文明州的创建工作，进一步增强信心和决心，拧成一股劲，同心协力，持续推进创建工作的开展；严格按照专家组和评估组的要求积极整改，抓好抓实各项工作，确保各项技术指标全面达标；根据生态文明建设要求，继续加快生态州建设，抓好生态建设和环境保护工作，创新理念，创造更多的亮点和特色，把西双版纳傣族自治州真正建成群众满意的生态宜居家园。此次技术评估的顺利通过，为下一步西双版纳傣族自治州率先在全省考核命名首个"云南省生态文明州市"奠定了坚实基础。①

2016年3月18日，红河哈尼族彝族自治州水利局个旧市水务局罗云辉报道：个旧水务局四项措施落实水生态文明建设取得显著成效。为加强个旧水生态文明建设，个旧市水务局针对本地区部分乡镇水生态文明意识薄弱、部分企业环境保护责任意识不强，超标排放、非法排污，部分居民环境保护观念尚未形成，节水、节能、绿色消费等还没有成为自觉行为等情况，制定四项措施，加强水生态建设，并取得显著成效。一是成立了"水生态文明建设领导小组"加强组织领导，落实工作责任。具体负责生态文明建设工作，有效保障了生态文明建设各项工作的顺利推进。二是落实最严格水资源管理制度，按"三条红线"的要求分解下达个旧市水资源管理控制指标。对州局下达给个旧市的水资源管理控制指标，进行了分析和研讨。三是推进取水许可监督和计量管理。个旧市辖区内的各类建设项目水资源开发利用都依法办理了水资源论证、取水许可正在办理入河排污口设置审批手续的前期工作，各取水用户都能严格按照审批的要求取水、用水、退水，大部分取水用户安装了计量设施，剩余部分目前正在安装，入河水质达到了

---

① 张锐荣：《西双版纳州通过省级生态文明州创建技术评估》，http://xsbn.yunnan.cn/html/2016-02/23/content_4185730.htm（2016-02-23）。

水功能区水质要求。四是开展水土保持现场监督执法，2015 年全年共对个旧辖区内的采砂采石厂、矿山企业、选矿企业、房地产开发建设项目等进行现场监督执法检查 47 个单位共计 49 次，督促水资源保护方案编制、评审及措施的落实。通过措施落实，个旧地区水生态建设成效显著，用水效率控制指标有效提高：2015 年个旧市万元工业增加值用水量控制指标比 2010 年下降 32%；农田灌溉水有效利用系数不低于 0.5；个旧市列入考核的水功能区为 1 个，达标率为 100%；列入考核的重要饮用水水源地为 3 个，达标率为 100%；2015 年各乡、镇（区）用水指标全部达标。[1]

2016 年 3 月 22 日，云南省环境保护厅组织召开了省级生态文明乡镇现场检查工作部署会议。会议由省环境保护厅生态文明建设处张建萍处长主持，全省 16 个州（市）环境保护局领导和生态科长、生态创建专家以及部分编制单位人员参会，省环境保护厅党组成员、副厅长高正文同志出席会议，并做了"主动实践，提档升级，大力推进我省生态文明示范区建设工作"的重要讲话。会议学习了《国家生态文明建设示范区管理规程（试行）》，专家解读了国家生态文明建设示范市、县、乡镇、村的相关指标体系，介绍了省级生态文明乡镇的技术评估和现场检查方法步骤、重点难点问题，云南省生态文明建设示范区管理系统研发单位就生态创建网上申报工作流程和注意事项进行了逐项讲解和示范。最后，会议部署了省级生态文明乡镇的现场检查工作，以及近期推进云南省生态文明建设示范区创建相关工作任务。此次会议的召开，对于推动云南省生态建设示范区向生态文明建设示范区的顺利过渡和提档升级夯实了基础，必将推动云南省生态文明建设示范区创建工作的创新发展。[2]

2016 年 5 月 12—13 日，云南省环境保护厅组织有关专家对西双版纳州创建省级生态文明州进行了考核验收。考核组查阅了相关档案资料，现场检查了景洪市、勐海县、勐腊县的生态保护与环境综合整治情况。会上，考核验收组观看了生态文明州创建专题片，听取了西双版纳傣族自治州人民政府副州长吕永和关于创建省级生态文明州建设及整改情况汇报，反馈了现场检查和档案资料核查情况，通报了考核验收意见。考核验收组认为，西双版纳傣族自治州各级党委政府坚持"生态立州"战略，以创建国家级生态

① 罗云辉：《个旧水务局四项措施落实水生态文明建设取得显著成效》，http://www.wcb.yn.gov.cn/arti?id=565839（2016-03-18）。
② 云南省环境保护厅生态文明建设处：《云南省环境保护厅组织召开省级生态文明乡镇现场检查工作部署会议》，http://www.ynepb.gov.cn/zwxx/xxyw/xxywrdjj/201603/t20160329_151035.html（2016-03-29）。

州为载体，积极探索符合本地实际的生态文明建设道路，持续推进生态县（市）和国家级生态乡镇创建，生态创建保障体系不断完善，落实经费保障创建工作整体推进，生态环境质量持续改善，生态人居环境质量不断提升，环境保护与经济社会发展更加协调，生态创建成效显著，同意西双版纳傣族自治州通过省级生态文明州考核验收，并按程序报送省政府命名。会上，省环境保护厅党组成员、副厅长高正文对西双版纳傣族自治州生态创建取得的阶段性成果表示祝贺，肯定了西双版纳傣族自治州生态创建工作亮点纷呈，成效明显，并提出了六条工作建议：一是进一步提高对生态创建工作重要性的认识。二是要抓紧做好国家生态州、县考核验收的现场和资料整改。三是要持续推进生态文明建设示范区创建工作。四是要建立完善生态创建工作巩固提升的长效机制。五是要是要总结宣传好西双版纳傣族自治州的生态文明建设和生态创建工作。六是要全力做好迎接中央环境保护督查的各项准备工作。最后，西双版纳傣族自治州人民政府罗红江州长就省环境保护厅和专家多年来对西双版纳生态文明创建工作的支持和助力表示衷心感谢，对下一步生态示范创建工作做出部署，要求西双版纳傣族自治州各级政府和各相关部门要将以此次考核验收为契机，以专家意见为着力点，消化落实，进一步细化措施，查缺补漏，完善材料，对存在的问题加紧整改，通过认真抓落实、抓督办，加大宣传力度，继续巩固和深化生态州创建阶段成果，永葆率先争当生态文明建设排头兵劲头，让全州生态文明建设新常态、生态示范创建不断推向更高层次。①

2016年5月11—13日，云南省环境保护厅组织考核验收组，对西双版纳傣族自治州创建省级生态文明州工作进行考核验收。考核验收组通过查阅相关档案资料，现场检查西双版纳傣族自治州两县一市的生态保护与环境综合整治情况，对西双版纳傣族自治州创建工作给予充分肯定，同意西双版纳傣族自治州通过省级生态文明州考核验收。在考核验收反馈会上，考核组观看了西双版纳傣族自治州创建省级生态文明州专题片，听取州政府创建省级生态文明州的工作汇报，反馈了现场检查及档案资料检查情况。考核验收组指出，西双版纳傣族自治州坚持"生态立州"战略，以创建国家级生态州为载体，积极探索符合本地实际的生态文明建设道路。各级党委、政府持续推进生态县（市）和国家级生态乡镇创建工作，生态创建保障体系不断完善，落实经费保障创建工

---

① 云南省环境保护厅生态文明建设处：《省环境保护厅组织专家对西双版纳州创建省级生态文明州进行考核验收》，http://www.ynepb.gov.cn/zwxx/xxyw/xxywrdjj/201605/t20160517_153025.html（2016-05-17）。

作整体推进，生态环境质量持续改善，生态人居环境质量不断提升，生态创建成效显著。认为西双版纳傣族自治州创建省级生态文明州的6项基本条件和18项建设指标均已达到省级生态文明州的考核要求，考核验收组同意西双版纳傣族自治州通过省级生态文明州考核验收。考核验收组建议，对存在的问题要抓紧时间进行整改，围绕创建工作的各项要求，不断深化创建工作，持续打造新的特色和亮点；建立生态创建长效机制，完善生态建设制度，不断增强广大群众的生态文明意识；严格对照国家生态州创建标准，强化进度，全力打好创建攻坚战。州委副书记、州长罗红江指出，此次会议是推动西双版纳傣族自治州生态文明州创建工作的重要会议，西双版纳傣族自治州各相关部门对考核验收组的意见和建议要进行认真梳理、消化，进一步细化措施，抓好整改；各县市（区）、各部门要查缺补漏，认真落实考核验收组提出的建议，对存在的问题抓紧进行整改。副州长吕永和、州政协副主席玉香伦参加反馈会。①

　　2016年6月1日，云南网讯记者彭锡从云南省林业厅获悉，《云南省建立国家生态文明试验示范区战略研究报告》获云南省人民政府颁发的云南省第十九次哲学社会科学优秀成果一等奖。据介绍，《云南省建立国家生态文明试验示范区战略研究报告》由总报告和经济、环境、生态等3个专题报告组成，从机制体制上探索云南建设国家生态文明先行示范区的有效路径，提出了把云南列为国家生态文明试验示范区、支持云南率先建立国家公园体制等一系列具有前瞻性的建议，是云南向国家争取建立生态文明试验示范区的重要科学依据。该报告明确提出，用5—10年时间，使云南在西部地区乃至全国生态文明建设中发挥积极引领作用。到2020年，云南森林覆盖率达到60%以上，森林蓄积量达到18.53亿立方米以上，森林年生态服务价值1.6万亿元，生物多样性宝库和西南生态屏障更加巩固，人居环境明显改善，生态环境质量保持全国领先，生态优势对绿色发展的支撑作用不断增强。该报告建议将优化国土空间开发格局，严守生态红线；调整优化产业经济结构，强化资源能源节约；发挥生态优势，促进绿色发展；严控环境污染，减少生态损害，保障人民健康；加大生态保护修复，扩大生态空间，保障生态安全、发展生态科技；加强国际合作6项工作作为试验示范区建设主要内容。该报告建议在云南设立国家生态屏障和产业生态化建设专项基金；建议支持云南改进完善节能降耗

---

① 夏文燕：《西双版纳州省级生态文明州创建工作 通过云南省环境保护厅考核验收》，http://xsbn.yunnan.cn/html/2016-05/17/content_4341225.htm（2016-05-17）。

考核办法；建议加大对云南水资源保护的支持力度；建议建立云南跨境生态环境监测体系和全省生态定位监测网络体系；建议加大对云南省环境保护投资力度；建议国家加大对云南的财政转移支付及生态补偿力度；支持云南建立珠江、长江跨省流域生态补偿机制；支持云南建立水电开发生态补偿政策；支持云南率先建立对生态关键区域集体公益林的赎买制度；支持云南实施生态屏障建设工程；支持云南尽快实施滇中引水工程；支持云南实施干热河谷地区水利设施及生态修复工程；支持云南实施生态移民工程；支持云南实施扶贫攻坚工程。"云南省建立国家生态文明试验示范区战略研究"课题由云南省科学技术协会、林业厅联合组织，中国科学院院士许智宏任课题组组长。中国科学院、北京大学、云南大学、云南省林业调查规划院、省环境科学研究院共同参与。据悉，此次由云南省人民政府颁发的云南省第十九次哲学社会科学优秀成果奖，共评选出优秀成果 172 项，其中一等奖 17 项。[①]

2016 年 6 月 5 日，文山壮族苗族自治州马关县 2016 年世界环境日宣传活动暨省级生态文明县创建工作启动大会在安平广场举行，县领导号召全县社会各界，通过 3 年半的共同努力，把马关县创建成为省级生态文明县。"十二五"以来，马关县始终坚持"生态立县"发展战略不动摇，牢固树立"创新、协调、绿色、开放、共享"五大发展理念，把生态建设和环境保护工作纳入全县经济社会发展五年规划之中，着力创建美丽马关、森林马关、生态绿色宜居马关，切实加快城乡建设步伐，经济社会得到快速发展，环境质量不断改善，生态文明水平不断提高，生态建设初见成效。完成退耕还林 2.8 万亩、石漠化综合治理封山育林 5.6 万亩、低效林改造 7 万亩、人工造林 12.1 万亩，森林覆盖率达 55%，实现了连续多年无重大森林火灾。先后淘汰关闭了 9 家污染严重、能耗高、工艺落后、不符合国家产业政策的企业，全面完成了国家重点控制的化学需氧量、氨氮、二氧化硫、氮氧化物四项控制指标。2015 年，全县Ⅲ类或优于Ⅲ类水质达标率 90%，县城集中式饮用水源地水质达标率保持在 100%，优良以上空气质量常年保持二级以上。全县没有发生重大环境污染、生态破坏事件以及由此引起的重大群体性或群访事件。目前，全县共有省级生态乡镇 1 个，州级生态村 4 个，国家级绿色学校 1 个，省级绿色学校 3 个，州级绿色学校 10 个，省级绿色社区 1 个。这些品牌的成功创

---

① 彭锡：《〈云南省建立国家生态文明试验示范区战略研究报告〉获奖》，http://yn.yunnan.cn/html/2016-06-01/content_4370226.htm（2016-06-01）。

建，夯实了该县创建省级生态县的基础。据了解，为了确保 2019 年成功创建省级生态文明县，马关县将重点实施"七大工程"：优化产业布局推进生态工业工程；提高科技水平推进生态农业工程；加快植树造林推进生态林业工程；加强水源管控推进生态水系工程；强化环境整治推进生态乡村工程；规范监督管理推进生态旅游工程；提升环境保护理念推进生态文化工程。启动会上，县领导为各类争创主体进行了授旗，举行了万人参与生态文明创建签名活动。①

2016 年 6 月上旬，《云南苍山洱海国家级自然保护区总体规划（2014—2025 年）》经省人民政府批复，同意实施。批复指出，云南苍山洱海国家级自然保护区是以保护苍山、洱海自然生态环境和生物多样性为主要保护对象的自然保护区。该自然保护区对保护高原淡水湖泊水域湿地生态系统、高山垂直带植被、生态景观、冰川遗迹和生物物种多样性，促进区域经济社会协调发展具有重要意义。批复要求，总体规划是指导云南苍山洱海国家级自然保护区建设和管理的主要依据，在保护区范围内开展的一切建设活动必须符合总体规划要求，对涉及的建设项目要严格履行环评手续，最大限度减轻对保护区的影响。批复还就自然环境保护和自然资源保护做出规定。要求加强保护区自然生态、自然文化遗产原真性和完整性的保护，同时要扩大宣传，多渠道筹集资金，不断提升建设和管理水平，推进保护区规范化建设，不断改善保护区内生态环境质量，提高保护成效，把保护区建设成为人与自然和谐相处和可持续发展的示范。②

2016 年 7 月 1—3 日，国家林业局宣传办副主任李天送在云南省林业厅副厅长李凤波陪同下，深入临沧市就临沧市国家森林城市创建工作进行考核。考核组先后到云县、凤庆、临翔区等地，对临沧市国家森林城市建设城乡绿化一体化推进情况，特别对城市绿化、生态修复、廊带建设、生态产业、生态文化以及档案建设等国家森林城市建设重点进行实地考核。考核组认为，临沧市委、市政府高度重视国家森林城市创建工作，各部门分工协作、责任明确，依据当地自然条件充分坚持"适地适树"原则，群众的参与度比较高，创建工作取得了明显的成绩。创建国家森林城市是发展林业、推进生态文明建设的有效引擎。就如何更进一步做好临沧国家森林城市创建工作，考核组要求，一是

---

① 邹丽亚：《马关 2016 年世界环境日宣传活动暨省级生态文明县创建工作启动》，http://wenshan.yunnan.cn/html/2016-06/06/content_4377018.htm（2016-06-06）。

② 杨国威：《云南省人民政府批复同意实施云南苍山洱海国家级自然保护区总体规划》，http://www.ynepb.gov.cn/zwxx/xxyw/xxywrdjj/201606/t20160608_154592.html（2016-06-07）。

要紧紧围绕生态建设"四个着力"新要求，按森林城市建设"五个统一"的精神，大胆创新，勇于尝试，不断探索出新的理念、新的做法。二是要认识到创建国家森林城市是一项持久的工作，把握好国家森林城市创建工作的重点、难点、特点和起点等问题，着力建设相通相融的城市生态环境，久久为功，有效提高城乡居民幸福指数。三是要保持高位推动，学习先进地区党政一把手抓森林城市建设的经验，一如既往地重视国家森林城市创建工作；要加大资金投入，做足存量，做好增量；要强化宣传，加大造势，形成良好的舆论氛围；要充分利用好各种资源，大力普及生态文化；要更加注重生态功能的提升，更加重视城市森林生态廊道的建设；要继续杜绝大树进城的现象发生，进一步强化乡土树种的种植。在下一步工作中，临沧市将进一步找准突破口，勇于担当，主动作为，不断在提升创建国家森林城市认识程度上下功夫，在补充完善创建国家森林城市规划内容上下功夫，在创新创建国家森林城市合作机制上下功夫，在建立健全创建国家森林城市考核机制上下功夫，确保临沧创建国家森林城市工作早日通过考评验收。副市长赵贵祥出席汇报会。①

2016 年 7 月 12 日下午，云南省环境保护宣传教育中心主任、省绿色创建领导小组办公室负责人王云斋一行深入省级绿色学校—昆明市盘龙区新迎中学调研绿色学校创建工作情况。调研组在童桂生校长等校领导的陪同下查看了学校的校园、教室、图书馆、实验室等场所建设情况，听取了学校绿色创建工作汇报。调研组对新迎中学在绿色学校创建中的做法、经验和取得的成效给予了充分肯定。调研组指出，新迎中学在绿色学校创建活动中领导高度重视，有规划、有活动、有特色、有氛围、有效果。学校领导班子能从推动学校整体工作的高度，深化对创建绿色学校重要性的认识，把创建工作渗透到教学安排、学校管理、学校建设等各项工作之中。能坚持长远规划，小处着手，根据自身条件，创出自身特色，师生环境保护意识强，环境保护行为规范，学校绿色创建质量整体较高。调研组还就进一步提升环境教育质量、实现传统文化与环境文化、兴趣教育与环境保护科普、素质教育与绿色行为的融合、建设云南环境保护绿色书屋、培养环境保护知识的兴趣等方面工作与校方交换了意见。新迎中学高度重视环境教育工作，坚持把环境教育列入教学范畴，作为素质教育和精神文明建设的重要内容，引导学生树立生态环境理念，践行绿色生活方式，在校园形成了热爱环境保护、宣传环境保护、参与环

---

① 张伟锋：《国家林业局赴临沧考核国家森林城市创建工作》，《临沧日报》2016 年 7 月 4 日。

境保护的良好风尚，2011 年被评为省级绿色学校。省环境保护宣教中心教育科长、绿色创建领导小组联络员曹雄、盘龙区环境保护局、教育局负责绿色创建工作的同志一并参加调研。①

2016 年 7 月 18—20 日，环境保护部组成由中国生态文明研究与促进会常务副会长、原国家环境保护总局副局长祝光耀为组长，环境保护部生态司综合处、中国环境科学院、省环境保护厅负责人和专家为成员的国家生态县（市）考核验收组，对西双版纳傣族自治州三县市进行考核验收。州政协主席杨沙、州人大常委会副主任黄志高、副州长吕永和分别陪同验收组到三县市进行现场核查。18 日下午至 20 日上午，验收组先后深入三县市，实地检查生态环境保护与整治、污水处理厂配套管网建设、生态产业发展、农村环境综合整治等情况，审核查阅验收资料，详细了解三县市整改落实情况。20日下午，召开景洪市、勐海县、勐腊县国家生态县（市）考核验收会。经过现场考察、资料核查、观看专题片、听取创建工作汇报后，考核验收组对西双版纳傣族自治州三县市坚定不移实施"生态立州"战略，以国家生态县（市）创建为抓手，强化"绿水青山就是金山银山"的发展理念，突出生态创建目标，全面打响生态创建攻坚战、持久战所取得的明显成效给予肯定。认为三县市在创建国家生态县（市）过程中组织有力、措施到位、理念超前、成果丰硕，技术评估中提出的整改意见总体落实到位，原则同意景洪市、勐海县、勐腊县通过国家生态县（市）考核验收，并按程序报环境保护部审议命名。至此，西双版纳傣族自治州三县市成为云南省首批通过国家生态县（市）考核验收的县市。祝光耀指出，生态创建工作只有起点没有终点，只有更好没有最好，希望西双版纳傣族自治州坚持不懈地做好生态保护工作，正确处理环境保护与经济发展的关系。加强薄弱环节整治，注重创新，以更高的标准、更大的力度、更扎实的作风，深化国家生态州创建，进一步争创国际知名、国内一流的生态州。吕永和对环境保护部、省环境保护厅多年来在西双版纳生态文明建设工作中给予的关心支持表示感谢，对下一步工作做了部署。要求各级政府和各相关部门要以此次考核验收为契机，根据专家意见，进一步细化措施，查缺补漏、完善材料，对存在的问题加紧整改。加大宣传力度，继续巩固和深化生态创建阶段成果，为创建国家生态州打下坚实基础，并向创建国家生态文明建

---

① 云南省环境保护宣传教育中心：《云南省环境保护宣传教育中心到昆明新迎中学调研绿色学校创建工作》，http://www.ynepb.gov.cn/zwxx/xxyw/xxywrdjj/201607/t20160714_156196.html（2016-07-14）。

设示范县（市）、州这一更高目标迈进。[①]

　　2016 年 8 月，玉溪市新平、华宁、峨山三县申报云南省生态文明县通过了省环境保护厅的考核验收，已经公示结束报省政府待命名，标志着玉溪市生态文明县创建工作实现了零突破。县域辖区内 80% 以上的乡镇被命名为省级生态文明乡镇是创建省级生态文明县的基本条件。近年来，玉溪市市环境保护局认真谋划，积极动员，精心组织，稳步推进，成功创建省级生态文明乡镇 61 个（已获得命名 48 个，公示结束待命名 13 个），为开展省级生态文明县打下了坚实的基础。新平、华宁、峨山三县于 2015 年下半年正式向省环境保护厅提交申请并上报了申报材料，2016 年 1 月，三县先后通过了省环境保护厅组织的专家技术评估和现场检查，6 月通过了考核验收，8 月经省环境保护厅公示结束，报省政府命名，成为玉溪市首批成功创建生态文明县的县区。目前，玉溪市已达到省级生态文明县申报条件的还有元江、澄江、易门、江川等县区，均在积极为申报工作做准备。其中元江已通过了市级的初审考核，上报省环境保护厅等待技术评估。[②]

　　2016 年 8 月上旬，云南省水利厅组织召开全省水生态文明建设试点工作座谈会。作为首批省级水生态文明建设试点区之一，昆明市盘龙区认真组织开展实施方案编制，于 2015 年 12 月完成水生态文明建设省级试点实施方案并上报。实施方案结合盘龙区区情特点，对盘龙区开展水生态文明建设试点各方面工作进行了详细计划，明确了指导思想、总体目标、试点期目标、重点工程、工作步骤、保障措施等。盘龙区将在 2016—2018 年的 3 年试点期间，根据专家审查意见，进一步对方案中的水生态文明建设现状、重点工程布局、建设进度安排及考核指标等内容进行细化、完善，力求规划科学、可行、操作性强。另外，盘龙区以松华坝水源保护为重点，全面开展节水型社会创建，实施生态清洁小流域建设、水资源供需工程建设、水系连通工程建设、河道水环境综合整治、美丽乡村建设等，有效解决水资源短缺、水生态退化、水环境污染等水安全问题，着力发展绿色生态农业和休闲旅游业等生态友好型产业，努力把盘龙建设成为生态环境保护良好、综合实力靠前的现代新昆明建设先行区。[③]

① 黄玫：《西双版纳州三县市率先在全省通过国家生态县（市）考核验收》，http://xsbn.yunnan.cn/html/2016-07/22/content_4446747.htm（2016-07-22）。

② 玉溪市环境保护局：《玉溪市省级生态文明县创建实现零突破》，http://www.ynepb.gov.cn/zwxx/xxyw/xxywzsdt/201612/t20161226_163736.html（2016-12-27）。

③ 盘龙区水务局：《盘龙区积极开展水生态文明建设试点工作》，http://www.wcb.yn.gov.cn/arti?id=59040（2016-08-09）。

2016年8月8日，勐腊县国家生态县创建工作于通过国家环境保护部考核验收，成为云南省首批通过国家生态县考核验收的县（市）之一，开启了全县生态文明建设新局面。据悉，勐腊县将秉持生态建设永远在路上的理念，严守生态保护红线，全力推进生态功能区建设，推动生态建设和环境保护工作再上新台阶。①

2016年8月12日，由云南省水利厅组织的专家组对昆明市盘龙区省级水生态文明建设试点实施方案进行审查，盘龙区政府钱宏俊副区长作表态发言。在认真听取汇报并进行充分讨论后，专家组一致认为，盘龙区开展创建全省水生态文明建设试点具有较好的工作基础，实施方案确定的指标体系合理、内容全面，具有较强的科学性和可操作性；提出的试点期建设任务框架完整、安排合理、措施可行，符合盘龙区实际；试点建设管理措施可行，时间安排合理，保障措施有力；确定的示范工程具有较好的典型性和代表性，可作为试点建设的重点任务组织实施。经充分研究讨论，同意实施方案通过审查。同时，与会专家也就进一步完善方案提出了建议。水生态文明是生态文明的重要组成和基础保障，开展水生态文明试点工作，深入推进水生态文明建设，是贯彻落实党的十八大精神和中央加快水利改革与发展决策部署的重要举措。下一步，盘龙区将按照专家审查意见，认真修改完善实施方案，尽快按程序上报水利部核定批复后实施，并在具体工作中，科学实施，稳步推进，将水生态文明建设作为今后一个时期的重点工作，强化政府主导和部门协作，全面推进试点建设各项工作有序开展，为全省水生态文明建设积累经验和提供示范。②

2016年8月16日，云南省环境保护厅对2016年拟命名的省级生态文明州、生态文明县（市、区）、生态文明乡（镇、街道）进行公示。其中，西双版纳傣族自治州拟命名为第一批省级生态文明州，昆明市盘龙区等13个县（市、区）拟命名为省级生态文明县（市、区）。8月15日至8月23日，社会各界对拟命名的工作有意见或建议可反馈至云南省环境保护厅生态文明建设处。③

按照云南省省级生态乡镇（街道）申报及管理规定和省级生态村申报及管理规定，

---

① 严娅、石勇、依应香：《勐腊县生态文明建设开启新局面》，http://xsbn.yunnan.cn/html/2016-08/09/content_4478990.htm（2016-08-09）。

② 盘龙区水务局：《盘龙区省级水生态文明建设试点实施方案通过专家审查》，http://www.wcb.yn.gov.cn/arti?id=59205（2016-08-17）。

③ 许孟婕：《云南省环境保护厅拟命名版纳为首批省级生态文明州》，http://finance.yunnan.cn/html/2016-08/17/content_4490331.htm（2016-08-17）。

经现场检查、查阅资料、社会调查等，全省共有 1 个州、13 个县（市、区）、186 个乡（镇、街道）、16 个行政村（社区）达到云南省生态文明州、生态文明县、生态文明乡镇、生态文明村的申报条件和要求。根据云南省环境保护厅的公示，第一批省级生态文明州为西双版纳傣族自治州。在第二批省级生态文明县中，昆明盘龙区、官渡区、五华区、富民县、禄劝彝族苗族自治县位列其中。在第十批省级生态文明乡镇中，昆明为东川区汤丹镇和寻甸回族彝族自治县金源乡。在第三批省级生态文明村中，昆明市多达 11 个，分别为宜良县汤池街道禾登社区、前所社区、鸡街社区；呈贡区七甸街道七甸社区、马廊社区、野竹社区；晋宁区上蒜镇段七村、上蒜村，六街镇干海村；阳宗海旅游度假区阳宗镇新街村、北斗村。①

2016 年 9 月 3 日，云南省水利厅在丽江市召开丽江坝区生态水网建设规划协调推进会。会议围绕“丽江坝区生态水系、生态水源、生态水域、生态河道、生态山脉和生态农业”的建设展开讨论，并对下一步丽江坝区生态水网建设工作做出了明确部署和要求。云南省水利厅厅长陈坚出席会议，丽江市副市长陈星元及市级相关部门负责人参加会议。会议指出，丽江坝区生态水网建设是“十三五”丽江市生态文明建设的重要内容，是建设国际知名旅游城市的重要载体。要以求真务实、奋发有为、勇于创新、敢于担当的精神，采取有力措施，认真完成丽江坝区生态水网规划的项目建设任务。为再造一个秀丽山川，提升美丽丽江形象，为丽江与全国同步全面建成小康社会做最大努力。会议强调，下一步，在丽江坝区生态水网建设工作中，省水利厅将从制度建设和技术支撑等方面给予丽江支持和帮助。丽江市级各部门要切实巩固水利建设成果，进一步细化工作任务，强化工作措施，在政策保障上尽快研究出台鼓励和引导社会资本参与水利建设运营和管理的实施意见。各部门要做好综合协调、衔接沟通、督导落实工作，及时研究解决工作推进中遇到的问题。各相关部门要认真履职，有序推进各项工作，加快推进在建项目，并对存在的问题给予及时协调解决。②

2016 年 9 月 12 日，云南省昆明市十三届人大常委会第三十九次会议举行联组会议，就昆明市滇池综合整治情况向市政府及有关部门开展专题询问。会上，昆明市人大

---

① 李婧：《昆明 5 县区入列云南生态文明县》，http://edu.yunnan.cn/html/2016-09/02/content_4514234.htm（2016-09-02）。
② 云南省水利厅：《省水利厅召开丽江坝区生态水网建设规划协调推进会》，http://www.wcb.yn.gov.cn/arti?id=59525（2016-09-05）。

常委会组成人员围绕滇池保护治理总体思路、落实河（段）长责任制、"河道三包"责任制、湿地建设、草海水环境整治提升、水源区保护等方面 20 多个问题进行了询问。昆明市副市长王道兴，市滇池管理局、市环境保护局、市农业局、市水务局、市滇投公司等部门和昆明市主城区域五区的主要负责人现场进行了答复，回答问题不回避、不遮掩，整场专题询问气氛严肃热烈。主持会议的昆明市人大常委会副主任戚永宏认为，通过现场对话、互动交流，使昆明市人大常委会组成人员更为全面、客观、真实地掌握了昆明市滇池综合整治情况，强化了市政府、有关部门和县区的履职责任，对认真研究解决滇池治理中的重大问题、更好地推进滇池综合整治起到了积极的督促作用，达到了专题询问的预期目的，取得了明显成效。据悉，此次专题询问是 2016 年昆明市人大常委会创新工作方式，开展滇池治理连续集中视察的第四阶段。前三个阶段，昆明市人大常委会分别开展了环湖徒步视察、河道综合治理情况视察和水源地保护情况视察，通过连续集中视察，充分了解滇池综合整治的基本情况。①

2016 年 9 月 19 日，德宏傣族景颇族自治州在该州第七次党代会报告中提出，"着力把芒市打造成为宜居宜业的生态田园城市"。德宏傣族景颇族自治州委书记、瑞丽试验区工委书记、管委主任王俊强表示，要紧紧围绕"把芒市打造成为全国闻名的宜居宜业的生态田园城市"的目标定位，用全新的思维，以更高的标准、更实的举措、更大的力度，全力以赴抓好城市建设工作，努力探索出一条新型城镇化建设新路子。近年来，芒市在城市建设发展中先后取得了国家卫生城市、国家园林城市、全国科普示范市、全国双拥模范城、中国优秀旅游城市、中国特色魅力城市 200 强等荣誉称号。在新定位的目标引领下，哪些优势和资源条件将助力芒市向宜居宜业的城市新目标跨步迈进？

第一，芒市之美——田园风光。"绿波春浪满前陂，极目连云糯稏肥。更被鹭鸶千点雪，破烟来入画屏飞。"唐末诗人韦庄的《稻田》写的是稻田风光之美，令人神往。而在芒市，这样如诗如画般的美景却显得"稀疏平常"。金秋时节，从龙陵驾车顺320 国道前往瑞丽，刚进芒市便可看到黄绿相间的成千上万亩稻田与绵延起伏的山川、树林和房舍构成一幅色彩绚丽的田园风景，贯穿其间的公路与碧绿金黄的稻浪相互映衬，宛如油画，形成一道"车在路中、路在田中"的亮丽风景线，令置身其中的人陶醉

---

① 蒋朝晖：《昆明人大常委会专题询问滇池整治 督促政府认真研究解决有关治理的重大问题》，《中国环境报》2016 年 9 月 13 日。

不已。据介绍，每年5—10月，驾车沿320国道前行都能欣赏到芒市坝子14万余亩连片的稻田花海美景。"虽然高速修通了，但每到八九月，我还是喜欢走老路，两旁的稻田花海太美了，周末回家路上欣赏美景，心情也会跟着好起来。"每周因工作关系往返于芒市与瑞丽之间的市民王妍丹对芒市坝区田园风光赞不绝口。除了稻田风光，位于在芒市东北市郊占林区面积 1005 公顷的孔雀谷森林公园也"深藏"绝美风景。林区内奇峰峻岭漫舞，峡谷奇异幽谧，瀑布溪河密布，众多优美的景观资源吸引着国内外专家学者、摄影及登山探险爱好者到此考察采风。为更好地保护这片生态环境，芒市正对孔雀谷省级森林公园建设进行申报。芒市田园风光之美不仅体现在自然环境中，更存在于当地群众的日常生活中。从城区顺仙池路而上，只需步行十几分钟便可来到依山傍水的孔雀湖生态旅游区，沿着 9.6 千米长的环湖路缓缓行走，感受拂面的微风，看着碧波荡漾的湖水，呼吸着山林间新鲜的空气，已成为当地居民的日常生活。生态美景和现代城市生活的完美融合让从省外前来芒市出差的胡凯及同事羡慕地说："在钢筋水泥城市化的今天，还能在家门口坐拥一个如此生态、优美的休闲场所，真是芒市人民之福！"在芒市，孔雀湖只是芒市田园美景与城市融合的一个缩影。就在孔雀湖旁边，依托芒满、芒晃、芒杏、偏窝、芒国、勐目和田头七个传统村落的美丽田园风光和少数民族特色文化打造的集田园风光、休闲度假、乡村旅游、农业和生态观光等为一体的复合型旅游景区正在规划建设之中。不久之后，吃着农家乐、赏着田园美景，感受民族风情文化又将成为芒市人民休闲生活的又一"新常态"。气候宜人、田园风光、山水城相连的优越自然条件为芒市下一步打造生态田园城市创造了得天独厚的优势。

第二，芒市之宝——和谐生态。芒市，一座生态之城。2978 平方千米的土地上群山吐翠、河流纵横，盆地坝子一马平川，溪流湖泊不计其数，山山有温泉、坝坝有热汤，天蓝、地绿、山青、水秀的自然环境被人们誉为"天然氧吧"和"养生天堂"。自古以来，优越的自然条件并非一定能造就良好的生态环境。芒市的生态环境不仅来自于大自然的馈赠，更来自于对生态的珍惜和保护。近年来，芒市坚定不移地把"生态环境立市、建设美好家园"作为发展思路和发展战略，坚持"生态优先、因地制宜、以人为本、可持续发展"的原则，统筹经济社会和环境保护全面协调发展，充分利用芒市地理区位优势和良好的自然条件，实现了城乡建设和生态环境的协调统一，形成"城在林中、水在城中、人在绿中"的和谐生态环境。"青山、绿水、蓝天，风景这边独好。"

在构建城镇生态体系中，芒市围绕生态安全"护绿"，城市防护绿地建设不断完善，在城市周边划定城市绿化防护林带、水源涵养林、水土保护林等各类防护绿地，使用生物防治技术绿地面积达 213.6 公顷，水环境质量优于水环境功能区划标准，城市空气质量优良率达 95%以上。同时，芒市不断加大生态资源保护力度，编制了《生物多样性保护规划》和《湿地资源保护规划》，有效保护中山、石门坎、箐口等陆地动物栖息地和孔雀湖、史迪威码头湿地等候鸟栖息地，严格落实生态公益林保护、水源林保护、退耕还林工程等项目，生态公益林占林地面积比例达 27.2%，森林覆盖率达 61.83%。在生态文明建设中，芒市通过统筹城乡建设一盘棋，在加强城镇生态环境保护的同时，不断加大农村环境整治力度，提升和改善农村人居环境，先后投资 5285 万元实施遮放镇南见村、轩岗乡芒茂村、芒市镇拉里村等一批环境整治工程。把困扰农村群众生产生活的农村生活垃圾处理问题作为芒市农村生态工作的重点突破口，创新思路、先行先试，在芒市镇芒杏村建成全省第一个正式投运的农村生活垃圾热解处理站项目，并建立了"户收集、村转运、市乡处理"的生活垃圾处理方式，获得省环境保护厅高度赞扬和大力支持。目前，芒市已实现各乡镇村委会垃圾处理全覆盖。经过多年努力，芒市 11 个乡镇先后成功创建省级生态文明乡镇，77 个村成功创建州级生态文明村，还有 7 个乡镇积极申报国家级生态文明乡镇，省级生态文明乡镇创建率达 100%。此外，芒市还创建了 14 所省级绿色学校、2 个省级绿色社区、1 个省级环境教育基地。[①]

2016 年 10 月 18 日，昆明市环境保护局组织专家对嵩明县创建省级生态文明县工作进行考核验收。市环境保护局创建办相关领导、验收组专家、嵩明县指标涉及单位、县环境保护局主要领导及相关科室负责人参加了验收会。验收组现场检查了嵩明县生态保护、环境综合整治及饮用水源地保护情况，现场发放问卷对群众满意度做了调查。验收会上专家听取了嵩明县创建省级生态文明县建设和编制单位对申报材料编制情况的汇报。考核验收组肯定了嵩明县创建成效，本次创建工作 6 项基本条件和 22 项指标基本达到省级生态文明县考核要求，一致同意通过验收，验收组要求按照专家意见和与会领导意见修改完善后报省环境保护厅验收。嵩明县领导艾发伟副县长做出表态发言，在下一步工作中按时按效的完成省级验收的准备工作，并要求与会单位按要求全力配合省级验收工作的资料准备，也表示将进一步加强嵩县环卫设施建设，以创促建，改善嵩县生态

---

① 孙永佳：《芒市：田园之美 生态之城》，《云南日报》2016 年 9 月 30 日。

环境。最后，市环境保护局副局长陈嵩做了总结发言并提出三点要求：一是增强生态保护意识，把创建省级生态文明县作为推进生态文明建设的重要载体，着力绿色转型，改善生态环境，创建生态文明示范区。二是创建工作还需努力，对嵩县各局寄予厚望，全力配合完成整改意见的修改完善。三是围绕以创促建实现区域可持续发展，把创建工作做扎实，力争省级验收通过，提升嵩明县生态环境质量。[①]

2016年10月26日，由云南省环境保护厅主持，在楚雄市召开新村镇创建国家级生态乡镇申报材料审查会，专家对新村镇创建国家级生态乡镇的有关情况进行讨论，并形成审查意见。会议成立专家组，与会专家在审阅申报材料、听取汇报、质询交流以及讨论发言的基础上，对新村镇创建国家级生态乡镇的工作总体情况、基本条件和考核指标完成情况、申报材料的完整性和规范性进行了评价。与会专家一致认为，新村镇按照国家、省有关加强生态创建的指导精神和要求，在楚雄市开展生态创建工作总体部署及指导下，在镇党委、政府的领导下，积极推动生态创建工作，对加强农村生态环境保护、改善生产生活环境，发展生态农业，促进地方经济、社会、环境可持续发展起到了十分重要而积极的作用。新村镇镇党委、政府高度重视创建工作，成立了领导小组和相关机构，创建过程注重宣传、责任落实，措施也比较到位。新村镇围绕社会经济发展、生态建设与保护等方面积极开展工作，并取得良好成效，总体上达到了国家级生态乡镇建设的5项基本要求和15项考核指标。新村镇提交的申报材料包括《环境保护规划》《技术报告》《工作总结》《创建图册》等，提交的各类材料较齐全，编制较规范。与会专家对新村镇提交的申报材料提出了修改建议。会议要求新村镇按专家意见和审查会的要求，修改完善后，于2016年11月5日前将定稿由楚雄州环境保护局统一上报云南省环境保护厅。此次审查会，云南省环境保护厅、楚雄州环境保护局、楚雄市环境保护局、新村镇相关方面的领导和专家共33人参加了会议。[②]

2016年11月上旬，云南省环境保护厅公示了第三批省级生态文明村名单，晋宁区上蒜镇段七村和上蒜村、六街镇干海村榜上有名。2014年，昆明市晋宁县（今晋宁区）获得云南省生态文明县命名；二街、六街获国家级生态乡镇命名；昆阳街道办事

---

① 顾燕波：《嵩明县创建省级生态文明县市级考核验收通过》，http://kunming.yunnan.cn/html/2016-10/20/content_4583617.htm（2016-10-20）。

② 石泉海：《云南省环境保护厅对楚雄市新村镇创建国家级生态乡镇申报材料审查》，http://www.ynepb.gov.cn/zwxx/xxyw/xxywrdjj/201611/t20161116_161821.html（2016-11-17）。

处、晋城镇、上蒜镇、夕阳乡、双河乡获省级生态文明乡镇；全县（今晋宁区）129 个行政村已全部成为市级生态村并获得命名。[①]

2016 年 11 月 24 日，云南省委、省政府印发了《云南省生态文明建设排头兵规划（2016—2020 年）》。该规划分析了云南省生态文明建设的基础和形势，提出了"十三五"时期云南省生态文明建设排头兵工作的指导思想、基本原则、建设目标、主要任务、保障措施和重点工程，对"十三五"时期生态文明建设进行具体部署，是加快成为全国生态文明建设排头的指导性文件。[②]

2016 年 11 月 28 日至 12 月 1 日，云南省环境保护厅组织技术评估专家组，对保山市隆阳区、龙陵县、昌宁县创建申报云南省生态文明区县进行技术评估。专家组深入现场检查了生态保护与环境治理情况，查阅了各类申报材料、听取了县区政府创建工作汇报、观看了生态文明县区创建专题片。经专家组质询和讨论认为，隆阳区、龙陵县、昌宁县高度重视生态文明建设示范创建工作，始终把生态文明建设示范县（区）作为推进生态文明建设的重要载体和抓手，培育和弘扬民族生态文化，突出生态人居建设和产业结构调整，大力发展绿色、循环、低碳经济，生态文明县（区）创建成效明显。昌宁县创建省级生态文明县的 6 项基本条件和 22 项建设指标达到省级生态文明县考核要求，技术评估组一致同意通过省级技术评估；隆阳区、龙陵县创建省级生态文明县（区）的 6 项基本条件和 22 项建设指标基本达到省级生态文明县区的考核要求，技术评估组原则同意通过省级技术评估。要求两县一区按评估意见整改完善后上报。[③]

2016 年 12 月 2 日，《中国环境报》报道：云南省曲靖市罗平县 154 个行政村目前已全部获得市级生态村命名，两个乡（街道）被命名为国家级生态乡（街道）。罗平县举全县之力实施农村环境综合整治三年攻坚行动已初见成效。罗平县成立了由县委副书记任组长的县农村环境综合整治工作领导小组，县政府每年定期召开农村环境综合整治工作会，并出台《罗平县农村环境综合整治三年攻坚行动方案（2016—2018 年）》《罗平县生农村环境综合整治实施细则》等指导性文件。在全面开展农村环境综合整治中，罗

[①] 期俊军：《昆明晋宁新增 3 个省级生态文明村》，《春城晚报》2016 年 11 月 6 日。

[②] 云南省发展和改革委员会：《〈云南省生态文明建设排头兵规划（2016—2020 年）〉解读》，http://www.yndpc.yn.gov.cn/content.aspx?id=256121185050（2016-11-25）。

[③] 赵荣华：《隆阳区龙陵县昌宁县省级生态文明县区创建通过省技术评估》，http://www.ynepb.gov.cn/zwxx/xxyw/xxywzsdt/201612/t20161206_162637.html（2016-12-06）。

平县将垃圾清运、处置及处理设施纳入全县"一盘棋"统筹规划，计划总投资 4013.72
万元建设全县垃圾处理设施，配置垃圾箱 3387 个，垃圾清运车辆 98 辆，建设 4 座垃圾
中转压缩站及 25 座垃圾热解炉，到 2018 年底达到垃圾清运、处置及处理设施全覆盖。
罗平县千方百计破解农村环境综合整治资金保障难题。制定了村庄环境整治工作目标考
核补助资金管理办法。自 2016 年起，县级财政每年安排 600 万元用于农村环境综合整治
等工作经费。按照《罗平县农村环境综合整治三年攻坚行动方案（2016—2018 年）》相
关要求，县农村环境综合整治领导小组负责整合易地扶贫搬迁资金、美丽宜居乡村资
金、清洁乡村项目资金、农村环境综合整治资金，县政府筹资 8809.08 万元，做好全县
垃圾处置设施建设及清运设施配备工作。按县级负责清运、处置，乡镇、村（组）负责
日常清扫保洁的原则，县财政每年将清运、处置（热解、中转、维护）费用 2000 万元列
入财政预算，对乡镇实行定额补助。罗平县在开展万峰湖沿湖村庄环境综合整治中，积
极争取并获得了国家专项治理资金 9727 万元，用于 50 个行政村生活污水收集及处置工
程建设。目前，罗平全县农村规模化畜禽粪污处理利用率达到 95%，农村卫生厕所普及
率达到 72.85%。①

2016 年 12 月 22 日，记者从云南省环境保护厅获悉，昆明市石林县和西双版纳傣族
自治州 3 个县（市）申报国家生态县已通过考核验收。2016 年以来，云南省坚持把生态
文明建设示范区创建工作作为推进生态文明建设的重要载体和抓手，着力在提档升级、
强化示范上下功夫，全省创建层次和水平不断提升。西双版纳傣族自治州在通过省级生
态文明州的技术评估和考核验收后，申报国家级生态州已通过环境保护部技术评估。此
外，云南省第二批 13 个申报省级生态文明县（市、区）、第十批 186 个申报省级生态文
明乡镇和第三批 16 个申报省级生态文明村的考核验收工作已经完成，并上报云南省政
府命名。同时，云南省环境保护厅还组织开展了 2016 年国家生态乡镇的技术评估、第
三批省级生态文明县（市、区）和第十一批省级生态文明乡镇的申报工作。②

2016 年，澄江县环境保护局坚持把辖区内环境安全作为生态文明建设、打造美丽
澄江和环境保护的必保底线，不断加强环境保护，全力打好生态保护攻坚战，为提升澄

① 蒋朝晖、庞凌壬、李红琳：《罗平综合整治农村环境见成效 农村规模化畜禽粪污处理利用率达到 95%》，《中国环境
报》2016 年 12 月 2 日。
② 李婧：《石林县等 4 县市通过国家生态县考核验收》，《云南信息报》2016 年 12 月 23 日。

江生态宜居品质奠定坚实的环境基础。澄江县环境保护局环境监管执法力度持续加大，对环境违法行为保持零容忍的态度和高压态势，严管重罚。2016 年出动执法人员 1500 余人次，对排污企业、在建工程项目开展现场监察 500 余次。对 15 家企业的环境违法行为进行立案查处，立案 17 起，罚款 83 余万元。其中行政处罚 15 起，查封扣押 1 起，移送公安机关行政拘留 1 起。约谈 120 人次、问责 24 人。办结中央环境保护督察工作转办件 23 件，下发限期整改通知 45 份，案件办结率 100%。全面完成 90 件环境保护违规建设项目的清理整改任务。办结各类环境信访案件 88 件，办结率、满意率均达 100%。完成排污费征收 270 余万元。环境质量保持稳定良好。抚仙湖总体稳定保持 I 类水质。县城空气质量二级以上优良天数 327 天，优良率 100%。集中饮用水源地水质达标率 100%。县域内未发生重大环境事件，全县环境安全稳定，环境监测综合能力显著提升。投资 128 万余元建成具备 12 项监测能力的环境空气自动监测站，实现县城区环境空气质量 24 小时连续、自动监控，形成符合环境空气质量新标准的检查能力，并实现第三方监督。深化提升"生态创建"工程，全面推进生态文明建设。新创建市级绿色社区 6 个、市级绿色学校 3 所。完成右所、九村国家级生态乡镇和云南省生态文明县的申报工作，实现省级生态文明乡镇全覆盖。①

第二节　云南省生态城乡及示范区创建（2017 年）

2017 年以来，昆明市五华区、盘龙区、官渡区、富民县、禄劝彝族苗族自治县获得了云南省生态文明县区命名；寻甸回族彝族自治县金源乡获得云南省生态文明乡镇（街道）命名。昆明市的生态创建工作走在全省前列，全市生态环境保护事业持续健康发展，生态环境质量持续改善。全市累计创成 1120 个市级生态村（社区）。总的来说，昆明市生态创建硕果累累。通过努力，石林县创建国家级生态县已通过考核验收，五华、盘龙、西山、官渡、呈贡、晋宁、石林、宜良、富民、禄劝等 10 个县区创建云

---

① 玉溪市环境保护局：《坚守环境保护底线，打好生态保护攻坚战》，http://www.ynepb.gov.cn/zwxx/xxyw/xxywzsdt/201701/t20170118_164343.html（2017-01-19）。

南省生态文明县区已获得省政府命名。截至目前，昆明市累计创建成 36 个国家级生态乡镇（街道）、71 个省级生态文明乡镇（街道）、2 个国家级生态村（社区）、24 个省级生态文明村（社区）、1120 个市级生态村（社区）。昆明市主要以解决行路难、饮水不安全、卫生厕所改造、生活污水收集处理、垃圾收集处置、村庄绿化美化等问题为重点，让老百姓得到实实在在的实惠。2017 年，昆明市按照《环境保护部关于印发〈国家生态文明建设示范区管理规程（试行）〉〈国家生态文明建设示范县、市指标（试行）〉的通知》（环生态〔2016〕4 号）要求，昆明市石林县编制完成《石林生态文明建设示范县规划（2016—2020 年）》，昆明市环境保护局以《昆明市环境保护局关于将石林县生态文明建设示范县规划报请云南省环境保护厅进行审查的请示》（昆环境保护请〔2017〕68 号）报请省环境保护厅，待省环境保护厅组织初审。①

2017 年 1 月中上旬，保山市委第四届二次全体（扩大）会议要求，2017 年以"三个万亩"为抓手，在城市生态化上取得突破，坚持以生态化引领城市发展。加快中心城市"三个万亩"生态廊道工程建设，严格按照既定时间节点推进万亩东山森林公园、万亩生态湿地、万亩生态观光农业园建设，加快东河滨水绿廊和其他县市城市生态廊道建设。同时，抓好腾冲国际化山水田园城市和施甸、龙陵山水风光城市、昌宁田园城市建设。加快推进园林城市、生态城市、文明城市和卫生城市创建，争创中国人居环境奖和联合国人居环境奖的"四创两争"工作。力争 2017 年底前，全市 80%的乡镇完成省级生态乡镇创建，隆阳、腾冲、龙陵、昌宁完成省级生态文明县（市、区）创建；2019年底前，隆阳、腾冲、龙陵、昌宁争创国家生态文明建设示范县（市、区），全市完成省级生态文明市创建，施甸完成省级生态文明县创建，2020 年全市争创国家生态文明建设示范市。为确保"四创两争"工作顺利开展并加快推进，该市研究印发了《保山市开展"四创两争"工作的实施意见》，成立由市委书记任组长、市长任副组长的保山市"四创两争"工作领导小组，下设办公室在市政府办公厅。明确目标任务、措施责任，建立督查通报机制，实行办公室月度考核评价，市委、市政府督查室牵头每季度组织督查，半年通报 1 次或不定期通报督查结果。②

① 许孟婕：《昆明 10 县区已获云南省生态文明县区命名》，http://yn.yunnan.cn/html/2017-08/01/content_4899530.htm（2017-08-01）。
② 赵荣华：《保山市以"三个万亩"为抓手 力求在城市生态化上取得突破》，http://www.ynepb.gov.cn/zwxx/xxyw/xxywzsdt/201701/t20170112_164197.html（2017-01-12）。

2017 年 1 月 16 日，云南省环境保护厅关于拟命名的省级生态文明州、生态文明县（市、区）、生态文明乡（镇、街道）的公示期满，楚雄市本批次榜上有名，八角镇等 6 个乡镇即将获得省级生态文明乡镇命名。届时全市将累计创建有国家级生态乡镇 2 个、省级生态文明乡镇 11 个，生态乡镇建成率达 86%，该项指标将提前达到生态市建设标准（80%）。为巩固 2011 年获得环境保护部命名的国家级生态示范区创建的成果，该市编制了《楚雄生态市规划》，已报云南省环境保护厅审查，启动生态市建设。按照《生态县建设标准》，生态乡镇建成率 80% 作为生态县建设的基本条件指标之一。生态创建是生态文明建设的重要载体，只有起点，没有终点。全市 13 个生态乡镇还需不断巩固和发展创建成果，为创建生态市、建设美丽楚雄做出积极贡献。①

2017 年 1 月 15 日，在北京举行的第三届绿色发展与生态建设新标杆盛典上，普洱市荣获 2016 创建生态文明标杆城市，是云南省唯一入选城市。"绿色中国，我们在行动——第三届绿色发展与生态建设新标杆盛典"，由"创新绿色共享论坛、《中国绿色发展优选案例（2016）》、中国绿色发展典范城市（企业）发布"三部分组成，以"美丽中国，绿色先行"为主题，由中国互联网新闻中心主办，中国环境科学学会协办。中国互联网新闻中心副主任、中国网副总裁李富根，中国环境科学学会副理事长、秘书长任官平在开幕式上致辞，十一届全国人大常委会常委、财经委员会副主任委员、著名经济学家贺铿莅临到会，知名专家及各地方省、市（县）分管领导、企业负责人、媒体代表近 200 人出席。普洱市委常委、市政府常务副市长胡国云应邀出席，并接受中国网专访。近年来，普洱市坚持"生态立市、绿色发展"战略，以国家绿色经济试验示范区为总平台，编制重点产业、重点行业的绿色评价标准，推行绿色经济考评，建立绿色经济发展基金，实施八大试验示范工程，打造特色生物、清洁能源、现代林业、休闲度假养生四大产业基地，发展绿色经济、倡导绿色消费、繁荣绿色文化、构建绿色家园，全市绿色产业增加值占 GDP 的比重达到 40%、实现绿色税收占税收总收入的 50%、绿色产业收入占农民总收入的 50%。建成自然保护区 16 个，受保护地区面积占全市总面积比例达 20.1%，森林覆盖率 68.7%，森林蓄积量 2.8 亿立方米。普洱市先后荣获国家园林城

---

① 鲁爱昌、彭芳菲：《楚雄市生态乡镇建成率即将达 86%》，http://chuxiong.yunnan.cn/html/2017-01/17/content_4698623.htm（2017-01-17）。

市、森林城市、卫生城市称号，并获得第四届全国文明城市提名。①

2017 年 1 月 18 日，怒江傈僳族自治州环境保护局副局长史建琨带领州级验收组分别对泸水市的片马镇和鲁掌镇省级生态文明乡镇创建项目进行了州级竣工验收。泸水市环境保护局副局长董永泉和相关技术人员陪同检查。片马镇省级生态乡镇创建项目共新建 4 个焚烧炉，修缮公共厕所 2 座，垃圾车 1 辆，垃圾箱 5 个，项目总投资为 40 万元；鲁掌镇省级生态乡镇创建项目共新建 5 个焚烧炉和 4 个公共厕所，项目总投资为 40 万元。两个创建项目于 2016 年 4 月开始筹备实施，经过 6 个月的建设，于 2016 年 9 月完工，同年 10 月由市环境保护局组成的验收组对两个项目进行了初验。州级验收组按照省级生态文明乡镇的技术标准，通过听取汇报、实地走访、查阅资料等形式对两镇创建工作进行了认真细致严格的考核与评价，一致认为泸水市报验的两个乡镇创建工作措施扎实，领导重视，推进有力，成效明显，对创建成果表示满意并给予充分的肯定。史建琨副局长认为，生态文明是人和自然实现和谐关系的最高境界，创建生态乡镇只有起点，没有终点，他希望泸水市认真积极做好生态创建工作，把生态创建工作扎实深入持久地开展下去，让创建工作更加深入人心。就下一步工作，他要求市乡各级要一如既往、长期坚持，严格对照"九个不验收"基本标准，完成一个承诺，健全一套机制和保持一个决心，不断满足人民群众日益增长的生态文明需求，用行动和实绩交上一份令人满意的答卷。验收通过后，泸水市环境保护局同片马镇和鲁掌镇相关领导进行了项目移交工作。②

2017 年 1 月 19 日，大理市环境保护局召开开启洱海保护治理抢救模式工作动员部署会，结合部门实际，对洱海保护治理抢救模式进行再细化、再部署、再安排。会议强调，全局干部职工要进一步深化危机意识、责任意识和担当意识，以更高要求、更严措施、更大力度落实洱海保护治理各项断然措施，严格审批，严格执法，勇于担当，主动作为，切实履行环境保护监管职责。针对洱海保护治理抢救模式"七大行动"，在下一步工作中，市环境保护局一是将采取严措施强化已建环境保护设施高效运行。限时完成环洱海已建村落污水收集处理设施移交工作，实行专业化、规范化管理，确保设施正常运行，最大限度发挥功效。二是加快已建环境保护设施运行提升改

① 刘云忠：《普洱市荣获 2016 创建生态文明标杆城市》，http://puer.yunnan.cn/html/2017-01/17/content_4699033.htm（2017-01-17）。
② 怒江傈僳族自治州环境保护局：《怒江州泸水市片马镇、鲁掌镇省级生态文明乡镇创建项目顺利通过州级验收》，http://www.ynepb.gov.cn/zwxx/xxyw/xxywzsdt/201702/t20170223_165177.html（2017-02-24）。

造工作。组织工作力量，深入全市 146 个已建环境保护设施村落现场摸底复核，对未覆盖区域等情况进行彻底排查，制订提升改造方案，确保污水应收尽收。三是加快建立污水处理设施智能监管系统。对洱海流域水生态保护区核心区内的 2193 户餐饮客栈污水处理设施，制订一套智能监控方案，对设施运行情况进行监测。四是持续推进餐饮客栈等服务业整治工作。结合相关环境保护法律、法规和洱海保护治理工作要求，研究制定新形势下餐饮客栈等服务业环境保护准入标准，以洱海流域核心区严禁新增餐饮客栈等服务业为前提，配合相关部门制定管理办法，规范餐饮客栈等服务业经营活动。五是严格执法。对违法排污行为"零容忍"，对违法排污经营户进行严厉打击。严格排污许可证年检制度，对不按期进行年检、不正常运行污染治理设施的经营户，按照相关法律、法规给予行政处罚。①

2017 年 1 月 20 日，楚雄彝族自治州环境保护局和双柏县委、县政府在双柏县东和酒店会议室召开双柏县建设全州生态文明先行示范区局县合作框架协议签订会议。会议由中共双柏县委书记李长平主持。会上，中共双柏县委副书记、县长梁文林进行了热情洋溢的致辞，代表县委、县人大、县政府、县政协四大班子对前来参加局县合作框架协议的楚雄彝族自治州环境保护局各位领导的到来表示热烈的欢迎，对长期以来给予双柏县环境保护事业关心帮助的楚雄彝族自治州环境保护局表示衷心的感谢！楚雄彝族自治州环境保护局局长苏光祖对中共双柏县委、县人民政府在全州十县市率先提出"努力把双柏建设成为全州生态文明先行示范区"的决定和做法高度赞同。认为中共双柏县委、县人民政府深刻领会全面贯彻习近平总书记考察云南重要讲话精神和省第十次党代会、州第九次党代会以及州委九届二次全会精神，紧紧抓住了生态文明建设这个牛鼻子。并提出五点建议：一是结合实际，抢抓机遇，奋力推进跨越式发展。二是转变观念，统筹协调，树立生态文明建设新理念。三是大胆探索，敢为人先，为全州生态文明先行示范区建设积累经验。四是完善制度，压实责任，保障各项工作目标顺利完成。五是总结经验，广泛宣传，带动全州生态文明先行示范区建设全面发展。苏光祖局长和梁文林县长在会议上签订了《楚雄州环境保护局与双柏县建设全州生态文明先行示范区合作框架协议》。最后，县委书记李长平就如何履行和实施好局县框架协议提出三点要求：一是要

① 大理白族自治州环境保护局：《大理市环境保护局对开启洱海保护治理抢救模式工作进行动员部署》，http://www.ynepb.gov.cn/zwxx/xxyw/xxywzsdt/201701/t20170122_164473.html（2017-01-24）。

高度统一思想。把双柏县建设成为全州生态文明先行示范区，是双柏县第十三次党代会提出的五大发展目标定位之一，全县各级各部门一定要把思想和行动统一到县委、县政府决策部署上来，始终坚持以人为本、生态优先、质量引领、全域一体、共建共享，在生态文明先行示范区建设中先行先试。二是要迅速抓好落实。全县各级各部门要围绕建设全州生态文明先行示范区的目标任务，积极争取州环境保护局在政策、资金、技术等方面支持力度，确保协议确定的重点项目顺利推进，取得实效。三是要切实加强领导。县委、县政府将成立局县合作工作领导小组，负责生态文明先行示范区建设工作。全县各级各部门一定要把思想和行动统一到县委、县政府决策部署上来，努力把双柏建设成为全州生态文明先行示范区。通过局县合作，楚雄彝族自治州环境保护局将对双柏县生态文明先行示范区进行指导，并在绿色产业发展、污染防治、生态创建、绿色创建、生态保护等方面提供政策、资金、技术和人才方面的有力支持，双柏县将迎来环境保护建设工作新的历史性机遇。①

　　2017 年 2 月，国务院公布了新增纳入国家重点生态功能区的县（市、区、旗）名单，云南省有 22 个县市被纳入国家重点生态功能区，大姚县名列其中。为了加快实施"生态立县"发展战略，建设资源节约型、环境友好型县域经济体系，打造宜居宜业生态家园，该县多措并举扎实推进省级生态县创建工作。一是编制实施了《大姚生态县建设规划》《大姚县生态文明排头兵建设实施意见》，成立了生态创建领导小组，制订了生态县创建工作方案。二是深入开展城乡环境保护，加快城乡环境基础设施建设，加强农村环境综合整治，不断改善城乡环境质量。三是大力推进绿色发展，优化调整产业结构，扎实开展节能减排工作；积极促进高原特色生态农业产业发展，全力打造生态旅游品牌，不断壮大全县生态经济。四是广泛宣传教育，提升群众环境保护意识，生态文明理念日益深入人心，全县生态创建工作稳步推进。截止到目前，该县共申报并获命名的国家级生态乡镇1个（昙华乡），省级生态乡镇10个（昙华乡、三台乡、石羊镇、桂花镇、六苴镇、石羊镇、赵家店镇、三岔河镇、铁锁乡、新街镇），占全县乡镇总数的83.3%，2016 年下半年组织湾碧、金碧 2 个乡镇申报省级生态文明乡镇材料已通过省环境保护厅审查待命名，2014 年申报的 1 个国家级生态乡镇及 2015 年申报的 2 个国家级

---

① 楚雄彝族自治州环境保护局：《双柏县人民政府与楚雄州环境保护局签订建设全州生态文明先行示范区合作框架协议》，http://www.ynepb.gov.cn/zwxx/xxyw/xxywzsdt/201702/t20170206_164704.html（2017-02-07）。

生态乡镇，已经通过云南省环境保护厅公示并上报环境保护部待命名。命名的州级生态村有 111 个，占全县村庄总数的 86%。大姚县实验中学、金碧小学，西城幼儿园、北城幼儿园四所省级"绿色学校"及北城社区、金福园小区两个"绿色社区"都全部顺利通过省级专家现场审核。目前创建省级生态县的各项材料处于有序收集之中，创建工作扎稳步推进，广大人民群众的环境保护和生态文明建设意识在逐步增强，保护生态环境建设美丽大姚的浓厚氛围已初步形成。①

2017 年 2 月 14—15 日，云南省环境保护厅生态文明建设处领导、技术评估专家组及玉溪市环境保护局领导一行到澄江县开展评估省级生态文明县创建工作。经过为期两天的检查和技术评估，澄江县顺利通过省级生态文明县创建技术评估。县长范永光、副县长陈斌、县人大常委会副主任赵宏高、县政协副主席吴运龙陪同参与技术评估。2 月 14日，评估组一行先后深入县城污水处理厂、县垃圾焚烧厂、抚仙湖北岸生态湿地、各重点镇村和澄江县工业园区，访企业、进村、入户，按照省级生文明态县建设指标要求，对澄江县生态环境、生态设施、生态文化、生态工程等建设情况进行现场检查，并查阅相关档案资料，开展民意调查。在 2 月 15 日召开的技术评估反馈会上，评估组一行观看《生命摇篮，山水澄江》专题片，听取澄江县关于创建省级生态文明县工作情况汇报，审阅该县创建省级生态文明县的技术报告。澄江县委、县政府高度重视生态环境保护与生态文明建设工作，始终坚持生态立县、环境优先，全力保护好抚仙湖、帽天山这些独一无二的生态资源，大力发展高原特色生态农业、生态工业、生态旅游业，努力把生态优势转变为经济优势。技术评估组对澄江县生态文明县创建工作取得的成绩给予充分肯定和高度赞扬。认为澄江县深入落实"绿水青山就是金山银山"的发展理念，坚持实施绿色发展战略，把创建省级生态文明县作为推进生态文明建设的重要载体，围绕创建重点，推进绿色产业转型，大力发展生态经济，提升生态环境质量，建设高原湖滨生态澄江，促进经济社会与生态环境协调发展，生态文明建设工作取得显著成效。各项建设指标达（除单位 GDP 能耗和森林覆盖率 2 项指标）到生态文明县创建要求，同意通过技术评估，技术评估报告按照专家意见修改完善后按程序上报申请考核验收。评估组还建议澄江县要继续以保护抚仙湖与帽天山为核心，走出一条在保护中发展、在发展中保护的

---

① 楚雄彝族自治州环境保护局：《大姚县环境保护优先生态立县》，http://www.ynepb.gov.cn/zwxx/xxyw/xxywzsdt/201704/t20170407_166803.html（2017-04-07）。

绿色发展道路，加大生态文明建设宣传力度，努力实现幸福美丽生态澄江建设目标。

县长范永光最后强调，澄江将以此次技术评估为契机和起点，诚恳接受省技术评估组对澄江县生态文明县创建工作的评估意见，全力以赴落实整改工作，确保各项指标以最优水平达到省级考核验收要求，不断开创生态文明建设工作的新局面。要把生态文明县创建作为破解发展难题、促进经济社会可持续发展的重大战略任务，全面推动经济发展与生态保护双赢；要坚定不移推进"生态立县"战略，坚定不移的以保护抚仙湖与帽天山为核心，继续实施抚仙湖流域水污染防治项目，推进农村环境综合治理各项工作，把生态文明县建设作为最大的民生实事来抓，让人民共建、共享创建成果；建立完善长效管理机制，使澄江县生态文明建设成果得到巩固和加强，进一步加大生态文明建设力度，以建设国家级生态文明示范县为目标，努力开创澄江"山湖同保、水湖共治、产湖俱兴、城湖相融、人湖和谐"新局面。①

2017年2月16日，大理白族自治州环境保护局洱海保护治理抢救性行动第一督导组一行4人到洱源县检查督导洱海保护治理抢救状况。督查组分别到洱源县洱海保护治理抢救领导组办公室、县环境保护局、县农业局，查阅、了解县政府开启洱海保护治理抢救模式全面加强洱海保护治理工作实施方案及目标责任书落实情况，并对洱源县"一河三湖"保护开发项目建设、万亩湿地项目建设、生态隔离带建设、生态截污沟建设、土地流转、禁养限养区基本情况调查、畜禽粪便集中收集清运资源化利用等情况进行了座谈，分别听取了县环境保护局、县农业局工作开展情况汇报。督查组还深入东湖团山湿地进行了实地查看，听取了右所镇、项目实施单位和项目监理方的情况介绍。督导组认为洱源县高度重视洱海保护治理抢救性行动，工作有力、措施具体、项目进展顺利。督导组强调洱源县要进一步深化认识、统一思想，强化责任、抓好落实，把洱源建设好、把洱海保护好，让广大人民群众共享改革开放成果。②

2017年3月，玉溪市华宁、峨山、新平三县获云南省政府命名为"云南省生态文明县"，标志着玉溪市生态文明建设示范区创建工作迈出了新的步伐。早在2003年，玉溪市就确立了"生态立市"发展战略，明确将"最适宜人居住的生态城市"作为美丽玉溪

① 玉溪市环境保护局：《澄江县顺利通过省级生态文明县创建技术评估》，http://www.ynepb.gov.cn/xxgk/read.aspx?newsid=165051（2017-02-17）。
② 唐国富、黄海婧：《督导洱海抢救行动　保护治理进展顺利》，http://www.ynepb.gov.cn/zwxx/xxyw/xxywzsdt/201702/t20170222_165134.html（2017-02-17）。

的发展目标，编制完成了《玉溪生态市建设规划（2009—2030）》。玉溪市市环境保护局围绕"市域辖区内80%以上的县（区）被命名为省级生态文明县是创建省级生态文明市的基本条件"，根据各县区实际情况，分批组织，逐步推进，目前已达到申报条件的有华宁、峨山等7个县区。玉溪市环境保护局2015年组织华宁、峨山、新平3县申报省级生态文明县，于2017年3月获省政府命名，率先成为玉溪市第一批省级生态文明县。2016年玉溪市组织元江、澄江县申报省级生态文明县，目前已通过了省环境保护厅的技术评估，等整改完善后还将接受省级考核验收。目前玉溪市红塔区、易门县已在积极开展申报的前期准备工作。"县域辖区内80%以上的乡镇被命名为省级生态文明乡镇"是创建"省级生态文明县"的基本条件，目前玉溪市已成功创建省级生态文明乡镇61个，达到应创建乡镇数的88.8%。2016年玉溪市组织通海县里山乡等4个乡镇，江川区雄关乡、路居镇申报"省级生态文明乡镇"，已经通过了云南省环境保护厅的材料审查，待2017年年底通过考核验收，两县区就可达到申报省级生态文明县的条件，为玉溪创建生态文明市创造条件。①

2017年3月初，保山市施甸县召开申报创建省级生态文明县动员会，县委常委、副县长闪耀强和县人大常委会、县政协的领导出席会议。13个乡镇主要领导、分管领导和县直相关部门主要领导及业务人员参加会议。会上，县委常委、副县长闪耀强对省级生态文明县申报创建工作进行了安排部署，县环境保护局局长吴连章就施甸县创建省级生态文明县的基本情况、现状、目标任务及面临的形势进行了说明。闪耀强要求：一是统一思想，提高认识，切实增强创建生态文明县的责任感和紧迫感。二是突出重点，真抓实干，扎实开展省级生态文明县和国家级生态乡镇创建各项工作。三是强化领导，合力推进，确保高标准高质量完成创建工作。力争2017年6月底前创建省级生态文明县工作通过市级评估考核，2017年12月底前通过省级技术评估。会上，云南省环境科学研究院专家开展了业务培训。②

2017年3月3日，云南省政府命名了第一批云南省生态文明州市、第二批云南省生态文明县市区和第十批云南省生态文明乡镇街道。其中，云南省政府决定命名西双版纳

① 玉溪市环境保护局：《玉溪市生态文明建设示范区创建迈出新步伐》，http://www.7c.gov.cn/zwxx/xxyw/xxywzsdt/201704/t20170421_167189.html（2017-04-21）。
② 保山市环境保护局：《施甸县召开申报创建省级生态文明县动员会》，http://www.ynepb.gov.cn/zwxx/xxyw/xxywzsdt/201703/t20170308_165634.html（2017-03-08）

傣族自治州为第一批"云南省生态文明州市"，是全省十六个州市中唯一获此殊荣的州市。实现了西双版纳傣族自治州委、政府确定的在全省率先建成生态文明州，争当生态文明建设排头兵的目标。昆明市五华区、盘龙区、官渡区等 13 个县、市、区为第二批"云南省生态文明县市区"，昆明市寻甸县金源乡、昭通市昭阳区苏甲乡等185个乡镇、街道为第十批"云南省生态文明乡镇街道"。截止到2016年底，全州共有31个省级生态乡镇，26 个国家生态乡镇（其余 5 个乡镇已于 2016 年 6 月上报环境保护部待审核命名），3 个省级生态文明县（市），184 个州级生态村，32 户州级环境友好企业，8 个环境教育基地（省级 1 个、州级 5 个、县市级 2 个），17 个绿色社区（小区）（省级 3 个、州级 6 个、县市级 8 个），133 所绿色学校（省级 16 所、州级 43 所、县市级 74 所）。①

2017 年 3 月 3 日，云南省人民政府关于命名第一批云南省生态文明州市、第二批云南省生态文明县市区和第十批云南省生态文明乡镇街道的如下通知：

各州、市人民政府，省直各委、办、厅、局：

为加快推进生态文明排头兵建设，提升区域环境质量，促进经济社会与生态环境协调发展，省人民政府决定命名西双版纳州为第一批"云南省生态文明州市"，昆明市五华区等13个县、市、区为第二批"云南省生态文明县市区"，昆明市寻甸县金源乡等185个乡镇、街道为第十批"云南省生态文明乡镇街道"。

生态文明建设示范区创建是生态文明建设的重要载体。获得命名的地区要总结经验，发扬成绩，深化创建内涵，巩固创建成果，建立长效机制，积极发挥典型示范作用。各地、有关部门要创新工作方法、完善保障机制，不断提高生态文明建设水平，为实现绿色发展、建设美丽云南做出新的更大贡献。

附件：1. 第一批云南省生态文明州市名单

2. 第二批云南省生态文明县市区名单

3. 第十批云南省生态文明乡镇街道名单。②

---

① 宋金艳：《云南省命名一批省级生态文明州市区 西双版纳州唯一荣获首批省级生态文明州市称号》，http://www.ynepb.gov.cn/zwxx/xxyw/xxywzsdt/201703/t20170316_165989.html（2017-03-14）。

② 云南省人民政府办公厅：《云南省人民政府关于命名第一批云南省生态文明州市第二批云南省生态文明县市区和第十批云南省生态文明乡镇街道的通知》，http://www.yn.gov.cn/yn_zwlanmu/qy/wj/yzh/201703/t20170310_28723.html（2017-03-10）。

2017年3月3日，云南省人民政府印发了《云南省人民政府关于命名第一批云南省生态文明州市第二批云南省生态文明县市区和第十批云南省生态文明乡镇街道的通知》（云政函〔2017〕25号）文件，命名了贡山县独龙江乡、贡山县茨开镇、泸水县片马镇、泸水县鲁掌镇、泸水县六库镇、福贡县上帕镇、兰坪县啦井镇共7个乡镇为第十批云南省生态文明乡镇，为生态州、县（市）生态文明建设奠定了坚定的基础。截止到目前，怒江傈僳族自治州创建了9个省级生态文明乡镇，4个省级生态文明村，115个州级生态村。生态文明建设任重道远，下一步，怒江傈僳族自治州环境保护局将继续围绕生态文明建设排头兵先行区建设，系统谋划、全面推进、重点突破，不断提升生态文明创建水平，力争在"十三五"期间，全州60%行政村创建为州级生态村，80%乡镇创建为省级生态文明乡镇，80%的县（市）创建为省级生态文明县（市），怒江傈僳族自治州创建为云南省政府命名的生态文明州，争当全省生态文明建设排头兵先行区。①

2017年3月12日，记者获悉，昆明市五华区、盘龙区、官渡区、富民、禄劝彝族苗族自治县已被省政府命名为第二批云南省生态文明县（市）区，目前昆明市省级生态文明县（市）区已达10个。生态文明县（市）区创建是现阶段生态文明建设的重要载体和有效抓手，对云南争当全国生态文明建设排头兵具有重要的现实意义。近日，为加快推进生态文明排头兵建设，提升区域环境质量，促进经济社会与生态环境协调发展，经现场检查、查阅资料、社会调查、社会公示等，云南省政府决定命名西双版纳傣族自治州为第一批"云南省生态文明州市"，昆明市五华区等13个县（市）区为第二批"云南省生态文明县市区"，昆明市寻甸回族彝族自治县金源乡等185个乡镇、街道为第十批"云南省生态文明乡镇街道"。其中，在第二批"云南省生态文明县市区"名单中，昆明市五华区、盘龙区、官渡区、富民县、禄劝彝族苗族自治县获此殊荣。创建国家级生态县（区）、国家级生态乡镇（街道）、市级生态村（社区）工作是昆明市委、市政府下达的硬性指标任务，也是树立昆明城市品牌，进而推动全市打造品质春城的重要举措。2016年，昆明共新建、改造城市公厕1427座并免费向市民开放，新增城市绿地544.9公顷、新增造林26.7万亩，建成85个省级美丽宜居乡村示范村。2017年，昆明将因地制宜、因村施策，科学统筹好房屋改造、道路建设、环境整治、村庄绿化等工

① 李畅：《怒江州7个乡镇被命名为第十批云南省生态文明乡镇》，http://www.ynepb.gov.cn/zwxx/xxyw/xxywzsdt/201703/t20170316_165973.html（2017-04-14）。

作，建设美丽的宜居乡村。实施 230 个自然村共 600 千米路面硬化工程，完成 2.1 万户农村危房改造和抗震安居工程、200 个美丽宜居乡村建设任务。同时，昆明还将抓好滇池湖滨生态建设、村庄污水治理等工作，大力开展公园绿地建设提升和绿化造林，推进"五采区"植被修复，确保新增城市绿地 200 公顷，新增造林 54 万亩。严控扬尘污染，确保全市空气质量总体达到国家二级考核标准，进一步擦亮城市"绿色名片"，并争创省级生态文明市，加快创建国家生态文明建设示范区。近年来，昆明把加强环境整治、改善城乡人居环境作为生态文明建设的关键举措。2014 年，在云南省政府命名的 8 个云南省生态文明县（市）区中，昆明市西山区、呈贡区、晋宁区、石林彝族自治县、宜良县已获首批省生态文明区县称号。①

2017 年 3 月 13 日，根据云南省政府发布的《关于命名第一批云南省生态文明州市第二批云南省生态文明县市区和第十批云南省生态文明乡镇街道的通知》，保山市腾冲市被命名为第二批"云南省生态文明县市"。保山市隆阳区兰城街道等 10 个乡镇、街道被命名为第十批"云南省生态文明乡镇街道"。至此，龙陵县 10 个乡镇、昌宁县 13 个乡镇均成功创建成为云南省生态文明乡镇，两县创建率均达 100%，全市共创建云南省生态文明乡镇、街道 62 个，占 72 个乡镇、街道的 86%。据悉，"十三五"期间，保山市委、市政府把加快推进保山生态文明市建设列为 10 项重点工作内容，作为争当生态文明建设排头兵的重要载体。坚持以促进形成绿色发展方式和绿色生活方式、改善生态环境质量为导向，从生态空间、生态经济、生态环境、生态生活、生态制度、生态文化六个方面着手，继续加大生态文明建设示范创建力度，努力争创国家生态文明建设示范市、县（市、区）。②

2017 年 3 月中旬，腾冲市被正式命名为云南省生态文明市。云南省人民政府以云政函〔2017〕第 25 号文件正式命名第一批省级生态文明州市、第二批生态文明县市区和第十批生态文明乡镇街道，腾冲市作为保山市第一个成功申报省级生态文明市的县级市位列其中，成为保山创建省级生态文明州市的首个省级生态文明县。③

---

① 杨官荣：《昆明新增 5 个省级生态文明县 目前已达 10 个》，http://yn.yunnan.cn/html/2017-03-13/content_4756832.htm （2017-03-13）。

② 赵荣华：《龙陵昌宁两县省级生态文明乡镇创建率均达百分百》，http://www.ynepb.gov.cn/zwxx/xxyw/xxywzsdt/201703/t20170314_165888.html（2017-03-14）。

③ 杨映丽：《腾冲市被正式命名为云南省生态文明市》，http://www.ynepb.gov.cn/zwxx/xxyw/xxywzsdt/201703/t20170316_166014.html（2017-03-16）。

2017 年 3 月中旬，云南省人民政府发文《关于命名第一批云南省生态文明州市第二批云南省生态文明县市区和第十批云南省生态文明乡镇街道的通知》（云政函〔2017〕25 号），在第十批云南省生态文明乡镇名单中，红河哈尼族彝族自治州绿春县骑马坝、大黑山两个乡镇获得省级生态文明乡镇称号。近年来，绿春县深入落实创新、协调、绿色、开放、共享的发展理念，坚持绿水青山就是金山银山，把生态文明建设融入推进乡域经济发展中，积极开展省级生态文明乡镇创建工作。通过省级生态文明乡镇的创建，全县生态环境质量有所改善，生态文明理念逐步增强，农村生态环境保护意识日益深入。①

2017 年 3 月中旬，云南省政府授予红河哈尼族彝族自治州元阳县牛角寨乡"云南省第十批生态文明乡镇"称号。元阳县牛角寨乡的成功入列，为全县扎实推进改善农村生态环境，促进农村走生产发展、生活富裕、生态良好的生态文明发展道路奠定了基础。该县将创新工作方法、完善保障机制，不断提高生态文明建设水平，为实现绿色发展、建设美丽云南做出新的更大贡献。②

2017 年 3 月，云南省人民政府以云政函〔2017〕第 25 号文件下发了《关于命名第一批云南省生态文明州市第二批云南省生态文明县市区和第十批云南省生态文明乡镇街道的通知》，玉溪市的华宁县、峨山县、新平县榜上有名，成为我市首批获得云南省生态文明县称号的县。此外，玉溪市红塔区北城街道、江川区前卫镇、元江县甘庄街道等 13 个乡镇街道也被命名为第十批云南省生态文明乡镇街道。生态文明建设示范区创建是推进生态文明建设的重要载体，是加强生态环境保护的有力抓手，是实践环境保护为民、惠民的生动体现。获得命名的市县、乡镇街道，表明其在建立系统安全的生态空间、发达的生态经济、良好的生态环境、适度的生态生活、完善的生态制度和先进的生态文化等方面处在了同类行政区域的前列。截止到目前，玉溪市共有以上 3 个县获得云南省生态文明县称号，有 61 个乡镇街道获得云南省生态文明乡镇街道称号，有 4 个乡镇街道获得国家级生态乡镇称号，为玉溪市加快推进生态文明建设，积极争当全省生态文

---

① 红河哈尼族彝族自治州政府：《绿春县两乡镇获"省级生态文明乡镇"称号》，http://honghe.yunnan.cn/html/2017-03/15/content_4759635.htm（2017-03-15）。

② 高涟榕：《元阳县牛角寨乡获"云南省第十批生态文明乡镇"称号》，http://honghe.yunnan.cn/html/2017-03/16/content_4760693.htm（2016-03-16）。

明建设排头兵奠定了良好的基础。①

2017 年 3 月 16 日至 3 月 17 日，云南省环境保护厅组织技术评估专家组，对大理白族自治州永平县创建申报省级生态文明县进行技术评估。专家组深入龙潭箐饮用水源地、大麦地、果亮农副产品有限责任公司、县城生活垃圾处理厂、县生活污水处理厂等地对永平县生态保护、绿色产业发展及环境治理情况进行现场检查；对创建省级生态文明县各类申报材料进行了审查；听取了县政府创建工作汇报；观看了永平县生态文明县创建专题片，经质询和讨论认为，永平县政府高度重视生态文明建设工作，始终把省级生态文明县创建作为推进生态文明建设的重要载体和抓手，生态文明县创建成效明显，在支撑材料收集归档、宣传力度等方面仍需加强和完善。经过现场检查、资料查阅、民意调查及技术评估反馈会，省技术评估组一致同意永平县创建省级生态文明县通过省级技术评估。要求永平县按评估意见整改完善后上报。②

2017 年 3 月 19 日，云南省政府命名了第二批云南省生态文明县市区和第十批云南省生态文明乡镇街道。其中，水富县成为昭通市首家获得"云南省生态文明县市区"殊荣的生态文明县，昭阳区苏甲乡，鲁甸县新街镇，巧家县茂租镇、东坪镇、红山乡，威信县水田镇，盐津县中和镇、落雁乡等 8 个乡镇为第十批"云南省生态文明乡镇街道"。生态文明示范区创建是生态文明建设的重要载体，通过创建，不断改善区域环境质量，提升生态文明战略建设水平，推进生态文明排头兵，促进昭通经济社会和生态环境协同发展。③

2017 年 3 月中下旬，云南省政府命名第一批云南省生态文明州市、第二批云南省生态文明县市区和第十批云南省生态文明乡镇街道。其中，西双版纳傣族自治州被命名为第一批"云南省生态文明州市"。昆明市五华区、盘龙区、官渡区，富民县、禄劝彝族苗族自治县，昭通市水富县，玉溪市华宁县、峨山彝族自治县、新平彝族傣族自治县，大理白族自治州大理市、洱源县、剑川县等13个县、市、区为第二批"云南省生态文明县市区"。昆明市寻甸回族彝族自治县金源乡、昭通市昭阳区苏甲乡、曲

① 冯天娇、宋礼春：《玉溪三县喜获云南省生态文明县称号》，http://www.ynepb.gov.cn/zwxx/xxyw/xxywzsdt/201703/t20170314_165900.html（2017-03-21）。

② 张海城：《永平县省级生态文明县创建通过省技术评估》，http://www.ynepb.gov.cn/zwxx/xxyw/xxywzsdt/201703/t20170321_166183.html（2017-03-20）。

③ 昭通市环境保护局：《昭通首家生态文明县落地水富　新增 8 个省级生态文明乡镇》，http://www.ynepb.gov.cn/zwxx/xxyw/xxywzsdt/201703/t20170320_166113.html（2017-03-20）。

靖市马龙县通泉街道、玉溪市红塔区洛河乡等 185 个乡镇、街道为第十批"云南省生态文明乡镇街道"。长期以来，云南省委、省政府始终高度重视生态文明建设和生态建设示范区创建工作，坚持严格标准，深入推进生态文明建设示范区创建工作。作为云南省生态文明建设示范区创建的"第一梯队"，西双版纳傣族自治州、昆明市已基本完成了生态村、生态乡镇等细胞工程的创建。大理、保山、曲靖、玉溪、红河、德宏、楚雄、普洱、昭通 9 州市的创建工作稳步推进，成效显著。全省生态文明建设示范区创建工作呈现出的蓬勃发展态势，对强化区域的农村环境保护，促进农村经济社会和谐发展起到了较好的示范作用。①

2017 年 3 月中下旬，云南省人民政府发布《云南省人民政府关于命名第一批云南省生态文明州市第二批云南省生态文明县市区和第十批云南省生态文明乡镇街道的通知》（云环函〔2017〕25 号），红河哈尼族彝族自治州建永县官厅镇、青龙镇、面甸镇、普雄乡、甸尾乡 5 个乡镇获得省级生态文明乡镇命名。此次 5 个乡镇的成功命名，为加快推进建永县生态文明排头兵建设，提升区域环境质量，促进经济社会与生态环境协调发展起到积极作用。同时积极推进了建水县国家级生态文明县建设。目前建水县已成功创建国家级生态文明乡镇 1 个，省级生态文明乡镇 7 个，州级生态文明村 125 个，且 7 个创建国家级生态文明乡镇已通过云南省环境保护厅组织的材料审查、现场抽查并上报环境保护部待批。建水县生态文明创建工作正有序推进。②

2017 年 3 月 21 日，记者从红河哈尼族彝族自治州林业局获悉，在云南省人民政府公布的第一批云南省生态文明州市、第二批云南省生态文明县市区和第十批云南省生态文明乡镇街道中，红河哈尼族彝族自治州有 21 个乡镇榜上有名，荣获生态文明乡镇荣誉。这 21 个乡镇分别是：蒙自市期路白乡，建水县官厅镇、青龙镇、面甸镇、普雄乡、甸尾乡，石屏县异龙镇、宝秀镇、龙武镇、哨冲镇、牛街镇、新城乡、大桥乡，弥勒市朋普镇，元阳县牛角寨乡，绿春县大黑山镇、骑马坝乡，屏边县新现镇、白河镇、白云乡、湾塘乡。近年来，红河哈尼族彝族自治州围绕治水、治山、治污等重点，全面推进生态文明建设，积极创新工作方法、完善保障机制，不断提高生态文明建设水平。

---

① 胡晓蓉、段晓瑞：《云南省命名一批生态文明州市、县市区、乡镇街道》，http://yn.yunnan.cn/html/2017-03/19/content_4763368.htm（2017-03-19）。
② 《建水县官厅镇等 5 个乡镇荣获省级生态文明乡镇命名》，http://honghe.yunnan.cn/html/2017-03/21/content_4765636.htm（2017-03-21）。

经全州上下共同努力，全州自然生态基础持续好转，文明生活的良好习惯深入人心，自觉保护生态环境的文明意识进一步增强，全州生态文明建设成果突显，构筑起一幅水碧、天蓝、地绿的生活美景。记者了解到，在第十批云南省生态文明街道评选中，红河哈尼族彝族自治州上榜数比第九批增加 17 个。①

2017 年 3 月 24 日下午，迪庆藏族自治州维西县政府召开创建省级生态文明县推进会，县委副书记和俊昌，县委常委、常务副县长施春德出席会议。县财政局、环境保护局等相关部门负责人参加会议并做了工作情况汇报。和俊昌强调，创建省级生态文明县是一项系统工程，涉及方方面面，各相关部门要以更高的格局、更高的意识投入创建工作中；以更实的措施、更高的要求来落实推进创建工作。施春德就加快创建省级生态文明县提出了三点要求：一是统一思想，提高认识，切实增强创建省级生态文明县的责任感和紧迫感。二是明确目标，突出重点，扎实推进省级生态文明县创建工作。三是强化领导，狠抓落实，确保创建目标如期完成。②

2017 年 3 月 30 日，保山市召开环境保护工作暨创建省级生态文明市工作会。市委副书记、市长杨军出席会议并要求，确保全市创建省级生态文明市工作 2018 年通过考核验收，为 2020 年争创国家级生态文明建设示范市奠定坚实基础。杨军强调：一是坚定信心，全力确保创建工作一次成功。二是抓住重点，抓实生态创建工程，抓实生态环境保护基础建设，抓实考核指标任务完成。三是统筹推进，严格按《保山市申报创建省级生态文明市工作方案》抓落实，加强协调配合，严格督查考核。③

2017 年 3 月 30 日下午，保山市环境保护暨创建省级生态文明市工作会议在隆阳召开。会议全面总结了 2016 年全市环境保护和近年来生态文明市创建工作，分析工作面临的困难和问题，安排部署了 2017 年环境保护和创建省级生态文明市工作任务，并传达学习全国、全省环境保护工作会议精神。市委副书记、市长杨军出席会议并作重要讲话，市人大常委会副主任左光虎、市政府副市长赵碧原、市政协副主席彭小庆出席会议。杨军指出，要全面落实党中央、国务院关于生态文明建设和环境保护的决策部署，

① 王陶：《红河州 21 个乡镇跻身云南省生态文明乡镇行列》，《红河日报》2017 年 3 月 22 日。
② 迪庆藏族自治州环境保护局：《迪庆州维西县召开创建省级生态文明县推进会》，http://www.ynepb.gov.cn/zwxx/xxyw/xxywzsdt/201703/t20170331_166590.html（2017-03-31）。
③ 段磊：《保山市全面启动省级生态文明市申报创建工作》，http://www.ynepb.gov.cn/zwxx/xxyw/xxywzsdt/201704/t20170401_166685.html（2017-04-01）。

习总书记2015年1月考察云南时重要讲话精神，从讲政治的高度，进一步深化新时期环境保护工作重要性的认识。要认真按照保山市第四次党代会、市委四届二次全会、四届人大一次会议的部署要求，以绿化、美化、彩化、香化为抓手，抓好生态环境保护，依法治理城乡生态环境，抓实中心城市3个万亩生态廊道建设等重点项目，强力推进城乡人居环境提升行动，努力建设天蓝、地绿、水清、气净的美好家园。要统筹协调好生态保护与经济发展的关系，做到齐头共进，实现双赢，绝不走"先污染后治理"的老路。要根据《云南省贯彻落实中央环境保护督察反馈意见问题整改总体方案》，推进 21 项问题整改，认真查缺补漏，开展明察暗访，采取强制手段，严肃查处环境污染问题，扎实做好 7 月份云南省委、省政府环境保护督察迎检工作。

杨军要求，市委、市政府把创建省级生态文明市作为生态文明建设的重要载体，将"城市生态化"纳入"六化"战略，将"四创两争"列为市级 10 项重点工作。要下决心做好省级生态文明市创建工作，围绕生态经济、生态环境保护、社会进步等三大方面的内容，抓实生态创建工作、生态环境保护基础建设、6 项基本条件和 18 项建设指标考核任务要求，确保 2018 年通过省级生态文明市考核验收，为 2020 年争创国家级生态文明建设示范市奠定基础。全市上下一定要坚定信心，抓住重点，统筹推进，全力确保创建工作一次成功。杨军强调，要以担当负责的精神狠抓工作落实，完善配套机制，严格考核监督，加大环境保护宣传教育、环境信息公开力度，加强法律法规政策解读，推动生态文明建设家喻户晓，营造崇尚生态环境保护、合力推进生态文明建设的良好氛围。对生态环境保护的投入要做到只增不减，创新环境保护投融资机制，多渠道筹集环境保护资金，大力推进 PPP、政府购买服务、第三方治理与评估等方式，加快污染治理和环境保护基础设施建设，不断开创生态文明建设和环境保护工作新局面。[①]

2017 年 4 月 3 日，云南省第二届节地生态安葬活动在昆明市石林彝族自治县狮山生态陵园举行，通过现场举行公益生态落葬仪式，倡导群众践行生态文明殡葬理念，文明祭扫、节地生态安葬。活动现场，伴随肃穆的音乐，38 名来自长沙民政职业技术学院殡仪学院的学子将可降解骨灰盒缓缓放入花坛，铺上花瓣，庄重落葬了 16 位来自殡仪馆的无名逝者。整个仪式，不焚香、不烧纸，仅用音乐与礼仪来表达对生命的尊重、对

---

① 穆加炼：《保山市召开环境保护暨创建省级生态文明市工作会议》，http://www.ynepb.gov.cn/zwxx/xxyw/xxywzsdt/201703/t20170331_166645.html（2017-03-31）。

逝者的缅怀。狮山生态陵园负责人介绍，采用"无碑深埋"的方式，将逝者的骨灰放置于环境保护可降解的骨灰盒内，深埋花坛之下，待骨灰盒自行降解后，骨灰最终与自然融为一体，充分践行了节地和绿色环境保护的现代殡葬理念。近年来，云南省深入推进殡葬改革工作，大力倡导和推行火葬，探索树葬、草坪葬、壁葬以及深埋等生态安葬方式。据了解，全省节地生态安葬比例达到19.5%，49个县（市、区）已实施节地生态奖补。下一步，云南省还将出台节地生态安葬的实施意见。此次活动由云南省殡葬协会主办，昆明市殡葬协会与石林县民政局协办，狮山生态陵园承办。①

2017年4月13—14日，云南省环境保护厅组织专家对安宁市创建省级生态文明市工作进行技术评估，技术评估组原则同意安宁市通过省级生态文明市技术评估。技术评估组表示，安宁作为云南省重要的重工业基地，6项基本条件和22项建设指标基本达到了省级生态文明县（市、区）考核要求。同时，技术评估组对安宁市生态文明市创建工作中存在的问题提出了指导和整改意见。整改完成后，安宁市将迎接省级生态文明市的考核验收。②

2017年4月22—24日，云南省社科专家生态文明建设专题调研组对楚雄彝族自治州双柏县进行调研，云南大学生态学与环境学院院长段昌群教授、云南大学生态学研究所所长欧晓昆教授、云南师范大学旅游与地理科学学院角媛梅教授参加了此次活动。4月22日，生态文明建设专题调研组专家们在楚雄彝族自治州双柏县委、县政府的领导干部陪同下，从县城出发，最后抵达目的地鄂嘉镇。专家们一路走，一路看。在了解鄂嘉镇生态文明建设工作基本情况后，专家们对鄂嘉镇九天湿地进行了实地调研，为鄂嘉镇生态文明建设"把脉问诊"，调研组认为，在当前面临开发与保护的困境下，建议双柏县首先要完善基础设施建设，然后进行招商引资，或者成立"互联网+合作社+农户"的管理经营模式，创新方式方法，实现自然资源与文化旅游的有效衔接。4月23日，生态专家组从鄂嘉镇出发，路经绿汁江、石羊江、鹅头山和大湾水电站，先后到达独田乡和爱尼山乡。在了解独田乡和爱尼山乡生态文明建设及创建国家级生态乡镇工作开展情况后，专家们先是谈了对独田乡和爱尼山乡的感受，然后根据各自的专业进行

---

① 郎晶晶：《云南省第二届节地生态安葬活动在昆明石林狮山生态陵园举行》，http://society.yunnan.cn/html/2017-04/04/content_4779531.htm（2017-04-04）。

② 黎鸿凯：《安宁市省级生态文明市创建通过省级技术评估》，http://www.yunnan.cn/html/2017-04/18/content_4795977.htm（2017-04-18）。

"把脉会诊"，最后提出以下几点建议。

一要高度重视和保护好生态环境，把林地保护划分为可放养区、禁止放养区和适度开放区，以达到发展畜牧业和保护生态环境的有效结合；对林地条件低的环境进行抚育和管理。二要加强水环境的保护，划定水源保护区，建立缓冲带。三是在乡村生态整治方面，加强环境保护意识的宣传，通过宣传、教育，使群众从内心愿意建设生态乡镇使之成为乡规民约。四是尽力争取得到省、州和县里的支持，把独田乡打造成地方名片。五要走农业企业化道路，形成产业链，打造龙头企业，增加农民收入。六是可以利用独田乡的水源分布和交通区位优势，建设观光点，建设田园村落，发掘传统民俗文化。七是把分散的资源捆绑成完整体系，形成一个大的项目，请州里的或省里的人大代表为生态乡镇建设建言。八是将各方投资、项目进行集群优化，配置好资源，达到高效利用，充分发挥资金利用率。九是在打造生态乡镇要注重准确定位，体现出建筑格局的区域性、民族性、生态性。4月24日，生态专家组调研了查姆湖环湖环境整治工程及查姆湖水环境综合治理工程的开展情况，顺便调研双柏县污水处理厂。专家们都肯定双柏县委、县政府的环境保护工作做得好，情况了解透彻。之后，生态专家组到妥甸上村和中岭岗村民小组了解了农村环境综合整治工作开展情况，建议对上村的一棵上百年的古树要重视保护，给它充足的水分，建议林业部门要专门对这棵五六百年的古树进行保护和管理。①

2017年4月26—27日，临沧市政府组团到昆明考察水生态文明城市建设情况，学习好经验、好做法。中共临沧市委常委、临翔区委书记尚东红，市人大常委会副主任代猛，副市长赵贵祥，市政协副主席杨鹏飞等组成的考察团一行，先后参观了滇池草海提升改造、滇池环湖东路湿地建设、昆明市北市区瀑布公园建设等水利工程。现场感受水生态文明建设给昆明市民带来的如诗如画的滨水景观，为市民带来生活环境的改善和空气质量的好转，以及水资源的循环重复利用，实现生态效益、社会效益、经济效益有机统一的鲜明特色。树种繁多，错落有致，再加上12.5米高的人工瀑布飞流而下，大规格、高密度的立体绿化景观就像是一幅幅图画，美不胜收。处处是景的昆明市北市区瀑布公园更加让考察团成员留下了深刻印象，在考察中，考察团还与作为滇池草海提升改

---

① 王大林：《云南社科专家双柏行之生态环境保护实地考察》，http://llw.yunnan.cn/html/2017-04/25/content_4802526.htm （2017-04-25）。

造、滇池环湖东路湿地建设、昆明市北市区瀑布公园建设承建方的中国电建集团昆明勘测设计研究院相关负责人座谈，现场观看中国电建宣传片、观看普安特色小镇视频，听取昆明设计研究院对临沧市主城区水生态文明建设规划的意见建议，并就下一步双方合作深入交流。建设水生态文明城市是临沧市人民的共同期待，也是盘活水系资源、激发城市活力的关键抓手。考察组成员一路走，一路看，认真地听、详细地问，看到了差距，认识到了不足，通过考察，大家目睹并亲身感受了变化，开阔了视野，启迪了思路，认识到了自身的不足，为下一步解放思想谋发展、全面提升临沧城市建设管理水平奠定了基础。大家表示，将把学到的先进经验，融入今后的工作中，全面推进临沧水生态文明建设，优化人居环境，严格水资源管理，加强水环境保护，完善水治理体系，持续做好"水文章"，加快水生态文明城市建设。市政府秘书长徐伟声，各县（区）党委或政府主要领导，市住建局、市规划局、市水务局、市林业局主要领导参加考察。[1]

2017年4月中下旬，云南省人民政府下文命名第十批云南省生态文明乡镇街道。文山壮族苗族自治州富宁县里达镇、洞波乡两个乡（镇）获得"云南省生态文明乡镇街道"称号。根据富宁县生态乡镇创建工作以奖代补规定，富宁县人民政府将给予里达镇、洞波乡奖励资金各20万元，以激励先进，鞭策后进。目前，富宁县共有36个行政村获得州级生态村命名，3个乡镇获得省级生态乡镇命名，生态县创建工作已进入攻坚推进阶段。下一步，富宁县将进一步总结工作经验，建立长效机制，深化创建内涵，提升创建水平，确保2018年实现13个乡（镇）均获得省级生态乡镇命名，达到生态县创建命名申报标准。[2]

2017年4月底，水利部对全国选送的项目进行评审，大丽高速公路建设项目被评为国家水土保持生态文明工程。这是我省首个获此殊荣的高速公路工程，在建设过程中，建设者注重环境保护，精心组织施工，为建设绿色生态高速公路积累了宝贵的经验。[3]

2017年4月25—27日，由云南省环境保护厅生态文明建设处组织专家莅临楚雄彝族自治州双柏县和牟定县对创建省级生态文明县的申报材料、城乡生态环境状况进行

---

① 魏江跃：《临沧市政府组团到昆明考察水生态文明城市建设情况》，http://www.wcb.yn.gov.cn/arti?id=62738（2017-05-02）。
② 黄美龄：《富宁县里达镇、洞波乡获省级生态乡镇命名》，http://www.ynfn.gov.cn/Item/28955.aspx（2017-03-17）。
③ 李文圣：《大丽高速获评国家水土保持生态文明工程》，http://www.yunnan.cn/html/2017-04/29/content_4808124.htm（2017-04-29）。

现场质询和检查，翻阅支撑材料和召开技术评估反馈会，最终双柏县和牟定县通过了创建省级生态文明县省级的技术评估。为贯彻落实党十七大关于推进生态文明建设，促进资源节约型和环境友好型社会，以及党的十八届三中、四中全会将生态文明建设纳入中国特色社会主义事业"五位一体"总体布局，根据国家环境保护部《关于大力推进生态文明建设示范区工作的意见》（环发〔2013〕121号）的要求，楚雄彝族自治州双柏县和牟定县在2012年开始启动创建省级生态文明县的创建工作至今，围绕6大基本条件和22项基本指标的完成情况，在环境保护、节能减排、资源有效利用、饮用水安全等方面进行投入，努力改善县域城乡生态环境，为创建省级、国家级生态文明县打下坚实基础。双柏县和牟定县是云南省第三批创建省级生态文明县，也是楚雄彝族自治州首批创建省级生态文明县，创建过程中的条件和指标有硬性的要求，创建申报材料委托省内技术扎实的云南省环境科学研究院进行编制。通过不断的努力，2016年年底两县提交创建申报材料的审查申请，并通过了楚雄彝族自治州环境保护局的审查，再经3个多月的整改后，提交省级审查。2017年4月25日至27日，云南省环境保护厅领导、邀请的省级专家、楚雄彝族自治州环境保护局领导分别到双柏县和牟定县，对城市两污设施建设和运行情况、饮用水源地、特色农业示范基地、农村环境综合整治示范村、规模化养殖基地、县城综合农贸市场等进行了现场检查，并随机对县城居民进行公众满意度调查，最后召集县级各部门和各乡镇的主要负责人，召开本次省级技术评估反馈会。会上，各领导、专家对双柏县和牟定县创建省级生态文明建设工作成效给出了较高的评价，但也提出需要整改完善的问题。最后，专家宣布双柏县、牟定县创建省级生态文明县技术评估通过，将存在的问题整改完毕后逐级提交整改报告和申请验收。①

2017年5月上旬，云南省发布的《云南省发展和改革委员会关于实施生态文明建设重大工程包的通知》明确指出，云南省生态文明建设重大工程包以2017—2018年为一个周期，涉及九大重点工程，共220个项目，总投资2112亿元。生态文明建设重大工程包主要包括：一是巩固生态屏障，实施生态保护和修复、生物多样性保护工程。其中生态保护和修复工程，首批20个项目，投资166亿元；生物多样性保护工程，首批20个

---

① 施国飞：《楚雄州双柏县、牟定县通过创建省级生态文明县省级技术评估》，http://www.ynepb.gov.cn/zwxx/xxyw/xxyw zsdt/201705/t20170503_167613.html（2017-05-04）。

项目，投资 31 亿元。二是发展绿色经济，实施生态产业化工程、生产清洁化工程、资源循环化工程。其中生态产业化工程，首批 70 个项目，投资 872 亿元；生产清洁化工程，首批 20 个项目，投资 55 亿元；资源循环化工程，首批 20 个项目，投资 65 亿元。三是分享绿色福利，实施清澈水质工程、清新空气工程、清洁土壤工程、清美家园工程。清澈水质工程主要指落实"水十条"，首批 20 个项目，投资 235 亿元；清新空气工程主要指落实"大气十条"，首批 10 个项目，投资 135 亿元；清洁土壤工程主要指落实"土十条"，首批 20 个项目，投资 31 亿元；清美家园工程，首批 20 个项目，投资 522亿元。①

2017 年 5 月 18 日，《中国环境报》记者蒋朝晖报道：云南省普洱市景东彝族自治县（以下简称景东县）生态系统服务价值为每年545.06亿元，这一消息发布在前不久由中国环境科学研究院和联合国环境规划署共同在墨西哥坎昆主办的"中国 TEEB 行动与地方实践"会议上。2017 年景东县政府工作报告显示，近 4 年来，景东县实现生产总值年均增长 9.7%。近年来，景东县着眼生态文明建设新要求，持续推进县域两个国家级自然保护区建设，以实施 TEEB（生态系统和生物多样性经济学）项目为契机，积极探索绿色发展新道路，在保持良好生态环境和增强综合实力上均取得了明显的成效。

其一，建好两个保护区。景东县是地球同纬度生物资源最为丰富的地区之一，境内有无量山和哀牢山两个国家级自然保护区，总面积 3.5 万余公顷，约占全县总面积的 8%。景东县委书记祁海说："在全县贫困面较大情况下，历届县委县政府始终不忘初心，坚持保护优先，把建设好两个国家级自然保护区作为全县生态环境保护工作的重要抓手，把确保县域生态环境质量持续优良作为不变的工作目标。""拥有两个自然保护区是景东县的优势，建好两个自然保护区是景东县的大事。"据了解，自2008 年以来，景东县相继出台实施了《景东县环境保护条例》、《景东县环境保护条例实施意见》和《云南省景东县无量山哀牢山保护管理条例》，编制了《景东生态县建设规划》、《景东县生态环境保护规划》和《生态环境保护规划》，为促进保护区建设提供了有力支撑。在政府财力十分有限的情况下，景东县多方筹集资金，持续增加生态环境保护投入。一份公开的财政支出清单显示，景东县"十二五"期间节能环境保护共计支出 1.8 亿元。重点完善县城"两污"及 13 个乡镇垃圾处理设施，建设污

---

① 蒋朝晖：《云南实施生态文明建设重大工程包涉及 220 个项目，总投资2112亿元》，《中国环境报》2017 年 5 月 17 日。

水管道 32.7 千米，县城污水处理厂建成运营；建成垃圾焚烧站 13 个、垃圾收储池 316 个，实施节柴改灶 5600 户、太阳能 4972 户、沼气池 4200 口；全面实施退耕还林、陡坡综合治理、中央造林补贴等项目，累计完成造林 17.17 万亩。景东县一系列生态环境保护工程的实施，逐步改善了以保护区为重点的环境污染治理硬件设施条件，为县域生态环境质量稳中向好打下了更好的基础。据了解，目前，景东县森林覆盖率达 70.51%，林木绿化率 73.07%。县域川河入城断面和出城断面符合地表水Ⅲ类标准，县城集中式饮用水水源地菊河水质监测结果均符合地表水Ⅱ类标准，县城环境空气质量状况为优。

其二，算清两笔经济账。最近几年，尽管县域经济社会加速发展，但景东县部分干部群众仍然认为有很多项目因环境保护门槛太高而无法进入，在一定程度上制约了当地经济发展。景东县相关部门的测算也显示，为实现生态环境保护目标，全县一年的工业产值损失近 20 亿元。面对是否因环境保护带来巨额经济损失的质疑，景东县坚持从实践中寻找答案，在加大投入确保生态保护工作顺利开展的同时，通过推进 TEEB 项目实施，明明白白算清县域生态系统服务价值这笔大账。TEEB 是指由 UNEP 主导的生物多样性与生态系统服务价值评估、示范及政策应用的综合方法体系，也就是通过相关价值评估，将森林、湿地、水等自然资源及其为人类提供的产品和服务货币化，并将评估结果纳入决策、规划以及生态补偿、自然资源有偿使用、政绩考核等，同时为生物多样性保护和可持续发展利用决策提供依据和技术支持。据景东县环境保护局局长谢添翔介绍，2014 年 7 月，景东县邀请中国环境科学研究院和云南省环境科学研究院的专家，对景东生物多样性和生态系统服务价值评估项目进行调研。此后，景东县在云南省和普洱市环境保护部门支持下，顺利提交加入《中国生物多样性与生态系统服务价值评估项目（China-TEEB）行动方案》示范县（区）申请，被中国环境科学研究院列入全国生物多样性国际项目 5 个示范县。据了解，景东县成立了以分管环境保护副县长为组长的生物多样性与生态系统服务价值评估项目示范县领导小组，把示范县项目作为县政府重点督查项目之一。对领导干部实行生态环境保护工作一票否决制，出台了《景东县生态文明建设考核激励办法》，考核指标在原来的生态经济、生态聚集、生态设施、生态涵养、生态文化和生态制度六大类基础上，新增加了一类生物多样性指标，共37项。2015 年，景东县首次兑现考核奖励和"以奖代补"

资金 224.3 万元。此次 TEEB 大会上发布了景东县每年生态系统服务价值为 545.06 亿元，并重点介绍了景东县颁布实施生态文明建设考核激励办法、将生物多样性和 TEEB 项目纳入"十三五"规划等生物多样性保护主要举措。景东县县长胡其武表示，景东县生态系统的巨大服务价值一经公布，全县上下十分兴奋。算清全县每年因保护生态环境减少的工业产值和每年生态系统的服务价值这两笔经济账后，景东县委、县政府因势利导，通过宣传教育，使全县干部群众逐步消除生态保护制约经济发展疑虑，强化保护、科学发展的理念更加深入人心。

其三，坚持发展新方向。随着云南省构建大交通格局的速度加快，景东县面临新的发展机遇。如何实现环境保护和经济发展双赢？胡其武介绍，在县域环境承载能力较强的情况下，景东县始终坚持严格落实生态环境保护工作要求，严把建设项目准入关，坚决淘汰落后产能，铁腕治理污染，强化环境管理，最大限度减少生产、生活对环境的污染。在经济发展上，景东县因地制宜构建绿色产业体系，全力推动产业转型升级，努力培育新的经济增长点，切实做到经济发展与生态效益同步提升。近四年来，景东县综合实力大幅提升，生产总值从 42.49 亿元增加到 63.1 亿元，年均增长 9.7%。全县农村居民人均可支配收入从 5022 元增加到 8897 元，年均增长 15.4%。2016 年，景东县实现第三产业增加值 20.58 亿元。通过强力推进产业脱贫、生态补偿脱贫等多种措施，全县减少贫困人口 2.51 万人，贫困率从 21.1% 下降到 9.7%。当前，良好的自然生态环境已成为景东县开创绿色跨越发展新局面的核心竞争力。依托良好生态资源走出一条符合县情的可持续发展之路，已成为景东县 37 万各族群众的共同选择。[①]

2017 年 5 月 26 日上午，开远市乐白道街道办事处、灵泉街道办事处、大庄乡和碑格乡的省级生态文明乡镇申报材料在蒙自市通过了由省环境保护厅生态文明处李湘副处长带队的省环境保护厅技术审查专家组一行 6 人组织的集中审查。自 2006 年始，开远市就积极开展了生态乡镇创建工作，至 2016 年底，开远市 7 个乡镇（街道）已创建省级生态乡镇 2 个，州级生态村 48 个，生态乡镇创建取得了阶段性成果。为进一步加大开远市生态乡镇创建工作力度，同时加快开远市省级生态文明县市创建工作步伐。2015 年，开远市积极推动乐白道街道办事处、灵泉街道办事处、大庄乡和碑格乡开展省级生态乡

---

① 蒋朝晖：《县域生态价值每年 545 亿元，生产总值年均增长 9.7% 云南景东印证绿水青山就是金山银山》，《中国环境报》2017 年 5 月 18 日。

镇创建工作。四个乡镇（街道）在创建工作中，认真组织，积极推进，通过不断加强乡镇环境基础设施建设，大力开展辖区工业企业污染治理，积极开展农村环境综合整治工作，乡村生活环境得到极大的改善和提高，村民生活富足，农村生活幸福指数极高，充分展现了社会主义新农村的生活风貌。2015 年，四个乡镇为完善申报工作，委托了有资质的咨询公司编制了省级生态文明乡镇的申报材料。在审查会上，技术评估组专家紧紧围绕国家级生态乡镇申报 5 项基本条件和 16 项建设指标的要求，在集中听取汇报、申报材料审查的基础上，重点详细了解了乡镇（街道）截污沟、氧化塘等污水收集处理设施，垃圾池、垃圾房、垃圾中转站、垃圾车运行等垃圾收集处理设施的使用等情况。最后，技术评估组综合汇总后认为，在创建过程中，四个乡镇（街道）注重加强环境基础设施建设，生活污水、生活垃圾收集处理设施健全，村容村貌及生态环境质量明显改善，村镇各类环境污染得到有效控制，人居环境及社会经济发展水平明显提高，生态环境质量优良，已达到省级生态文明乡镇（街道）考核标准，同时，对申报材料提出了进一步修改完善的意见。随着开远市乐白道街道办事处、灵泉街道办事处、大庄乡和碑格乡省级生态文明乡镇申报材料技术审查工作的顺利结束，开远市的省级生态文明乡镇数量将达到 6 个，这将为开远市下一步申报省级生态文明县市奠定坚实的基础。①

开展环境保护宣教进校园工作是迪庆藏族自治州 2017 年工作计划及 "6.5" 环境日期间系列活动之一。②2017 年 6 月 5 日下午，迪庆藏族自治州绿色学校创建工作领导小组在迪庆藏族自治州环境保护局赵菊生副局长带领下一行 7 人，来到维西县第一中学实地查看、交流该校省级绿色学校创建工作。几年来，该校在提高教育教学质量的同时，加大了创建省级绿色学校工作力度，将创建省级绿色学校作为进一步提高办学品位、发挥绿色环境育人作用的重要举措，使师生自觉养成热爱环境、保护环境的绿色行为，同时也带动了学校周边单位和居民树立环境意识并付诸行动。工作组听取了该校的创建工作汇报之后指出，维西县第一中学 2015 年开展创建绿色学校以来，学校随即召开创绿工作动员大会，发出创绿倡议书，制订创绿工作计划。在基础设施建设中向校园绿化倾

---

① 红河哈尼族彝族州环境保护局：《开远市四个乡镇（街道）省级生态文明乡镇申报材料通过省级专家技术审查》，http://www.ynepb.gov.cn/zwxx/xxyw/xxywzsdt/201705/t20170531_168554.html（2017-05-31）。

② 迪庆藏族自治州环境保护局：《维西县一中以立德育人办学理念 倾心创建省级绿色学校》，http://www.ynepb.gov.cn/zwxx/xxyw/xxywzsdt/201706/t20170607_168854.html（2017-06-07）。

斜，课内加大环境教育力度，课外积极组织学生参与社区活动。把环境教育、环境保护理念和人文精神渗透到学校工作的各个方面，牢固树立绿色发展理念，促进学生综合素质的提高。工作组之后通过查看校园、参观学校综合展厅、赠送"6.5"环境日纪念品、召开学生和教师代表座谈会等形式和方法，对维西县第一中学的创建工作做了全面而深刻的了解。工作组一致认为维西一中以真诚、担当、务实的作风把绿色理念深入办学思想和办学目标之中，在培养学生环境保护观念、提高学生现代文明素质和环境意识、创建绿色学校方面，脚踏实地地做了大量卓有成效的工作，有效地促进该校的校风、校容、校貌的转变，取得了显著的成绩。维西县第一中学副校长表示，维西县第一中学虽然获得了云南省绿色学校荣誉，但创建工作不会止步停留，获得荣誉不是目的，今后将以立德育人的工作理念和要求，更加积极地开展绿色环境保护教育工作，提高全体师生员工的环境意识，为素质教育的全面实施、办人民满意学校做出贡献，让绿色充满校园，让绿色充满人间。因此，迪庆藏族自治州根据环境保护部 2017 年环境日的主题"绿水青山就是金山银山"，动员全州社会各界牢固树立绿色发展理念，像保护眼睛一样保护生态环境，像对待生命一样对待生态环境，自觉践行绿色生活，共同建设美丽中国。

2017 年 6 月上旬，第十批云南省绿色学校、第六批云南省环境教育基地、2017 年西双版纳傣族自治州州级环境友好型企业出炉，勐海县打洛镇中心小学、勐海县勐满镇中学荣获第十批云南省绿色学校称号，西双版纳傣族自治州勐景来景区有限公司荣获第六批云南省环境教育基地称号，中广核西双版纳傣族自治州勐海风力发电有限公司、西双版纳傣族自治州臻味号茶厂荣获 2017 年州级环境友好型企业称号。截至目前，勐海县已有 18 家州级环境友好型企业、1 个州级环境教育基地、1 个省级环境教育基地、35 所"绿色学校"（省级 8 所、州级 16 所、县级 11 所）。近年来，西双版纳傣族自治州勐海县以国家级生态县创建为抓手，开展了一系列绿色创建活动，将环境保护工作推向社区、学校和企业。下一步，西双版纳傣族自治州勐海县将坚持绿色创建工作常态化，建立长效机制，进一步完善组织管理、加大公益宣传、开展渗透教育，不断巩固和提升创建单位环境宣传教育水平，切实发挥好绿色创建单位的示范带动作用，为建设生态文明、构建美丽勐海做出新的贡献。①

---

① 黄玫：《西双版纳州勐海县新增一批绿色创建单位》，http://www.ynepb.gov.cn/zwxx/xxyw/xxywzsdt/201706/t20170607_168840.html（2017-06-07）。

2017年6月13日，楚雄彝族自治州永仁县召开省级生态县创建工作动员会。县人民政府副县长罗德宝、县政协副主席吴勇出席会议，会议全面安排部署了省级生态县创建相关工作。会议强调，生态县创建活动，是贯彻落实党的十八大、十八届六中全会决策部署，促进经济与环境友好协调发展的重要举措；是建设生态文明，构建和谐社会，实现人与自然和谐相处的重要途径；是变生态优势为发展优势，提升县域经济竞争力的重要抓手；是建设社会主义新农村，构建和谐社会的内在要求。会议指出，党的十八届六中全会明确要把"加快建设资源节约型社会、环境友好型社会，提高生态文明水平"作为"十三五"时期的重要任务。永仁作为云南的北大门，扎实抓好生态创建活动，是实施生态立县战略、推进生态文明建设的必然要求，是深入贯彻落实科学发展、转变发展方式、促进县域经济与环境协调发展的具体表现。各乡镇、各相关部门要围绕各自职责，积极投入生态县创建行动中来，确保步调一致，形成合力，推动工作有效开展。要突出工作重点，确实转变县域经济发展目标，突出生态产业的发展，加快乡镇生活污水集中处理工程建设，抓好农村垃圾收集处理，推进农村环境整治，实施规模化畜禽养殖污染治理，狠抓生态示范点建设，全力破解创建难题；要强化减排工作，围绕化学需氧量、氨氮、二氧化硫排放量的约束性指标，强化减排基础工作，分解落实减排任务，加快重点减排工程建设，加大产业结构调整，狠抓重点区域监管，确保减排任务全面完成；要强化环境整治，大力推进水污染防治，加大工业污染防治力度，深入开展城乡环境综合整治，切实改善环境质量；要强化环境监管，围绕全面履行环境监管职责、维护区域环境安全和人民群众环境权益的工作要求，加快环境预测预警体系建设，加大环境执法力度，加强干部队伍建设，高度重视群众来信来访，切实维护环境安全。会议要求，创建领导小组要切实加强对创建工作的组织领导，及时督促、指导各项工作的全面开展，确保创建工作责任、措施、进度"三到位"。要利用板报、宣传栏、报纸、电视、网络等新闻媒体深入开展创建宣传活动，在全县掀起一股自觉保护生态环境、支持和参与生态建设、共建生态文明的创建热潮。乡镇和部门、部门与部门之间要加强沟通协调，认真履职，确保形成工作合力，推动工作开展。县委县政府督查室要会同县生态创建办，围绕省级生态县创建情况，加强对创建过程的督查力度，定期进行督查，以确保各项创建任务落到实处。各乡镇分管环境保护工作的副乡（镇）长、环境保护专干，县级相关部门、县环境保护局全体职工、部分企业负责人参加了会议。①

2017 年 6 月中旬，云南省绿色创建领导小组发布关于命名第十批云南省绿色学校和第八批云南省绿色社区的通知，第十批云南省绿色学校：（1）思茅第六中学。（2）思茅区茶城幼儿园。（3）景谷傣族彝族自治县永平镇第一小学。（4）景东彝族自治县太忠镇三合完小。（5）景东彝族自治县幼儿园。（6）澜沧拉祜族自治县县小。（7）澜沧拉祜族自治县第一中学。（8）西盟佤族自治县民族中学。（9）西盟佤族自治县新厂镇中小学。第八批云南省绿色社区：（1）普洱市墨江县联珠镇紫金社区。（2）普洱市墨江县联珠镇天溪社区②。其中普洱市共有 9 所学校和 2 家社区获得命名。"绿色创建"工作已成为推进普洱市生态文明建设和资源节约型、环境友好型社会建设的细胞工程，是推动公众参与环境保护的有效形式和载体，有力地推动了普洱市环境宣传教育工作的深入开展。普洱市委、市政府希望受到表彰的学校和社区总结经验，再接再厉，发挥好模范带头作用，进一步提高学校和社区环境管理水平，不断增强学生和社区居民的环境意识，影响和带动更多的单位和个人加入"绿色创建"工作中来，为普洱市生态文明市建设贡献力量。

2017 年 6 月 25 日，云南省人民政府公布了"第二批云南省生态文明县市区"名录，昭通市水富县榜上有名，被省政府命名为第二批省级生态文明县，实现了昭通市生态文明县创建的零突破。近年来，水富县牢固树立"生态立县，环境优先"的发展理念，不断加大生态环境保护和生态文明创建力度，切实筑牢长江上游重要生态安全屏障。该县不断完善环境保护基础设施，城镇生活污水集中处理率达到 80% 以上，城镇生活垃圾无害化处理率达到 90% 以上。深入实施金沙江流域、横江流域、中滩溪沿岸绿化工程，累计造林 18.34 万亩，封山育林 35.1 万亩，林地面积达到 45.22 万亩，森林覆盖率达到 64.18%，建成区绿化覆盖率达到 38.5%，人均公共绿地面积达到 10.5 平方米，完成境内 100 千米生态长廊建设目标。此外，还积极开展"环境保护宣传"进学校、进企业、进社区、进农村活动，倡导群众绿色消费、低碳生活、绿色出行，切实让绿色发展理念深入人心，形成了"层层发动、人人参与"的良好氛围。据悉，通过多年持续开展

---

① 楚雄彝族自治州环境保护局：《永仁县召开省级生态县创建动员会》，http://www.ynepb.gov.cn/zwxx/xxyw/xxywzsdt/201706/t20170619_169220.html（2017-06-13）。

② 普洱市环境保护局：《普洱市 11 家单位获云南省绿色学校、绿色社区称号》，http://www.ynepb.gov.cn/zwxx/xxyw/xxywzsdt/201706/t20170615_169119.html（2017-06-15）。

生态文明创建，水富县 3 个乡镇和 1 个街道办事处均获得"云南省生态文明乡镇"称号，覆盖率达 100%；市级生态文明村（社区）20 个，覆盖率达 95%，成为昭通市生态文明建设的排头兵。[①]

2017 年 7 月 9—10 日，保山市生态文明市创建工作领导小组组织督查评估考核组，对施甸县创建省级生态文明县工作进行市级评估考核。督查评估考核组由技术专家组和现场检查组组成。督察评估考核组结合创建省级生态文明县的 6 个基本条件及经济发展、生态环境保护、社会进步三方面的 22 项指标，采取资料查阅、现场检查、会议审查等方式进行评估考核。督察评估考察组对施甸县《创建省级生态文明县规划》的实施评估报告、技术报告、工作报告和创建影像图册等资料进行了审查；对经济发展指标与绿色发展要求进行了分析；对城市污水处理厂、城乡生活垃圾处理设施建设及运行管理、农贸市场标准化建设、医院医疗废物废水处理、规模化畜禽养殖粪便及清洁能源利用等环境综合治理情况进行了现场抽查；对自来水厂、集中式饮用水水源管理等生态保护情况进行了现场核查；对环境卫生及生态文明传播、绿色学校创建成果巩固等生态文明宣传教育情况进行了复核。督查评估考核组召开会议听取县人民政府汇报创建省级生态文明县工作开展情况，并向与会者反馈了技术组和现场检查组的意见以及整改完善的问题，通报了评估考核意见。督查评估考核组认为，施甸县委、县政府高度重视生态文明建设和环境保护工作，认真落实市委、市政府《关于加快推进保山生态文明市建设实施方案（2016—2020 年）》要求，实施了《施甸县生态县建设规划（2011—2020 年）》，组织机构健全，目标任务明确，保障措施有力，环境质量进一步提升，全民生态环境保护意识不断提高，省级生态文明县创建工作取得了阶段性成果。经督查评估考核，施甸县基本达到省级生态文明县的 6 项基本条件和 22 项指标考核要求，原则同意通过市级评估考核。督查评估考核组要求，施甸县要针对存在问题，按期完成整改，并于 11 月 30 日前，将整改报告报市环境保护局审核后，报请省环境保护厅组织技术评估。[②]

2017 年 7 月 20 日，迪庆藏族自治州人民政府政府印发《迪庆藏族自治州人民政府

---

① 沈迅、蔡侯友：《水富入列省级生态文明县》，《云南日报》2017 年 6 月 26 日。

② 李成忠：《保山市督查评估考核组对施甸创建省级生态文明县进行市级评估考核》，http://www.ynepb.gov.cn/zwxx/xxyw/xxywzsdt/201707/t20170711_170113.html（2017-07-11）。

关于命名迪庆州第三批生态文明村的决定》，命名维西县永春乡美光村等 73 个行政村为"迪庆州第三批生态文明村"，其中，维西县 57 个，香格里拉市 13 个，德钦县 3 个。迪庆藏族自治州人民政府同时要求，被命名村要珍惜荣誉，再接再厉，全面加强农村环境保护，努力提高生态文明建设水平，为促进全州经济、社会和环境的全面、协调、可持续发展，建设资源节约型、环境友好型社会做出新的贡献。长期以来，迪庆藏族自治州委、州政府始终牢固树立"绿水青山就是金山银山"的理念，认真实施"生态立州"战略，把创建生态文明乡（镇）和生态文明村作为推动全州经济社会跨越发展和长治久安的重要内容，紧密结合新农村建设、小康社会建设的工作实际，突出建设重点，强化责任措施，严格标准，大力实施生态农业、生态林业、生态城镇、生态文化、生态旅游、生态家园建设，促进生态环境保护和改善，全州生态文明建设工作稳步推进，成效显著，对强化区域的农村环境保护，促进农村经济社会和谐发展起到了较好的示范作用。①

2017 年 7 月 20—21 日，由楚雄彝族自治州环境保护局组织，特邀来自云南农业大学、云南省环境监测中心站等单位的专家组成专家组对大姚县创建省级生态文明县进行州级技术审查。专家组通过深入现场检查和资料查阅，认为自 2012 年大姚县启动生态文明系列创建工作以来，昙华乡、石羊镇等 10 个乡镇获得省级生态乡镇命名，6 项基本条件和 22 项指标达到省级生态文明县考核要求，提交的申报材料包括宣传片、创建图册、技术报告、工作报告、特色报告、规划实施评估报告、档案及支撑证明材料等总体完成情况较好，专家组一致同意大姚县通过州级技术审查。②

2017 年 7 月 27—28 日，曲靖市麒麟区创建云南省生态文明区工作通过了云南省环境保护厅组织的技术评估，成为曲靖市第二家创建省级生态文明区的县（市、区）。技术评估采取现场检查、查阅资料、会议审查、民意调查等方式。技术评估工作共分为 4 个组进行，即 1 个资料审查组和 3 个现场检查组。技术评估内容包括生态区建设规划实施情况；生态文明区创建 6 个基本条件和 22 项考核指标完成情况；生态文明区创建工作档案资料及信息公开等完成情况。参加技术评估的有省环境保护厅生态文明建设处领导

---

① 迪庆藏族自治州环境保护局：《生态创建添新绿——迪庆州命名 73 个生态文明村》，http://www.ynepb.gov.cn/zwxx/xxyw/xxywzsdt/201708/t20170802_170851.html（2017-08-02）。

② 李燕华：《大姚县省级生态文明县创建通过州级技术审查》，http://www.ynepb.gov.cn/zwxx/xxyw/xxywzsdt/201707/t20170727_170673.html（2017-07-27）。

及业务负责人，省级生态文明区技术评估专家，曲靖市环境保护局分管领导及业务负责人，麒麟区人民政府领导，生态文明区建设领导小组成员单位和各乡镇领导。技术评估组通过 2 天的辛勤工作，向麒麟区反馈了技术评估意见。技术评估组一致同意麒麟区通过省环境保护厅组织的技术评估，并要求麒麟区按照技术评估反馈意见进一步加强整改、完善资料，尽快上报省环境保护厅进行验收。[①]

2017 年 7 月底，麒麟区顺利通过由云南省环境保护厅组织的麒麟区申报云南省生态文明区技术评估。技术评估组首先分组对麒麟区创建情况进行现场检查和档案资料审查。检查组分别查看了城市集中式饮用水源地、城市生活污水处理厂、乡镇"两污"处理设施、畜禽养殖企业、乡镇医疗机构等，并随机开展民意调查。着重查看了麒麟区生态农业建设、城镇"两污"处理、城乡环境质量状况、河道治理、生态环境保护宣传、公众对环境满意率等工作情况。资料审查组专家通过查看规划评估报告、工作报告、证明文件、分析论证报告、监测报告等资料，对麒麟区近年来创建省级生态文明区 6 项基本条件和 22 项考核指标完成情况进行了认真审阅。随后，技术评估组召开了反馈会议。会上，技术评估组领导及专家认真听取麒麟区创建工作汇报、观看创建专题片，并在查阅各类申报材料、现场检查的基础上，对照省级生态文明区建设指标体系，对麒麟区创建成效给予了充分肯定。技术评估组认为麒麟区委、区政府牢固树立"绿水青山就是金山银山"的发展理念，坚持实施绿色发展战略，把创建省级生态文明区作为推动生态文明建设的重要载体，自启动生态文明区创建工作以来，紧紧围绕创建指标，推进绿色产业转型，大力发展生态经济，实施重点生态工程项目，提升生态环境质量，对促进社会经济可持续发展起到示范引领作用。据悉，目前麒麟区单位 GDP 能耗为 0.55 吨标准煤/万元，森林覆盖率达 45%，主要农产品中有机、绿色及无公害产品种植面积的比重为 46.6%，环境空气质量优良率达 97.8%，工业用水重复率为 94.1%，人均公共绿地面积为 14.4%，集中式饮用水源地水质达标率为 100%，村镇饮用水卫生合格率为 100%，公众对环境的满意率为 95.23%。技术评估组一致同意麒麟区创建省级生态文明区通过省级技术评估。技术评估组在充分肯定麒麟区生态文明创建工作的同时，也对今后创建提升改造提出了宝贵的整改意见。下一步，麒麟区将积极争当曲靖市生态文明建

[①] 曲靖市环境保护局：《曲靖市麒麟区创建省级生态文明区通过省环境保护厅组织的技术评估》，http://www.ynepb.gov. cn/zwxx/xxyw/xxywzsdt/201708/t20170809_171136.html（2017-08-09）。

设排头兵，按照与会领导及专家提出的建议逐一分析、查找差距、落实整改，大力推进麒麟区生态文明建设工作，加快生态工程建设进度，改善环境质量，切实完成问题整改，申请省级生态文明区创建验收。①

2017 年 8 月 1 日，曲靖市环境保护局自然保护科科长李红林率领市专家组，到师宗县对市级生态村建设创建情况进行初审核查。在县环境保护局领导带领下，市专家组一行深入漾月街道小石山水库、彩云镇额则水库查看生态保护情况和乡镇垃圾收集中转站运行情况。通过实地查看，市专家组对水源地保护情况和乡镇垃圾"村级收集、乡镇转运、县级处理"模式表示了充分肯定。在随后召开的市级生态村建设初审核查会上，市专家组在认真听取了漾月、丹凤、彩云 3 个乡（镇）街道关于生态村建设创建情况汇报后，认真审阅了相关申报材料，并就材料中存在的材料编排不合理、数据来源和时间节点不一致、功能区划不细等情况提出了具体的修改意见建议。要求3 个乡（镇）街道对申报材料作进一步修改完善后，于 8 月 20 号前上报市环境保护局自然生态保护科。②

2017 年 8 月上旬，环境保护部下发了《关于开展第一批国家生态文明建设示范市县评选工作的通知》，经云南省环境保护厅研究，决定把保山市、西双版纳傣族自治州定为云南省第一批申报国家生态文明建设示范市的候选申报州市。8 月 9 日上午，保山市人民政府召开了 20 个市直部门参加的申报工作安排会议，并请云南省环境科学研究院的专家对申报业务工作进行了培训，市政府副秘书长黄吉明做工作安排，市环境保护局局长万青主持会议。为了全力做好申报第一批国家生态文明建设示范市创建工作，黄吉明要求：一是高度重视申报工作。创建国家生态文明建设示范市，是深入实施生态文明建设工程、建设国内一流生态宜居城市的有效载体。申报第一批国家生态文明建设示范市县云南省仅有两个名额，而保山被省环境保护厅列为市级层面申报候选州市之一，这是省环境保护厅对保山多年来生态文明建设和环境保护工作成绩的肯定，也是保山市争创第一批国家生态文明建设示范市的难得机遇。各相关部门必须高度重视，认真抓好任务落实。二是认真研究工作任务。这次生态文明建设示范市评选申报工作时间紧、任务

---

① 段莹：《曲靖麒麟区创建云南省生态文明区通过省级技术评估》，http://qj.news.yunnan.cn/html/2017-07/31/content_4898433.htm（2017-07-31）。
② 曲靖市环境保护局：《市专家组到师宗县查看市级生态村建设创建情况》，http://www.ynepb.gov.cn/zwxx/xxyw/xxywzsdt/201708/t20170808_171063.html（2017-08-08）。

重。国家生态文明建设示范市指标涉及十项工作任务、三十五项工作指标，每项指标都需提供近三年来的相关证明支撑材料。各单位必须将涉及本单位、本部门的相关材料进行细化，并认真研究分析，提供的各项指标数据必须合情、合理、合法。三是确保按时上报材料。环境保护部要求9月1日前提交评选材料，省环境保护厅要求8月15日前提交评选材料并组织相关专家评审。各部门要克服畏难心理，以担当负责的精神，按时按质上报相关材料，确保申报工作如期圆满完成。[①]

2017年8月7日，在云南省公示的2016年度县域经济发展考评结果中，楚雄彝族自治州大姚县名列全省重点生态功能区先进县前三位（排列顺序第二），标志着习近平总书记考察云南时关于"争当生态文明建设排头兵"的要求在大姚县得到了全面的落实。2016年，大姚县树立尊重自然、顺应自然、保护自然的生态文明理念，多措并举，持续改善生态环境质量，提升人居环境，把生态文明建设放在突出地位，融入经济建设、政治建设、文化建设、社会建设各方面和全过程，中央财政拨付重点生态功能区转移支付补助4270万元，县财政实际投入环境保护专项资金4536.59万元，为大姚县2017年积极争创省级生态文明县建设奠定了基础。目前，全县建成国家级生态乡镇1个、省级生态文明乡镇10个、州级生态村111个。县实验中学等4所学校被命名为省级"绿色学校"，北城社区、金福苑小区被命名为省级"绿色社区"。[②]

2017年8月9日，云南省环境保护厅组织技术评估组对红河哈尼族彝族自治州屏边县创建省级生态文明县进行技术评估。省级技术评估专家分为档案资料审查组、现场核查组、民意调查组。档案资料审查组查阅了创建文档资料；现场检查组分别对县城污水处理厂、垃圾填埋场、湿地公园建设新城区、屏边县黄磷厂、红旗水库等地进行现场检查；民意调查组深入县城望云农贸市场、卫国社区、大围山广场进行民意调查。在省级技术评估意见反馈会上，各位专家集中观看了生态文明创建专题片；听取屏边县委副书记、县人民政府县长李雄文汇报生态文明县创建工作情况，并将各组检查情况进行通报。经过认真质询和讨论后，省级技术评估组专家表示，屏边县委、县人民政府高度重视生态环境保护与生态文明建设工作，以"生态立县、环境优先"为原则，坚持"绿水

青山就是金山银山"的发展理念,不断健全生态文明机制,扎实开展绿色产业转型升级、生态环境改善与人居环境提升等专项行动,生态文明创建工作有序推进。同时,全面落实绿色、共享的发展理念,强化生态文明宣传教育,加强生态环境保护,采取规划引领、部门联动、项目带动等举措,积极构建生态产业体系,加大节能减排力度,全面推进县域经济社会可持续发展。省级技术评估组一致认为屏边县创建省级生态文明县的6项基本条件和22项考核指标已达到省级生态文明县考核指标要求,同意屏边县通过省级技术评估。①

2017 年 8 月 10—11 日,云南省环境保护厅组织专家形成技术评估组对红河哈尼族彝族自治州石屏县创建省级生态文明县进行技术评估,红河州环境保护局局长、分管副局长和自然生态保护科科长全程参与陪同。技术评估组通过现场检查、民意调查、审查档案资料、观看专题片、听取县政府汇报等方式对石屏县创建省级生态文明县和生态保护治理情况进行了检查评估。专家组认为,石屏县创建省级生态文明县组织有力、措施到位、工作扎实、成效明显,提交的申报材料齐全规范,6 项基本条件和 22 项指标基本达到了省级生态文明县考核要求。技术评估组同意石屏县通过省级生态文明县技术评估。建议石屏县按与会专家和领导意见认真整改后按程序上报省环境保护厅申请考核验收。②

2017 年 8 月 10 日,在"生态文明建设理论与云南实践"理论研讨会暨云南省科学社会主义学会 2017 年学术年会上,德宏傣族景颇族自治州委书记、瑞丽开发开放试验区工委书记、管委主任王俊强在致辞中指出,德宏傣族景颇族自治州具有地理区位独具优势、民族文化绚丽多姿、生物资源丰富多样三个显著特点,生态是德宏傣族景颇族自治州最宝贵的优势资源和财富。德宏傣族景颇族自治州委、州政府历来高度重视生态文明建设,特别是习近平总书记考察云南以来,德宏傣族景颇族自治州紧紧围绕"生态文明建设排头兵"的目标,牢固树立"绿水青山就是金山银山"的理念,着力加强生态环境保护,深入实施城乡人居环境提升行动,全力推进美丽宜居乡村建设,努力打造宜居宜业的芒市生态田园城市,整个德宏傣族景颇族自治州成为一个绿色生态的大花园、大

---

① 红河哈尼族彝族自治州环境保护局:《屏边县创建省级生态文明县通过省技术评估》,http://www.ynepb.gov.cn/zwxx/xxywzsdt/201708/t20170814_171277.html(2017-08-14)。

② 红河哈尼族彝族自治州环境保护局:《石屏县创建省级生态文明县通过省级技术评估》,http://www.ynepb.gov.cn/zwxx/xxywzsdt/201708/t20170816_171363.html(2017-08-16)。

氧吧，到处是青山绿水、随处可见田园风光，山水有灵性、处处是美景，使乡村秀美、城市宜居的美丽德宏更具魅力。中共云南省委党校党委书记、常务副校长，云南省科学社会主义学会会长杨铭书在《走向生态文明新时代》的主旨发言中，在论述了生态文明建设是中国特色社会主义理论体系的重大创新，生态文明建设是云南实现跨越式发展的重要任务后，认为德宏傣族景颇族自治州是民族团结的大家园、民族文化的大观园、人类生活的美好家园，自然资源富集，生态环境优良，生态文化基础好，应该成为云南省建设生态文明排头兵的典范，在全面建成小康中成为环境优美、百姓安康的宜居之地。2017年4月德宏傣族景颇族自治州委、州政府出台的《关于争当生态文明排头兵的实施意见》，体现了对历史负责的思想自觉和使命担当，只要处理好经济发展和生态环境保护的关系，把绿色发展理念落到实处，利用得天独厚的自然生态环境，产生优质、高效、生态、安全的农副产品；利用大自然赐予的优质原料，发展绿色、环境保护的加工业；利用难得的生态、区位、地理优势，加快旅游、休闲、民族文化体验等第三产业发展，让德宏傣族景颇族自治州独有的区位、自然、资源优势变成经济优势、发展优势，就一定能实现建设云南省沿边生态文明建设示范窗口，建设全国生态文明示范区的目标，开创社会主义生态文明新时代。①

2017年8月中旬，文山壮族苗族自治州人民政府组织委派专家考核组深入富宁县那能乡，对申报2017年州级生态村的那能村委会和那法村委会进行现场复核。考核组采取听汇报、查阅资料、实地察看、群众走访等方式，对照州级生态村考核验收指标，就村容村貌、环境保护知识宣传、村庄环境卫生、"两污"设施配套及村民对环境满意率等4项基本条件和11项建设指标进行了现场复核。通过现场复核，考核组认为那能乡在创建州级生态文明村过程中工作扎实，创建申报资料完整，条理清晰，符合实际，4项基本条件和11项建设指标均到达州级生态文明村创建标准，同意通过现场复核，将上报文山壮族苗族自治州政府命名。②

2017年8月中旬，玉溪市峨山县人民政府召开常务会议专题研究峨山县生态文明建设工作，县政府班子成员出席会议，县人大常委会、县政协领导及县相关部门主要

---

① 耿嘉：《"三个利用"促进德宏争创全国生态文明示范区》，http://llw.yunnan.cn/html/2017-08/10/content_4908241.htm（2017-08-10）。

② 文山壮族苗族自治州环境保护局：《富宁县那能乡通过州级生态文明村现场复核》，http://www.ynepb.gov.cn/zwxx/xxyw/xxywzsdt/201708/t20170811_171218.html（2017-08-11）。

负责人列席会议，会议由县长鲁春红主持。会议听取了县环境保护局局长关于峨山县建设云南省生态文明先行县的工作汇报。会议认为，建设生态文明先行县是加快转变经济发展方式、提高发展质量和效益的内在要求；是推动绿色循环低碳发展，集约高效利用资源，深化体制机制改革创新，不断提高全民生态文明意识，努力让峨山山更青、水更绿、天更蓝、景更美的重大举措。会议决定，原则同意《峨山县建设云南省生态文明先行县实施方案（2017—2020 年）》（送审稿），根据会议提出的意见、建议修改完善后，提请县委全面深化改革领导小组会议研究决定。会议要求：（1）各级各部门要提高认识。切实把思想和行动统一到中央、省、市和县委、县政府的决策部署上来，做到在思想和行动上自觉重视生态文明建设，把生态文明建设融入峨山县"十三五"经济社会发展各项工作中，促进绿色产业项目开花结果。（2）要完善方案。对照中央、省、市要求，结合峨山县实际，进一步完善峨山县生态文明先行县建设工作实施方案；进一步梳理汇总项目，充分挖掘峨山县生态资源优势，把峨山县的生态环境、生态文明、生态产业提到更高层次，实现新常态下跨越式、质变式发展。（3）要抓紧推进具体工作。各级各相关部门要认真履职尽责，主动认领任务，全面融入生态文明先行县建设工作；在加快推进生态文明先行县建设的同时，注重总结经验，不断探索创新，加强顶层设计与鼓励基层探索相结合，持之以恒全面推进生态文明建设。[1]

2017 年 8 月 16 日下午，云南省环境保护厅在保山市隆阳区召开保山市申报第一批国家生态文明建设示范市技术评审会，会议由省环境保护厅生态文明建设处副处长李湘主持，保山市人民政府副秘书长黄吉明出席会议。技术评审组听取了保山市政府对申报创建国家生态文明建设示范市工作情况汇报，听取了云南省环境科学研究院受市政府委托编制的《云南省保山市创建国家生态文明建设示范市指标完成情况报告》，查阅了申报材料，经过质询讨论，技术评审组认为，保山市委、市政府高度重视生态文明建设工作，2009 年成立了生态创建工作领导小组，把生态创建作为推进生态文明建设的重要载体和抓手，编制了生态市建设规划，制订了实施方案，分解了指标任务，形成了整体联动、运作通畅的生态创建工作机制，同时也形成了党委、政府统一领导，人大、政协

---

[1] 玉溪市环境保护局：《峨山县政府常务会专题研究建设生态文明先行县工作》，http://www.ynepb.gov.cn/zwxx/xxyw/xxywzsdt/201708/t20170814_171253.html（2017-08-14）。

共同推动、乡镇部门分工协作、全社会共同参与的生态创建工作格局；保山市以绿色发展理念为指导，着力转变发展方式，围绕生态创建的重点、难点，大力推进环境基础设施建设，依托农村环境综合治理，人居环境显著改善，生态质量保持优良；培育和弘扬民族生态文化，加大环境保护宣传力度，大力营造生态文明氛围，积极开展生态亮点工作，生态文明建设成效明显。保山市创建国家生态文明建设示范市的 35 项指标建设基本达到创建要求，技术评审组原则同意技术评估，建议对存在问题整改完善后及时上报省环境保护厅。黄吉明表示，保山市有信心、有决心，举全市之力，做好创建国家生态文明建设示范市工作，保证 8 月 20 日将申报材料上报省环境保护厅；保山市将根据技术评审组专家提出的意见、建议，逐条逐项加以落实，百分之百整改到位，认真完善申报材料。市委组织部等 20 个市直部门领导参加了会议。①

2017 年 8 月 17 日，玉溪市华宁县召开第一批国家生态文明建设示范县技术评估会，省环境保护厅组织有关专家组成评估组，对华宁县创建第一批国家生态文明建设示范县进行技术评估。会议听取了县政府沐华斌副县长就全县创建及申报情况的工作汇报，云南省环境科学研究院就"国家生态文明建设示范县"37 项考核指标作专题汇报，市环境保护局矣家宁给予华宁县生态创建工作高度肯定的评价，省环境保护厅生态处处长张建萍围绕华宁县生态环境现状、指标达标情况、下一步工作整改工作做了具体部署和要求。评估组一致认为，华宁县进入第一批国家生态文明建设示范县的预选名单，是华宁县委、县政府始终高度重视生态环境保护与建设工作，坚持实施生态立县战略，把创建生态文明县作为推进生态文明建设的具体体现。同时，针对华宁的实际情况，提出了具体的意见和建议。县委书记黄云鹂指出，评估组的意见为华宁县的整改工作提出了清晰明确的思路，要求县委、县政府牵头，召集相关部门再研究、再梳理，在完成各项指标任务的基础上，突出华宁县特色深化生态文明建设的亮点，及时补充完善、逐一整改落实。②

2017 年 8 月底，云南省环境保护厅组织相关州市、县领导召开专题会议，对开展第一批国家生态文明建设示范市县的工作进行安排，择优推荐 2 个州市、2 个县申报竞争

---

① 李成忠：《云南省环境保护厅召开保山市申报第一批国家生态文明建设示范市技术评审会》，http://www.ynepb.gov.cn/zwxx/xxywrdjj/201708/t20170817_171377.html（2017-08-17）。

② 玉溪市环境保护局：《华宁县召开第一批国家生态文明建设示范县技术评估会》，http://www.ynepb.gov.cn/zwxx/xxywzsdt/201708/t20170824_171596.html（2017-08-24）。

环境保护部分配给云南省的 2 个名额。玉溪市华宁县争取到评选资格，并即时启动了申报工作。华宁县开展第一批生态文明建设示范市县评选工作，是贯彻落实国家和云南省加快推进生态文明建设的决策部署，是玉溪市争当云南省生态文明建设排头兵的重要举措。通过申报工作，充分发挥生态文明建设示范区的平台载体和典型引领作用，积极推进玉溪市生态文明建设示范市创建进程。①

2017 年 9 月中旬，云南省委、省政府第四环境保护督察组组长赵建生一行下沉保山市昌宁县，调查了解生态城市建设和自然保护区管理工作。督察组在保山市昌宁县城市规划馆，听取了昌宁县委、县政府关于生态城市建设的总体思路、规划，以及当前主要建设情况汇报。在城北湿地生态公园，询问了解湿地生态公园建设的土地使用、水生态恢复等工作开展情况。督察组一行还对昌宁县黄家寨古茶树保护群和澜沧江自然保护区情况进行了调查了解。通过调查，督察组认为，昌宁县把生态环境建设作为民生工程来抓，县城生态环境质量较好，美丽的山水田园城市初具雏形。督察组要求昌宁县要进一步做好环境保护工作，实现经济效益、社会效益、生态效益相统一。据了解，近年来昌宁县以建设"最宜人居山水田园城市"为目标，以"创建国家园林县城"为抓手，不断优化空间布局、扩大生态空间总量、完善城市生态功能、全力推进"城市生态化"进程。目前，县城建成区面积达 10.3 平方千米，县城绿地总面积达 318 万平方米，县城人均公园绿地面积达 13.2 平方米，绿化覆盖率达 41.8%。②

2017 年 9 月 21 日，环境保护部在浙江省安吉县召开全国生态文明建设现场推进会，再度推介"绿变金"先进地区的绿色发展模式，并命名授牌浙江省安吉县等 13 个第一批"绿水青山就是金山银山"实践创新基地和北京市延庆区等 46 个第一批国家生态文明建设示范市县。西双版纳傣族自治州被命名为首批国家生态文明建设示范市县，获授"国家生态文明建设示范州"牌匾。云南省仅西双版纳傣族自治州、石林彝族自治县两地获此殊荣。据了解，国家生态文明建设示范市县的评选，是以国家生态市县建设指标为基础，充分考虑到了发展阶段和地区差异，在生态空间、生态经济、生态环境、生态生活、生态制度、生态文化六个方面，分别设置 38 项（示范县）和 35 项（示范

---

① 玉溪市环境保护局：《华宁县争取到第一批国家生态文明建设示范市县评选资格》，http://www.ynepb.gov.cn/zwxx/xxyw/xxywzsdt/201708/t20170809_171145.html（2017-08-09）。

② 保山市环境保护局：《省委省政府环境保护督察组调查了解昌宁生态城市建设和自然保护区管理工作》，http://www.ynepb.gov.cn/zwxx/xxyw/xxywzsdt/201709/t20170912_172242.html（2017-09-12）。

市）建设指标。国家生态文明建设示范市县是国家生态市县的"升级版"，也是推进市县生态文明建设的有效载体。今后，国家生态文明建设示范市县将替代国家生态市县，成为地方新的国字号绿色荣誉。①

① 陈瑾：《西双版纳州被命名授牌为首批"国家生态文明建设示范州"》，http://xsbn.yunnan.cn/html/2017-09/22/content_4947070.htm（2017-09-22）。

第三章　云南省生态文明体制改革建设编年

生态文明体制改革主要是针对现今不适应生态文明建设的制度、体制、机制进行改革。云南生态文明体制改革建设是我国体制改革的重要组成部分，2010 年，云南将"绿色 GDP"纳入领导干部的政绩考核之中，这是重经济、轻生态的政绩观念的一大转折，生态文明建设指标成为干部任免奖惩的主要依据。

2016 年 3 月 8 日，云南省委办公厅、省政府办公厅印发《云南省党政领导干部生态环境损害责任追究实施细则（试行）》；2016 年 4 月 15 日，云南省生态文明体制改革专项小组印发《云南省生态保护红线划定工作方案》的通知。2016 年以来，云南省生态文明体制改革专项小组结合云南省生态文明体制改革实际，实行自然资源产权和用途管制、实施主体功能区战略、完善资源有偿使用及生态补偿制度、改革生态环境保护管理体制 4 个方面改革。2016 年 11 月 21 日，云南省委办公厅、省政府办公厅印发了《云南省生态环境损害赔偿制度改革试点工作实施方案》；2016 年 12 月 21 日，玉溪市委正式印发《中共玉溪市委玉溪市人民政府关于贯彻落实生态文明体制改革总体方案的实施意见》；2017 年 2 月，经姚安县委、县人民政府同意《姚安县全面深化生态文明体制改革实施方案》正式颁布实施；2017 年 2 月中上旬，印发的《云南省人民政府办公厅关于健全生态保护补偿机制的实施意见》明确指出，到 2020 年，实现重点领域和重要区域生态保护补偿全覆盖；2017 年 4 月 5 日，《云南省全面推行河长制实施意见》正式出台。上述云南省一系列关于生态文明体制改革的相关意见和方案的出台，将生态环境保护以制度的形式进行贯彻落实，并在原有制度基础上寻求创新，建立了适合云南的"河长制"，为我国的生态文明建设提供了可靠的制度保障。然而，在具体制度落实的过程中，生态文明体制更多停留于表面，其执行力度有待于加强，应以制度为主，监督为辅，全面深层落实。

第一节　云南省生态文明体制改革建设（2016年）

2016年3月8日，云南省委办公厅、省政府办公厅印发《云南省党政领导干部生态环境损害责任追究实施细则（试行）》。该细则规定，各州（市）、县（市、区）党委和政府对本地区生态环境和资源保护负总责，党委和政府主要领导成员承担主要责任，其他有关领导成员在职责范围内承担相应责任。省、州（市）、县（市、区）党委和政府的有关工作部门及其有关机构领导人员按照职责分别承担相应责任。该细则明确要求，对生态环境和资源保护相关指标明显下降、造成生态环境恶化的，按照追责情形追究相关责任人的责任；要把资源消耗、环境保护、生态效益等情况作为考核评价的重要内容，依法依规建立符合本地区、本部门生态文明建设及生态环境和资源保护实际的考核目标体系、考核办法和奖惩机制。该细则要求，在干部选拔任用工作中，要按规定把生态文明建设、生态环境和资源保护情况作为考核评价的重要内容，对在生态环境和资源方面造成严重破坏负有责任的干部不得提拔使用或者转任重要职务。该细则强调，实行生态环境损害责任终身追究制。对违背科学发展要求、造成生态环境和资源严重破坏的，责任人不论是否已调离、提拔或者退休，都必须严格追责。[①]

2016年3月20日，云南省委办公厅、省政府办公厅印发的《开展领导干部自然资源资产离任审计试点实施方案》明确要求，紧紧围绕领导责任，客观评价领导干部履行自然资源资产管理和生态环境保护责任情况，强化审计结果运用，促进自然资源资产节约集约利用和生态环境安全。该方案要求，2016—2017年，云南省审计厅每年开展1个

自然资源资产离任审计试点项目，2016 年组织大理白族自治州和普洱市审计机关开展两个试点项目，2017 年组织德宏傣族景颇族自治州和曲靖市审计机关开展两个试点项目。2018 年，全面开展领导干部自然资源资产离任审计工作，建立经常性的审计制度。该方案明确指出，将生态文明建设有关政策措施的贯彻落实情况、领导干部履行自然资源资产管理和生态环境保护责任情况、自然资源资产开发利用与保护情况、自然资源开发利用和生态环境保护有关资金的征收管理使用情况等作为审计内容。该方案提出，要有重点、有步骤地对领导干部任职期间区域自然资源资产存量、动态消耗量和区域资源承载情况进行监督和评价，并根据当地的自然资源禀赋和管理基础，对其进行适当的分析、筛选，针对不同类别自然资源资产和重要生态环境保护事项，选择对当地影响较大、经济依赖程度较高或者具有显著特色的自然资源资产，分别确定审计重点。①

　　2016 年 4 月 15 日，云南省生态文明体制改革专项小组印发《云南省生态保护红线划定工作方案》的通知，明确云南省开始启动生态保护红线划定工作，并于 2016 年 7 月底前完成划定工作。根据《云南省生态保护红线划定工作方案》规定，在一级管控区将禁止一切形式的开发建设活动，二级管控区实行差别化管控措施，严禁有损主导生态功能的开发建设活动。根据《环境保护法》和《生态保护红线划定技术指南》有关划定生态保护红线的规定，结合云南实际，将在重点生态功能区、生态环境敏感区、脆弱区、禁止开发区和生态公益林等区域划定生态保护红线。生态红线划定范围具体包括各级自然保护区、风景名胜区、森林公园、地质公园、湿地、国家公园、世界自然遗产地、水产种质资源保护区、生态公益林、全省 43 个重点城市主要集中式饮用水水源地保护区、牛栏江流域水源保护区、九大高原湖泊等区域，以及各地、各部门认为需要划为生态保护红线的区域等，依据生态服务功能分别归并为重点生态功能区红线、生态敏感区/脆弱区红线、禁止开发区红线三个类型。《云南省生态保护红线划定工作方案》明确要求，结合云南实际，不同类型的生态保护红线区域按"一级管控区"和"二级管控区"两个层次进行分区管控。一级管控区是生态保护红线的核心区域，实行最严格的管控措施，禁止一切形式的开发建设活动，具体范围包括自然保护区核心区和缓冲区、

① 蒋朝晖：《云南推进领导干部自然资源资产离任审计试点 客观评价生态环境保护责任情况》，《中国环境报》2016 年 3 月 21 日。

国家公园严格保护区和生态保育区、43 个重点城市主要集中饮用水水源地保护区一级保护区、牛栏江流域水源保护核心区、九大高原湖泊一级保护区、珍稀濒危、特有和极小种群等物种分布的栖息地等，以及其他需要纳入一级管控区的区域。二级管控区即黄线区，实行差别化管控措施，严禁有损主导生态功能的开发建设活动，具体范围包括自然保护区实验区、风景名胜区、国家公园游憩展示区、省级以上森林公园、饮用水水源保护区二级保护区、牛栏江流域水源保护区的重点污染控制区和重点水源涵养区、九大高原湖泊一级管控区外的其他生态保护红线区域，以及其他需要纳入二级管控区的区域。《云南省生态保护红线划定工作方案》明确指出，生态保护红线的划定要严格按保护优先原则、合法性原则、协调性原则、分级分区分类原则、稳定性原则进行，于2016 年 7 月底完成全省生态红线划定工作。①

2016 年 4 月 26 日，云南省环境保护厅召开专题会议研究部署 2016 年生态文明体制改革工作。省委生态文明体制改革专项小组办公室主任、省环境保护厅党组书记、厅长张纪华主持召开省环境保护厅生态文明体制改革工作专题研究会，会议听取了生态文明建设处关于 2016 年云南省委改革部署中涉及生态文明体制改革专项小组的改革要点、工作台账、重大改革事项和云南省环境保护厅就《国家环境保护部 2016 年全面深化改革重点要点》细化分解工作的情况汇报，研究部署了云南省环境保护厅 2016 年的改革工作，相关厅领导，厅有关处室和直属单位负责人参会。会上，生态文明建设处（省委生态文明体制改革专项小组办公室具体业务承办处室），按照环境保护部、云南省委2016 年相关改革文件精神，将环境保护部台账中涉及云南省环境保护厅的 85 项改革工作和生态文明体制改革小组涉及云南省环境保护厅的 15 项改革举措，进行了细化分解，明确了督办领导和责任处室，做到了有部署、有要求，任务清楚、责任明确。张纪华厅长强调，党的十八大以来，习近平总书记对生态文明建设和环境保护提出一系列新思想新战略，把生态文明和环境保护摆上更加重要的战略位置，认识高度、推进力度、实践深度前所未有。要高度重视和继续深化生态文明体制改革工作，牢固树立"绿水青山就是金山银山"的绿色发展理念，把生态环境优势转化成经济社会发展优势。要借鉴浙江安吉、江苏无锡等外省市好的经验和做法，积极探索，积累经验，提供示范。要按照习近平总书记关于"抓主体责任、抓督办协调、抓督察落实、抓完善机制、抓改革成

① 董宇虹：《云南省将于今年 7 月前划定生态保护红线》，《昆明日报》2016 年 4 月 15 日。

效、抓成果巩固"的重要讲话精神，抓好改革工作落实。张纪华厅长要求，2016年的改革任务和改革台账已经明确，各相关单位和部门要认真对照改革任务，以钉钉子的精神抓好改革落实。一是明确工作责任。明确责任领导、责任处室和责任人，做到一级抓一级，层层传导压力、落实责任，避免虚化空转，确保改革任务落地。二是明确工作方式。专项小组办公室要加大与省直各委办厅局及厅内相关处室单位的协调沟通力度，强化跟踪问效；厅机关牵头处室要定期研究，分析改革推进情况，分管厅领导要定期听取进展汇报，同时，要加强协调，主动配合，确保任务按期完成。三是明确工作时限。省委生态文明体制改革专项小组涉及云南省环境保护厅的改革事项，必须按照省委改革台账时间要求如期完成，只能提前，不能推后。环境保护部涉及云南省环境保护厅的改革事项，牵头单位要及时与环境保护部相关司局对口联系，确保任务明确、时限明确。四是要加强信息报送。厅办公室抓紧完善云南省环境保护厅信息报送制度和通报制度，各处室及时上报改革动态信息。五是要加强督查督办。认真落实省委《关于贯彻落实习近平总书记在中央全面深化改革领导小组第二十一次会议上重要讲话精神的措施意见》，加强督查督办，积极推动工作，切实抓好生态文明体制改革工作的落实。[①]

2016年5月6日，云南省委生态文明体制改革专项小组第六次会议在昆明举行。会议传达学习了中央和云南省委全面深化改革领导小组近期相关会议精神，讨论审议并原则通过了《中共云南省委云南省人民政府关于贯彻落实生态文明体制改革总体方案的实施意见（送审稿）》，部署了2016年生态文明体制改革工作。省委常委、省委生态文明体制改革专项小组组长李培主持会议并讲话，副省长、省委生态文明体制改革专项小组副组长刘慧晏出席会议并讲话。李培指出，2015年9月中央出台的《生态文明体制改革总体方案》，是推进生态文明体制改革的总纲。这次专项小组会议讨论审议的《实施意见》，是云南省贯彻党的十八届五中全会精神、深入推进生态文明体制改革、建设全国生态文明建设排头兵的重要遵循。专项小组办公室和各成员单位要深入学习、深刻领会，全面掌握文件内容，切实用《生态文明体制改革总体方案》和中央、省委关于全面深化改革的部署统领改革工作。要进一步增强做好今年各项改革工作的责任感和紧迫感，以推进生态文明建设、建设美丽云南为目标，以健全完善云南省生态文明体制机制

[①] 云南省环境保护厅生态文明建设处：《云南省环境保护厅召开专题会议研究部署2016年生态文明体制改革工作》，http://ynepb.gov.cn/zwxx/xxyw/xxywrdjj/201605/t20160510_152817.html（2016-05-31）。

为根本任务，坚持问题导向、目标导向和务求实效导向，集中用力，持续发力，努力完成 2016 年 40 项改革事项。要扭住责任落实、推动改革落地这个关键，把握好改革导向，树立系统改革思想，抓好工作责任落实，加大检查督查力度，扎实推进年度改革工作精准落地、取得突破。刘慧晏充分肯定了专项小组去年工作取得的成效。他指出，2016 年改革任务很重，专项小组各成员单位和办公室一定要树立生态文明建设排头兵意识，明确任务、落实责任、真抓实干，推动各项改革取得成效。①

2016 年 7 月中旬，云南省委生态文明体制改革专项小组第八次会议在昆明市召开。会议提出，进一步强化生态环境监测网络建设，认真落实各级党委政府环境保护工作责任，推动全省生态文明建设不断取得新成效。云南省委常委、省委生态文明体制改革专项小组组长李培主持会议并讲话，副省长、省委生态文明体制改革专项小组副组长刘慧晏出席会议并讲话。会议审议通过了《云南省各级党委、政府及有关部门环境保护工作责任规定（试行）》（以下简称《规定》），讨论了《云南省生态环境监测网络建设工作方案》，听取云南省环境保护厅关于迎接中央环境保护督察工作进展情况汇报和云南省发改委、国土资源厅关于生态文明体制改革工作推进情况汇报。李培指出，《云南省各级党委、政府及有关部门环境保护工作责任规定（试行）》明确了各级党委、政府及有关部门环境保护工作的责任，细化了各单位、各部门环境保护工作的具体任务，有助于更好地落实"党政同责""一岗双责"要求，推进生态环境监测网络建设。《云南省各级党委、政府及有关部门环境保护工作责任规定（试行）》报省委、省政府批准出台后，各成员单位要认真贯彻落实。《云南省生态环境监测网络建设工作方案》修改后，报省政府常务会审议后下发。李培要求，生态文明体制改革专项小组各成员单位要按照省委、省政府部署，高度重视做好迎接中央环境保护督察工作，各牵头单位和参与单位要认真落实领导责任和工作责任，精心落实，高质量做好各项迎检准备。②

2016 年 7 月 14 日，《中国环境报》记者从云南省委生态文明体制改革专项小组（以下简称改革专项小组）获悉，今年上半年，云南省计划完成的 6 项生态文明体制改革任务中，除 1 项因客观原因正在推进外，其余 5 项均已全部完成。在云南省委、省政

---

① 李承韩：《省委生态文明体制改革专项小组会议提出扎实推进改革举措精准落地取得成效》，《云南日报》2016 年 5 月 7 日。

② 蒋朝晖：《云南省委生态文明体制改革专项小组会议提出 落实责任推动生态文明建设》，《中国环境报》2016 年 7 月 15 日。

府的坚强领导和省委改革办的具体指导下，改革专项小组着眼为云南成为全国生态文明建设排头兵提供制度保障的高标准和严要求，在紧密结合省情研究制定改革要点和台账的基础上，充分发挥统筹协调作用，组织召开专项小组会议，专题研究部署、高位推动改革工作。开展重大改革事项督察，确保全省生态文明体制改革方向不偏、重点突出、稳步推进、措施有力、精准落地，较好完成了上半年改革任务。今年以来，改革专项小组结合云南省生态文明体制改革实际，围绕实行自然资源产权和用途管制、实施主体功能区战略、完善资源有偿使用及生态补偿制度、改革生态环境保护管理体制 4 个方面，提出改革内容，经多方征求牵头单位和参与单位意见，拟制上报了《云南省生态文明体制改革专项小组 2016 年改革要点和改革台账》。在 40 项纳入云南省委改革台账和重大改革事项中，第一季度计划完成 3 项，目前已全部完成；第二季度计划完成 3 项，目前已完成两项，正在推进 1 项。上半年已完成的 5 项改革包括编制《云南省退耕还湿试点方案（2016—2018）》，3 月已上报国家林业局；制定《云南省限制开发区域和生态脆弱的国家级贫困县考核评价办法（试行）》，2 月 23 日经省委深改领导小组第 17 次会议审议通过，并提交省县域办负责落实。探索建立云南省流域上下游横向生态补偿机制，制订《云南省跨界河流水环境质量生态补偿试点方案》，已经省政府批准，正在组织实施；制订《云南省环境污染强制责任保险制度试点工作方案》，经云南省环境污染强制责任保险试点工作领导小组审议，5 月 23 日由省环境保护厅和保监会云南监管局联合印发实施；推进云南省不动产登记制度改革，50%以上的市县颁发新证、停发旧证，目前已向 66 个县市颁发新证。据了解，云南省上半年正在推进的启动省以下环境监测监察体制改革、制订环境保护机构监测监察执法垂直管理试点工作方案，因环境保护部对此项工作的总体安排中未将云南省列入国家垂管试点省份，因此制订云南省试点方案的时机尚不成熟。目前，云南省环境保护厅联合省委编办、省财政厅成立环境保护监测监察执法垂直管理调研工作领导小组和办公室，先期已对部分省直部门单位和州市（县区）进行调研，听取意见建议，为加快落实省以下环境保护机构监测监察执法垂直管理制度改革奠定了基础。①

　　2016 年 7 月 28 日，中共云南省委、云南省人民政府印发了《关于贯彻落实生态文明体制改革总体方案的实施意见》。明确了改革的指导思想、理念原则、重点任务和保

---

① 蒋朝晖：《稳步推进生态文明体制改革 上半年重点改革任务精准落地》，《中国环境报》2016 年 7 月 15 日。

障措施，是云南省落实中央生态文明制度建设顶层设计和总体部署的路线图和时间表，是当前和今后一个时期全省生态文明制度建设的纲领性文件。①

2016年9月22日，云南省委生态文明体制改革专项小组第九次会议在昆明举行。会议提出，切实抓好今年各项改革事项落实，为争当全国生态文明建设排头兵提供制度保障。省委常委、省委高校工委书记、省委生态文明体制改革专项小组组长李培主持会议并讲话，副省长、省委生态文明体制改革专项小组副组长刘慧晏出席会议并讲话。会议审议了《云南省人民政府关于健全生态保护补偿机制的实施意见》、《云南省建立碳排放总量控制制度和分解落实机制工作方案》和《云南省落实全国碳排放权交易市场建设实施方案》，听取了云南省审计厅、水利厅和省统计局关于2016年生态文明体制改革工作推进情况汇报。会议指出，建立完善与云南省经济社会发展相适应的公平合理、积极有效的生态保护补偿机制，建立碳排放总量控制制度和分解落实机制，实施碳排放权交易制度、建设碳排放权交易市场，对调动全社会保护生态环境积极性、推动实施主体功能区战略，对云南省争当全国生态文明建设排头兵，走出一条符合云南省情的生态文明建设和低碳发展之路，具有十分重要的意义。各地各有关部门要充分认识上述工作的重要性、艰巨性、复杂性和紧迫性，主动作为，群策群力，狠抓落实，确保机制建设取得实效。李培强调，2016年是全面深化改革的第三个年头，生态文明体制改革工作已进入攻坚期，专项小组前三季度完成了12项改革工作，第四季度改革任务还十分繁重。专项小组各成员单位要切实强化主体责任，按照既定的时间表、路线图，与中央和省委的决策部署"对表对标"，加大力度、加快推进，确保年度改革任务如期完成，确保年底对账销号。要高标准完成重大改革事项，加强督促检查，确保改革取得实实在在的成效。②

2016年11月21日，云南省委办公厅、省政府办公厅印发了《云南省生态环境损害赔偿制度改革试点工作实施方案》。为及时向社会宣传生态环境损害赔偿制度改革试点工作情况，根据中宣部、环境保护部的统一部署，经云南省委宣传部同意，12月1日上午，云南省生态环境损害赔偿制度改革试点工作领导小组办公室组织召开新闻通气会，

① 云南省发展和改革委员会：《关于〈中共云南省委云南省人民政府关于贯彻落实生态文明体制改革总体方案的实施意见〉的解读方案》，http://www.yndpc.yn.gov.cn/content.aspx?id=454729730100（2016-07-29）。

② 朱丹：《切实抓好今年各项改革事项落实 为争当生态文明建设排头兵提供制度保障》，《云南日报》2016年9月23日，第3版。

省环境保护厅高正文副厅长以《积极探索通于实践　切实抓好云南省生态环境损害赔偿制度改革试点工作》为题从云南省开展生态环境损害赔偿制度改革试点的重要意义、目前工作进展情况、《云南省生态环境损害赔偿制度改革试点工作实施方案》的主要内容、落实要求、主要措施等五个方面向媒体做了详尽的介绍，并就相关问题回答了记者的提问。

一、云南省开展生态环境损害赔偿制度改革试点的重要意义

2016 年 11 月 21 日，中共云南省委办公厅、云南省人民政府办公厅印发了《云南省生态环境损害赔偿制度改革试点工作实施方案》（以下简称《实施方案》），标志着云南省相关试点工作全面启动。《实施方案》的出台，是云南省推进生态环境损害赔偿制度改革的重要政策文件，对云南省生态环境损害赔偿制度改革具有重要指导意义。（1）开展生态环境损害赔偿制度改革试点是争当全国生态文明建设排头兵的重要举措。党的十八届五中全会把绿色发展作为"十三五"时期乃至今后更长时期必须坚持的重要发展理念，云南省委九届十二次全会把绿色作为云南省跨越式发展的重要保障，把坚持绿色发展、争当全国生态文明建设排头兵纳入云南省"十三五"时期发展的指导思想、目标要求和重要任务。云南省作为试点省份抓好生态环境损害赔偿制度改革试点，是深入贯彻落实党的十八届五中全会、云南省委九届十二次全会、习近平总书记系列重要讲话和考察云南重要讲话精神的一项重要举措；是贯彻云南省委、省政府《关于努力成为生态文明建设排头兵的实施意见》、推进云南省生态文明建设走在全国前列，成为全国"制度改革创新试验区"的重要内容。（2）开展生态环境损害赔偿制度改革试点是深入贯彻落实生态文明体制改革总体方案的重要任务。国家《生态文明体制改革总体方案》明确提出要建立健全环境治理体系，严格实行生态环境损害赔偿制度。强化生产者环境保护法律责任，大幅度提高违法成本。健全环境损害赔偿方面的法律制度、评估方法和实施机制，对违反环境保护法律法规的，依法严惩重罚；对造成生态环境损害的，以损害程度等因素依法确定赔偿额度；对造成严重后果的，依法追究刑事责任。云南省推进生态环境损害赔偿制度改革试点工作，是深入贯彻落实国家生态文明体制改革总体方案的重要举措，是建立健全符合云南省实际的政策制度、评估方法和实施机制，

构建云南省生态环境治理体系的重要内容。（3）开展生态环境损害赔偿制度改革试点是解决云南省环境污染问题的重要途径。当前，云南省局部区域生态环境恶化的趋势没有得到完全遏制，生态环境保护欠账较多，建立健全生态环境损害赔偿制度，实行最严格的环境保护制度，由造成生态环境损害的责任者承担赔偿责任，修复受损生态环境，是落实新《环境保护法》确立的损害担责原则的重大改革事项，是解决当前环境污染面临的诸多矛盾困难的重要途径，有助于破解"企业污染、群众受害、政府买单"的困局，保护和改善人民群众生产生活环境。

二、云南省生态环境损害赔偿工作进展情况

云南省委、省政府高度重视生态环境损害赔偿工作，省委书记陈豪批示"积极争取在我省试点生态环境损害赔偿制度改革"。经国务院同意，2016 年 4 月 25 日，环境保护部印发《关于在部分省份开展生态环境损害赔偿制度改革试点的通知》，确定在吉林、江苏、山东、湖南、重庆、贵州、云南 7 个省（市）开展生态环境损害赔偿制度改革试点。按照国家要求，云南省及时成立了生态环境损害赔偿制度改革试点工作领导小组，明确由省环境保护厅牵头起草《云南省生态环境损害赔偿制度改革试点工作实施方案》（以下简称《实施方案》）。云南省环境保护厅通过开展调研、认真分析研究我省开展试点工作的意义、基础和条件，结合国家相关要求和云南省实际，起草了《实施方案》。《实施方案》于2016 年 6 月 20 日经云南省生态文明体制改革专项小组第七次会议暨省生态环境损害赔偿制度改革试点工作领导小组第一次全体会议审议，8 月 30 日经中央全面深化改革领导小组第二十七次会议审议通过，并于 11 月 21 日由中共云南省委办公厅、省人民政府办公厅正式印发施行。目前，云南省已开展了云南省生态环境损害鉴定评估专家委员会的组建工作等试点相关准备工作。下一步将以案例实践为重点，抓好案例筛选和案例实践工作，以案例实践推进我省生态环境损害赔偿制度改革试点各项工作。

三、《实施方案》的主要内容

《实施方案》在全面贯彻落实《试点方案》要求的基础上，结合云南省实际，提出

了具体实施的总体要求、试点的主要内容、保障措施和任务分工，是云南省省级层面首次以制度化的方式对生态环境损害赔偿制度进行较为系统和完善的规定，主要包括以下几点。

第一，整合细化总体要求，分步落实试点目标。试点目标方面，我们将分步推进。2016 年，重点是建制度、打基础、做准备，初步建立生态环境损害赔偿制度体系，并同步开展案例实践；2017 年，通过案例实践进一步修改完善生态环境损害赔偿制度体系，为全国试行生态环境损害赔偿制度提供可借鉴、可复制的经验；从 2018 年开始，按照国家统一的要求继续开展工作。试点原则方面，与国家试点原则"依法推进，鼓励创新；环境有价，损害担责；主动磋商，司法保障；信息共享，公众监督"既一脉相承，又结合云南省实际强调了案例实践和部门协调联动的重要性，增加了"典型示范，协调联动"的原则。

第二，严格执行改革规定，结合实际创新试点内容。从适用范围、明确赔偿范围、确定赔偿义务人、明确赔偿权利人、规范生态环境损害鉴定评估、开展赔偿磋商、完善赔偿诉讼规则、加强生态环境修复与损害赔偿的执行和监督以及加强生态环境损害赔偿资金管理等 9 个方面对云南省试点期间生态环境损害赔偿制度改革内容做了全面部署和安排。界定了适用范围、适用条件和具体情形。这是《实施方案》的一大特点。《实施方案》是在国家《试点方案》规定的 3 种追究生态环境损害赔偿责任的情形（即发生较大及以上突发环境事件的；在国家和省级主体功能区规划中划定的重点生态功能区、禁止开发区发生环境污染、生态破坏事件的；发生其他严重损害生态环境事件的）基础上进行了细化和扩展，增加了 3 种追责情形，即向环境（地表水、地下水、空气、土壤等）非法排放污染物（含有放射性的废物、传染病病原体的废物、有毒物质等）造成生态环境损害且直接经济损失 500 万元以上；因污染或生态破坏致使国有防护林地、特种用途林地 5 亩以上，其他土地（不包括基本农田、农用地）20 亩以上，国有草原或草地 20 亩以上基本功能丧失或者遭受永久性破坏的；致使国有森林或者其他林木死亡 50 立方米以上，或者幼树死亡 2500 株以上；因污染或生态破坏致使"中国重要湿地名录"所列湿地自然状态改变、湿地生态特征及生物多样性明显退化、湿地生态功能严重损害。清晰界定了云南省生态环境损害赔偿工作的追责情形和启动条件，具有较强的可操作性。

另外，《实施方案》对具体适用范围也进行了明确界定，即主要适用于本省行政区域内，由于人为因素造成国有自然资源和生态环境损害，且有明确责任主体的情形。涉及人身伤害、个人和集体财产损失要求赔偿的，适用侵权责任法等法律规定，不适用《实施方案》。《实施方案》确定生态环境损害赔偿范围是构建生态环境损害赔偿制度的基点。生态环境损害赔偿范围包括清除污染的费用、生态环境修复费用、生态环境修复期间服务功能的损失、生态环境功能的永久性损害造成的损失以及生态环境损害赔偿调查、鉴定评估等合理费用。《实施方案》提出将根据云南省生态环境损害赔偿工作进展情况和需要，提出细化生态环境损害赔偿范围的建议。除了传统意义上造成环境污染和生态破坏的单位和个人外，《实施方案》提出在国家《试点方案》规定情形的基础上将根据云南省案例实践和具体需要扩大赔偿义务人范围，并提出相应立法建议。关于明确赔偿权利人，明确了云南省人民政府的损害索赔权。国家《试点方案》明确赋予地方人民政府保护公共环境利益的职责，在生态环境损害发生后通过与责任者进行磋商，及时开展生态环境损害修复工作，磋商不能达成一致的，赔偿权利人应当及时提起生态环境损害赔偿民事诉讼；赔偿权利人也可以直接提起诉讼。赔偿权利人的主体地位在《实施方案》中得到进一步明确，省人民政府经国务院授权作为本省行政区域内生态环境损害赔偿权利人。省国土资源厅、省环境保护厅、省住房城乡建设厅、省农业厅、省林业厅、省水利厅等部门经省人民政府指定负责其职责范围内的生态环境损害赔偿具体工作。另外，对于生态环境损害鉴定评估，也明确了队伍建设任务和司法保障。生态环境损害评估是追究赔偿义务人生态环境损害责任的关键，因此生态环境损害评估机构及人才队伍建设是制度实施的重要保障。《实施方案》对机构建设、专家和评估队伍建设进行了部署，明确表示将争取成立云南省生态环境损害鉴定评估中心，组建云南省生态环境损害鉴定评估专家委员会和专家库，培养一批专业技术过硬、综合能力较强的专业评估队伍。

另外，《实施方案》也对鉴定评估机构的监督和规范管理以及与司法程序的衔接做出了相应要求，也制定了开展赔偿磋商和救济损害的新途径和原则。由于生态环境损害的修复与赔偿涉及公共环境利益，管理主体与责任主体在平等基础上就修复与赔偿问题进行沟通协商，有利于平衡公共环境利益，同时也可弥补公益诉讼"费时耗力"的短板，极大提高赔偿和后续生态修复的执行效率。所以《实施方案》中明确了云南省要建立磋商机制，并明确了磋商的原则、形式、依据、内容、磋商的部门以及磋商不一致的解决途径，并完善赔偿诉讼规则，明确了司法保障并拓展了已有的损害救济途径。针对实施生态环境损害赔偿诉讼存在的问题，《实施方案》提出由云南省高级人民法院成立环境资源审判庭或指定专门法庭审理生态环境损害民事案件，探索实行由部分中、基层法院跨行政区划集中管辖，制定生态环境损害赔偿诉前证据保全、先予执行、执行监督等制度，探索建立与环境公益诉讼衔接机制，提出生态环境损害赔偿相关司法保障的立法和司法解释建议。另外，鼓励符合条件的社会组织依法开展生态环境损害赔偿诉讼。加强生态环境修复与损害赔偿的执行和监督，规定了多样化责任承担方式和配套保障机制。生态环境损害赔偿数额通常比较巨大，可能会超出企业的承受能力，因此有必要探索设计多样化责任承担方式，保障企业发展及生态环境修复的持续性。《实施方案》对分期赔付、多样化责任承担方式进行了规定，并明确要建立生态环境修复评估机制和生态环境损害赔偿监督机制。加强生态环境损害赔偿资金管理，明确了相应的保障和运行机制。《实施方案》提出要建立生态环境损害赔偿与修复资金保障和运行机制，制定云南省生态环境损害赔偿金管理办法，探索建立生态环境损害赔偿基金等，并对资金用途、使用和管理等做出了明确的规定。

第三，规定试点工作配套措施，保障制度顺利推进。保障措施部分从加强组织领导、明确职责分工、加快平台建设和关键技术研究、加大经费和政策保障以及鼓励公众参与等五个方面对云南省生态环境损害赔偿制度改革试点工作提出了组织保障、资金保障和技术保障。一是明确提出成立改革试点领导小组及办公室，统筹协调全省制度改革试点工作。二是对领导小组成员单位职责分工进行了明确和细分。三是对平台建设和关键技术研究提出了要求，通过建立综合管理平台，对云南省生态环境损害赔偿制度改革进行全过程管理，开展关键环节关键技术研究，以加强相关科技成果的转化应用。四是对试点工作经费明确由各成员单位在预算中统筹安排。五是明确了要建立生态环境损害赔偿公众参与制度和信息公开制度，保障公众知情权。

第四，明确试点任务分工，确保试点工作按时完成。任务分工部分由建立完善生态环境损害赔偿制度、加快生态环境损害赔偿工作能力建设、推动管理服务平台建设和关键技术研究、加大试点工作经费保障等四大重点任务共 11 个分项任务组成，《实施方案》中明确了每项具体任务相应的牵头部门和配合部门，试点任务分工中各成员单位应重点做好案例实践、关键制度构建、能力建设和平台建设四大类工作。

四、《实施方案》的落实要求

推动《实施方案》的实施是一项系统工程，需要各成员单位的全面参与和社会各方面的大力支持。下一阶段，将着力完善工作机制、抢抓工作进度、加强宣传引导、强化督促检查，确保按时完成各项工作目标。一是完善工作机制。充分发挥云南省生态环境损害赔偿制度改革试点工作领导小组办公室的牵头协调作用，协调各部门齐抓共管，狠抓落实。加快建立健全相应的工作机制，强化任务落实，形成推进合力。二是抢抓工作进度。对《实施方案》提出有明确时限要求的工作任务，特别是案例实践，明确时间节点，抢抓工作进度，确保各项任务按期完成。三是加强宣传引导。明确各成员单位要通过多种途径、采取多种形式宣传生态环境损害赔偿制度，改革试点各部门职责、措施、工作进展情况和成效，鼓励和引导全社会参与，形成理解、关心、支持改革的良好氛围和舆论监督环境。四是强化督促检查。云南省生态环境损害赔偿制度改革试点工作领导小组负责对本《实施方案》落实工作的统筹协调、跟踪了解、督促检查，确保改革各项工作平稳有序推进。云南省人民政府加强督查考核和跟踪审计，确保改革各项措施落到实处。

五、落实《实施方案》的主要措施

一是积极开展案例实践。在生态环境损害赔偿制度改革试点中，案例实践是制度建设的试金石，是理论研究到实际应用的检验，通过总结案例实践的经验教训，可提高制度的可操作性及应用性。试点期间，将选择符合条件的生态环境损害典型案例，以损害鉴定评估、磋商、诉讼、损害修复与赔偿执行等为实践重点，积极探索分期赔付、多样化责任承担等方式，总结经验，由点及面，推动云南省生态环境损害赔偿制度改革试点工作，并对国家《试点方案》的进一步完善提出意见和建议。二是加快推动关键制度设计。试点将以赔偿磋商、赔偿诉讼、损害鉴定评估、赔偿资金管理等为重点，细化赔偿磋商的工作程序，赔偿磋商与诉讼的衔接规则，探索生态环境损害赔偿与环境公益诉讼的衔接机制，研究制定生态环境损害鉴定评估管理制度和工作程序，做好鉴定评估与司法程序的衔接，做好赔偿资金管理的顶层设计和相关机制建设。三是探索生态环境损害赔偿的社会化分担方式。生态环境损害赔偿的社会化分担方式可以解决生态环境损害修复与赔偿中责任主体不明、修复资金较大问题，同时可挖掘资金增值潜力，提升项目的环境治理及经济绩效。试点期间，云南省将积极开展生态环境损害赔偿社会化分担制度的研究，探索建立生态环境损害赔偿基金，扩宽基金融资渠道，推行生态环境损害责任保险制度，探索企业或者行业环境损害责任信托基金制度、环境修复类债券等绿色金融手段。四是全面推进生态环境损害赔偿综合管理平台的建设工作。生态环境损害赔偿综合管理平台的建设直接关系到生态环境损害赔偿制度改革中鉴定评估机构、专家、从业人员、基础数据、案件资源、政策文件库、信息发布、公共参与和监督举报、修复评估效果等的全面、系统和规范的管理，尤其是基础数据库的建设将极大保障环境损害鉴定评估工作的质量，能有效提升赔偿工作效率，试点期间，应强化综合管理平台的建设工作，开展数据库软件设计，界面优化，后台数据库搭建，数据交换通道建设及硬件平台建设工作，建立一套服务于云南省生态环境损害赔偿制度改革试点工作的动态管理平台，实现对生态环境损害赔偿制度改革试点系列工作的智能化、信息化管理。五是强化损害赔偿过程中的信息公开和公众参与。在生态环境损害调查、评估、修复方案制定与修复执行等赔偿过程中，强化公众知情权、参与权与监督权。从赔偿权利人与赔偿义务人两大主体方面明确信息公开的内容、对象、程序与方式，对其中涉及公共环境利益的重大事项采取强制信息公开。细化生态环境损害赔偿公众参与机制中公众范围的选择与确定标准，明确公众介入生态环境损害赔偿的时间点，优化咨询会、论证会、座谈会等参与形式，强化公众意见反馈处理。云南省生态环境损害赔偿制度改革试点工作领导小组的 15 个成员单位的有关领导、云南省环境保护厅机关各处室和直属单位的负责人参加了会议。新华社、人民日报、中央电视台、中国环境报、云南日报、云南电视台等14 家新闻单位参加了会议。①

2016 年 12 月 14—15 日，云南省森林生态效益补偿工作业务培训班在弥勒市召开。省天然林保护办公室在红河哈尼族彝族自治州弥勒市举办全省森林生态效益补偿工作业

---

① 云南省环境保护厅法规处：《云南省环境保护厅召开〈云南省生态环境损害 赔偿制度改革试点工作实施方案〉新闻通气会》，http://www.ynepb.gov.cn/zwxx/xxyw/xxywrdjj/201612/t20161202_162507.html（2016-12-31）。

务培训班，16 个州市林业局及部分县（市、区）公益林办相关人员共 90 余人参加了培训。弥勒市人民政府副市长钟俊峰出席会议并致辞。会上深入讲解学习了《国家级公益林管理办法》《云南省地方公益林管理办法》《云南省森林生态效益补偿资金管理办法》等相关政策，并总结回顾了前期成绩，查找分析存在的问题，安排部署下一步任务。通过此次培训，进一步加强了全省公益林管理队伍建设，提高了公益林管理人员的业务能力和技术水平。①

2016 年 12 月 21 日，玉溪市委正式印发《中共玉溪市委玉溪市人民政府关于贯彻落实生态文明体制改革总体方案的实施意见》。提出到 2020 年，构建由自然资源资产产权制度、国土空间开发保护制度、空间规划体系、资源总量管理和全面节约制度、资源有偿使用和生态补偿制度、环境治理体系、生态环境保护市场体系、生态文明绩效评价考核和责任追究制度 8 项制度构成的产权清晰、多元参与、激励约束并重、系统完整的生态文明制度体系，努力成为生态文明制度改革创新先行区。根据《中共中央、国务院关于印发〈生态文明体制改革总体方案〉的通知》《中共云南省委云南省人民政府关于贯彻落实生态文明体制改革总体方案的实施意见》，玉溪市组织制定了贯彻落实意见，明确了 8 类共 44 项深入推进生态文明体制改革的工作任务，及时贯彻落实国家和云南省对生态文明体制改革的总体思路和目标要求，力争通过开展先行先试，努力建立健全系统完整的生态文明制度体系，加快推进生态文明排头兵建设。②

第二节　云南省生态文明制度建设（2017 年）

2017 年 2 月，经楚雄彝族自治州姚安县委、县人民政府同意《姚安县全面深化生态文明体制改革实施方案》正式颁布实施。该方案是根据（楚办发〔2015〕6 号）精神，结合姚安县生态文明建设工作实际而制定的。方案共 46 项内容，设置了改革的原则、

---

① 赵超超：《云南省 2016 年度森林生态效益补偿工作业务培训班在弥勒召开》，http://www.ynly.gov.cn/yunnanwz/pub/cms/2/8407/8415/8494/8499/109442.html（2016-12-21）。

② 玉溪市环境保护局：《玉溪市委印发贯彻落实生态文明体制改革总体方案的实施意见》，http://www.ynepb.gov.cn/zwxx/xxyw/xxywzsdt/201612/t20161226_163738.html（2016-12-26）。

目的、意义、方法、目标、各部门工作任务及完成时限，通过全面深化改革，建立系统完整的生态文明制度体系，实行最严格的源头保护、损害赔偿、责任追究等制度，完善环境治理和生态修复制度，用制度保护生态环境。到 2020 年，形成用制度保障生态文明建设的新格局，为建设美丽姚安、争当全国全省生态文明建设排头兵提供坚强制度保障，也是姚安县今后乃至一个时期指导生态文明建设工作的纲领性文件。姚安县全面深化生态文明体制改革的主要任务包括：（1）健全自然资源资产产权制度和用途管制制度。（2）划定生态保护红线。（3）实行资源有偿使用制度和生态补偿制度。（4）改革生态环境保护管理体制。①

2017 年 2 月上旬，根据 2016 年度绩效考核安排要求，楚雄彝族自治州南华县环境保护局对南华县十个乡镇进行环境保护绩效考核。考核人员对照年初与各乡镇签订的环境保护目标责任书以及下发的相关文件中的各项内容进行逐项检查评分，分别对各乡镇一年来环境保护工作运行机制实施情况、县政府环境保护目标责任书年度计划完成情况、农村垃圾处理实施完成情况、开展环境宣传和绿色创建情况、生态乡镇创建情况、农村环境综合整治工作开展情况等方面进行全面考评。考核采取了查阅档案资料的形式详细了解情况，同时与日常工作情况紧密结合起来，对各乡镇一年来的工作给予了客观、公正的评价。通过考核，各乡镇场均能重视环境保护工作，对生态创建工作认识到位，均能积极开展创建工作，档案整理较完整，环境保护工作成效较为明显。②

2017 年 2 月中上旬，云南省人民政府办公厅印发的《云南省人民政府办公厅关于健全生态保护补偿机制的实施意见》明确指出，到2020年，实现重点领域和重要区域生态保护补偿全覆盖。该意见提出，健全生态保护补偿机制的总体目标任务是：到2020 年，全省森林、湿地、草原、水流、耕地等重点领域和禁止开发区域、重点生态功能区、生态环境敏感区/脆弱区及其他重要区域生态保护补偿全覆盖，跨区域、多元化补偿机制初步建立，基本建立起符合省情、与经济社会发展状况相适应的生态保护补偿制度体系。该意见从建立生态保护补偿资金投入机制、完善生态功能区转移支付制度等 8 个方面对着力抓好体制机制创新提出了具体的要求。同时，该意见强调加强

① 庞翠平：《姚安县正式启动全面深化生态文明体制改革实施方案》，http://www.ynepb.gov.cn/zwxx/xxyw/xxywzsdt/2017 02/t20170228_165313.html（2017-02-28）。
② 鲁丽君：《南华县环境保护局认真组织开展对乡镇 2016 年"环境保护"指标的绩效考核工作》，http://www. ynepb.gov.cn/zwxx/xxyw/xxywzsdt/201702/t20170206_164706.html（2017-02-15）。

督促问效，将生态保护补偿机制建设工作成效纳入地方政府的绩效考核。[①]

2017年3月30日下午，德宏傣族景颇族自治州人民政府召开森林生态效益补偿天然商品林停伐工作电视电话会议，此次会议在芒市设主会场，各县市和各乡镇设分会场。参加本次会议的有州、县（市）人民政府分管领导，州、县（市）相关单位有关负责人，各乡镇党委、政府主要领导、分管领导，村委会负责人，林业站站长等共计610余人。会议听取了各县市人民政府分管领导对森林生态效益补偿资金兑付情况、天然商品林停伐工作和建档立卡贫困人口生态护林员选聘工作的情况报告。州林业局杨新凯局长通报了2015年度森林生态效益补偿工作责任制考核检查情况。州政府俄吞副州长全面总结了森林德宏建设成效，并对取得的成绩给予了充分肯定，分析了森林生态效益补偿工作和天然商品林停伐工作存在的问题，并就下一步工作做了具体的安排部署：一是要强化森林生态效益补偿和天然商品林停伐工作的组织领导，狠抓落实。二是要保护与发展并重，牢固树立生态红线观念不动摇。三是要认真贯彻落实好中央、云南省有关强农惠农政策，切实把维护好群众合法权益作为工作的重心，高度重视欠拨森林生态效益补偿资金问题，采取有力措施，及时将欠拨森林生态效益补偿资金拨付到位。四是要在充分总结往年考核检查的基础上，认真做好自检自查，确保2016年度森林生态效益补偿工作责任制考核检查收到实效。五是要严格保护，全面停止天然林商业性采伐。要严格按照国家和云南省停止天然林商业性采伐要求，抓紧组织技术人员对划入补助范围的天然商品林进行区划落界，编制天然林停伐县级实施方案，尽快把天然林停伐任务、管护责任和补助资金落实到山头地块。六是要开展丰富宣传形式，营造生态保护良好氛围。同时，会议还决定对森林生态效益补偿工作、天然商品林停伐工作和建档立卡贫困人口生态护林员选聘工作进行督查，对工作落实不力的交由纪检监察部门严肃处理。[②]

2017年3月中下旬，云南省政府办公厅印发《关于健全生态保护补偿机制的实施意见》（以下简称《意见》）明确要求，到2020年，实现重点领域和重要区域生态保护补偿全覆盖。《意见》从建立生态保护补偿资金投入机制，完善生态功能区转移支付制度，创新重点流域横向生态保护补偿机制，探索市场化、社会化生态保护补偿新模式，

---

① 蒋朝晖：《云南将实现生态保护补偿全覆盖》，《中国环境报》2017年2月6日。

② 德宏傣族景颇族自治州林业局：《德宏州召开森林生态效益补偿天然商品林停伐工作电视电话会议》，http://www.ynly.gov.cn/yunnanwz/pub/cms/2/8407/8415/8494/8499/110566.html（2017-04-17）。

创新生态保护补偿推进精准脱贫机制，健全配套制度体系，创新政策协同机制，推进生态保护补偿制度化和法制化 8 个方面对着力抓好体制机制创新提出了具体的要求。《意见》明确提出，到 2020 年，全省森林、湿地、草原、水流、耕地等重点领域和禁止开发区域、重点生态功能区、生态环境敏感区、脆弱区及其他重要区域生态保护补偿全覆盖，生态保护补偿试点示范取得明显进展，跨区域、多元化补偿机制初步建立，基本建立起符合省情且与经济社会发展状况相适应的生态保护补偿制度体系。《意见》强调，作为我国西南生态安全屏障和生物多样性宝库，云南省承担着维护区域、国家乃至国际生态安全的战略任务。抓住国家健全生态保护补偿机制的机遇，建立完善云南省公平合理、积极有效的生态保护补偿机制，有利于调动全社会保护生态环境的积极性，有利于促进生态保护补偿制度化、规范化，有利于推动实施主体功能区战略，促进重点生态功能区贫困人口尽快脱贫、共享改革发展成果，对云南省争当全国生态文明建设排头兵具有十分重要的意义。《意见》要求，坚持权责统一，合理补偿。谁受益、谁补偿。科学界定保护者与受益者权利义务，推进生态保护补偿标准体系和沟通协调平台建设，加快形成受益者付费、保护者得到合理补偿的运行机制。统筹协调，将生态保护补偿与实施主体功能区规划、脱贫攻坚规划、易地扶贫搬迁等有机结合，多渠道多形式支持江河水系源头地区、重要生态功能区和贫困地区经济社会发展，确保实现经济社会发展与生态环境保护双赢。立足现实，着眼于解决实际问题，因地制宜选择生态保护补偿模式，不断完善现有各项政策措施，逐步加大补偿力度，由点到线再到面，实现生态保护补偿的制度化、规范化。探索多渠道、多形式的生态保护补偿方式，拓宽生态保护补偿市场化、社会化运作的路子。加强督促问效，将生态保护补偿机制建设工作成效纳入地方政府的绩效考核。①

　　2017 年 3 月 28 日，玉溪市人民政府副市长、市生态文明体制改革专项小组组长孙云鹏主持召开玉溪市生态文明体制改革专项小组会议，专题研究《玉溪市贯彻落实云南省〈各级党委、政府及有关部门环境保护工作责任规定（试行）〉的实施意见》。孙副市长要求，要根据各参会部门提出的意见，对实施意见文稿作进一步修改完善，按程序尽快提交市委全面深化改革领导小组会议研究。为进一步加强环境保护工作，落实环境

---

① 胡晓蓉：《我省探索健全生态保护补偿机制 到 2020 年，实现重点领域和重要区域生态保护补偿全覆盖》，《云南日报》2017 年 3 月 25 日，第 1 版。

保护工作责任，形成统筹协调、各司其职、各负其责、联防联治的环境保护工作格局，根据《中共云南省委办公厅、云南省人民政府办公厅关于印发〈各级党委、政府及有关部门环境保护工作责任规定（试行）〉的通知》，玉溪市环境保护局结合玉溪实际，牵头制定了实施意见，从 49 个方面对玉溪市各级党委、政府及有关部门的职责范围内的环境保护工作责任进行了细化，明确了坚持"党政同责""一岗双责"抓好环境保护工作的相关要求。会上，玉溪市环境保护局领导对实施意见的起草情况进行了汇报。市委办公厅、市委宣传部、市监察局等 27 家党委、政府部门领导参加了会议，并结合部门职责提出了修改意见。①

2017 年 4 月 5 日，《云南省全面推行河长制实施意见》通过了云南省政府第 109 次常务会议审议，4 月 11 日，通过了省委常委会审议批准。按照省委、省政府的安排部署，省水利厅和省环境保护厅充分领会中央《关于全面推行河长制的意见》和水利部、环境保护部贯彻落实《关于全面推行河长制的意见》实施方案的精神，系统研究，理清思路，以河湖库渠全覆盖、全面建立五级河长制体系和建立三级督查体系为重点，集中水利、环境保护部门力量，及时编制完成了《云南省全面推行河长制实施意见（征求意见稿）》，先后征求了省委、省人大、省政府、省政协 18 位省级领导同志，16 个州市，34 个省级部门和单位的意见，经梳理汇总，做了多次修改。《云南省全面推行河长制实施意见》深入结合云南省河湖库渠形势，按照争当生态文明建设排头兵的战略要求，依据云南省有关水资源管理、水污染防治等法规文件，细化实化了主要目标和任务，明确了云南省全面推行河长制的总体要求、主要任务和制度体系，是云南省今后全面推进河长制的总遵循。②

2017 年 5 月 11 日上午，记者从新闻发布会上了解到，《云南省全面推行河长制的实施意见》已于 4 月 27 日正式印发，2017 年云南省将全面实行河长制。全面推行河长制，是云南省认真贯彻落实党的十八届六中全会和习近平总书记系列重要讲话精神，全面落实党中央、国务院的决策部署，努力把云南省建设成为全国生态文明建设排头兵的具体举措。云南省河湖众多，水系发达，分属长江、珠江、红河、澜沧江、怒江、伊洛

---

① 玉溪市环境保护局：《玉溪市生态文明体制改革专项小组专题研究环境保护工作责任》，http://www.ynepb.gov.cn/zwxx/xxyw/xxywzsdt/201703/t20170331_166609.html（2017-03-31）。

② 云南省水利厅：《省委省政府审议通过云南省全面推行河长制实施意见》，http://www.wcb.yn.gov.cn/arti?id=62577（2017-04-20）。

瓦底江六大水系，径流面积在 50 平方千米以上的河流有 2095 条，常年水面面积在 1 平方千米以上的湖泊有 30 个，其中 30 平方千米以上的有 9 个。全省已建成水库 6230 座，渠首设计流量 5 立方米/秒以上的渠道 267 条。省水利厅党组书记、厅长刘刚在新闻发布中表示，长期以来，云南省高度重视河湖库渠管理保护，积极采取措施促进水资源保护和水环境治理，取得了显著的综合效益。但部分河湖出现河道断流、湖泊萎缩、水污染加剧、水质下降、水生态环境恶化等一系列水生态环境问题，一些地方侵占河道、围垦湖泊、超标排污、非法采砂等现象时有发生，河湖水域保护管理等方面存在着不少问题，有的方面问题还比较突出，严重影响河湖生态、防洪、供水等功能发挥，也与把云南建设成为我国生态文明建设排头兵的发展要求极不相适应。①

2017 年 5 月 11 日，云南省政府新闻办公室举行新闻发布会称，河湖众多的云南省 2017 年底前将全面推行河长制。省级领导将担任重要江河湖泊河长，其中省委书记、省长分别任总河长、副总河长。云南省水利厅厅长刘刚称，根据省委、省政府的要求，云南省全面推行河长制，坚持生态优先、绿色发展，党政主导、部门联动，属地管理、分级负责，问题导向、因地制宜，城乡统筹、水陆共治，强化监督、严格考核的原则，明确要求通过全面推行河长制，到 2017 年底，全面建立省、州（市）、县（市、区）、乡（镇、街道）、村（社区）五级河长体系。到 2020 年，基本实现河畅、水清、岸绿、湖美目标。刘刚表示，云南省将根据实际情况，明确成立河长制领导小组和河长办公室、设立四级总河长及副总河长，明确建立三级督察体系、责任考核体系、激励问责机制、社会参与监督体系、技术支撑体系等，保障其取得成效。刘刚还称，云南下一步将抓好体系构建，抓好部门联动、水陆共治，抓好技术数据基础工作，抓好督导检查工作。牢牢抓住全面推行河长制契机，为云南建成生态文明排头兵发挥积极作用。目前，云南省委书记陈豪、省长阮成发、省委副书记李秀领除了分别担任云南省总河长、副总河长、总督察之外，还担任了治理保护任务艰巨的抚仙湖、洱海和异龙湖三个湖泊的河长，重视程度之高全国少有。②

2017 年 5 月 22 日，西双版纳傣族自治州勐海县邀请云南省环境科学研究院吴学灿

---

① 赵嘉：《水系发达 形势严峻 云南省全面推行河长制刻不容缓》，http://special.yunnan.cn/feature15/html/2017-05/11/content_4820402.htm（2017-05-11）。

② 王艳龙、王忠会：《云南年底前全面推行河长制 省领导任重要河湖河长》，http://www.chinanews.com/gn/2017/05-11/8221126.shtml（2017-05-11）。

副院长，在县委小礼堂做了一场题为"生态文明若干制度解析"的专题讲座。县级有关部门、11 个乡镇、黎明农场管委会及企业负责人共 77 人参加了讲座。吴学灿从我国生态文明建设历程、生态文明体制改革总体方案、生态环境损害赔偿制度改革试点方案、环境保护督查制度方案（试行）、党政领导干部生态环境损害责任追究办法（试行）、生态环境监测网络建设、编制自然资源负债表试点方案、关于开展领导干部自然资源资产离任审计的试点方案 8 个方面的内容做了详细讲解。①

2017 年 5 月 23 日，普洱市召开生态文明体制改革专项小组会议，市委副书记、专项小组组长陆平同志出席并主持会议，专项小组 24 个成员单位相关负责同志参加会议。会议听取了专项小组办公室、市发改委、市国土局、市林业局和市水务局改革工作进展情况汇报，审议通过了《普洱市全面深化生态文明体制改革实施方案（讨论稿）》。陆平强调，生态文明体制改革涉及面广、任务繁重，各成员单位要以中央、省委和市委全面深化改革的重要指示精神为指导，充分认识生态文明体制改革的重要性，紧扣为民、惠民、利民、靠民的改革方向，积极争取中央和云南省政策和项目支持，大胆探索实践，确保改革取得实效。要按照"建设国家绿色经济试验示范区，努力争当生态文明建设排头兵"的要求，在保护生物多样性、划定生态保护红线、建立生态补偿机制等方面加大改革力度，努力形成改革成果。要敢于担当、勇于负责，切实担负起专项改革的政治责任。要群策群力、加强协作，努力形成推进改革的强大合力。要围绕目标、细化任务，以良好的作风抓好工作落实，扎实有效推进普洱市生态文明体制改革，抓出亮点、做出特色、抓出成效。陆平要求，专项小组办公室尽快修改完善《普洱市全面深化生态文明体制改革实施方案》，报市委全面深化改革领导小组批准后印发实施。各成员单位要进一步梳理任务、明确责任、主动改革，确保 2017 年改革任务顺利完成，打造改革示范亮点。②

2017 年 6 月 1 日，云南省委生态文明体制改革专项小组第十次会议在昆明召开。省委常委、省委秘书长、副省长、省委生态文明体制改革专项小组组长刘慧晏主持会议并讲话。会议学习贯彻中央全面深化改革领导小组第三十三次、三十四次会议精神

---

① 李志春：《西双版纳州勐海县举办党政干部生态文明体制改革知识讲座》，http://www.ynepb.gov.cn/zwxx/xxyw/
xxywzsdt/201706/t20170602_168643.html（2017-06-02）

② 普洱市环境保护局：《普洱市召开生态文明体制改革专项小组会议》，http://www.ynepb.gov.cn/zwxx/xxyw/
xxywzsdt/201705/t20170527_168476.html（2017-05-27）。

和省委全面深化改革领导小组第二十八次、二十九次会议精神，审议通过了《省委生态文明体制改革专项小组关于深入推进 2017 年改革工作的实施方案（送审稿）》《省委生态文明体制改革专项小组会议议事规则（送审稿）》，审议了《云南省生态文明建设目标评价考核办法》《云南省生态文明建设考核目标体系》《云南省绿色发展指标体系（送审稿）》《云南省领导干部自然资源资产离任审计中长期工作规划（送审稿）》。会议指出，2017 年拟推进的生态文明体制改革工作具有方向性、支撑性、全局性，任务艰巨。各级部门要以啃硬骨头的担当精神抓改革，加强对重大改革问题调查研究，疏通堵点，破除阻力，精准发力，要以亲力亲为作风抓改革。各成员单位主要负责同志要抓谋划、抓部署、抓督查、抓落实，分管负责同志要全过程研究、谋划、推进改革，更要善于运用督察检查抓改革。既重视督查今年改革事项推进情况，又要抓好已完成改革举措的跟踪问效，还要进一步完善机制形成合力抓改革。各牵头部门要担负起牵头抓改革的政治责任，参与部门要深度融入、主动配合，办公室要加强统筹协调和督促检查。[①]

2017 年 6 月 22 日，昆明市滇池流域河长制办公室通报 5 月滇池流域河道生态补偿金核算结果，新运粮河、西边小河、新宝象河 3 条试点河道涉及的各区政府（管委会）共需缴纳生态补偿金 130 余万元。自 2017 年 4 月 20 日开展试点以来，各区政府（管委会）共需缴纳生态补偿金 170 余万元。按照昆明市环境保护"党政同责"的要求，被考核单位的党政主要领导和分管领导也将根据辖区所有考核断面中年均水质不达标断面比例，同比例扣减个人年度目标管理绩效考核兑现奖励。各县（市）区、开发（度假）园区对同级相关领导及下级党政主要领导和分管领导，也将扣减个人年度目标管理绩效考核兑现奖励。昆明市在滇池流域河道生态补偿方面的举措，无疑对全市落实河长制的责任主体产生了不小的激励和鞭策作用。当前，在盘龙江河长程连元、洛龙河河长王喜良等 36 名市级河长带动下，昆明全市上下正各司其职、各尽其责，按照责任传导到位、协调配合到位、宣传引导到位、资金保障到位、监督检查到位、激励考核到位的具体要求，认真抓好全面深化河长制各项工作，全力以赴把全市河（渠）湖库治理好、保护

---

① 杨富东：《云南省委生态文明体制改革专项小组第十次会议提出 精准发力确保改革取得突破》，http://yn.yunnan.cn/html/2017-06/02/content_4842493.htm（2017-06-02）。

好、管理好，为建设区域性国际中心城市提供坚强的生态保障。①

2017年6月30日，云南省昆明市作为全国较早实施河长责任制的城市，并将其纳入地方法规。早在2008年，昆明市就在滇池流域推行河（段）长责任制，对36条出入滇池河道及支流进行综合整治。经过全市上下近10年的探索和实践，初步建立了"两级政府、三级管理"的河道管理体系。河（段）长责任制的实施，对探索滇池治理有效路径、促进滇池水质持续改善发挥了重要作用。"十一五"及"十二五"期间，滇池流域主要河道水质逐年好转，2016年，纳入"国家考核"的16条出入滇池河道水质全部达标，滇池草海和外海水质由劣Ⅴ类提升到了Ⅴ类。前不久，昆明市委、市政府印发了《全面深化河长制工作的意见》《全面深化河长制实施方案》《昆明市级河长名录》，紧接着市委办公厅、市政府办公厅又联合印发了《滇池流域河道生态补偿办法（试行）》。昆明市政府召开专题动员会议，为确保河长制工作高效推进、促进以滇池流域为重点的全市水环境质量持续改善奠定了更加牢固的基础。

其一，积极探索，初步建立河道管理体系。昆明市地处长江、珠江、红河三大流域分水岭地带，主要河流有普渡河、牛栏江、小江、南盘江等，流域面积100平方千米以上的河流有71条，流域面积50平方千米以上的有128条，主要湖泊有滇池、阳宗海、清水海。全市多年平均水资源总量62.02亿立方米，仅占云南省的3%，人均水资源量仅为云南省的1/5，属于水资源紧缺地区。随着昆明市经济社会的发展和人口的增长，对水的需求已远远超出水资源、水环境的承载能力，成为制约经济社会可持续发展的瓶颈，经济社会发展用水挤占生态环境用水，河流、湖泊水功能区水质达标率低，集中式饮用水水源地生态修复与保护任务十分艰巨。滇池经过20多年的治理，水质去掉了"劣"字，但至今仍然是Ⅴ类水。昆明市滇池管理局局长尹家屏介绍，2008年以来，昆明市委、市政府始终把加快滇池治理作为生态文明建设的着力点和突破口，坚持治理与管理并重，在滇池流域全面实行河（段）长负责制，河道生态环境和水质得到明显改善。为强化滇池流域水环境综合治理工作的组织领导，加速推进滇池流域河道综合治理工作，昆明市于2008年3月成立市委书记担任政委、市长担任指挥长、分管副市长担任常务副指挥长的"昆明市滇池流域水环境综合治理指挥部"，制定出台《滇池主要入湖河道综合环境控制目标及河（段）长责任制管理办法（试行）》，由市级领导担任河

① 孙潇：《昆明开出5月河道生态补偿账单 沿线政府需缴纳170万元》，《昆明日报》2017年6月22日。

长，河道流经县区领导担任段长，对辖区水质目标及截污目标负总责，实行分段监控、分段管理、分段考核、分段问责的河（段）长责任制。云南省政府滇池水污染防治专家督导组 16 名成员担任滇池主要入湖河道的督导长，监督检查指导河道综合整治工作。据了解，昆明市实行河（段）长负责制以来，不断加强制度创新，积极探索和深化河（段）长负责制以及滇池流域河道管理的长效机制。先后出台了《关于开展滇池流域主要入湖河道支流（沟渠）综合整治工作的通知》《滇池流域水环境综合治理工作问责规定的通知》《河长助理管理考核办法的通知》《昆明市河道管理条例》《滇池流域主要入（出）滇河道综合整治"河长巡查日"制度》《昆明市全面推行滇池流域"河道三包"责任制的实施意见》《关于加强河道管理建立滇池流域外河道河（段）长负责制实施方案》《关于切实落实"河（段）长负责制"进一步做好河长巡查各项工作的通知》等文件，从制度上保障了河（段）长负责制的落实。在此期间，昆明市明确的河（段）长的主要职责，严格考核问效，对河（段）长责任制落实不到位、河道综合整治目标任务不完成、水质改善不明显的责任单位及责任人进行严厉的问责。尹家屏表示，河（段）长作为河道管理责任人，其核心就是对河道水生态、水环境持续改善和断面水质达标负领导责任，实行任期目标责任制。昆明市实行"河（段）长负责制"以来，滇池水质及入湖河道水质得到明显改善，基本实现了 36 条出入滇池河道以及滇池周围工业、农业、生活污染源的截污导流，河道水环境得到了有效改善，向河道直排污水现象基本消除；入滇河道水质不断改善，主要入湖污染物浓度明显减轻；滇池流域河道两岸拆临、拆违，河床内湿地绿化，河道生态景观得到改善。事实证明，昆明市在近 10 年的探索和实践中初步建立的"两级政府、三级管理"河道管理体系，对促进滇池流域水环境质量改善发挥了十分重要的作用。

其二，全面深化，从四个方面寻求新突破。当前，昆明市以滇池为重点的水环境保护治理已经到了攻坚期，到了啃硬骨头的关键阶段，市委、市政府对充分发挥河长制效能有了更高认识，提出了更严的要求。按照云南省委、省政府要求 2017 年底前比全国提前一年在全省范围内完成全面推行河长制工作的统一部署，昆明市及时总结实施河长制的工作经验，安排部署下一步工作任务，动员全市上下进一步统一思想、凝聚共识，主动担当、真抓实干，全力推进深化河长制各项工作再上新台阶。在昆明市 2017 年滇池流域水环境综合治理工作会上，云南省委常委、昆明市委书记程连元指出，切实把滇池保护治理工作抓实抓好抓出成效，必须进一步明晰思路、认真谋划，突出源头重治、工程整治、河长主治、标本兼治、依法严治、社会共治。按照中央和云南省的安排部署，结合昆明实际，对"河长制"必须做到"全面深化"，而不仅仅是"推行"。据了解，中央和云南省做出全面推行河长制工作的安排部署后，昆明市委、市政府领导及时做出批示，市委书记、市长分别主持召开市委常委会、市政府常务会和河长制工作会议，专题研究《昆明市关于全面深化河长制工作的意见》（以下简称《意见》）和《昆明市关于全面深化河长制工作实施方案》（以下简称《实施方案》），成立了由市委书记任组长、市长担任第一副组长、市委副书记担任常务副组长的昆明市河长制工作领导小组，组建了市级河长制办公室，确立了"四级河长五级治理"的河长制责任体系。《意见》明确指出，昆明市全面深化河长制工作将完成加强水资源保护、河湖库水域岸线保护管理、水污染防治、水环境治理、水生态修复、执法监管六大主要任务。为了确保全市深化河长制工作真正落到实处，要建立联席会议机制、协调会办机制、日常巡查机制、动态监测机制、信息化管理机制、考核评价机制、激励问责机制、市场化治理机制、社会监督机制九大长效工作机制。《实施方案》提出的全面深化河长制工作目标是：2017 年 12 月底前，全面实现市域河长制工作全覆盖，推进全市深化河长制工作步入科学化、规范化、制度化、常态化轨道。明确要求到 2020 年底，昆明市重要江河湖泊水功能区水质达标率提升到 70%以上；县级以上饮用水水源地水质达标率提升到 100%；纳入国家和云南省考核的地表水优良水体（达到或优于Ⅲ类）比例提升到 60%以上。消除海河、枧槽河、新运粮河、广普大沟、鸣矣河、螳螂川等劣Ⅴ类水体，滇池富营养化水平持续降低，湖体水质达到Ⅳ类，阳宗海水质达到Ⅲ类，全面消除城市建成区黑臭水体，自然湿地面积保护率达到 75%以上。

《实施方案》明确了市级河长制领导小组、总河长、副总河长、河长及河长制办公室的工作职责，对市级各相关部门的工作职责也进行了明确规定，构建了由市委副书记任总督察、人大常委会主任、政协主席为副总督察，市人大、市政协成立河长制督察组，市委、市政府成立日常工作专项督导组的督察督导责任体系。按照昆明市委、市政府对突出河长主治、努力实现河（渠）湖库功能永续利用的统一部署，全市上下重点从范围、内容、体系、格局 4 个方面探索创新、寻求突破。在范围上，把"河长制"由滇池流域推广到市域河（渠）湖库范围；在内容上，从水污染治理为主，转变为保护水资源、防治水污染、改善水环境、修复水生态的全面综合治理；在体系上，在深化完善市级4套班子领导担任滇池流域"河长"的基础上，建立市、县（市、区）和开发区、乡（镇、街道）、村（社区）、村小组"四级河长五级治理"责任体系，使责任层层分解、纵向到底；在格局上，加快构建分级管理、属地负责，各部门各司其职、齐抓共管的工作格局。具体来讲，就是以保护水资源、防治水污染、改善水环境、修复水生态为主要任务，全面深化河长制，确保督查、监管、治理三到位，实现河长制的新突破和市域河（渠）湖库的全覆盖；制订完善实施方案、考核办法以及相关配套文件；全面完成信息化管理平台建设，确保长效化工作机制运转良好，全市深化河长制工作步入制度化、规范化、常态化推进轨道。到2020年，确保全市水环境质量得到阶段性明显改善，水生态系统功能初步恢复，水环境安全得到有力保障。昆明市委、市政府全面深化河长制的决心、思路和举措，为扎实推进以滇池流域为重点的全市水环境质量持续改善提供了更加精准有力的保障。

其三，大胆创新，以生态补偿促责任落实。昆明市委、市政府认识到，河湖保护治理涉及多部门、多学科、多方面，只有整合各方面的力量，以创新的理念、科学的方法、完善的制度来推动河长制工作深入开展，才能努力走出一条具有昆明特色的治理之路。在长期实践中，昆明市不仅在推进河（段）长负责制工作中取得一些实实在在的经验和成效，也逐步发现了一些必须及时弥补的短板。这些短板突出表现在责任制度尚不完善、责任落实不到位、常态化管理还不到位三个方面。在前不久召开的昆明市全面深化河长制工作推进电视电话会上，昆明市市长王喜良强调，解决好上述这些问题，迫切需要用新发展理念引领河湖保护治理，进一步强化责任意识，通过全面深化河长制，充分发挥各级党委、政府的主体作用，全力以赴把河长制工作抓紧、抓实、抓好，从根本上维护和改善水环境质量。为了全面深化河长制，落实滇池流域河道保护治理主体责任，昆明市制定了相关管理办法，规定把滇池流域河道生态补偿工作纳入年度目标考核管理，未达到断面水质考核标准或未完成年度污水治理任务的都将缴纳生态补偿金，补偿金都将用于滇池流域河道水环境保护治理工作。尹家屏说，按照相关管理办法，未达到断面水质考核标准或未完成年度污水治理任务的，就应缴纳生态补偿金，而考核断面水质达标且提高一个及以上水质类别的，将给予适当补偿。

据了解，考核断面生态补偿金将分别按化学需氧量、氨氮、总磷3个指标进行计算，补偿标准为化学需氧量每吨2万元，氨氮每吨15万元，总磷每吨200万元。每个考核断面补偿金为3个指标计算的补偿金总和。同一辖区内所有超过水质考核标准的断面按月累加计算补偿金，河道为行政辖区界河的，考核断面两岸所涉辖区将平均分摊计算生态补偿金。除了水质不达标之外，考核断面出现非自然断流的，也将按照每个断面每月30万元缴纳生态补偿金。同时，未完成年度污水治理任务的，也需按年度未完成投资额的20%缴纳生态补偿金。从2017年4月20日起，昆明市在新运粮河、新宝象河、西边小河3条河道率先试点开展生态补偿，涉及10个交界断面及滇池入湖口。从2017年6月，河道生态补偿机制将逐步覆盖滇池流域所有河道。为有效避免传统人工监测在监测频次、数据覆盖、样品分析、监测成本上存在的诸多缺陷，确保生态补偿工作的公平、公正，昆明市以政府购买合格水质监测数据的方式，分批建设生态补偿断面水质自动监测站，力争于2019年实现34条出入滇池河道生态补偿断面水质自动监测站全覆盖。目前，昆明市滇池管理局已在西边小河、新运粮河建设了7个水质自动监测站。昆明市滇池管理局会同市环境保护局、市水务局按月通报被考核断面的水质监测结果。①

2017年6月30日，记者从昆明市滇池管理局获悉，继4月20日昆明市在新运粮河、西边小河、新宝象河3条河道开展生态补偿试点工作后，今日起，王家堆渠、乌龙河、大观河、西坝河、船房河5条进入草海河道也将开展河道生态补偿。昆明市滇管局副局长吴朝阳介绍，其余26条河道及支流沟渠、41个考核断面，也将从8月1日起全面推开河道生态补偿工作。昆明市力争到2019年底实现34条出入滇池河道及支流沟渠、59个生态补偿考核断面实现水质、水量自动监测设施全覆盖。吴朝阳表示，滇池流域河道生态补偿考核断面水质、水量自动监测设施将按照政府购买服务的方式建设及运营维护，实行分批建设、分年度实施。暂不具备水质、水量自动监测条件的河道及断面采用人工监测，人工监测频次原则上将每周开展一次。其中，今年内将完成王家堆渠、新运粮河、西边小河、乌龙河、大观河、西坝河、船房河、盘龙江、大清河、海河、广普大沟、老宝象河、宝象河、洛龙河等14条河道、29个断面水质、水量自动监测设施的建设。2018年年内将在采莲河、正大河等14条河道、21个断面建设自动监测设施。2019年完成六甲宝象河等其余6条河道、9个断面自动监测设施建设。②

① 蒋朝晖：《昆明：全面深化河长制 持续改善水环境》，《中国环境报》2017年6月30日。
② 赵文宣：《5条入滇河道 开展生态补偿》，《春城晚报》2017年7月1日，第A05版。

2017 年 7 月 21 日，楚雄彝族自治州召开了生态文明体制改革专项小组工作推动专题会议。楚雄彝族自治州人民政府副州长、州生态文明体制改革领导小组组长张晓鸣在充分听取参会各部门生态体制改革推进情况的基础上，对楚雄彝族自治州 2017 年生态文明体制改革生态红线划定、河长制推行、环境保护体制改革三大重点任务以及 30 项重点工作，以及下半年生态文明体制改革工作提出了具体要求。一要突出四大要点。要有效进行生态资源资产管制；要划定生态保护红线；要实行资源有偿制度建设；要进行环境保护体制改革。二要落实五个抓好。抓好改革基础工作落实；抓好工作统筹协调，坚持问题导向；抓好改革试点，出成果；抓好工作推进，保进度；抓好督察，问实效。会议的召开，为楚雄彝族自治州加快推动生态文明体制改革工作奠定了坚实的基础。[①]

2017 年 7 月中下旬，陆良县委副书记、县长张光彦以新南盘江陆良段 "河长" 的身份进行调研，履行 "河长" 职责。陆良县委副书记、县长张光彦带领县水务、林业、环境保护、规划等部门领导从新南盘江陆良段源头响水坝出发，沿河实地查看南盘江综合治理情况，详细了解河流日常管护、生活污水处理、两岸植被保护等方面的情况。新南盘江陆良段起于响水坝，止于古宁大坝，全长 54.3 千米。目前南盘江响水坝段正在进行综合治理工程，经过整治，南盘江防洪能力得到加强，堤防绿化景观水平得到提高。张光彦实地查看后指出，要进一步加大综合治理力度，多管齐下进行整治，各相关部门要通过此次调研查问题、想办法，谋划好如何实现南盘江 "河畅、水清、岸绿、景美" 的工作措施。南盘江中枢中纪段沿河种植的慈竹长势良好，河道两旁绿意盎然。张光彦沿河堤行走，实地查看了绿化情况后要求县林业局要加大南盘江河堤绿化力度，清除河堤杂草，维护好河道绿化景观。在县城东门闸段，张光彦详细了解城区范围内南盘江两侧污水直接排放情况，当得知部分小区仍然把污水直接排入南盘江的情况后，张光彦当即要求县环境保护局要强化职责，主动出击，对南盘江河道两侧排污口进行排查，对查出的污水直排小区要严格执法，督促整改，确保水体质量得到改善。调研过程中，张光彦要求，各级河长要迅速行动，履行河长责任，加强河流日常巡查、管理，落实相关措施，确保河长制工作取得实效。各相关部门要明确责任分工，加强沟通协作，形成河道生态保护与修复的工作合力。县水务局要做好南盘江河道的维护提升工作，并做

---

① 孙竹安：《楚雄州生态文明体制改革专项小组会议成功召开》，http://www.ynepb.gov.cn/zwxx/xxyw/xxywzsdt/201707/t20170727_170671.html（2017-07-27）。

好"西桥——古宁大坝"段项目的规划上报工作，更要做好西桥闸、东门闸以及旧州闸等闸口的亮化提升工作，打造沿河美丽夜景，同时要发挥河长制办公室的作用，做好上情下达、下情上报、综合管理、沟通协调、服务保障等本职工作。县环境保护局要采取强力措施，坚决遏制各类污水直排入南盘江的现象。县林业局要因地制宜种植灌木、乔木等绿化苗木，做好河道两侧绿化工作，为河道两岸建立起风景优美的绿色屏障。县交通局要继续加大危桥改造力度，并谋划好南盘江西岸道路的建设工作，打造功能性河道。县住房和城乡建设局要继续做好南盘江城区段的美化工作，结合提升城乡人居环境行动，以滨江公园为点逐步延伸，打造城区景观河道。县规划局要做好南盘江城区段河岸两边的规划控制工作。各沿河乡镇、各有关部门要按照河长制工作的时间进度以及工作要求各司其职、各尽其责，制定远近结合的工作方案和实施措施，迅速推动各项工作动起来，确保逐步实现南盘江陆良段"河畅、水清、岸绿、景美"的目标。①

2017年7月中下旬，保山市人民政府市长主持召开第四届市人民政府第4次常务会议，专题研究《关于健全生态保护补偿机制的实施意见》。会议在听取了市环境保护局局长万青《关于健全生态保护补偿机制的实施意见（送审稿）》起草情况的汇报后，讨论研究指出，近年来，全市在森林、湿地、生物多样性保护和水环境保护等领域探索实施了生态保护补偿机制，取得了一定效果。但总体上，全市生态保护补偿机制仍未建立健全，无补偿资金来源渠道，补偿配套制度和技术服务支撑仍然不足，保护者和受益者良性互动的体制机制不完善，经济发展与环境保护矛盾日益凸显。当前抓住国家、云南省健全生态保护补偿机制的机遇，建立健全保山市生态保护补偿机制，有利于调动全社会保护生态环境的积极性，有利于促进生态保护补偿制度化、规范化，有利于推动实施主体功能区战略，促进重点生态功能区贫困人口尽快脱贫、共享改革发展成果，对"六个保山"建设和争当生态文明建设排头兵具有十分重要的意义。会议要求，全市各级各部门要牢固树立创新、协调、绿色、开放、共享的发展理念，以体制创新、政策创新、科技创新和管理创新为动力，推动完善转移支付制度，将国家和云南省有关政策与保山实际相结合，逐步探索建立多元化生态保护补偿机制，逐步扩大补偿范围，有效调动全社会参与生态环境保护的积极性，促进保山生态文明排头兵建设迈上新台阶。原则同意

---

① 曲靖市环境保护局：《陆良县落实河长制巡查制度》，http://www.ynepb.gov.cn/zwxx/xxyw/xxywzsdt/201707/t20170717_170274.html（2017-07-17）。

《关于健全生态保护补偿机制的实施意见（送审稿）》，市环境保护局根据会议提出的意见建议修改完善后，按程序报批，印发实施。[①]

2017年7月26—29日，云南省政协主席罗正富深入保山市、怒江傈僳族自治州调研脱贫攻坚工作开展情况和督察全面推行河长制落实情况时强调，要深入贯彻落实习近平总书记系列重要讲话特别是考察云南重要讲话和在深度贫困地区脱贫攻坚座谈会上的讲话精神，按照中央第十一巡视组巡视"回头看"反馈意见和整改要求，持续深入实施精准扶贫，全面落实河长制，确保云南与全国同步全面建成小康社会和生态文明建设取得实效。罗正富一行先后深入腾冲市、泸水市、贡山独龙族怒族自治县等地，进村入户，实地调研当地脱贫攻坚情况，对两州市在脱贫攻坚工作中取得的成绩给予充分肯定。他指出，党中央实施精准扶贫工作以来，保山市、怒江傈僳族自治州迅速行动，一大批贫困人口得以脱贫，扶贫工作取得显著成绩。下一步要按照党中央要求，对存在的问题进行纠错、纠偏，通过精准的措施和管用的办法，把习近平总书记重要讲话精神和中央巡视组的反馈意见真正贯彻落实到扶贫工作的各个环节，确保"两不愁、三保障"目标顺利实现。罗正富实地督察了两地落实河长制的情况，调研了怒江流域汛情及河道治理、疏浚情况，慰问了怒江"7·05"泥石流受灾的部分群众。罗正富指出，全面推行河长制是统筹推进"五位一体"总体布局和协调推进"四个全面"战略布局的重要举措，各级各部门要深化对全面推行河长制重大意义的认识，切实把思想和行动统一到中央的决策部署上来，按照省委、省政府要求，凝心聚力、合力攻坚，确保河长制得到全面落实；要认真落实好省委、省政府印发的《云南省全面推行河长制实施意见》，确保2017年底全面建立省、州市、县、乡、村五级河长体系，不打折扣、不留死角，确保所有江、河、湖有人管、有人问。各级党政主要领导要带头担河湖之长、履河长之职、尽河长之责，确保河长责任落在实处。[②]

2017年7月27日，西双版纳傣族自治州副州长寸敏、旅游发展改革委员会副主任李杰一行三人调研组到纳板河流域国家级自然保护区（以下简称为纳板河保护区）调研河长制工作情况。纳板河保护区管理局局长李忠清、副局长马晓佳及相关部门负责人陪

---

① 赵荣华：《保山市人民政府第4次常务会议专题研究健全生态保护补偿机制》，http://www.ynepb.gov.cn/zwxx/xxyw/xxywzsdt/201707/t20170717_170304.htmll（2017-07-17）。

② 吕金平：《罗正富在保山怒江调研脱贫攻坚工作和督察河长制落实情况时强调：深入推进精准扶贫　全面落实河长制要求》，《云南日报》2017年7月31日，第2版。

同。寸敏副州长此行调研任务主要是纳板河水环境质量状况、主要流经村寨社区河道两岸土地利用状况及环境状况、纳板河保护区管理局机构建设情况。调研组先后实地察看了纳板河保护区曼点宣教中心、曼费村、阿麻老寨、阿麻新寨和过门山管理站。在曼费村的调研中，寸敏副州长特别关注纳板河汇入澜沧江前水环境质量的状况，实地察看了纳板河下游水域环境，到下游村寨曼费村了解村民生产生活、排污等情况。在和村民交流中，寸敏副州长谈到党和政府正大力发展地方经济、推动城镇化进程，多举措、多渠道地帮扶村民脱贫致富，殷切希望村民们要抓住发展的机遇，拓宽思路，寻求新的创收渠道，在积极发展致富同时一定要保护好环境。寸敏副州长强调，保护水环境就是在保护我们的家园、保护我们身体健康、保护我们的子孙后代。寸敏副州长听取了李忠清局长就纳板河保护区水资源保护工作中取得的成绩、工作经验和管理难点问题的汇报后，对保护区管理局水资源管理、水环境监测工作给予了充分的肯定；还对肩负着资源保护、森林防火一线监督管理任务的保护区护林员们严谨、团结和吃苦耐劳的工作作风表示欣慰和赞赏。寸敏副州长在调研总结时表示，河长制是党中央、国务院为保护河湖环境的重大决策，长效推行河长制、保护母亲河水资源工作任重而道远，希望大家继续发扬严谨务实的作风，运用资源保护科研能力和积累的大量保护管理实践经验，在巩固过去已取得的成绩基础上再接再厉、创新思维、踏实工作。[①]

2017年8月1日起，昆明市34条出入滇池河道的59个水质、水量监测断面全面开展生态补偿。其中，根据市滇池流域河长制办公室通报的6月份滇池流域河道生态补偿金核算结果，新运粮河、西边小河、新宝象河3条试点河道涉及的各区政府（管委会）共需缴纳生态补偿金355万余元，而新宝象河宝丰村入湖口断面因总磷超标，加之水量较大，官渡区政府需向市政府缴纳补偿金280余万元。2017年4月20日，生态补偿试点工作在新运粮河、西边小河、新宝象河3条河道开展。在前期试点的基础上，7月1日起，土家堆渠、乌龙河、大观河、西坝河、船房河5条出入草海河道也开始实施河道生态补偿。其余26条河道及支流沟渠、41个考核断面，昨日起全面实施河道生态补偿工作。市滇池管理局相关负责人介绍，经过前期昆明市滇池管理局会同环境保护、水务、水文等部门实地踏勘确认，除老运粮河及支流七亩沟暂不具备设置生态补偿断面以

① 纳板河国家级自然保护区管理局：《心系母亲河 落实河长制——寸敏副州长到纳板河保护区调研河长制工作情况》，http://www.ynepb.gov.cn/zwxx/xxyw/xxywrdjj/201707/t20170731_170810.html（2017-07-31）。

外，昆明市确定对 34 条入滇池河道的 59 个水质、水量监测断面进行生态补偿。

2017 年 8 月，昆明市滇池管理局会同昆明市环境保护局、昆明市水务局、昆明市财政局，对新运粮河、西边小河、新宝象河 6 月份的生态补偿金进行了核算。三条试点河道 6 月份共计需缴纳生态补偿金 355.2524 万元。经过叠加，4 月 20 日至 6 月，各区政府（管委会）共需缴纳生态补偿金 526.2097 万元。其中，五华区政府共计缴纳 15.1003 万元；高新区管委会共计向五华区政府缴纳 3.3662 万元，向西山区政府缴纳 4.3539 万元；空港经济区管委会共计缴纳 46.8906 万元；经济开发区管委会共计缴纳 55.2331 万元；西山区政府共计缴纳 24.7141 万元。官渡区政府共计缴纳 376.5515 万元。

2017 年 8 月初，围绕生态文明建设，玉溪市红塔区委、区政府成立生态文明体制改革专项小组，制定《中共红塔区委红塔区人民政府关于深入贯彻落实生态文明体制改革总体方案的实施意见》，统筹推进自然资源资产产权、建立国土空间、空间规划体系、资源有偿使用和生态补偿、环境治理体系、生态文明绩效评价考核和责任追究八个领域的改革。坚持把"生态立区"战略贯彻经济社会发展各个领域，推进生态文明建设。

一是下大力气调优结构和布局，大力实施节能降耗。"十二五"以来，红塔区先后投资 5.69 亿元，实施重点节能示范项目 17 项，积极推进企业能源管理体系建设，大力推广节能新产品新技术的运用，实现了万元 GDP 能耗逐年下降。2012 年以来，全区共计淘汰和化解钢铁产能 327 万吨，其中炼铁高炉 6 座，炼钢转炉 2 座，棒材轧机、普线轧机生产线 2 条；淘汰水泥产能 8 万吨，机立窑 1 座；关闭红砖产能 10 000 万块，生产线 7 条；淘汰平板玻璃产能 64.48 万标准重量箱，引上法玻璃生产线 1 条；累计实施中心城区企业"退二进三" 37 户。2016 年，红塔区万元 GDP 能耗实际下降 2.59%，超额完成节能降耗指标任务。

二是建设美丽城乡，人居环境持续优化。实施 21 个"五网"设施重点项目，昆明至玉溪电气化铁路建成运营，六龙路建成通车，晋红高速建设接近尾声，弥玉楚高速、国道 213 线改扩建和红龙路建设等重点工程顺利推进。建成 7 条乡村旅游环线及 9 条非集中连片特困地区农村公路，实施 45 条乡村"断头路"建设。启动建设日处理 700 吨生活垃圾焚烧发电项目、日处理规模 1.0 万吨玉溪市第二污水处理厂及配套管网工程项目，建成日处理渗滤液 150 立方米的红塔区生活垃圾填埋场渗滤液处理站项目并投入运行。推广天然气用户 261 225 户，推广公共用户 60 户，建设天然气管道 115 千米。启动国家海绵城市、地下综合管廊建设等试点工作。城市管理更加精细，顺利通过国家节水型城市现场考核验收、国家卫生城市通过复审。启动实施城乡人居环境"四治三改一拆一增"和"七改三清"整治行动，投资 1.2 亿元实施"增绿添色""点亮红塔"工程，城乡环境面貌和群众居住条件显著改善。大力推行"政府引导、农民主体、市场运作、统规联建"的建设模式，推进实施农村危房改造和抗震安居工程，城乡面貌大为改善。投资 3 亿元实施 125 个"百村示范、千村整治"工程，上牟溪冲建成全市宜居宜业示范村，玉碗水村入选第四批中国传统村落名录。

三是严格管控资源，保护生态环境，建立健全行政区域土地用途管制制度，积极编制土地利用总体规划和矿产资源总体规划，确实保护和合理利用土地资源和矿产资源。编制《红塔区资源环境承载力评价专题报告》和《红塔区土地利用总体规划（2010—2020 年）中期评估报告》，开展红塔区第三轮矿产资源规划编制工作。积极开展地质和生态环境保护工作，强化国土开发和矿山生态环境恢复。实施森林分类经营，构建完善的森林生态体系和生态保护骨架。开展绿化造林和森林经营活动，大力培育森林后备资源，绿化造林 5317 亩，对石漠化区域脆弱地段大力封山育林，封山育林 13 950 亩。强化森林资源保护和管理，严防森林火灾，严打破坏森林资源的违法行为，全区森林面积 574.223 平方千米，森林覆盖率达 60.69%。

四是积极推进生态示范创建。编制《红塔生态区建设生态文明建设规划》《红塔区生态环境保护规划》，统筹推进国家级和省级生态文明乡镇及市级生态文明村创建。全区 8 个涉农乡镇全部完成省级生态乡镇创建，其中大营街、李棋、春和 3 个街道完成国家级生态乡镇创建工作，62 个社区（村）被命名为"市级生态村"，为创建"省级生态文明建设示范区"打下坚实基础。①

2017 年 8 月 3 日，曲靖市市人大常委会副主任聂祖良到会泽县调研河长制工作推进情况。调研组到娜姑镇和大海乡，了解小江流域的基本情况、水域和生态情况、沿线产业发展情况，并听取了县水务、环境保护、林业等部门对推进河长制的工作汇报和建议。小江发源于昆明市寻甸回族彝族自治县清水海，由南向北流入金沙江，全长 148 千米，下游流经娜姑镇境内 28 千米，流域面积 60.4 平方千米。按照工作要求，根据部门

---

① 玉溪市环境保护局：《红塔区统筹推进生态文明建设》，http://www.ynepb.gov.cn/zwxx/xxyw/xxywzsdt/201708/t20170809_171176.html（2017-08-09）。

职责，会泽县环境保护局将做好以下三个方面工作：一是加强汇入小江的河流水质监测。以礼河是会泽县汇入小江的主要河流，按照常规管理和强化要求，县环境监测站每季度对以礼河二级电站出水口下游 200 米处监测点位进行取样监测，确保水质监管到位。二是加大对小江径流区的环境监察力度。根据《2017 年曲靖市生态和农村环境监察工作方案》和金沙江流域环境执法交叉检查要求，对小江径流区域开展多次检查。经检查，小江径流区域内无排污口设置。三是加大小江泥石流滑坡区域的生态环境管理。尽量保持两岸水土，防止水土流失。推动河道生态环境质量有效改善，为全面贯彻落实河长制保驾护航。①

2017 年 8 月 17 日，曲靖市生态文明体制改革专项小组召开 2017 年工作会议。会议由市人民政府副市长、市生态文明体制改革专项小组组长唐宝友同志主持，市人大常委会副主任、市生态文明体制改革专项小组副组长李玉雪，专项小组各成员单位有关负责同志及联络员共 40 余人参加会议。会议的主要内容有六项，一是传达学习中央全面深化改革领导小组第三十五次、第三十六次、第三十七次会议和省委全面深化改革领导小组第二十九次、第三十次会议精神以及市委关于全面加强改革落实工作的意见。二是听取曲靖市发改委、市环境保护局对生态文明体制改革工作进展情况的汇报。三是讨论市科技局关于《曲靖市人民政府关于科技创新支撑生态文明建设的意见》、市发改委关于《曲靖市健全生态保护补偿机制的实施意见》和《曲靖市建立碳排放总量控制制度和分解落实机制工作方案》等有关改革事项。四是讨论研究《云南省生态保护红线划定方案（征求意见稿）》反馈意见。五是市人大常委会副主任、市生态文明体制改革专项小组副组长李玉雪同志讲话。六是市人民政府副市长、市生态文明体制改革专项小组组长唐宝友同志安排部署下步工作。会议认为，自全面深化改革以来，在市委的坚强领导下，全市生态文明体制改革工作紧密结合实际，聚焦重大问题、重点任务、重要方案，抓住关键主体、关键环节、关键节点，统筹谋划、真抓实干。在推进生态文明体制改革过程中，既通过改革破解制约生态文明建设的体制、机制障碍，又围绕理顺职责关系解决当前存在的突出问题取得了显著成效。②

① 董地华：《市人大常委会副主任聂祖良到会泽调研河长制工作情况》，http://www.ynepb.gov.cn/zwxx/xxyw/xxywzsdt/201708/t20170809_171128.html（2017-08-09）。

② 曲靖市环境保护局：《曲靖市生态文明体制改革专项小组召开 2017 年工作会议》，http://www.ynepb.gov.cn/zwxx/xxyw/xxywzsdt/201708/t20170818_171487.html（2017-08-18）。

2017 年 8 月 23 日，云南省红河哈尼族彝族自治州委书记姚国华在召开的红河哈尼族彝族自治州全面推行河长制工作动员大会上强调，压实工作责任，将全面推行河长制工作落到实处，抓好全州生态文明建设，努力打造水清山绿的美丽红河。姚国华指出，要全面建立以党政领导负责制为核心、节水治污控源和生态保护修复为重点、覆盖州县乡村四级的河长体系，着力构建责任明确、协调有序、监管严格、保护有力的河湖库渠管理保护机制。要准确把握工作目标任务，全面加强和改进水资源保护、水域岸线管理保护、水污染防治、水环境治理、水生态修复、执法监管等各项工作，保证全州河湖库渠有人管、有钱管、管得住、管得好，推进水生态环境整体改善。姚国华强调，各级河长要亲自抓、带头干、严督导，着力抓实调研部署、协调督导工作。要按照"州级管总、县市兜底"的原则，抓紧制订工作方案，确保方案细化到乡、到村、到组、到人。同时，要逐级设置河长制工作机构，建立责任考核体系，健全长效管理机制，实行生态环境损害责任终身追究制，着力推动部门负责、多头管水向首长负责、部门共治转变。要加强政策解读、舆论引导和宣传，努力营造全社会重视、支持和参与的浓厚氛围。①

2017 年 8 月下旬，曲靖市富源县富村镇党委、政府根据《中共富源县委、富源县人民政府关于富源县全面推行河长制工作的意见》文件精神，为进一步加强全镇河流、水库、塘坝、渠道管理保护工作，加快推进水生态文明建设，全面落实推行河长制的各项工作，结合实际召开了河长制工作会议，参会人员有富村镇党政班子成员，各站所负责人，各村（居）委会书记、主任，共 70 余人。会议由镇党委书记余涓同志作动员讲话，会议确定了推行河长制的工作思路，锁定工作目标，明确责任体系和职责分工，根据推行河长制的目标，将河长制由以水污染治理和水质改善为主，向全面保护水资源、防治水污染、改善水环境、修复水生态综合治理转变，由政府主导治理为主向引入市场机制共同治理转变，全面确立河长制，形成分级管理、属地负责、职责明确、齐抓共管的工作格局，实现全镇河流管理机制新突破，维护河流的健康可持续利用，为富村镇经济社会发展提供水安全保障。②

为了认真贯彻落实中央、国务院及省、市、县党委政府关于加快推进生态文明建设

① 蒋朝晖：《红河州委书记强调全面建立四级河长制体系 推进水生态环境整体改善》，http://www.ynepb.gov.cn/zwxx/xxyw/xxywrdjj/201708/t20170824_171627.htm（2017-08-24）。

② 刘加春：《富源县富村镇召开全面推行河长制工作动员会议》，http://www.ynepb.gov.cn/zwxx/xxyw/xxywzsdt/201708/t20170824_171633.html（2017-08-24）。

的部署和要求，健全生态文明制度体系，强化党政领导干部生态环境和资源保护职责。近日，玉溪市峨山彝族自治县根据《中国共产党问责条例》《党政领导干部生态环境损害责任追究办法（试行）》《云南省党政领导干部生态环境损害责任追究实施细则（试行）》《玉溪市党政领导干部生态环境损害责任追究实施办法（试行）》及有关党内法规和国家法律法规，结合实际制定下发《峨山县党政领导干部生态环境损害责任追究实施办法（试行）》。就实行生态环境保护党政同责、一岗双责，生态环境损害责任追究，加大民族地区生态环境和资源保护，建立生态环境和资源保护档案，资源消耗、环境保护、生态效益与考核评价、干部选拔任用，生态环境和资源保护监管职责，生态环境损害责任追究形式等做了明确的规定。其管辖范围主要适用于各乡镇（街道）党（工）委和人民政府（办事处）的领导成员，县级部门（单位）及其有关机构领导成员。这一规定共24条，自2017年8月22日起施行。①

2017年9月11日，昆明市滇池流域河长制办公室通报了7月份滇池流域河道生态补偿金核算结果，新运粮河、西边小河、新宝象河3条试点河道以及出入草海的5条河道（大观河、西坝河、王家堆渠、乌龙河、船房河）8条河道7月份共需缴纳生态补偿金3035.736万元。2017年4—7月，各区政府（管委会）共需缴纳生态补偿金3561.9457万元。根据7月份的核算结果显示，新运粮河五华区海屯路大石桥断面化学需氧量监测值为55毫克/升，超标值为15毫克/升，时段水量为349万立方米，五华区政府需向下游高新区管委会缴纳补偿金149.0987万元；高新区人民西路（神工家具）断面化学需氧量监测值为48毫克/升，超标值为8毫克/升；氨氮监测值为5.38毫克/升，超标值为3.38毫克/升；总磷监测值为0.245毫克/升，超标值为0.116毫克/升；时段水量为552万立方米，高新区管委会需向下游西山政府缴纳补偿金1021.551万元。西山区新运粮河入湖口断面氨氮监测值为6.102毫克/升，超标值为4.102毫克/升；总磷监测值为0.506毫克/升，超标值为0.106毫克/升；时段水量为711万立方米，西山区政府需向市政府缴纳补偿金1525.346万元。西山区西边小河汇入新运粮河断面化学需氧量监测值为41毫克/升，超标值为1毫克/升，时段水量为1004万立方米，西山区政府需向市政府缴纳补偿金23.7347万元。而西边小河五华区海源河断面、高新区西边小河昌源北路断面、五华

① 玉溪市环境保护局：《峨山县制定下发〈党政领导干部生态环境损害责任追究实施办法（试行）〉》，http://www.ynepb.gov.cn/zwxx/xxyw/xxywzsdt/201708/t20170828_171764.html（2017-08-28）。

区西边小河人民西路断面、宝象河空港经济区大花桥下断面、经开区云大西路桥下断面、官渡区宝丰村入湖口断面 6 个断面均达标，不需缴纳补偿金。从 2017 年 7 月 1 日起，昆明开始在出入草海的 5 条河道（除新运粮河及支流西边小河）开展河道生态补偿，具体为王家堆渠、乌龙河、大观河、西坝河、船房河 5 条出入滇池河道、8 个考核断面。开展生态补偿工作 1 个月后，核算结果显示，王家堆渠西山区车家壁岔沟入湖口断面氨氮监测值为 7.65 毫克/升，超标值为 5.65 毫克/升；总磷监测值为 0.419 毫克/升，超标值为 0.019 毫克/升；时段水量为 52.9 万立方米，西山区政府需向市政府缴纳补偿金 173.591 万元。乌龙河西山区西南建材市场东门桥头断面氨氮监测值为 2.02 毫克/升，超标值为 0.52 毫克/升，时段水量为 149 万立方米，西山区政府需向市政府缴纳补偿金 15.651 万元。大观河西山区鸡鸣桥断面氨氮监测值为 2.242 毫克/升，超标值为 0.742 毫克/升，时段水量为 762 万立方米，西山区政府需向下游五华区政府缴纳补偿金 126.7636 万元。大观河五华区环西桥东侧断面、西山区航运公司码头旁入湖口断面、西坝河西山区新河村入湖口断面、船房河西山区船房河与广福路交汇处桥下断面、度假区船房五社桥头断面 5 个断面均达标，不需缴纳补偿金。①

---

① 张小燕：《8 条河需缴生态补偿金 3035 万余元》，http://finance.yunnan.cn/html/2017-09/12/content_4936638.htm（2017-09-12）。

第三编

云南省生态文明排头兵

建设实践篇

党的十七大、十八大以来，生态文明建设的具体工作在我国全面展开。云南生态文明建设的具体实践主要是在国家政策、规划的指导下，根据云南实际开展对生态环境的治理、修复、监测保护，包括大气环境、水环境、土壤、森林、生物多样性保护等方面，并创建生态文明教育基地。利用云南所处的地理优势，与南亚、东南亚等国及其他省市等开展国际和国内生态文明交流及合作。

生态监测是有效保障生态文明建设得以有效贯彻落实的可靠保障，生态监测的雏形则是环境监管，2015 年之前，生态环境的监督、监测依赖于人，从 2016 年开始，生态监测则由人逐步转向信息技术，2017 年 2 月中旬，云南省政府办公厅印发《云南省生态环境监测网络建设工作方案》，全面推进全省生态环境监测网络建设，为云南省成为全国生态文明建设排头兵形成重要支撑。根据《云南省生态环境监测网络建设工作方案》，全省生态环境监测网络建设要实现生态监测的信息化，推动污染物、自然保护区、县域生态环境状况、滇池水污染、污水处理、水土保持状况、水电站生态流量、湿地生态等监测、评价、预测、预报等监督管理工作。但距离全省建成生态环境监测网络和生态环境监测大数据平台，还有待加强。

生态文明宣传与教育方面，主要是大力创建"绿色学校""绿色社区"等活动，深入企业、社区、学校、农村、机关等各部门，采取培训、电视、网络、宣传栏、微信平台、展板、知识竞赛等多种方式，开展形式多样的生态文明宣传与教育活动，并建设生态文明教育基地。2016 年 1 月 17 日，在全省林业局局长会议上，云南省林业厅向 4 家单位授予"云南省生态文明教育基地"牌匾。中科院昆明动物研究所动物博物馆、普者黑国家湿地公园、景东无量山哀牢山国家级自然保护区、弥渡密祉太极山风景名胜区等 4 家单位分别于 2014 年初提出创建"云南省生态文明教育基地"；2017 年 2 月 10 日，在云南省林业局局长会议上，省林业厅、省教育厅、共青团云南省委共同授予西南林业大学、昆明市西山林场、东川区汤丹镇小龙潭公园、陆良县花木山林场、临翔区五老山森林公园、永德大雪山国家级自然保护区 6 家单位"云南省生态文明教育基地"称号并授牌。

在生态文明交流与合作方面，云南地处我国西南边疆，与越南、老挝、缅甸相邻，是面向南亚、东南亚的辐射中心，优越的地理位置决定了云南在生态文明交流与合作中发挥的重要作用。2016 年 12 月 2—5 日，由中国生态文明研究与促进会、北京生态文明工程研究院担任指导单位，由云南大学和中国科学院昆明分院联合主办的"屏障与安全：云南生态文明区域建设的理论与实践"高端学术论坛分别在昆明和保山召开。此外，也有云南省内的生态文明交流与合作，2016 年 10 月 24 日下午，云南省政协常委、九三学社云南省委巡视员、副主委周勇率课题组一行，在保山市环境保护局三楼会议室召开云南省环境保护厅生态环境保护智库调研座谈会。

综上，云南生态文明建设在具体实践中取得了很好的成效，对于云南争当生态文明排头兵具有重要作用，推动了我国生态文明建设的进程。

第一章 云南省生态监测建设事件编年

第一节 云南省生态监测建设（2016 年）

2016 年 2 月 22 日，云南省水土保持生态环境监测总站召开全体职工会议，安排布置 2016 年的重点工作任务。李叔东站长对抓好全省水土保持监测规划等前期工作、监测站点运行管理、监测站点建设、水土保持管理信息系统建设、生产建设项目水土保持监测管理、全省土壤侵蚀遥感调查、水土保持公报编制、党建及党风廉政建设等 10 项重点工作任务进行了责任分解，落实了责任领导、责任科室及责任人，要求各责任人要进一步细化相关措施，做好计划安排，确保工作任务顺利推进、圆满完成。李叔东还要求大家切实增强工作责任感，以崭新的精神面貌开启新一年的监测工作，确保云南省"十三五"期间水土保持监测工作开好局、起好步，实现云南省水土保持监测事业行稳致远跨越发展。[①]

2016 年 3 月 17 日上午，德宏傣族景颇族自治州盈江县水利局第二次召开辖区内水电站生态流量在线监测系统建设的工作会议。会上，盈江县水政监察大队大队长李立仲

[①] 云南水利厅：《省水土保持生态环境监测总站召开 2016 年重点工作任务安排布置会》，http://www.wcb.yn.gov.cn/arti?id=56362（2016-03-10）。

传达了《关于开展德宏傣族景颇族自治州水电站生态流量在线监测系统建设的通知》和德宏傣族景颇族自治州人民政府办公室第 668 号文件精神。要求水电站生态流量在线监测系统安装期限统一在 5 月 31 日汛期到来之前建设完成。并强调，一是为维护河道生态平衡，必须按要求下泄生态水，确保河道不断流。二是按时缴纳水资源费及规范缴纳时间。同时，水政监察大队向参会人员下发水法律法规宣传册 200 余份。德宏傣族景颇族自治州水文水资源局工作人员和盈江县移动公司工作人员分别介绍相关建设内容，并与参会人员进行交流和讨论。对电站业主提出的问题做了一一的解答。参加此次会议的有盈江县水利局水政监察大队、德宏傣族景颇族自治州水文水资源局、盈江县辖区内运行发电的 77 家电站业主、盈江县移动公司及相关工作人员 50 余人。①

2016 年 3 月 10 日，云南省环境保护厅对大理白族自治州祥云县进行县域生态环境质量考核。云南省环境保护厅厅长助理郭庆荣同志、云南省环境监测站生态室主任赵祖军同志、云南省环境保护厅监测处主任科员杨发昌同志、县域生态环境质量考核现场核查技术组成员李琴同志抵达祥云县，对祥云县域生态环境质量考核进行现场核查。同行的还有大理白族自治州环境保护局副局长谢宝川同志、大理白族自治州环境保护局监测科科长赵毅同志。在祥云县 2016 年县域生态环境质量考核现场核查工作汇报会上，祥云县常务副县长李斌同志向郭庆荣助理汇报了 2015 年祥云县生态环境工作情况。祥云县环境保护局、财政局、林业局等相关单位的主要领导做了补充发言。郭庆荣助理及其他省环境保护厅领导详细询问了祥云县生态文明乡镇创建、饮用水源地保护及工业园区污水处理等情况。会后，郭庆荣助理一行在祥云县常务副县长李斌同志、祥云县环境保护局局长李德明同志的陪同下，到祥云县象鼻水源地污染防治工程现场进行视察。在施工现场，李德明同志向省环境保护厅领导详细介绍了工程进展情况。郭庆荣助理表示省环境保护厅将继续支持祥云生态环境保护工作，他希望祥云县能进一步抓好饮用水源地保护工作和环境监测能力建设工作，使用好生态转移支付资金，为云南省争全国生态文明建设排头兵做出应有贡献。②

2016 年 4 月 18 日，长江流域水土保持监测中心站高级工程师刘丹同志、湖北省稀

① 思买玉：《盈江县水利局加强水电站生态流量在线监测系统建设》，http://www.wcb.yn.gov.cn/arti?id=56636（2016-03-21）。
② 大理白族自治州环境保护局：《云南省环境保护厅对祥云县进行县域生态环境质量考核》，http://www.ynepb.gov.cn/zwxx/xxyw/xxywrdjj/201603/t20160328_150990.html（2016-03-28）。

归县水土保持监测站彭业轩站长、云南省水土保持生态监测总站郑福然同志，三人一行到云南省大春河水土保持生态科技示范园水土流失监测点进行年度监测工作检查。检查组检查了自动气象站观测设备、水土流失人工模拟降雨实验室、水土流失监测设备和各种试验仪器，对监测台账及记录本、监测数据存储及整理的情况、径流监测小区以及泥沙收集池、积流槽、石漠化试验小区等所有观测设施进行检查，并在现场进行了质询和监测操作指导。现场检查后，检查组组织召开了检查工作意见反馈会，各位领导和专家轮流发言，对监测工作开展以来所取得的成果进行了肯定，认为云南省大春河水土流失监测点基本可以达到度汛要求，同时也指出了现阶段存在的各种问题和不足。针对不足之处，晋宁县水务局将在今后工作中逐步进行整改和完善，进一步提高监测水平、开展好监测点的监测工作。①

2016年5月4日，云南省水土保持生态环境监测总站召开2016年安全生产专题会议。会上传达了省水利厅2016年第二次安全生产领导小组会议精神，通报了总站第一季度安全生产实现良好、稳定开局的情况。分管安全生产的副站长从抓好安全责任书的落实、进一步完善安全管理制度、加强监测站点的安全生产工作检查、持续做好办公场所的安全巡查制度、抓好车辆安全运行管理和积极开展好安全生产月活动等方面，对下一步的安全生产工作进行布置和提出要求。李叔东站长强调，一是要提高安全生产意识，思想、行动不动摇、不松懈。二是要加强组织领导，进一步落实安全生产责任。三是要突出重点，加强监测站点、办公场所、交通方面的安全生产隐患排查治理。四是要全面深入做好汛前监测站点安全生产检查。五是完善突发事件的应急预案。②

2016年5月25—30日，云南省水土保持监测总站检查组对楚雄彝族自治州大姚县鲁村等七个水土保持监测点安全生产及运行管理工作进行检查。检查组深入监测点，现场逐一查看各监测点设施设备，并就监测安全责任落实、安全制度建立及执行、监测设施设备安全运行、安全生产措施落实及运行管理等方面进行全面疏理检查，仔细排查安全隐患，指出存在问题并限时整改，对重点部位、重要设施、主要时段、关键环节安全生产及运行管理工作提出了详细要求，确保监测点各项工作安全有序开展。

---

① 晋宁县水务局：《长江流域水土保持监测中心站到大春河水土保持生态科技示范园进行年度监测工作检查》，http://www.wcb.yn.gov.cn/arti?id=57348（2016-04-29）。

② 云南省水利厅：《云南省水土保持生态环境监测总站召开2016年安全生产专题会议》，http://www.wcb.yn.gov.cn/arti?id=57586（2016-05-13）。

楚雄彝族自治州水务局水土保持生态环境监测站及相关县（市）水务局部分负责同志参加了检查。①

2016 年 6 月 22 日，云南省水土保持生态环境监测总站领导检查红河哈尼族彝族自治州石屏县异龙湖弥太柏小流域水土保持生态环境监测站点建设。在听取石屏县水务局对项目建设进展情况汇报后，总站领导对项目建设提出六点要求：一要严格按照水利建设程序规范，稳步推进工程建设。二要加强廉洁自律建设，管好、用好项目资金，确保基层干部会干事、干好事、不出事。三要进一步规范监测点集流池等观测设施建设和安全防护警示标志设置。四要按照观测要求落实监测人员，加强培训，提高素质，确保正常观测和监测数据、成果质量。五要建立健全监测点的运行管理制度，强化安全生产建设。六要进一步完善监测点的资产归属和管理。②

2016 年 7 月 26 日，文山壮族苗族自治州水土保持生态环境监测站经州委机构编制办公室批准设立，填补了全州水土保持生态环境监测监控的空白，为全州水土保持监测、评价、预测、预报等监督、管理工作奠定了基础。文山壮族苗族自治州水土保持生态环境监测站，隶属于文山州水务局，是公益一类科级事业单位，编制 8 人，是云南省第 14 个水土保持生态环境监测分站。其主要职责为：负责编制全州水土保持生态环境监测规划和实施计划，承担水土保持生态环境监测和预测预报任务；负责全州水土保持生态环境监测网络建设，指导各县水土保持生态环境监测工作；负责对州内水土保持监测成果进行技术鉴定、质量认证和管理工作，承担水土保持科研和新技术的引进推广，开展相关业务培训；参与水土保持执法工作，参与水土保持补偿费的征收和管理使用；承担开发建设项目水土保持方案的技术评审工作，参与开发建设项目水土保持设施验收工作；承担州水务局交办的相关工作，接受上级部门的业务监督和指导。③

2016 年 9 月 21—22 日，为规范全省湿地生态监测和管理，加强湿地监测站、点能力建设，云南省林业厅在丘北举办了湿地生态监测培训。2016 年启动监测工作的大山包、拉市海、碧塔海 3 处国际重要湿地和洱源西湖、普者黑、普洱五湖 3 处国家湿地公

---

① 云南省水利厅：《省水土保持生态环境监测总站检查楚雄州水土保持监测点安全生产及运行管理工作》，http://www.wcb.yn.gov.cn/arti?id=58043（2015-06-25）。

② 周永伟：《省水土保持生态环境监测总站领导检查石屏县异龙湖弥太柏小流域水土保持生态环境监测站点建设》，http://www.wcb.yn.gov.cn/arti?id=58379（2016-06-30）。

③ 云南省水利厅：《文山州水土保持生态环境监测站获批准设立》，http://www.wcb.yn.gov.cn/arti?id=59230（2016-08-17）。

园管理机构监测人员，以及有关州、市林业局湿地办（中心）负责人和技术人员共 40 余人参加培训。为保证培训质量，省林业厅邀请了湿地植物、湿地动物、湿地土壤、水文、水质、保护状况、监测数据管理等领域的专家就首批开展的 37 项监测指标进行了理论阐释和操作培训。此次培训注重监测操作，具有较强的系统性，对规范开展监测奠定了坚实基础。①

　　2016 年 9 月 26 日，云南省环境保护厅、财政厅于在昆明联合举办全省 2016 年国家重点生态功能区县域生态环境质量监测、评价与考核工作培训班，迅速部署全省年度考核工作。全省纳入国家考核的 38 个县（市、区）人民政府分管领导、环境保护局负责人及具体负责考核工作人员共 180 余人参加了培训。会议全面总结近些年考核工作情况，通报 2015 年考核结果，详细解读生态功能区转移支付政策、考核指标体系、实施细则、考核程序等。针对考核工作时间紧、任务重、考核内容变化多等特点，安排部署了全省 2016 年考核工作，提出 6 个方面具体工作要求，并重点对今年新纳入考核的巧家、大关等 15 个县进行了业务指导。会议要求纳入国家考核的 38 个县（市、区）高度重视考核工作，深刻认识当前形势下考核工作的重要意义，认真学习领会考核内容。作为考核责任主体的县级人民政府要认真组织实施，全面统筹各部门工作，完善工作机制，狠抓自查质量，强化考核基础，做好考核保障，并严格执行考核各阶段时限要求，全力以赴做好年度考核工作。培训班的举办，为纳入国家考核的各县（市、区）及时了解考核工作新形势新要求、新变化，交流工作经验，落实工作措施提供了便利，为顺利完成 2016 年我省国家重点生态功能区县域生态环境质量监测、评价与考核工作奠定了良好基础。②

　　2016 年 12 月 28 日，玉溪市元江县人民政府在政府四楼会议室组织召开 2017 年县域生态环境质量监测与评价考核工作推进会。县环境保护保局、县工信局、县财政局、县国土资源局、县住建局、县农业局、县林业局、县水利局、财政局、县统计局各相关职能部门分管领导及业务人员参加会议。元江县人民政府瞿瑞副县长出席会议并做了讲话。会上，县环境保护局传达了省、市 2017 年县域生态环境质量监测评价与考核工作

---

① 李玲芬：《我省湿地生态监测培训圆满结束》，http://www.ynly.gov.cn/yunnanwz/pub/cms/2/8407/8415/8494/8501/108587. html（2016-09-26）。

② 云南省环境保护厅监测处：《迅速部署　狠抓落实　云南省全面启动 2016 年国家重点生态功能区县域生态环境质量监测评价与考核工作》，http://www.ynepb.gov.cn/zwxx/xxyw/xxywrdjj/201609/t20160927_160252.html（2016-09-27）。

会议精神，通报了 2016 年元江县重点生态功能区县域生态环境质量考核结果，并做了考核工作业务培训，进一步明确考核工作时间节点和数据填报要求。元江县人民政府副县长瞿瑞强调，各部门要高度重视县域生态环境质量考核工作，加强部门联动配合，准确把握时间节点，严格按照会议和规范要求，按程序及时报送考核资料，确保元江县县域生态环境质量考核工作顺利通过。①

第二节　云南省生态监测建设（2017 年）

2017 年 2 月中旬，云南省政府办公厅印发《云南省生态环境监测网络建设工作方案》（以下简称《方案》），全面推进全省生态环境监测网络建设，为云南省成为全国生态文明建设排头兵形成重要支撑。《方案》指出，到 2018 年，云南省将初步建成覆盖全省国土空间，全面涵盖环境质量、重点污染源和生态环境状况各要素的生态环境监测网络，构建生态环境监测数据网络和质量管理体系，实现各级各类监测数据互联共享，统一发布生态环境监测信息，监测监管有效协同联动。到 2020 年，全省基本建成生态环境监测网络和生态环境监测大数据平台，生态环境监测立体化、自动化、智能化水平明显提升，生态环境监测数据得到充分运用，生态环境预报预警能力显著加强，各级各部门监测事权明晰，监测市场体系健全，各项保障机制与生态环境监测网络职责、功能和作用相适应，全面建成各环境要素统筹、信息共享、统一发布、上下协同的全省生态环境监测网络。根据《方案》规定，云南省生态环境监测网络建设包括：优化完善环境质量监测网络，建设涵盖全省大气、水、土壤、噪声、辐射等环境要素，形成统一规划、布局合理、功能完善的全省环境质量监测网络；建立完善生态环境状况监测网络，以卫星、无人机遥感监测和地面生态监测等为主要技术手段，建设完善自然保护区、森林生态区、石漠化区、生物多样性保护优先区等重点保护区域的生态环境状况监测网络。建设覆盖全部州市、重要江河湖泊水功能区、水土流失防治区的水土流失监测

---

① 玉溪市环境保护局：《元江县召开 2017 年县域生态环境质量监测评价与考核工作推进会》，http://www.ynepb.gov.cn/zwxx/xxyw/xxywzsdt/201612/t20161230_163846.html（2016-12-30）。

网络；健全完善污染源监测网络，国家、省级重点监控排污单位必须建设稳定运行的污染物排放在线监测系统，州市和县级重点监控排污单位要积极建设稳定运行的污染物排放在线监测系统。省级以上工业园区要建设特征污染物在线监测系统，密切关注重点污染物的变化情况，污染物排放在线监测系统将实现全省联网。同时，《方案》提出，建立生态环境监测信息互联共享和统一发布机制，优化完善生态环境监测数据采集、传输及共享等机制，建设全省生态环境监测数据传输网络和大数据平台，实现各级各类环境监测数据的有效集成、互联共享。加强生态环境监测数据资源开发与应用，开展大数据关联分析，为生态环境保护决策、管理和执法提供数据支撑。进一步强化和完善体制建设，加强环境管理与风险防范，构建生态环境监测与监管联动机制，健全生态环境监测管理制度与保障体系，充分发挥生态环境监测在经济社会和生态文明建设中的支撑作用。[①]

2017年4月初，曲靖市出台《生态环境保护督察督办与通报制度（试行）》，进一步加大对生态环境保护决策部署落实情况的督察督办力度，推动全市生态文明建设和环境保护。生态环境保护督察督办内容为：各县（市、区），曲靖经济开发区，市直有关部门对国家、省、市关于生态环境保护的重大决策部署的落实情况；中央和省、市开展环境保护督察反馈意见整改落实情况；市委、市政府领导批示要求整改的生态环境保护问题；市环境保护局开展工作中发现的需进一步整改的生态环境保护问题；经群众举报或新闻媒体曝光、需各督办对象进行整改的生态环境保护问题；市人大代表、市政协委员提案中要求各督办对象整改的生态环境保护问题。成立市委、市政府生态环境保护督察组，定期或不定期组织开展全市生态环境保护督察、督办工作。采取听取汇报、调阅资料、走访问询、个别谈话和现场检查等方式开展督察，形成《生态环境保护督察专报》，报市委、市政府批准后，向督察对象反馈督察意见。对督察过程中发现的问题进行督办，根据督察意见建立《生态环境保护问题办理事项督办工作台账》，明确责任单位、整改内容、办理时限，并对问题登记编号，实行动态管理和"问题办结销号制"，办结一项，销号一项。对列入督办的内容制发《生态环境保护督察督办事项通知单》，督办对象在收到《生态环境保护督察督办事项通知单》15日内，向市环境保护督察办报送办理结果，并抄报市委督查室和市政府督查室，不能及时办结的，报送《整改方

[①] 胡晓蓉：《我省全面构建生态环境监测网络》，《云南日报》2017年2月12日。

案》，此后每月 5 日前以续报方式定期上报进展情况，直至办结。对已经办结的事项，市环境保护督察办适时组织开展"回头看""再督察"，确保督办事项整改落实到位。将通报结果纳入市委、市政府综合考核，并作为评先评优和领导干部选拔任用的依据。生态环境问题十分突出、生态环境质量明显恶化、连续 2 年达不到国家、省、市重点任务目标考核要求的，由市委、市政府约谈该县（市、区）党政主要负责人。督察中发现党政领导干部在生态环境保护方面存在不作为、乱作为甚至失职渎职、滥用职权等问题的，按程序将问题线索移交纪检监察机关处理。①

2017 年 3 月 14 日，迪庆藏族自治州结合实际，出台了《迪庆藏族自治州 2017 年生态环境监测工作实施方案》。建立政府主导、部门协同、社会参与、公众监督的生态环境监测、监管体系，推动全州环境监测到 2020 年基本形成天地一体、上下协同、信息共享的生态环境监测网络，为努力争当全国生态文明建设排头兵提供有力保障。据悉，迪庆藏族自治州从环境质量监测、生态监测、污染源监测、专项监测、环境监测质量控制与保证 5 个方面完善生态环境监测网络。并对空气质量、地表水饮用水源地水质、土壤环境质量、声环境质量、重点污染源、跨界水体水质联合监测、国家重点生态功能区县域生态环境质量监测等 12 个项目进行监测。在重要生态功能区、生态保护红线管控区和其他需要特别保护的生态环境区域全面布设监测点位，形成涵盖大气、水、土壤、噪声等生态环境要素，覆盖全州、布局合理、分工明确、重点突出的生态环境监测体系。《迪庆藏族自治州 2017 年生态环境监测工作实施方案》还突出构建测管联动、依法追责的生态环境监测机制。开展生态环境同步监测与执法，建立监测监管联动快速响应，进一步加大执法力度；通过健全污染源监测机制，强化重点区域环境自动监测建设和实时监管，提升常态化监测、监管能力；落实监测数据质量控制与管理制度，为生态文明建设考核问责提供技术支撑。根据《迪庆藏族自治州 2017 年生态环境监测工作实施方案》，迪庆藏族自治州将进一步加强生态监测与评估。对重要生态功能区、生态敏感区和脆弱区及重点保护区域和禁止开发区开展生态监测与评估；同时推动实现信息集成共享，将环境质量、污染源、生态状况监测数据统一上传至上级生态环境监测信息数据平台，构建生态环境监测数据有效汇聚，提升预报预

---

① 曲靖市环境保护局：《曲靖出台最严〈曲靖市生态环境保护督察督办与通报制度（试行）〉》，http://www.ynepb.gov.cn/zwxx/xxyw/xxywzsdt/201704/t20170406_166740.html（2017-04-06）。

警防范能力。[①]

2017 年 3 月 30 日，云南省环境监测中心站党委副书记、纪委书记吕义舜率考核组对楚雄彝族自治州永仁县县域生态环境质量监测评价与考核工作开展现场核查。永仁县人民政府副县长罗德宝，县财政局、县环境保护局、县经信局、县林业局等相关部门负责人陪同核查。核查组听取了永仁县县域生态环境质量监测考评与考核工作情况的汇报，并与参会部门交流座谈，还实地查看了永仁县环境监测站、永仁县城污水处理厂、永仁哲林实业有限公司。核查组结合工作汇报、台账资料、实地检查等情况，从"有想法、有办法、有力度、有效果"四个方面肯定了永仁县生态环境保护建设工作的成绩，认为这一成绩的取得得益于县委、县政府的高度重视和各部门的密切配合。最后考核组提出三点建议：一是提高认识，进一步学习领会县域生态环境质量监测评价与考核工作相关规定和工作要求，为下一步我县进入国家县域生态环境质量监测评价与考核奠定基础。二是加强沟通协调，特别是加强与省环境保护厅、财政厅等各部门的沟通、协调，才能更好把握工作重点，把永仁县县域生态环境质量工作提升到一个新的台阶。三是全县各级各部门认真落实好环境保护主体责任，全面加强城乡环境综合治理，把绿色发展和生态文明建设贯穿到全县经济社会发展全过程，全面提升县域生态质量。[②]

2017 年 4 月 12 日，2017 年昆明市环境保护工作会议暨中央环境保护督察反馈意见整改工作推进会召开，会上总结了 2016 年的环境保护工作，部署了 2017 年的环保工作。2016 年，昆明市完成《生态保护红线划定工作方案》《滇池流域地区"多规合一"规划》等 12 项改革工作；石林彝族自治县创建国家级生态县通过考核验收；五华区、盘龙区等 10 个县区成功创建云南省生态文明县并获得省政府命名；全市累计创建成 36 个国家级生态乡镇（街道）、71 个省级生态文明乡镇、2 个国家级生态村、24 个省级生态文明村、1120 个市级生态村、406 所市级绿色学校、168 个绿色社区、28 个环境教育基地和 137 家"宁静小区"。2016 年昆明主城空气质量达国家二级标准要求，优良率达 98.9%，其中优级天数为 146 天，空气质量在全国 74 个城市排名第九，在省会城市排名第三，是全国唯一进入前十名的内陆城市。全市水环境质量持续改善，滇池水质

---

① 李玉芳、余丰龙：《迪庆州出台生态环境监测方案构建测管联动机制》，http://diqing.yunnan.cn/html/2017-03/15/content_4759766.htm（2017-03-15）。

② 余兴亮：《省县域生态环境质量考核现场核查组到永仁进行现场核查》，http://www.ynepb.gov.cn/zwxx/xxyw/xxywzsdt/201704/t20170407_166800.html（2017-04-07）。

从劣Ⅴ类好转为Ⅴ类，阳宗海湖体水质恢复到Ⅲ类，牛栏江出境断面（河口）平均水质Ⅱ类，达到Ⅲ类水保护目标。①

2017年9月1日，云南省环境保护厅环境监测处、云南省环境监测中心站主要负责人到云南省水利厅水资源处、云南省水文水资源局就全省水环境监测网络建设、河长制对水质监测的需求、水质自动站建设、水环境监测评价技术方法和监测数据共享等事宜进行磋商。参会各部门负责人分别就全省水表水（含河流、湖库）和集中式饮用水源地水质监测网络建设情况、河长制对水质监测的需求、水质自动站建设情况、水质监测和评价的方法差异、下一步水质监测资源共享和监测数据共享等进行广泛交流。大家一致认为水环境监测是生态环境监测网络的重要组成部分，是生态文明建设的重要支撑。建设高效、智能化、自动化并覆盖全省水域的水环境监测网络，及时提供准确、可靠、统一的监测数据，是贯彻国务院《生态环境监测网络建设方案》和云南省政府《云南省生态环境监测网络建设工作方案》，展示云南省争当生态文明建设排头兵建设成效的具体举措，更是实行最严格水资源管理制度和河长制根本技术保障。环境保护厅和水利厅要发挥各自水质监测的优势，统一监测和评价标准、统一信息发布标准，在水质监测上，实现监测数据共享，共同推进水质自动站建设，积极推动云南省水环境监测网络建设，为云南省成为全国生态文明建设排头兵做出贡献。会议明确要求，云南省环境监测中心站和省水文水资源局作为技术支撑单位，应进一步拟定合作和共享的具体内容，提出水质监测点位统一、监测和评价标准统一、信息发布统一、数据共享的具体实施内容，建立两厅信息、数据的交换会商常态化机制。强强联合，更好地为水环境管理发挥技术支撑和保障作用。②

2017年9月5日上午，环境保护部政策法规司王夙理巡视员一行5人到云南调研《环境损害鉴定评估推荐方法（第Ⅱ版）》《生态环境损害鉴定评估技术指南总纲》《生态环境损害鉴定评估技术指南损害调查》等技术文件在云南省的实际运用情况及效果。会上，参会各部门和各鉴定机构分别结合自身工作实际情况，对文件涉及的问题进行了交流发言。王夙理指出，各参会人员的发言立足工作实际提出了很多有建设性的建

---

① 李婧：《2016年昆明空气质量全国排名第9 省会城市排名第3》，http://kunming.yunnan.cn/html/2017-04/13/content_4790370.htm（2017-04-13）。

② 云南省环境保护厅监测处：《云南省环境保护厅与省水利厅会商水质合作共享机制，加快推进水环境监测网络建设》，http://www.ynepb.gov.cn/zwxx/xxyw/xxywrdjj/201709/t20170908_172149.html（2017-09-08）。

议，为环境损害鉴定评估相关技术文件的制定修改提供了很大帮助，为推进全国生态环境损害赔偿工作也提供了很多很好的实际操作经验。下一步环境保护部将结合调研掌握的相关情况对有关文件作进一步修改完善。云南省环境保护厅政策法规处、监测处，云南省环境监测中心站、云南省环境科学研究院、云南省固体废物管理中心和昆明环境污染损害司法鉴定中心、云南德胜司法鉴定中心、云南农业科学院司法鉴定中心、云南濒危物种科学委员会司法鉴定中心相关负责人参加了会议。会议由环境保护部政策法规司季林云副处长主持。①

---

① 云南省环境保护厅法规处：《环境保护部环境损害鉴定评估工作调研座谈会在云南召开》，http://www.ynepb.gov.cn/zwxx/xxyw/xxywrdjj/201709/t20170906_172005.html（2017-09-06）。

第二章　云南省生态治理与修复建设事件编年

　　生态文明建设的基本着力点则是统筹和协调好人与自然的关系，加强环境建设和生态治理，保护好水源、森林、湿地、沙漠等自然生态系统，构建结构合理、功能协调的生态体系是生态文明建设的基本内容。要建设生态文明社会，就要建立一种新的人与自然和谐相处的可持续发展模式，用生态文明调解人与自然之间的关系，调节人的行为规范和准则，加强对生态环境的关怀，使生态治理与修复成为生态文明建设的重要内容。①

　　2016—2017 年，云南省在农村环境综合整治、湿地保护、九大高原湖泊环境治理、环境卫生整治、流域治理、天然林保护、城乡地质环境整治、退耕还草、农业面源污染防治、水污染综合防治、石漠化治理、水土保持、河道生态绿化、陡坡地生态治理、生态补水等方面在 2016 年之前建设的基础上开展更为科学、系统、时效的一系列修复和治理工作。例如，2016 年 8 月 15 日，丽江市启动以"加强农村环境综合整治，推动农村饮用水问题解决"为主题的 2016 年丽江环境保护世纪行活动；2016 年 11 月 19 日，西南林业大学与中国林业科学研究院签订校院战略合作协议，并合作共建石漠化研究院，为西南石质荒漠化治理、水土流失控制、脆弱生态系统恢复提供科技、人才支持

---

① 洪富艳：《生态文明与中国生态治理模式创新》，北京：中国致公出版社，2011 年。

及科技服务。生态治理与修复是确保生态文明建设实践工作是否落实到位的核心所在，对于进一步推动我国生态文明建设具有现实意义。

第一节　云南省生态治理与修复建设（2016 年）

2016 年 1 月上旬，云南省九大高原湖泊水污染综合防治领导小组暨滇池保护治理工作会在昆明召开。时任云南省长陈豪在会上强调，坚持绿色发展理念，以更加科学的理念、更加务实的作风、更加有力的措施，坚定不移、毫不松懈地抓好"十三五"期间九湖保护治理工作，确保九湖生态环境逐步走向生态健康。陈豪指出，"十二五"期间，云南省九湖水环境综合治理初见成效，但是，污染防治和保护工作面临的形势仍然十分严峻，任务依然十分艰巨。陈豪强调，当前九湖治理正处于一个重大机遇期，要进一步增强紧迫感、责任感和使命感，切实提高九湖治理的科学性、系统性和有效性，以最严格的保护措施、最严格的执法监督、最严格的责任追究，抓好九湖保护治理工作。陈豪要求，科学谋划、统筹推进好"十三五"时期九湖保护治理，要重点抓好 7 个方面的工作：一是科学规划，合理确定治理目标，确保完成国家确定的目标任务，消灭劣Ⅴ类水体。二是坚持问题导向，明确保护治理任务，实施精准治理，改善水环境质量，提升生态系统功能。三是创新方式，拓宽投融资渠道。四是优化格局，强化空间管控。五是严格管理，加强监督和考核。六是倡导公众积极参与，形成九湖流域环境保护的合力。七是巩固成果，扎实做好滇池治理，争取早日让滇池重新焕发出"高原明珠"的魅力。①

2016 年 1 月 30 日，大理市生态文明建设成果显著。"十二五"期间，洱海水质累计 30 个月达到Ⅱ类，比"十一五"期间增加 9 个月；森林覆盖率从 54.99%提高到 57.14%；城市建成区绿地率从 29.37%提高到 32.2%，绿化覆盖率从 34.77%提高到 37%，人均公园绿地面积从 7.01 平方米增加到 9.37 平方米；建成省级生态乡镇 8 个；万元生产总值能耗下降 22.6%，超额完成"十二五"节能减排任务。为深入贯彻落实习近

---

① 蒋朝晖：《云南省长陈豪部署"十三五"九湖保护工作坚持问题导向 实施精准治理》，http://www.ynepb.gov.cn/zwxx/xxyw/xxywrdjj/201601/t20160107_100919.html（2016-01-07）。

平总书记考察大理重要指示精神和时任云南省委书记李纪恒对洱海保护治理"在六个方面下硬功夫"的具体要求，大理市制定洱海流域水污染综合防治"十二五"规划、洱海生态环境保护试点计划和洱海保护治理"2333"行动计划，累计投入 23.55 亿元，大力实施"两污"治理、清水入湖和湿地修复工程。建成 6 座城市和集镇污水处理厂、42 座村落污水处理系统、10 座垃圾中转站、4 座畜禽粪便收集站和海东垃圾焚烧发电厂、顺丰有机肥加工厂，初步建立城乡一体化的垃圾收集清运处置体系；完成 1.54 万亩湿地修复和灵泉溪生态河道治理，启动北干渠和洱海环湖截污工程 PPP（政府和社会资本合作）项目；划定禁止和限量养殖区域，推广使用有机肥 2 万吨。在保护海西方面，云南省率先利用无人机航拍、卫星遥感监测、视频监控等高科技手段，对海西土地利用变化实施动态监测，查处违法图斑 442 个，清理违法违规占地 83.99 亩、建筑物 2.76 万平方米，划定 12 万亩基本农田和十八溪保护范围，建成海西区域村庄及农田生态林 103 千米，海西区域村庄无序外延扩张趋势得到遏制。同时，抓实森林资源管理和护林防火工作，完成营造林 19.45 万亩、退耕还林 4.13 万亩，"森林大理"建设初见成效。2016年，大理市将继续坚持绿色发展，全力抓好洱海保护，按照"管住当前、消化过去、规范未来"的思路和步骤，坚决打赢洱海流域环境综合整治攻坚战；持续加强海西保护，严把建设项目准入关，严控海西区域村庄无序外延扩张，全面加强海西区域基本农田保护；着力强化苍山保护，严格控制景区开发，筑牢苍山绿色生态屏障，提升苍山世界地质公园科学化、标准化、规范化管理水平；继续加强环境保护治理，加快推进垃圾焚烧处理厂、飞灰填埋场、污水处理厂污泥资源化利用和垃圾填埋场渗滤液处理等项目建设，鼓励发展低碳循环经济，加大落后产能淘汰力度，确保完成主要污染物总量减排和节能降耗目标。①

2016 年 2 月 26 日，红河哈尼族彝族自治州个旧市政府召开大屯海水生态系统保护与修复工程项目研讨会，对大屯海水生态系统保护与修复工程项目设计方案进行汇报讨论。云南省水利厅水资源处副处长潘学礼、个旧市副市长熊思铭、红河哈尼族彝族自治州水利局水资源科科长浦绍平及个旧市水务局、国土局、财政局、环境保护局、住建局、规划局等主要领导参加了讨论会。个旧市政府办公室副主任李春林主持会议。大屯海水库位于红河哈尼族彝族自治州中部，地跨个旧市和蒙自市，处于蒙开个—滇南中心

---

① 杨钰洁：《大理市生态文明建设成果显著》，《大理日报》2016 年 2 月 4 日，第 A2 版。

城市发展建设规划的范围。大屯海水库是红河哈尼族彝族自治州的能源、冶金、化工、和建材工业基地，是红河哈尼族彝族自治州重要的工业园区。保护大屯海水库水环境，科学合理利用大屯海水资源，是发展滇南中心城市的必然要求。2007 年至今，以大屯海重金属污染为代表的工业型污染成为影响大屯海水质的主要因素，因此大屯海片区被列入云南省 11 个国家级重金属污染重点防控区之一，严重制约大屯海水资源可持续利用及环绕大屯海建设发展滇南中心城市战略的实施。开展针对大屯海水生态系统保护与修复工作是十分迫切和必要的，同时对于大屯海水生态系统安全、防洪安全、供水安全，逐步改善水质，恢复环大屯海周边的优美环境，保障经济社会可持续发展具有重要意义。会上，设计方汇报了大屯海水生态系统保护与修复工程项目设计规划及进度。参会人员在听取汇报后，对设计方案提出了意见和建议。接下来，个旧市政府将根据各单位提出的意见和建议对方案进行修改，进一步完善大屯海水生态系统保护与修复工程项目，争取早日开工建设。①

2016 年 3 月 1 日至 3 日，云南省九湖办公室牵头，省环境保护厅、发改委、财政厅、审计厅、住建厅、水利厅领导及专家组成考核组到玉溪市考核"三湖"水污染综合防治"十二五"规划执行情况。玉溪市环境保护局、抚仙湖管理局领导及沿湖一区三县分管湖泊领导全程陪同考核。考核组采取实地抽查工程建成后运行情况和核查项目建设资料的方式分别对杞麓湖、星云湖、抚仙湖水污染综合防治"十二五"规划执行情况进行了考核，考核结果将在全省九大高原湖泊全部考核完成后统一公布。考核组对玉溪市在"三湖"在"十二五"期间做出的保护治理工作给予充分肯定，建议下一步做好建成项目的维护工作，确保正常运行。②

2016 年 4 月 10 日，大理市召开 2016 年生态文明建设暨洱海保护治理工作会议，全面贯彻落实大理白族自治州生态文明建设、洱海保护治理工作推进会部署要求，认真总结"十二五"时期及 2015 年洱海保护治理工作，分析"十三五"时期所面临的新形势、新任务，安排部署 2016 年重点工作。州委副书记、大理市委书记孔贵华在会上讲话时要求，为切实解决问题，全面抓好今年洱海保护治理各项工作，全市各级各部门要

① 罗云辉：《个旧市政府进一步完善"大屯海水生态系统保护与修复工程"项目》，http://www.wcb.yn.gov.cn/arti?id=56582（2016-03-18）。
② 玉溪市环境保护局：《省九湖办到玉溪市考核"三湖"水污染综合防治"十二五"规划执行情况》，http://www.ynepb.gov.cn/zwxx/xxyw/xxywrdjj/201603/t20160307_104167.html（2016-03-07）。

持续加大力度，务求取得实效。一是要在洱海保护治理重点项目建设上持续发力，全力保障环洱海截污PPP项目、河道治理、"三退三还"、环湖截污二期等项目顺利推进。二是要在洱海流域环境综合整治上持续发力，不折不扣推进违章建筑整治、违法排污整治、市场经营秩序整治、交通和消防安全隐患整治及"为官不为"整治。三是要在建立规范管理的长效机制上持续发力，建立村庄规划建设管理、综合执法、"三清洁"长效机制。四是要在预防蓝藻应急措施的落实上持续发力，抓紧现有村落污水收集处理系统建设，在雨季来临前，对现有的库塘以及洱海周边的排污口进行大排查，购置一批应急设备。五是要在落实各级责任上持续发力，切实落实好网格化管理责任制，村组、群众要发挥好主体责任，让每家每户都为洱海做几件事，让洱海更清，让群众受益。据了解，"十二五"以来，大理市制定了洱海水污染综合防治"十二五"规划，通过采取一系列切实有效的工程治理和管理措施，洱海水质已累计有 30 个月达到Ⅱ类，超过"十一五"期间Ⅱ类水质标准月份总数 9 个月，洱海保护治理工作取得阶段性成效。2016年，大理市将继续坚持以问题为导向，按照"四治一网"的工作思路，力争实现洱海水质总体稳定保持Ⅲ类，确保 6 个月、力争 7 个月达到Ⅱ类水质标准的目标。[①]

2016 年 4 月 27 日，抚仙湖北岸生态调蓄带二期项目正式开工建设，二期工程起点为许士营新村，终点为广龙小村，全长 5.05 千米，根据当前国家政策导向采用政府和社会资本合作的 PPP 模式建设管理。抚仙湖北岸生态调蓄带项目是一个集截污、调蓄、净化、回收利用和生态景观于一体的综合利用工程，在加强抚仙湖北岸水环境保护和水污染防治的基础上，利用污水置换上游水库灌溉用水，达到保护抚仙湖和节水减排的目的，同时形成环湖公路北岸的特色景观带。项目的实施将最大限度地削减入湖污染量，提高区域水资源循环利用率，确保抚仙湖北岸水生态安全。目前，项目一期（肖嘴新村至许士营新村 2.8 千米段）主体工程已建设完工，二期工程已经完成《实施方案》的编写、审议和招投标工作，现正在组建政府方与社会资本共同项目公司。[②]

2016 年 5 月 3 日，云南省环境监测中心站生态室赵祖军主任带队，一行 3 人深入泸水县就县域生态环境质量考核工作进行调研。怒江傈僳族自治州环境保护局张劲松副局长、泸水县人民政府副县长杨建梅陪同调研，调研组深入污水处理厂、垃圾处理厂查看

---

① 李锦芳、张雅雄：《大理市持续发力不断推进洱海保护治理工作》，《大理日报》2016 年 4 月 15 日，第 A1 版。
② 云南省水利厅：《抚仙湖北岸生态调蓄带二期项目开工建设》，http://www.wcb.yn.gov.cn/arti?id=57671（2016-05-19）。

现场，并召开座谈会听取汇报。泸水县环境保护局班子成员及县域生态环境质量考核工作领导小组成员单位负责人参加了座谈会。在座谈会上，杨建梅副县长代表县人民政府就泸水县县域经济社会发展、转移支付资金使用、生态环境保护制度建设、生态环境质量考核工作的组织管理及职责分工、考核工作数据填报的统一协调和质量把关、考核过程中存在的问题及对考核体系优化建议等方面向调研组进行了汇报。她着重强调，县域生态环境质量考核评价工作是一项开创性的工作，技术难度大，考核评价结果关系到中央财政对泸水县县域转移支付的资金力度，直接服务于国家管理需求，对提高生态补偿和保护效果具有重要意义。请求调研组在生态转移支付上给予倾斜、关心和支持，对考核工作给予技术指导。赵祖军主任对泸水县开展的国家重点生态功能区县域生态环境质量考核评价工作予以肯定，认为泸水县在考核评价工作上花了很大功夫，取得了良好效果，也为开展后续工作打下了坚实基础；同时对考核工作提出四个方面的要求：一要加强组织领导，健全机构。二要各成员单位坚定信心，统一思想，达成共识，共同推进县域生态环境质量考核评价工作，形成齐抓共管，多管齐下协调推进的工作局面。三要加强"两污"建设及生态工程建设。四要加快环境监测能力建设。泸水县 2015 年获得生态转移支付资金达 5001 万元。①

2016 年 6 月 15—17 日，环境保护部水环境管理司地表水处张震宇处长带队，对滇池保护治理工作及滇池流域水污染防治"十三五"规划编制工作进行调研。调研组实地察看了滇池保护治理情况，并召开滇池"十三五"规划编制座谈会，昆明市政府，云南省环境保护厅贺彬副厅长，云南省环境保护厅湖泊处、污染处主要负责同志参加了会议。会议听取规划编制组对滇池"十三五"需要解决的主要问题、目标、思路及滇池蓝藻治理的精细化管理、治理的效益、治理的资金筹措机制等落实情况的汇报。贺彬副厅长重点对如何落实环境保护部主要领导关于滇池治理的指示、"十三五"期间滇池投融资问题做了详细说明，并提出请求国家解决的有关事项。调研组对滇池保护治理工作取得的成效给予了充分肯定，并提出了"十三五"期间要通过前期科学预判，实现精细化治污和精准治污，提高投资效益的总体要求。②

---

① 怒江傈僳族自治州环境保护局：《省环境监测中心站深入泸水调研县域生态环境质量考核评价工作》，http://www.ynepb. gov.cn/zwxx/xxyw/xxywrdjj/201606/t20160608_154659.html（2016-06-08）。

② 云南省环境保护厅湖泊处：《国家环境保护部调研组来滇指导滇池"十三五"规划编制工作》，http://www.ynepb.gov. cn/zwxx/xxyw/xxywrdjj/201606/t20160621_155034.html（2016-06-21）。

2016 年 7 月 19 日，大理白族自治州洱源县水务局召开凤羽河生态河道工程征地专题会，总结前段时间征地攻坚行动取得的成效，交流工作经验，部署下一步征地工作。洱源水务局局长董占雄，凤羽镇主要领导、分管领导参加会议。会议听取各相关受益村村委会关于征地工作进展情况的汇报。会上，董局长再次强调了下一步工作重点，明确了时间节点，要求各相关受益村村委会要继续加大工作力度，力争按计划全面完成征地任务。最后，董局长肯定了各相关受益村村委会前段时间攻坚行动取得的成果，同时也指出，凤羽河生态河道工程征地已进入冲刺阶段，影响工程施工进度的关键，仍然是部分河道边不配合征地的农户，分管领导要想尽办法抓紧突破，尽快完成征地。他强调，一是思想上要高度重视，主要领导要带头，全身心投入。二是工作上要讲究方法。三是主管部门借力，裁决商谈同步推进，形成紧迫的征地氛围。四是要加强督查，确保完成征地任务。①

2016 年 8 月 15 日，丽江市启动以"加强农村环境综合整治，推动农村饮用水问题解决"为主题的 2016 年丽江环境保护世纪行活动，活动将持续到 11 月底。活动期间，丽江市将重点宣传新《环境保护法》，加大对生态文明制度建设、法治建设、农村生活垃圾处理、水污染治理等工作的宣传报道，推动丽江市农村环境综合整治和饮用水安全问题的解决。活动在丽江市启动后，各区县也将同期进行。据介绍，丽江市高度重视农村环境保护工作，编制完成了《丽江市农村环境综合整治规划》，同时积极争取中央和省级资金支持，以程海、泸沽湖、拉市海流域的高原湿地、传统村落为重点，深入实施农村环境综合整治示范工程。2015 年以来，该市对 10 个建制村开展了农村环境综合整治示范工程，争取到 1600 万元中央财政资金对 11 个传统村落开展环境综合整治。通过引入农村环境保护实用技术、实施农村饮用水源地污染防治、生活污水和生活垃圾收集处置、农村畜禽养殖污染防治等示范工程，进一步促进了农村人居环境好转。②

2016 年 9 月中下旬，云南省委书记陈豪率省级有关部门负责人赴大理白族自治州专题调研洱海保护治理和生态文明建设工作。他强调，要切实提高认识，增强忧患意识，担负历史责任，坚持新发展理念，把洱海保护治理、生态文明建设放在心上、落实在行

---

① 肖锦锋：《洱源县凤羽河生态示范河道工程征地进入冲刺阶段》，http://www.wcb.yn.gov.cn/arti?id=58883（2016-07-29）。
② 和茜：《丽江环境保护世纪行活动启动 推动农村饮用水问题解决》，http://lijiang.yunnan.cn/html/2016-08/16/content_4488849.htm（2016-08-16）。

动上，扎扎实实抓出成效，不辜负党中央和习近平总书记对云南的重托与厚望，不辜负全省各族人民的期盼。调研中，陈豪仔细了解大理白族自治州及大理市依法依规关停采石采砂场、全面加强洱海水源地保护的工作情况，实地查看洱海环湖截污工程、入湖湿地、入湖河口环境保护疏浚工程、污水处理设施等。陈豪指出，云南省生态脆弱，正处于加快发展关键时期，环境保护和生态修复任务艰巨，要科学规划，防止无序发展。陈豪强调，洱海是大理人民的生命之源，要切实把保护洱海的重任承担起来。要牢记习近平总书记的嘱托，加强责任落实，把洱海保护治理作为头等重要的大事抓好抓实；要全面加强洱海流域治乱治污和保护工作，杜绝粗放开采经营；要深入全面开展采石采砂场清查处置，加强监管，做到不打折扣、不留死角；坚决依法依纪查处违法违规人员，对失职渎职干部启动问责程序；要增强生态文明建设和环境保护责任担当，切实提高环境保护工作能力和水平；要以新发展理念抓好经济社会发展各项工作，用生态优先、绿色发展理念引领和贯穿保护、开发、发展各项工作全过程。"苍山洱海是大理的名片，也是云南的名片、中国的名片。保护苍山洱海，是我们的崇高责任。"陈豪要求，要保护好大理的绿水青山、蓝天白云，要按照建设国际一流旅游城市和保护历史文化名城的目标提升大理市规划水平，完善海东新区规划、降低建设密度，加大推进退耕还林等工作。①

　　2016 年 11 月 19 日，西南林业大学与中国林业科学研究院签订校院战略合作协议，通过建立校院战略合作机制，在合作共赢的基础上，双方将在人才培养、学科建设、团队建设、平台建设、联合申报项目等方面开展全方位合作，推动云南生态文明建设排头兵的建设，发挥科技在绿色发展领域内的支撑作用，提升西南地区石漠化治理及相关科研水平。此外，依托中国林业科学研究院荒漠化研究所的学科、科研、团队、人才、平台等方面的优势，结合西南林业大学在水土保持、石漠化治理、生态系统恢复等方面的科研基础与条件，双方将集中探讨石漠化水土过程机制、石漠化地质生物环境、石漠化植被生态环境与石漠化区域经济发展等社会关注问题和科研方向，为我国西南地区石质荒漠化治理、水土流失控制、脆弱生态系统恢复提供科技、人才支持及科技服务。中国林业科学研究院院长张守攻表示，通过双方的战略合作，可以为西南地区林业发展战略

---

① 蒋朝晖：《陈豪调研洱海保护治理和生态文明建设时强调　增强忧患意识　担起时代重任》，《中国环境报》2016 年 9 月 18 日。

和林业重大工程提供强有力的科技支撑，为加快石漠化治理、改善生态环境、维护生态安全、建设生态文明做出贡献。西南林业大学校长蒋兆岗指出，此次合作并共同组建石漠化研究院，将为西南地区林业发展，尤其是石漠化治理与脆弱生态系统恢复重建提供可行技术。①

　　2016年12月25—26日，水利部在腾冲市组织召开了云南省腾冲市国家水土保持生态文明综合治理工程专家评审会。水利部长江水利委员会、水土保持生态工程技术研究中心，国际泥沙研究培训中心，北京林业大学，北京师范大学，云南省水利厅等单位的专家参加了评审，腾冲市人民政府、保山市水务局及相关部门的领导和代表参加了会议。与会专家和代表考察了腾冲市水土保持生态建设现场，观看了创建工作专题片，听取了腾冲市申报国家水土保持生态文明综合治理工程的工作汇报。专家组认为，腾冲市长期以来高度重视水土保持生态文明建设，思路清晰，目标明确，机制完善，基础工作扎实，防治模式科学，建设成效显著，示范作用明显，达到了国家水土保持生态文明综合治理工程评定标准，同意通过评审。腾冲历届市委、市政府高度重视水土保持工作，一是将水土保持纳入国民经济和社会发展规划，建立了政府水土保持目标责任制，统筹管理，职责明确，形成了政府主导、部门协作、群众参与、共同建设的水土流失防治机制。二是坚持规划先行，综合治理。注重理念创新、模式创新，以小流域为单元，实施山、水、田、林、路、村综合治理。将水土保持与城市景观建设、美丽乡村建设、生态旅游、农业特色产业发展、森林腾冲建设、土地整治、矿山治理和地灾防治等有机结合，有力推进了腾冲市生态文明建设，对同类地区的水土保持生态环境建设具有明显示范带动作用。三是措施得力，效益显著。以水土资源保护和持续利用为基础，充分发挥区域特色和生态资源优势，特色产业、生态旅游业得到蓬勃发展，有效带动了区域经济增长，农民收入显著提高，人居环境得到明显改善，实现了生态系统良性循环和经济社会持续发展。注重总结与宣传，积极开展多种形式水土保持法律法规宣传教育，形成了全社会关心、支持和参与水土保持的良好氛围，为腾冲市生态文明建设营造了良好的社会环境。经过多年水土保持生态保护与建设，腾冲市区域内陡坡开荒得到全面禁止，坡地、耕地治理度达60%以上，林草保存面积占宜林宜草面积的80%以上，治理度80%以

---

① 罗浩：《石漠化研究院在昆成立 将致力提升西南石漠化治理水平》，http://edu.yunnan.cn/html/2016-11/21/content_4624 676.htm（2016-11-21）。

上的小流域面积占县域内应治理小流域总面积的 50%以上，水土流失综合治理程度达 60%以上，土壤侵蚀量减少 40%以上。生产建设项目均严格落实水土保持"三同时"制度，水土保持方案申报率、实施率、验收率均符合国家水土保持生态文明综合治理工程相关指标要求。①

2017 年 6 月 30 日，云南省第四环境保护督察组督察普洱市动员汇报会召开。督察组组长赵建生就即将开展的督察工作做了讲话，普洱市委书记卫星介绍了本市生态文明建设和环境保护工作进展情况，并就督察工作进行动员讲话，云南省第四环境保护督察组副组长杨春明就做好督察工作提出相关要求。云南省第四环境保护督察组全体成员，普洱市党委和政府领导班子成员出席会议，普洱市人大、政协、法院、检察院主要领导列席会议，相关县（区）党委和政府主要领导、政府分管环境保护工作的领导，以及相关部门主要负责人在当地通过视频会议的形式列席会议。赵建生指出，环境保护督察是党中央、国务院关于推进生态文明建设和环境保护工作的一项重大制度安排。省委、省政府主要领导高度重视环境保护督察工作，多次针对开展省内环境保护督察做出重要指示。云南省成立了环境保护督察工作领导小组，负责全省环境保护督察工作的组织领导和整体推进。同时，建立省级层面的环境保护督察制度，对全省 16 个州（市）开展环境保护督察。近年来，普洱市环境保护工作力度不断加大，取得了可喜成绩，但在城市生活污水、垃圾处理，农村环境综合整治，自然保护区人类活动核查、整治，重金属污染治理等环境保护方面存在问题，对此应引起高度重视。

赵建生强调，按照省委、省政府要求，云南省第四环境保护督察组进驻普洱市，旨在通过环境保护督察，强化环境保护党政同责和一岗双责要求，推动普洱市生态文明建设和环境保护工作，促进绿色发展。督察主要针对普洱市委和市政府及其有关部门开展，并下沉至部分县级党委、政府及其有关部门。督察工作将坚持问题导向，主要围绕《环境保护法》《大气污染防治法》《中共云南省委省人民政府关于加快推进生态文明建设排头兵的实施意见》等法律法规和政策措施的落实情况；重点盯住省委、省政府高度关注、群众反映强烈、社会影响恶劣的突出环境问题及其处理情况；重点检查环境质量呈现恶化趋势的区域流域及整治情况；重点督察地方党委、政府及其有关部门环境保

---

① 云南省水利厅：《腾冲市国家水土保持生态文明综合治理工程通过水利部专家评审》，http://www.wcb.yn.gov.cn/arti?id=61124（2016-12-30）。

护不作为、乱作为的情况；重点了解地方落实环境保护党政同责和一岗双责、严格责任追究等情况。杨春明指出，为做好环境保护督察工作，普洱市各级党委政府及相关部门一要认真做好配合。本着对组织高度负责的态度，如实反映情况，不回避、不夸张、不误导。二要坚持边督边改。对督察组移交移送的有关问题，要做到件件有着落，事事有回音。三要强化舆论引导。及时向社会公开群众信访举报问题查处情况，加强相关舆情的收集分析和研判，及时通报舆情动态，并做好必要的引导工作。四要提供必要保障。配合督察组做好工作协调和后勤、安全等各项保障，为督察工作顺利开展创造必要的条件。

卫星强调，省委、省政府派出第四环境保护督察组到普洱市开展督察工作，既是省委、省政府对普洱生态文明建设的关心和重视，也是对普洱环境保护工作的鞭策和推动，更是对普洱工作的全面检验、把脉会诊、评卷打分，有助于我们发现问题、分析问题、解决问题。全市各级部门要牢固树立"四个意识"，切实把思想统一到中央和省委、省政府的决策部署上来，把行动落实到督察组的工作要求上来，将此次督察作为改进工作的重大契机，进一步增强主动支持督察、诚恳接受督察、全力配合督察的思想自觉和行动自觉。要全力支持配合，认真细致地做好各项保障工作。要严守纪律规矩，客观真实反映工作情况和问题。要坚持立行立改，把问题整改贯穿督察工作的始终，确保督察工作顺利圆满完成，以实际行动向省委、省政府和全市人民交出一份合格的答卷。据悉，云南省第四环境保护督察组进驻督察时间约15天，从2017年6月30日到7月14日。进驻期间，开设了受理群众来信来电举报的邮政信箱和值班电话，根据省委、省政府要求和督察组职责，云南省第四环境保护督察组主要受理普洱市有关环境保护及生态文明建设方面的来信来电举报。[1]

2017年7月初，保山市昌宁县成立三个环境保护督查组分别对全县各单位落实环境保护主体责任情况、中央环境保护督察发现问题整改落实情况、省委省政府环境保护督察下沉督察任务分解落实情况等进行专项督查。督查组严格按照相关文件要求，结合各单位环境保护工作职责，采取现场督查和查阅资料等方式开展督查。督查组集中查阅的资料主要涉及41个有关部门落实环境保护法律法规，中央及省委、省政府和市委、市政府关于环境保护的决策部署，落实环境保护工作体制机制改革，推进生态文明建设的

① 王博喜莉：《云南省第四环境保护督察组进驻普洱市——赵建生任组长》，《普洱日报》2017年7月3日，第RB1版。

情况。现场检查中，督查组分别对辖区内重点排污企业、自来水厂、污水处理厂、垃圾填埋场、石材加工厂、畜禽养殖点等环境保护重点工作进行督查。在督查反馈会上，督查组分别针对存在问题，提出了明确整改时限及要求。[①]

2017年7月2日，云南省第一环境保护督察组督察工作动员会在丽江召开，督察组组长董英、副组长贺彬就做好督察工作分别做了讲话，丽江市委书记崔茂虎做了动员讲话。云南省第一环境保护督察组全体成员，丽江市党委和政府主要领导及班子成员出席会议，丽江市人大、政协、法院、检察院主要领导，有关部门主要负责人列席会议，各县（区）党委和政府主要领导、班子成员及相关部门负责人在主会场或在当地通过视频会议的形式列席会议。董英指出，环境保护督察是党中央、国务院关于推进生态文明建设和环境保护工作的一项重大制度安排。云南省委、省政府高度重视生态文明建设、环境保护和环境保护督察工作，省委、省政府主要领导多次针对开展省内环境保护督察做出重要指示。云南省成立了省环境保护督察工作领导小组，负责全省环境保护督察工作的组织领导和整体推进。省委办公厅、省政府办公厅联合印发了《云南省环境保护督察实施方案（试行）》，初步建立了省内环境保护督察制度。董英强调，按照省委、省政府要求，云南省第一环境保护督察组进驻丽江市，重点是督察市委、市政府贯彻落实国家和云南省环境保护决策部署、解决突出环境问题、落实环境保护主体责任的情况，推动丽江市生态文明建设和环境保护工作，促进绿色发展。

贺彬指出，在丽江市开展环境保护督察工作，既是省委、省政府的要求，也是推进地方经济与环境协调发展的需要，是云南省第一环境保护督察组与丽江市委和政府共同承担的一项重要政治任务。丽江市各级党委、政府和各有关部门，一定要认真学习领会中央和省委关于开展环境保护督察的相关精神，在思想上、行动上与中央和省委保持高度一致。要以高度的政治责任感和使命感，认真细致、严谨规范、实事求是地做好督察工作。会上，贺彬还就丽江市坚决落实省委、省政府决策部署，做好督察配合工作提出了要求。

崔茂虎表示，云南省第一环境保护督察组对丽江市开展环境保护督察，是对丽江市各级党委、政府履行环境保护主体责任情况的有力指导，是对全市环境保护和生态文明

---

① 王连泽、周晓艳：《昌宁县开展环境保护督查工作》，http://www.ynepb.gov.cn/zwxx/xxyw/xxywzsdt/201707/t20170705_169878.html（2017-07-05）。

建设工作的"问诊把脉"，充分体现了云南省委、省政府对丽江的高度重视和关怀。全市各级部门务必高度重视，充分认识这次督察的重大意义，切实增强"四个意识"，把配合做好环境保护督察工作，作为当前一项重大的政治任务，以高度的政治责任感认真对待这次督察工作，端正态度，直面问题，诚恳接受督察，以良好的精神状态和扎实的工作作风主动迎接督察。云南省第一环境保护督察组进驻督察时间约15天，从2017年6月29日到7月13日。进驻期间，开设了受理群众来信来电举报的邮政信箱和值班电话，根据省委、省政府要求和督察组职责，云南省第一环境保护督察组主要受理丽江市有关环境保护及生态文明建设方面的问题举报。[1]

2017年7月3—5日，云南省委督查室副主任、副厅级督察员朱洪等4人一行在曲靖市环境保护局相关负责人的陪同下对云南会泽黑颈鹤国家级自然保护区就贯彻落实中央环境保护督查反馈意见整改情况进行了督导检查。中央环境保护督查云南期间，反馈云南会泽黑颈鹤国家级自然保护区生态环境问题清单共有五个问题，督导检查组一行通过查阅资料、访谈、现场检查等方式对环境保护方向进行了督导检查。7月5日上午在会泽县反馈会议上，省委省政府第二督导检查组组长朱洪首先传达了6月6日省委常委会议即传达学习的甘肃祁连山国家级自然保护区生态环境问题督查处理情况及其教训的通报以及省委书记陈豪的重要讲话精神。督导检查组认为，会泽县委、县政府高度重视中央环境保护督查工作，县委每季度一次，县政府每月一次专题研究环境保护工作；积极制订了整改方案，思想认识到位，做到一个问题，一套方案，一名责任人，一抓到底，件件得到落实，涉及保护区的五个问题均按时按要求全面完成了整改任务；县委、县政府各班子成员都紧紧围绕中央环境保护督导要求，群策群力，各级各部门通力合作，认真整改，成效明显。同时，督查检查组建议会泽县要克服疲劳应战的情绪，并做好"持久战"的准备，不能松懈，百倍努力，进一步做好自然保护区工作；要切实担当起职责，认真落实党政同责，一岗双责，对整改落实反映出来的问题要认真梳理，认真做好群众的思想工作，属于市县解决的市县要及时研究解决，属于省里甚至国家层面解决的要及时如实逐级反映。会后县委、县政府领导做了表态发言。[2]

---

[1] 吴劲梅：《云南省第一环境保护督察组进驻丽江市——董英任组长》，《丽江日报》2017年7月4日，第1版。

[2] 曲靖市环境保护局：《会泽黑颈鹤国家级自然保护区按时完成中央环境保护督导组反馈的整改任务》，http://www.ynepb.gov.cn/zwxx/xxyw/xxywzsdt/201707/t20170712_170151.html（2017-07-12）。

2017 年 7 月 6 日，云南省第三环境保护督察组督察工作动员会在香格里拉召开，督察组组长张登亮、副组长兰骏就做好督察工作分别做了讲话，迪庆藏族自治州州委书记顾琨做了动员讲话。云南省第三环境保护督察组全体成员，迪庆藏族自治州党委和政府主要领导及班子成员出席会议。迪庆藏族自治州人大、政协领导班子成员，州法院、州检察院主要领导，有关部门主要负责人列席会议。各县（市）党委和政府主要领导、班子成员及相关部门主要领导在主会场或在当地通过视频会议的形式列席会议。张登亮指出，按照省委、省政府要求，云南省第三环境保护督察组进驻迪庆藏族自治州，重点是督察州委、州政府贯彻落实国家和云南省环境保护决策部署、解决突出环境问题、落实环境保护主体责任的情况，推动迪庆藏族自治州生态文明建设和环境保护工作，促进绿色发展。督察工作将坚持问题导向，主要围绕《环境保护法》《中共云南省委省人民政府关于加快推进生态文明建设排头兵的实施意见》《中共云南省委省人民政府关于贯彻落实生态文明体制改革总体方案的实施意见》等相关法律法规和政策措施的落实情况，重点盯住省委、省政府高度关注、群众反映强烈、社会影响恶劣的突出环境问题及其处理情况；重点检查环境质量呈现恶化趋势的区域流域及整治情况；重点督察地方党委、政府及其有关部门环境保护不作为、乱作为的情况；重点了解地方落实环境保护党政同责、一岗双责、严格责任追究等情况。督察主要针对迪庆藏族自治州委和州政府及其有关部门开展，并下沉至部分县级党委、政府及其有关部门。兰骏指出，在迪庆州开展环境保护督察工作，既是省委、省政府的要求，也是推进地方经济与环境协调发展的需要，是云南省第三环境保护督察组与迪庆藏族自治州委和州政府共同承担的一项重要政治任务。迪庆藏族自治州各级党委、政府和各有关部门，一定要认真学习领会中央和省委关于开展环境保护督察的相关精神，在思想上、行动上与中央和省委保持高度一致。要以高度的政治责任感和使命感，认真细致、严谨规范、实事求是地做好督察工作。会上，兰骏还就迪庆藏族自治州坚决落实省委、省政府决策部署，做好督察配合工作提出了要求。

顾琨表示，省环境保护督察组对迪庆藏族自治州开展督察，既是省委、省政府加强环境保护的重大部署，也是对迪庆藏族自治州贯彻落实党中央、国务院和省委、省政府关于环境保护决策部署情况的一次全面诊断，是推动迪庆藏族自治州各级党委、政府履行环境保护主体责任的一次有力指导，更是帮助迪庆藏族自治州发现问题、解决问题、改进工作的一次难得契机。全州各级部门务必高度重视，充分认识这次督察的重大意义，切实把思想和行动统一到省委、省政府的决策部署上来，要本着对迪庆藏族自治州的环境保护问题一刻都不能放松、一点都不能大意的精神，全力以赴抓好环境保护工作。要把配合做好环境保护督察工作，作为当前一项重大的政治任务，以高度的政治责任感认真对待这次督察工作，端正态度，直面问题，诚恳接受督察，以良好的精神状态和扎实的工作作风主动迎接督察。云南省第三环境保护督察组进驻督察时间约 15 天，从 2017 年 7 月 6 日到 7 月 20 日。进驻期间，开设了受理群众来信来电举报的邮政信箱和值班电话，根据省委、省政府要求和督察组职责，云南省第三环境保护督察组主要受理迪庆藏族自治州有关环境保护及生态文明建设方面的问题举报。[①]

截至 2017 年 7 月 12 日 17:00 时，迪庆藏族自治州共接到群众环境信访举报投诉 11 件，其中，香格里拉市 10 件，维西县 1 件。根据各县市人民政府上报情况统计，现已办结 1 件，其余均在调查核实过程中。有关办理结果通报如下：群众举报（督转第 1 号）反映维西县康普乡环卫工作人员，随意将垃圾倾倒距举报人居住点约 30 米的地方，并点燃焚烧，焚烧产生的废气严重影响了周边居民的正常生活；举报人认为他们已经缴纳垃圾清运费，环卫部门应将垃圾运至附近（上村）的垃圾焚烧炉正规处置；该问题多次向当地政府及环境保护部门反映过，但未彻底解决。经维西县人民政府组成调查组调查核实，反映情况基本属实。该点位于康普乡江边村原康普大桥下方，面积约 60 平方米，与最近居民点相距约 80 米。主要处理康普乡机关单位，康普村江边组、上村组、下村组及黄草坝组村民的垃圾，从未收取垃圾清运费和卫生费。该点由康普乡人民政府于 2010 年 5 月出资建设。核查时正在使用，垃圾多为生活垃圾及少部分建筑垃圾，在垃圾堆放达到上限时采取焚烧处理。据了解，康普乡街道实行门前"三包"服务，每天运输 1 车（次），清运垃圾约 0.5 吨；每月逢 8（8 日、18 日、28 日）日，清运约 1.5 吨（不包括周边村民自行投放垃圾）。康普乡分别于 2015 年 10 月、2017 年 5 月两次选址，计划另建生活垃圾处理设施，但由于财政困难未能实施。经核查后，维西县人民政府决定安排相关部门积极配合康普乡政府科学规划，开展垃圾处理设施建设工作。在未完成建设之前，责成康普乡政府严格按照环境保护相关要求集中收集，严禁垃圾焚烧。

---

① 云南省环境保护厅督察筹备办：《云南省第三环境保护督察组进驻迪庆州——张登亮任组长》，http://www.ynepb.gov.cn/zwxx/xxyw/xxywrdjj/201707/t20170706_169898.html（2017-07-06）。

在建设合格后，将现有垃圾转运至新建点进行科学合理处置。①

2017年7月18日，云南省环境监测中心站第一现场室和红河哈尼族彝族自治州环境监测站现场室工作人员到开远市进行大气固定污染源现场比对监测工作。为了加强州、市环境监测工作能力和业务水平，省、州监测站工作人员到云南解化清洁能源开发有限公司解化化工分公司进行监测，并与开远市环境科研监测所就二甲醚烟气脱硫尾气装置测点进行比对监测，对脱硫岛尾气中的流速、流量、二氧化硫、氮氧化物、烟尘等指标进行了实时监测，并就监测结果进行比对分析，以验证业务能力水平是否达到要求。经监测，开远市环境科研监测结果与省、州环境监测站监测结果基本一致，各项指标均在误差范围以内，比对结果合格，比对结束后省、州监测站技术人员对开远市环境科研监测所业务能力进行了肯定。最后，就监测工作中遇到的困难和问题进行了深入的讨论。通过此次比对监测工作，进一步加强了开远市环境科研监测所对监测新方法、新技术的掌握，也为该所与省、州监测站业务技能和工作能力相互衔接搭建了一个重要的桥梁。②

2017年7月17日，红河哈尼族彝族自治州环境保护局对蒙自银烁矿冶有限公司和个旧市凤鸣冶金化工厂两家问题企业的负责人进行了专项约谈，约谈过程中红河哈尼族彝族自治州环境保护局通报了两家企业的违法排污事实和存在的环境保护问题，并对当前的环境保护法律法规进行详细讲解，要求企业对实施的行政处罚执行到位的同时对存在的环境保护问题及时整改，并制定完善的管理制度，确保各类环境保护设施稳定运行，污染物达标排放。③

2017年8月上旬，云南省环境保护厅召开厅长办公会，专题传达学习中央办公室、国务院办公厅《关于甘肃祁连山国家级自然保护区生态环境问题督查处理情况及其教训的通报》，以及十届云南省委常委会第22次会议、省委省政府主要领导和分管领导关于祁连山生态环境问题的重要批示指示精神，研究贯彻落实意见。大家一致认为，中央对甘肃祁连山国家级自然保护区生态环境问题的督查处理及其教训通报，再一次给大家敲响了警钟，必须吸取教训，深刻反思。当前，要坚决落实第十届云南省委常委会第

① 迪庆藏族自治州环境保护局：《迪庆州办理省第三环境保护督察组转办件情况通报（一）》，http://www.ynepb.gov.cn/zwxx/xxyw/xxywzsdt/201707/t20170713_170185.html（2017-07-13）。
② 红河哈尼族彝族自治州环境保护局：《云南省、红河州环境监测站到开远市开展工业固定污染源废气监测比对工作》，http://www.ynepb.gov.cn/zwxx/xxyw/xxywzsdt/201707/t20170720_170410.html（2017-07-20）。
③ 红河哈尼族彝族自治州环境保护局：《红河州两家企业因环境保护问题被约谈》，http://www.ynepb.gov.cn/zwxx/xxyw/xxywzsdt/201707/t20170720_170412.html9（2017-07-20）。

22 次会议要求，切实提高对自然保护区工作重要性的认识，主动扛起云南生态文明建设的政治责任。会议提出，针对前期总结全省自然保护区管理工作时发现存在的问题，全省环境保护系统必须采取有效措施促进整改。要严格落实"党政同责、一岗双责"要求，进一步细化、压实各级、各有关部门的自然保护区建设和管理责任，真正把强化自然保护区统一监管各项工作落实到位。要严格执行自然保护区有关法律法规，加强涉及自然保护区建设项目的监督管理，坚决整治各种违法开发建设活动，严格自然保护区范围和功能区调整。①

2017 年 8 月 10 日，云南省环境保护厅在昆明举办 2017 年国家重点生态功能区县域生态环境质量监测评价与考核工作培训班。云南省环境保护厅党组成员、副厅长杨春明出席并讲话。杨春明指出，加强国家重点生态功能区环境保护，是增强区域生态服务功能，构建国家生态安全屏障的重要支撑，是促进人与自然和谐，推动生态文明建设的重要举措。国家县域生态考核结果作为中央对地方国家重点生态功能区转移支付资金分配的重要依据，目的是通过考核，引导地方政府加强生态环境保护，促进生态文明建设。各地要切实增强做好国家县域生态考核工作的责任感和紧迫感，坚持生态优先、绿色发展，以做好国家县域生态考核工作为抓手，筑牢生态安全屏障，加快生态文明排头兵建设，把七彩云南建设成为祖国南疆的美丽花园。杨春明回顾了云南省近年来国家县域生态考核工作开展情况。他认为，随着考核工作的不断推进和深化，云南省考核工作已逐步完善和规范，在各级各部门的共同努力下，成绩显著，主要表现在生态环境质量良好、考核结果总体稳定、生态功能区转移支付资金投入逐年增加、考核制度不断完善、联合工作机制不断完善、环境监管能力逐步增强，探索积累了一些经验。但也存在个别县域对考核重视不够、组织协调不力，环境监管能力薄弱、环境基础设施建设滞后，自查报告不认真、工作推进不力，转移支付资金未用于保护和改善生态环境建设等问题。杨春明强调，国家对"十三五"期间的国家县域生态考核工作进行了调整，明确提出了突出以生态环境质量改善为核心，强化考核结果应用，加强重点区域的考核，加强点位（断面）规范管理，加强数据质量管理等内容，为今后各地做好考核工作提出了新的更高要求。为此，云南省要持之以恒地抓紧抓实抓好这项工作。一是要认真学习，深刻领会新要求。二是要高度重视，加强组织领导。三是要全面统筹，完善工作机制。四是要

---

① 蒋朝晖：《云南要求有效整改保护区管理问题 加强监督管理 整治违法建设》，《中国环境报》2017 年 8 月 11 日。

守住底线，确保监测数据"真、准、全"。五是要加大经费投入，做好工作保障。六是严格上报，确保按照国家时限要求完成考核。培训班上，省财政厅预算局负责人讲解了重点生态功能区转移支付相关政策，省环境保护厅监测处负责人通报了 2017 年县域考核工作情况，省环境监测中心站负责人讲解了国家县域考核环境监测工作有关要求，并就国家重点生态功能区县域生态环境质量监测评价与考核指标体系实施细则和 2017 年县域考核无人机核查工作进行了解读。参加培训的县（市、区）人民政府分管领导就考核工作存在的问题和如何做好下一步考核工作进行了交流讨论。全省纳入国家考核的38 个县（市、区）人民政府分管领导、具体负责考核工作的县（市、区）环境保护局负责人共 80 余人参加了培训。①

2017 年 7 月 6 日，云南省贯彻落实中央环境保护督查反馈意见整改督导组一行五人在省委督查室刘兴国副主任带领下，到楚雄市开展自然保护区生态环境保护督查工作。督导组深入紫溪山省级自然保护区、西山州级自然保护区实地督导，重点督导楚雄市自然保护区生态环境保护情况。在督查中，刘兴国副主任强调要加强涉及自然保护区矿产资源开发活动监管，相关部门对自然保护区内的探矿和采矿情况进行排查，限期清理违法违规活动；加强对自然保护区内旅游活动的监管；对自然保护区内存在风景名胜区、森林公园等园区之间交叉重叠的区域要按照自然保护区的规定从严管理。市政府李明海副市长明确表示楚雄市将提高政治站位，强化责任担当，把省委督查作为解决问题、查找不足、纠正导向、改进工作的重要契机，从政治上、全局上、战略上充分认识加强楚雄市生态环境保护与建设的重要性紧迫性。同时，将坚持举一反三，继续积极主动查找不足，彻底消除风险隐患。对全市各类自然保护区生态环境问题开展深入细致的排查，及早发现问题，提前拉出清单集中加以解决。云南省环境保护厅、楚雄彝族自治州委督查室、州环境保护局负责人陪同督查。②

2017 年 7 月 6 日，为了加强对环境违法行为的监督管理，云南省建成并试运行云南省企业环境信用评价信息系统，把企业环境违法违规行为纳入信用评价，并与相关部门联网实现数据共享。在环境质量监测方面，搭建生态环境监测网络，目前，云南省已实

---

① 云南省环境保护厅监测处：《云南省环境保护厅举办 2017 年国家重点生态功能区县域生态环境质量监测评价与考核工作培训班》，http://www.ynepb.gov.cn/zwxx/xxyw/xxywrdjj/201708/t20170814_171271.html（2017-08-14）。

② 石泉海：《省贯彻落实中央环境保护督查反馈意见整改督导组到楚雄市开展自然保护区生态保护督查》，《云南经济日报》2017 年 7 月 19 日，第 15 版。

现了昆明、曲靖、玉溪、红河哈尼族彝族自治州县级城镇环境空气质量监测能力全覆盖。在生态环境保护方面，成立了"云南四川两省环境保护协调委员会"，就有关泸沽湖、金沙江中下游等相邻地区的生态保护与污染防治、执法检查等制定了各项措施和工作机制。①

2017年7月底，根据云南省委、省政府有关自然保护区专项督查工作部署，由省林业厅万勇副厅长带队的省委省政府第三督查组到玉溪市开展了自然保护区专项督查工作。在3天的督查工作中，专项督查组听取了玉溪市政府孙云鹏副市长对玉溪市自然保护区建设监管和开发建设自查情况的汇报，查阅了玉溪市自然保护区建设管理以及对违法违规问题清理、查处、整改、问责等情况的相关资料，并组成三个督查小组分赴元江、易门、澄江对元江国家级自然保护区、易门翠柏县级自然保护区、澄江动物化石群省级自然保护区进行了实地检查及资料查阅。在督查情况反馈会上，万勇副厅长代表督查组对玉溪在自然保护区建设管理中存在的6个方面的问题及现场检查中发现的问题进行了反馈，玉溪市政府蔡四宏副市长从提高认识、压实责任抓好整改、加大督查问责力度三个方面对落实好督查意见进行了表态发言。下一步，玉溪市将进一步学习领会好中央和省委、省政府对祁连山国家级自然保护区生态环境问题督查处理情况及其教训通报文件和有关工作要求，认真梳理督查工作中发现的问题，制订切实可行的整改方案，扎实做好整改工作，扎实做好自然保护区的建设和管理工作。②

2017年7月底，玉溪市通海县环境保护局组织传达学习《甘肃省祁连山国家自然保护区生态环境问题督查处理情况及其教训的通报》，研究部署通海县自然保护区环境监管工作。通过传达学习会议精神，进一步深化思想认识，提高政治站位、夯实工作责任。通海县环境保护局局长李绍成指出，要提高政治意识，牢固树立"四个意识"，要从政治和全局高度充分认识生态环境保护存在问题的严重危害，坚决把思想和行动统一到以习近平同志为核心的党中央和省委、市委决策部署上来，切实把生态环境保护摆在全局工作的突出地位抓紧、抓实、抓好，紧密结合推进"两学一做"学习教育常态化制度，深刻领会，不折不扣贯彻中央和省委、市委的决策部署；要坚决配合做好中央环境

① 张蕊：《【共舞长江经济带】云南搭建生态环境监测网络》，http://special.yunnan.cn/feature15/html/2017-07/06/content_4876798.htm（2017-07-06）。
② 玉溪市环境保护局：《省委省政府第三督查组对玉溪自然保护区开展专项督查》，http://www.ynepb.gov.cn/zwxx/xxyw/xxyzwzsdt/201707/t20170727_170705.html（2017-07-27）。

保护督察的各项工作，牢牢守住发展和生态两条底线，坚持生态优先、绿色发展，以更严的要求、更实的作风、更硬的举措做好秀山自然保护区的恢复整改工作；要汲取经验教训，举一反三，对照反思，以钉钉子精神抓整改、促落实；认真履职，从严执法，加大对各类环境违法违纪行为的打击力度，共同坚守好生态文明建设的底线和红线；要结合自身工作职责，突出问题导向，认真抓各项工作的开展。[①]

2017 年 7 月 23 日，楚雄彝族自治州永仁县委副书记、县长李明峰主持召开第十七届县人民政府第 6 次常务会议，专题传达学习中央关于甘肃祁连山国家级自然保护区生态环境问题发出的通报精神，研究部署永仁县贯彻落实环境保护工作。会议强调，甘肃祁连山国家级自然保护区生态环境问题具有典型性，教训十分深刻。各乡镇、各部门要充分吸取教训、引以为戒，切实把生态文明建设摆在全县工作的突出地位。要从提高政治站位的高度深刻警醒，切实增强"四个意识"，时刻把环境保护工作放在心上、拿在手上，不折不扣落实好环境保护各项工作任务。要从坚持新发展理念的要求深刻警醒，自觉践行习近平总书记强调的"绿水青山就是金山银山"的理念，正确处理经济发展和环境保护的关系，坚定走生态优先、绿色发展之路，坚决保护好永仁县的绿水青山、蓝天白云。要从严峻的生态形势深刻警醒，像保护眼睛一样保护生态环境，像对待生命一样对待生态环境。会议要求，各乡镇、各部门要举一反三、重拳整治，切实解决永仁县当前生态环境保护突出问题。要抓好中央环境保护督察反馈问题整改，建立工作台账，细化整改措施，严明整改责任，加快整改落实。要切实抓好方山州级自然保护区生态环境保护工作，坚决杜绝自然保护区内环境违法行为的发生。要切实抓好饮用水源地环境保护工作，尽快落实环境整治和保护措施。要切实抓好大气污染、水污染、土壤污染等重点领域污染防治工作，确保县域环境质量稳中有升，做好县域生态环境质量监测评价与考核工作。各乡镇、各部门要勇于担当、真抓实干，确保生态环境保护各项措施落到实处。要坚决履行责任，紧盯生态环境重点领域、关键问题和薄弱环节，主动担责、狠抓落实，确保生态环境保护尽快见到实效。要加强日常监管，严格环境保护执法检查，认真查处群众举报的环境问题，严厉打击各类环境违法犯罪行为，切实维护群众合法权益。要严肃督查问责，切实解决环境保护中不作为、慢作为、乱作为的问题。要强化宣

---

① 玉溪市环境保护局：《通海县环境保护局组织学习〈关于甘肃祁连山国家级自然保护区生态环境问题督查处理情况及其教训的通报〉》，http://www.ynepb.gov.cn/zwxx/xxyw/xxywzsdt/201707/t20170731_170806.html（2017-07-31）。

传教育，提高全民生态环境保护意识，推动形成绿色发展方式和生活方式。①

2017年8月2日，曲靖市富源县环境保护局相关工作分管领导及科室人员一行到十八连山镇检查污染源自动监控设施建设工作。通过检查，十八连山镇积极推进此项工作，目前除停产状态的2个煤矿进度迟缓外，辖区内其他煤矿均基本完成在线监控系统安装工作，待与市县联网后可实行污染源排放自动监控；通过对正在安装的监控系统进行检查，发现安装调试联网过程中存在的困难和问题，提出了具体的整改要求和时限。②

2017年8月1日，宣威市环境保护部门负责人和相关工作人员到云南宣威磷电有限责任公司检查工作。环境保护部门要求企业负责人要强化社会责任，贯彻落实好国家环境保护相关政策法规，高度重视环境保护工作，加大环境保护治理设施投入力度，配齐环境保护设施，确保正常运行。严格按照环境保护标准扎实做好减排、降尘、运行设备检测维护等各项工作，认真落实环境保护各项制度，坚持标准化生产，达标运行、规范运行，建立完善、行之有效的管理制度，真正做到可持续发展。企业内部要加强现场检查，对发现的问题及时整改，防止环境污染事故发生。环境保护与人民生活息息相关，人民群众对清新空气、清澈水质、清洁环境等需求越来越迫切，生态环境越来越珍贵。企业要充分认识环境保护的重要性，牢固树立环境保护理念，担起社会责任，做到企业发展与环境保护同行，确保企业可持续稳定发展。③

2017年8月8日，云南省环境保护厅监测处邓加忠处长带领专家组对红河哈尼族彝族自治州屏边县环境监测站标准化站建设情况进行了现场评审验收。首先，验收组听取了屏边县人民政府副县长陈镇同志关于屏边县环境监测站标准化站建设工作情况汇报。其次，专家评审组对照验收评分标准，对监测站的机构与人员编制、监测经费保障、仪器设备管理使用记录、业务用房、监测能力、质量管理等台账资料进行全面审查，同时对实验室、仪器室、档案室、应急监测室等进行了全面检查。通过现场核查评分，验收组一致同意屏边县环境监测站通过标准化建设达标验收，但同时也提出了存在的问题及

① 王云波：《永仁县认真落实中央环境保护督察组反馈意见精神 专题传达中央关于祁连山生态环境破坏问题处理情况》，http://www.ynepb.gov.cn/zwxx/xxyw/xxywzsdt/201708/t20170803_170875.html（2017-08-03）。

② 曲靖市环境保护局：《富源县环境保护局到十八连山镇检查污染源自动监控设施建设工作》，http://www.ynepb.gov.cn/zwxx/xxyw/xxywzsdt/201708/t20170808_171071.html（2017-08-08）。

③ 曲靖市环境保护局：《宣威市环境保护部门到企业监督检查》，http://www.ynepb.gov.cn/zwxx/xxyw/xxywzsdt/201708/t20170809_171112.html（2017-08-09）。

整改建议。邓加忠强调，监测站通过标准化验收只是监测工作的开始，只是监测工作正常化的起点。邓加忠要求屏边县环境监测站、环境保护局要以此次验收结果为契机，加强问题整改，切实提升监测业务能力，确保监测站正常运行。最后屏边县政协主席刘红明同志作表态发言，屏边县环境保护局、监测站将以此次验收工作为契机、就专家组提出的问题切实站整改落实，进一步加强环境监测专业技术人员培训，提升环境监测业务能力，保障环境监测工作正常有序开展。①

2017年8月23—24日，由曲靖市自然保护区专项督查第四督查组组长袁新华同志带队，对曲靖市会泽县和马龙县自然保护区建设、中央环境保护督察反馈问题整改落实情况、卫星遥感动态监测检查和整改情况、存在问题等进行了专项督查。督查组实地督查了云南会泽黑颈鹤国家级自然保护区大桥乡八家村居民点、大桥乡地德卡村居民点、大桥乡李家湾村居民点、大桥乡"移民新村居民点"等5个卫星遥感点，以及云南驾车华山松省级自然保护区光头村旧塘房采石场，马龙县集中式饮用水源地黄草坪水库县级自然保护区。督查组重点督查自然保护区基本建设情况；自然保护区人类活动情况，包括自然保护区内探矿、采矿、旅游开发、水电开发、风电开发、太阳能开发、挖沙采石等建设项目审批、监管、问题查处和责任追究情况；中央环境保护督察反馈问题整改落实情况；云南省环境保护厅、发改委等九部门印发《关于转发进一步加强涉及自然保护区开发建设活动监督管理的通知》（云环通〔2015〕139号）后各地自查自纠和专项督查整改落实情况；会泽黑颈鹤国家级自然保护区卫星遥感动态监测核查和整改情况；问题整改及责任追究情况。②

第二节　云南省生态治理与修复建设（2017年）

2017年1月23日，为进一步弘扬环境文化，提升城乡人居环境卫生质量，在全社

---

① 红河哈尼族彝族自治州环境保护局：《屏边县环境监测站顺利通过标准化建设达标验收》，http://www.ynepb.gov.cn/zwxx/xxyw/xxywzsdt/201708/t20170814_171249.html（2017-08-14）。
② 曲靖市环境保护局：《市委市政府自然保护区专项督查第四组对会泽县和马龙县自然保护区进行专项督查》，http://www.ynepb.gov.cn/zwxx/xxyw/xxywzsdt/201708/t20170828_171767.html（2017-08-28）。

会倡导保护环境、爱护家园的良好风尚，激发州市环境保护部门参与整治城乡环境卫生的热情。楚雄彝族自治州、楚雄市环境保护部门联合开展以"清除脏乱差，整洁迎新春"为主题的环境卫生集中整治活动。两级环境保护部门联合组织 99 名在职干部职工对青龙河东路（阳光桥起至瑞东桥段）河道沟边等公共区域卫生死角、"脏、乱、差"废弃物进行清理整治。活动中，州市环境保护部门干部职工发扬不怕苦脏累的精神，以饱满的热情投入环境卫生集中整治活动中。大家用铁铲、锄头、火钳、撮箕，有的干脆直接用手清除整治区域内的杂草、白色垃圾和废弃建筑物等。通过全体干部职工近 3 个小时的努力，青龙河东路（阳光桥起至瑞东桥段）公共区域卫生死角得到了有效清理和整治，青龙河畔恢复美丽整治干净的环境，以新貌迎接了春天的到来。[1]

2017 年 1 月下旬，昆明市东川区举行 2017 年河道生态绿化启动仪式，正式拉开今年绿化造林的序幕。1 个月内，7600 余株杨树和柳树将被种在总长 6.6 千米的河道上，为城市增添新绿。昆明市根据区域资源环境承载能力及未来发展潜力，提出坚持以水定产、以水定城，着力构建"两核一极两区六廊"的城市格局。处于此格局生态涵养区的东川等区县，无一不把打好"生态牌"作为重中之重，在昆明北部构筑起一道道生态屏障。

其一，筑牢生态文明基础。近日，禄劝彝族苗族自治县举行建档立卡贫困户生态护林员培训班，对全县 13 个乡镇（街道）林业站负责人及 356 名建档立卡贫困户生态护林员进行培训，实现林业产业发展、生态文明建设和生态脱贫工作的有机结合。"要充分发挥禄劝建档立卡贫困户生态护林员在生态文明建设中的重要作用，把生态护林员打造成能保护生态环境、懂产业发展、会管理经济林木的林业科技人员。"禄劝彝族苗族自治县委书记焦林表示，要全民动员起来，守住青山绿水。禄劝彝族苗族自治县山区面积占全县国土总面积的 98.4%，森林覆盖率达 55.4%，则黑乡万亩林海遮天蔽日，马鹿塘乡万亩野生杜鹃花仪态万千，有"昆明的千岛湖"之称的云龙水库绿意幽幽……"山清水秀的自然生态是禄劝彝族苗族自治县最大的财富、最大的优势、最大的品牌。"围绕昆明城市生态涵养区功能定位，禄劝彝族苗族自治县将执行最严格的耕地保护制度、最严格的环境保护制度、最严格的水资源管理制度，落实河长制，推进云龙水库、掌鸠

① 周汝芬：《楚雄州市环境保护部门开展城乡环境卫生集中整治活动》，http://www.ynepb.gov.cn/zwxx/xxyw/xxywzsdt/201702/t20170206_164714.html（2017-02-06）。

河、普渡河、金沙江水环境综合整治。同时，大力推进生态建设，倡导绿色生活，提升人居环境，筑牢生态文明基础，努力把禄劝彝族苗族自治县建成生态文明建设示范县。为保护好良好生态赠予的福祉，当地果断放弃了投资达 9 亿元的风电项目。和禄劝彝族苗族自治县一样，寻甸回族彝族自治县既是昆明的生态涵养区，又是重要水源地。为此，寻甸回族彝族自治县始终坚持生态立县、环境优先，不断强化生态涵养区建设，科学合理布局和整治生态空间，严守生态保护红线，加强牛栏江水源保护区、清水海水源保护区、黑颈鹤自然保护区等"一江一海一区"保护，确保生态功能不降低、面积不减少、性质不改变。东川区紧紧抓住"生态"这一重点，坚定不移念好"山字经"、做好"水文章"、走好"环境保护路"。对小江流域实行"河段长"负责制，通过沿江筑堤、沿江绿化、沿江截污、沿江开发，更加筑牢金沙江下游重要生态安全屏障。力争打造成为昆明北部绿色生态新城的倘甸"两区"，也在不断加强轿子山国家级自然保护区的管理，强化轿子山作为长江中上游重要的水源涵养地和昆明地区的生态屏障功能。

其二，走好生态脱贫之路。北部"两区两县"既是昆明城市生态涵养区，更是脱贫攻坚的主战场。去年以来，禄劝彝族苗族自治县全面实施"生态补偿脱贫一批"等十大工程，走出脱贫攻坚决战决胜的关键一步。其中，实施生态补偿工程，兑付云龙水库水源区生产生活补助 4304.89 万元。生态补偿政策覆盖建档立卡贫困户 10 416 户次、36 188 人次，全年发放公益林生态效益补偿金 2296.067 万元、退耕还林补助金 13 486.75 万元、护林员工资 1565.6 万元。据禄劝彝族苗族自治县林业局局长赵忠山介绍，2016 年全县共实施林业脱贫摘帽项目 4 类共 25 个项目，总投入 21 227 万元，覆盖全县 90 437 户 341 819 人，涉及建档立卡贫困户 8855 户 30 222 人，建档立卡贫困户总增收 2275 万元，户均增收 2971 元，人均增收 870 元。全县 9696 户贫困户中有 1940 户 6570 人可通过林业"生态补偿脱贫一批"直接脱贫；有 1171 户 3425 人可主要以"生态补偿脱贫一批"脱贫，有 5744 户 20 227 人可通过"生态补偿脱贫一批"带动脱贫。此外，昆明市东川区通过治山与治水、增绿与增收同推进，建生态与促脱贫并举，动员贫困群众积极参与生态建设和江河治理，共享"生态红利"，分享"绿色福利"，走出了一条以生态建设促进脱贫攻坚的绿色发展之路。目前，东川已建立"政府引导制定标准、贫困户自选扶持项目、效果达标补助扶持资金"的"菜单式"产业发展模式，推动贫困群众积极参与果山、药山、花山的打造，通过发展产业增收致富。2017 年是寻甸回族彝族自治县脱贫摘帽的关键之年，决胜脱贫攻坚，寻甸回族彝族自治县坚持"三农"为本，推进高原特色农业经济带建设。大力发展烟、薯等优势产业和产品，做强牛羊和生猪养殖产业，积极发展蔬菜、中药材、花卉等特色种植业。加快林业经济发展，促进种植、养殖等林下经济产业多样化发展。充分发挥农业科技示范园带动作用，不断提高农业科技研发能力和孵化培育功能，打造"绿色寻甸"农产品牌。

其三，促进生态产业发展。为了守住绿水青山，2016 年，禄劝彝族苗族自治县调整产业发展思路，果断摒弃了"工业强县"的提法。下一步，禄劝彝族苗族自治县将全面实施撒坝猪、黑山羊、乌骨鸡等为主的生态精品农业，积极培育以生物医药、风光温泉为主的养生健康产业，构建"413"产业体系。发展种植、养殖、林产、中药材 4 个农业产业，重点推进特色水果、野生菌、蔬菜、花卉品牌等项目建设，并把打造撒坝猪、乌骨鸡、黑山羊"三大品牌"作为重中之重来抓。发展特色农产品加工业，推进中药开发技术服务中心、中药材饮片加工基地等项目建设。发展商贸流通、健康养生、旅游文化 3 个服务业，推进电子商务进农村综合示范县等项目建设，推动马鹿塘杜鹃花海景区、普渡河流域三江口温泉开发等项目建设。产业布局先摸生态家底，生态地图引导产业布局。寻甸回族彝族自治县正加快构建"一带一廊一圈一格局"的产业布局，发展休闲观光体验农业、山地牧业和特色种植业，打造全省绿色无公害生态蔬菜基地和山地牧业基地。发展精细煤磷化工、生物及农特产品加工、林产业及家居制造三大主导产业，培育发展装备制造、新能源、新材料、有色金属加工四大新兴战略产业，改造提升煤磷化工等传统产业，支持企业提高产品技术、工艺装备、能效环境保护等水平。打造东部养生度假旅游片区、中部风情体验旅游片区、西部乡村生态旅游片区，形成易北旅游经济带、仁倘旅游经济带、仁柯旅游经济带、轿子山专线旅游经济带。东川区也制定了"166"重点产业发展实施意见，明确了高原特色农林产业、资源循环综合利用产业、生物医药产业、文化旅游产业等 13 个重点发展产业，规划实施了总投资达 65.1 亿元的产业发展 30 个工程，努力把东川打造成昆明北部经济新的增长极。倘甸"两区"将大力发展"互联网+农业"模式，构建新型农业经营体系；实施"五十百千"高原特色优势产业培育工程，力争建成高原特色现代都市农业示范区；落实"3211"旅游开发布局，建设"世界名山"、打造"文化名区"，到 2020 年，打造成为昆明北部区域性国际旅游目的地。①

2017 年 2 月 17 日，玉溪市华宁县华溪镇小寨村农村环境综合整治工程全面开工建设，该项目属于 2016 年省级环境保护专项资金对下转移部分，补助资金 100 万元。该村共 81 户 495 人，项目主要建设内容包括饮用水源地保护、村落污水收集处理、垃圾收集清运等，项目建设将进一步巩固提升华溪镇国家级生态乡镇创建成果，着力解决危害群众身体健康、影响农村可持续发展的突出环境问题，减少曲江流域污染负荷，建立小寨村环境长效管理机制，解决村庄突出的环境问题，改善人居环境，推动华溪镇整乡推进精准扶贫项目稳步实施。项目的建设将对照《云南省农村环境综合整治项目管理实施细则（试行）》，严格执行基本建设程序和项目法人责任制、招标投标制、建设监理制、项目公示以及工程质量监督、工程验收等建设管理制度。②

2017 年 3 月 8 日，水利部水土保持司司长蒲朝勇一行到文山壮族苗族自治州调研水生态文明建设工作，省水利厅副厅长和俊、州人民政府副州长周家宝、文山州水务局局长金波陪同调研，文山州和丘北县环境保护、财政、国土、农业、林业、水务、扶贫等有关部门主要负责人参加座谈会。蒲朝勇一行先后到丘北县实地察看了普者黑国家湿地公园保护情况、普者黑湖泊流域仙人洞村段环湖截污及生态修复工程、仙人洞民居改造项目、双龙营镇麻栗树村整治工程、双龙营小流域治理项目和玖香玫瑰园高效节水项目建设情况，详细听取了有关工作情况介绍，对丘北县水生态文明城市建设试点工作给予了充分肯定。座谈会上，副州长周家宝、州水务局局长金波分别对蒲朝勇一行的到来表示欢迎，对水利部多年来给予文山壮族苗族自治州大力支持表示感谢，并汇报了全州生态文明建设工作和普者黑水生态文明建设工作情况。蒲朝勇一行与州、县相关部门就推进生态文明建设工作进行了座谈交流，详细了解各职能部门在生态文明建设工作中的举措和取得的成效，现场答疑了相关问题，并就加强生态文明建设工作提出了宝贵的建议。③

2017 年 3 月 13 日，水利部以《关于公布 2016 年度国家水土保持生态文明工程名单的通知》（水保〔2017〕115 号）文件，正式公布了 2016 年度成功申报国家水土保持生态

① 茶志福、李冬松：《昆明市北部县区着力打好"生态牌"》，《云南日报》2017 年 1 月 24 日，第 7 版。
② 玉溪市环境保护局：《华宁县华溪镇小寨村农村环境综合整治工程开工建设》，http://www.ynepb.gov.cn/zwxx/xxyw/xxywzsdt/201702/t20170220_165088.html（2017-02-20）。
③ 云南省水利厅：《国家水利部到文山调研生态文明建设工作》，http://www.wcb.yn.gov.cn/arti?id=62099（2017-03-09）。

文明工程的县（市），云南省腾冲市成为云南省首家成功申报水土保持生态文明综合治理工程的县（市）。保山市在云南省水利厅的安排部署下于 2013 年开始着手部署腾冲市创建国家水土保持生态文明综合治理工程，经全市水土保持成员单位的通力协作，2016年 9 月成功申报，并于同年 12 月通过专家的审查认可后上报水利部。保山市、腾冲市两级市委、市政府长期重视水土保持生态建设，把水土保持工作作为推进生态文明建设的重要部署，以改善人居环境为重点，以加快生态建设为核心，全面推进"生态立市"战略，取得良好的成果。下一步，腾冲市将在创建国家水土保持生态文明综合治理工程成功的基础上再接再厉，坚持以党的十八大精神为指导，深入贯彻落实中央关于加快推进生态文明建设的战略部署，在巩固现有水土保持生态成果的基础上，不断提高完善，积极发挥示范引领作用，推动水土保持生态文明工程良性运行和健康发展。在市委、市政府的领导下，创新理念，完善机制，加大投入，充分调动社会力量参与水土保持生态建设，加快水土流失综合防治步伐，为促进我市生态文明做出新的更大的贡献。[①]

2017 年 3 月 13 日，勒子箐水库党支部率领管理局、监理部、质检部、驻场设计、大坝项目部党员职工 20 余人，在勒子箐水库大坝左岸绿地种下罗汉松、云南樱花、香樟、银杏等绿树 50 余株，为勒子箐水库生态治理工程开启了组织引领行动。2017 年勒子箐水库工程建设进入关键收官阶段，加强绿色生态建设，提升水库生态质量，以银杏、樱花为主题，结合本地树种，对水库周边高边坡、水土流失区、失稳滑坡区、生态植被荒芜区进行全面治理是主要目标任务之一，勒子箐水库党支部将继续发挥党员示范引领作用，全力促进绿色生态水库建设。[②]

2017 年 3 月 16 日，云南省财政厅、林业厅联合下发《关于下达 2017 年省级陡坡地生态治理补助资金及退耕还林工作经费的通知》（以下简称《通知》），正式下达了全省 2017 年度省级陡坡地生态治理任务 20 万亩，涉及全省 15 个州（市）、43 个县（市、区）。《通知》要求，省级陡坡地生态治理项目实施时要以高铁沿线、公路沿线、湖库周围、城镇面山和水源涵养区等特殊生态脆弱区为布局重点，并相对集中连片，选择不同区域、不同类型地区进行规模连片治理。同时，要向贫困程度深、扶贫攻坚难度大的

① 云南省水利厅：《腾冲市成功申报云南首家国家水土保持生态文明综合治理工程》，http://www.wcb.yn.gov.cn/arti?id= 62226（2017-03-21）。

② 吴茂全：《"支部+生态环境提升"带动绿色水库建设》，http://www.wcb.yn.gov.cn/arti?id=62235（2017-03-22）。

区域倾斜，要把陡坡地生态治理和扶贫攻坚、森林产业发展有机结合起来，积极培植资源，发展产业。《通知》还强调，各地要及时将资金下达到项目实施单位，认真组织项目实施，并切实加强资金监管，确保专款专用，提高资金使用效益。①

2017年3月22日，云南省水利厅副厅长王仕宗一行到洱源县调研"河长制"落实情况。调研组一行先后察看了海西海水库、茈碧湖水库、海尾河等洱源县的重要湖库，并认真听取了洱源县人民政府副县长龚红松关于洱源县河长制落实情况的汇报。洱源县实行四级"河长制"。一级河长：县委书记、县长任总河长，挂钩联系乡镇的县领导担任乡镇总河长。二级河长：乡镇党委书记、乡镇长担任乡镇河段长。三级河长：河流流经的村委会总支书记担任分河段长。四级河长：由村委小组长担任河道专管员、保洁员。层层落实，责任到人，确保洱源县河道得到有效管护。目前"河长制"实施方案已编制完成，待州级"河长制"实施方案下发后，洱源县将即时下发文件。通过看、听、问后，王仕宗指出，一定要把"河长制"落实到位，确保洱海源头的河道有人管、管得好，为洱海输送干净清洁的水源，为群众创造人水和谐的生态环境。②

2017年3月23日上午9：00，玉溪市正式启动本年度星云湖生态补水，全年计划补水3000万立方米，以改善星云湖水质。为认真贯彻落实省政府领导关于抓好玉溪市东片区域暨"三湖"生态保护水资源配置应急工程运营管理的批示精神，玉溪市委、市政府按照云南省政府的决策部署，在2016年实施向星云湖补水1001.3784万立方米的基础上，继续向星云湖进行生态补水。玉溪市属于工程性、资源性缺水的地区，平均水资源总量为43.2亿立方米，人均水资源量为1850立方米，低于全国平均水平，远低于云南省平均水平，水资源问题已成为地方经济发展的主要制约因素。星云湖和杞麓湖为劣V类水，抚仙湖总体水质虽保持I类水，但部分水质指标已接近II类，保持I类水质形势严峻，中心城区重要饮用水水源地东风水库等水源地保护任务繁重、综合治理难度大。在省政府领导的高位推动下，玉溪市委、市政府认真贯彻落实省政府领导的批示精神，计划投资18.96亿元，修建玉溪市东片区域暨"三湖"生态保护水资源配置应急工程，以水质优良的华宁县盘溪镇大龙潭为取水水源点（II类水质，流域面积386平方千米，

① 陶兴春：《云南省下达2017年省级陡坡地生态治理20万亩计划任务》，http://www.ynly.gov.cn/yunnanwz/pub/cms/2/8407/8415/8494/8500/110392.html（2017-03-28）。

② 云南省水利厅：《省水利厅到洱源县调研"河长制"工作落实情况》，http://www.wcb.yn.gov.cn/arti?id=62422（2017-04-06）。

平均径流量 16 872 立方米，平均流量 5.35 立方米/秒），工程设计引水流量为 2.5 立方米/秒，年引水量为 7013 万立方米，主要解决星云湖、杞麓湖补水净化和红塔区、江川区、澄江县、通海县、华宁县的生活生产用水不足的问题，切实保护好抚仙湖。工程项目确定为全省"四个一百"重点建设项目，是"十二五"期间玉溪市重点实施的民生工程、生态工程、环境保护工程。工程于 2013 年 8 月 23 日开工建设，历时 22 个月，主体工程（华宁盘溪镇大龙潭水源点至星云湖出流改道进水口）于 2015 年 5 月 31 日成功实现试通水。并历时 28 个月于 2016 年 1 月 15 日，一次性圆满完成应急工程最后一个机组电气事故试验及 24 小时连续运行试验工作，具备按照设计标准向红塔区、华宁县调水及星云湖补水的功能。星云湖补水项目是在应急工程主体工程完成的基础上实施的又一项重要生态、环境保护工程，对星云湖污染治理及沿湖生态环境保护起着至关重要的作用。通过星云湖抚仙湖出流改道工程，星云湖的部分劣质水排出后，使星云湖水位降低，依托应急工程，将华宁县盘溪大龙潭优质水源提至江川麦冲水库，通过大街街道大凹村入水口注入星云湖，以此置换星云湖水体。实施星云湖补水项目对水体进行置换，可有效稀释星云湖劣 V 类水体，缓解枯水季节入湖水量不足、水位下降导致蓄水量减少、湖泊自净能力下降问题，对湖泊水环境质量和水生态改善起到积极的促进作用。[①]

2017 年 3 月 27 日，云南省委常委、昆明市委书记程连元在昆明市 2017 年滇池流域水环境综合治理工作会上强调，要突出"六治"。（即源头重治、工程整治、河长主治、标本兼治、依法严治、社会共治），以抓铁有痕的干劲，切实把滇池保护治理工作抓实、抓好、抓出成效。程连元强调，要突出源头治理，着重解决点源和面源污染问题。要突出工程整治，充分发挥工程设施的环境效益。要突出河长主治，努力实现河（渠）湖库功能的永续利用。要突出标本兼治，切实推进滇池流域的生产生活方式转变。要突出依法严治，不断提高滇池治理法治化水平。要突出社会共治，积极引导群众参与滇池保护治理。程连元指出，要以众志成城的心劲，推动形成滇池保护治理的强大合力。全市各级部门要进一步强化责任意识，把滇池保护治理工作作为头号工程来推进，推动形成部门和县区联动协同发力的工作格局，进一步提高滇池保护治理工作科学化水平，以严格的督查考核确保各项工作落实到位，确保滇池保护治理各

---

① 云南省水利厅：《玉溪市东片区暨"三湖"生态保护水资源配置应急工程 2017 年度星云湖补水计划正式启动》，http://www.wcb.yn.gov.cn/arti?id=62294（2017-03-24）。

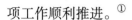

项工作顺利推进。^①

2017 年 3 月 31 日下午，大理白族自治州洱海保护治理"七大行动"指挥部和大理白族自治州政府新闻办在龙山国际会议中心 4 号厅召开洱海保护治理"七大行动"新闻发布会，介绍"七大行动"相关工作推进情况，同时发布了相关公告。大理白族自治州人民政府副秘书长、州"七大行动"指挥部综合协调组副组长吕实才就大理白族自治州洱海保护治理"七大行动"工作相关情况作介绍，并对《大理白族自治州人民政府关于划定和规范管理洱海流域水生态保护区核心区的公告》予以说明。此次新闻发布会明确了洱海流域水生态保护区核心区范围，规定"洱海流域水生态保护区核心区内，禁止新建除环境保护设施、公共基础设施以外的建筑物、构筑物，并依法查处违法违章建筑物、构筑物；按照'总量控制、只减不增'的原则，暂停审批餐饮、客栈等经营性场所，并对现有的餐饮、客栈服务业进行整治和规范；禁止畜禽规模养殖。"大理市常务副市长、市"七大行动"指挥部常务副指挥长李金灿围绕该市开展洱海保护治理"七大行动"采取的应急措施作简要通报，并宣读《大理市人民政府关于开展洱海流域水生态保护区核心区餐饮客栈服务业专项整治的通告》。他指出，大理市专项整治范围包括"洱海流域水生态保护区核心区洱海海西、海北（上关镇境内）1966 米界桩外延 100 米，洱海东北片区（海东镇、挖色镇、双廊镇境内）环海路临湖一侧和道路外侧路肩外延 30 米，洱海主要入湖河道堤岸两侧各 30 米范围内的所有餐饮、客栈服务业。水生态保护区核心区划定红线经过的洱海环湖自然村所有餐饮、客栈服务业。"整治期限自 2017 年 4 月 1 日起，至大理市环湖截污工程投入使用为止。大理市还对"整治内容""责任追究"等做出了详细规定。

洱源县副县长、县"七大行动"指挥部指挥长段孔明就该县"七大行动"推进情况做介绍，并宣读《洱源县人民政府关于开展洱海流域水生态保护区核心区餐饮客栈服务业专项整治的通告》。他指出，洱源县专项整治范围包括"洱海流域水生态保护区核心区（洱源县弥苴河、永安江、罗时江、海尾河、凤羽河、白石江、弥茨河、跃进河等主要入湖河流两侧各 30 米，茈碧湖、西湖、海西海、三岔河水库周围 50 米以内范围划定为洱源县洱海流域水生态保护区核心区）范围内的所有餐饮、客栈服务业；核心区划定红线经过的自然村内所有餐饮客栈服务业纳入整治范围。"整治期限自 2017 年 4 月 1

---

① 蒋朝晖：《昆明市委记程连元强调突出"六治"把滇池治理作为头号工程推进》，《中国环境报》2017 年 3 月 28 日。

225

日起，至洱源县洱海流域集镇及村落污水处理 PPP 工程投入使用为止。

洱源县还对"整治内容"等做出了详细规定。为认真贯彻落实习近平总书记对洱海保护的重要指示精神和省委、省政府关于"采取断然措施，开启抢救模式，保护好洱海流域水环境"的部署及要求，大理白族自治州委、州政府多次召开专题会议研究部署洱海保护治理工作，制定了《开启抢救模式全面加强洱海保护治理工作的实施意见》，在洱海流域全面开展"两违"整治行动（整治流域违章建房、整治流域餐饮客栈违规经营）、村镇"两污"治理行动（整治村镇污水、整治村镇垃圾）、面源污染减量行动、节水治水生态修复行动、截污治污工程提速行动、流域综合执法监管行动和全民保护洱海行动（简称"七大行动"）。为确保"七大行动"各项目标措施尽快落地见效，大理白族自治州成立了洱海保护治理"七大行动"指挥部，由州委副书记、大理市委书记任指挥长，州政府分管副州长任副指挥长，下设 11 个工作组，从州、市、县机关选派 177 名工作人员组成 16 支工作队，进驻流域 16 个乡镇督促帮助指导工作。大理市、洱源县和流域 16 个乡镇也都成立了指挥部。目前，围绕"七大行动"各项工作目标，大理市、洱源县制订了开展餐饮客栈服务业整治的具体工作方案，细化了工作措施，截污停污、应急补水、灌装收集污水、建设生态隔离带、流转土地发展生态农业等一系列应急控污减污措施已经全面铺开。围绕洱海保护治理"十三五"规划总投资 199 亿元的工程建设目标，州、市、县按照"突出重点、急用先行、压缩工期、全面提速"和 2018 年前完成规划总投资 80%以上的要求，集中人力、物力、财力实施重点项目。各级执法部门突出执法重点，依法严厉打击向洱海直排污水、侵占湖面滩地、破坏湖滨带等违法违规行为。"七大行动"进机关、进乡镇、进企业、进学校、进军营、进社区、进村组的系列活动全面开展，保护洱海"我不上谁上、我不干谁干、我不护谁护"的全民治湖社会氛围越来越浓厚，广大干部群众正在用实际行动保护洱海"母亲湖"。①

2017 年 4 月 10 日至 12 日，云南省政府九湖水污染综合防治督导组组长晏友琼率队到红河哈尼族彝族自治州石屏县就异龙湖"十三五"规划项目 2016 年完成情况及河长制执行情况进行调研督导。督导组一行先后到坝心湿地、西岸湿地等湖滨生态湿地、截污管网建设工程、城南河综合治理工程、龙朋镇生活垃圾处理工程的现场对异龙湖的污染治理体系、生态修复情况进行详细了解，然后到黄草坝至阿白冲水库连通工程现场、

---

① 黑毅鹤、杨磊：《大理州召开洱海保护治理"七大行动"新闻发布会》，《大理日报》2017 年 3 月 31 日，第 1—2 版。

坝心新街海河对异龙湖补排水情况进行实地查看，并乘船入湖调研水生植物残体打捞、水质情况。在听取了红河哈尼族彝族自治州、石屏县对相关情况的汇报后，督导组对异龙湖截污治污、补水工程、湿地建设等工作给予充分肯定，认为异龙湖水质变化明显，实践了"治污洁湖、引水净湖、靠雨清湖、生态靓湖"的治湖思路。晏友琼强调，要继续推进异龙湖的截污治污工程，注重内源植物残体定期打捞、科学打捞，以及农业面源污染、工业园区污染、生活生产垃圾的收集治理等工作；要科学抓好湿地建设，根据实际需要，合理设计建设规模，同时抓好湿地的工程设计、科学选择植物、合理布水；要加强河道治理，继续推进河道截污管网建设、绿化及两岸违法建筑的拆除等工作；要确保稳定补水，抓实补水工程的同时，发挥植物涵养水源的重要作用，加快生态建设步伐；要坚持河长制，做好湖泊河道的长效管理；坚持依法治湖，依照《异龙湖保护管理条例》等加大执法和监管力度；要将提升城乡人居环境与治湖结合起来，使其相辅相成；要牢固树立打持久战的思想，巩固现有成果，科学制定水质预警预案，确保异龙湖明年摘除劣 V 类"帽子"。[①]

2017 年 4 月 16 日，云南省政协调研组到昭通调研金沙江流域生态环境保护与绿色发展，并举行座谈会，就存在问题提出对策和建议。座谈会上，调研组就昭通市在积极探索金沙江流域区域低碳绿色发展路子，主动融入和服务国家长江经济带发展战略，深入推进云南生态文明建设排头兵等工作所取得的成绩给予充分肯定。同时指出，当前在金沙江流域生态环境保护与绿色发展与其在长江经济带发展战略中的地位作用不相匹配；流域大型水电站没有发挥最大效益，对地方经济发展带动促进作用不够；流域生态环境极其脆弱，保护与发展矛盾十分突出；产业发展滞后、结构不合理、推进转型升级实现绿色发展任务十分艰巨；流域区内贫困面大、贫困程度深，而且民族众多，经济社会发展任重道远；流域与区域管理体制不顺，缺乏必要的省际联合保护开发机制。针对上述存在问题，调研组表示，将发挥政协职能作用，将此次调研成果形成重点提案提交全国政协，积极争取国家政策支持、推进省际开放合作、推进沿江沿岸产业协调升级和精准扶贫，促进流域内跨越发展和全面小康社会目标的实现。省政协副主席王承才率队调研。[②]

---

① 岳晓琼：《云南省政府九湖督导组调研异龙湖水污染综合防治工作》，http://yn.yunnan.cn/html/2017-04/14/content_4790954.htm（2017-04-14）。

② 蔡侯友：《云南省政协调研组到昭通调研 促进金沙江流域生态保护与绿色发展》，http://politics.yunnan.cn/html/2017-04/17/content_4793699.htm（2017-04-17）。

2017年4月21—22日，省委书记陈豪以全省总河长和抚仙湖河长身份，带头履行河长制责任，率领调研组深入澄江、江川等地，调研"三湖"保护治理。他强调，要深化思想认识，夯实责任担当，全面贯彻落实中央对河长制的工作部署，深入推进以高原湖泊为重点的水环境综合治理，不断增加良好生态带给百姓幸福生活的获得感。云南省委常委、省委秘书长、副省长刘慧晏，副省长张祖林参加调研。调研组沿抚仙湖岸线实地检查抚仙湖保护治理工作落实情况。得知入湖水质达到Ⅲ类，陈豪十分欣慰，他指出，党政领导要亲力亲为，强化"河长制"责任落实。"一定要牢记习近平总书记谆谆嘱托，千方百计守住保持抚仙湖Ⅰ类水质这条红线，绝不让一湖清水在我们这代人手里失去，而且要薪火相传，把这份沉甸甸历史责任一代一代传承下去。"陈豪指出，抚仙湖是玉溪的"眼睛"、云南的名片、全国的财富。要找准问题，保护优先，统筹实施好生态移民和"一城五镇多村"规划建设，确保一级保护区内企事业单位2017年底前全部退出；要严格控制污染源，完善截污管网建设，确保污水处理达标，确保污水不入抚仙湖；要强化湖泊周边生态修复，协调山、水、林、田、湖、居，实现人与自然和谐相处。在江川区大凹村星云湖入水口，陈豪指出，星云湖、杞麓湖是云南省受污染严重湖泊，要充分认识保护治理工作的严峻性，坚持因湖施策、狠抓重点，结合全域旅游建设和城乡环境综合整治。要与国家重点流域水污染防治规划衔接，优化加强组织机构力量，实行"三湖"监测全覆盖，统筹推进"三湖"保护治理和水生态环境整体改善。调研期间，陈豪充分肯定玉溪市经济社会发展和党的建设各项工作取得的成绩。他强调，玉溪市要增强信心、保持定力、准确定位、夯实基础、激发潜能。要加快新型城镇化建设步伐，理顺镇村体系，坚持高起点规划、高标准建设、高水平管理；要加快产业转型升级和创新创造步伐，科学布局重点产业，建设好科教创新城。要强化"四个意识"，扎实推动"两学一做"学习教育常态化、制度化，以干部作风和能力建设为抓手，提振干事创业精气神，实现玉溪新跨越。玉溪市委书记罗应光，市委副书记、市长张德华陪同调研。罗应光就我市生态文明建设相关工作进行汇报，并表示将全力完成好"三湖"保护治理各项任务，向党和人民交出生态文明建设的满意答卷。①

2017年5月17日，在昆明市生态环境整治采访中，海河河道保洁员张大爷说：

---

① 张寅：《陈豪：深入推进以高原湖泊为重点的水环境综合治理》，《云南日报》2017年4月23日，第1版。

"以前海河河水散发着臭味，通过整治，现在水质变好了，岸边还种上了花草树木，很多人会到这里散步拍照。"创建全国文明城市对昆明普通市民来说，最直观的感受就是生活环境的改变，而昆明市生态环境整治指挥部的工作，就是通过创建工作改善可持续发展的生态环境，让每一个市民感受到城市文明进步、和谐建设的成果。经过每年生态环境整治，昆明市取得了以下成果。

其一，空气质量全国排名持续靠前。蓝天、白云、阳光，一直是昆明一道靓丽风景线。多年来，昆明市积极构建全社会共同参与的大气污染防治格局，加快重污染天气监测预警应急体系建设，加强机动车尾气防治、城市扬尘污染控制，着力解决以可吸入颗粒物为重点的大气污染问题，把"蓝天工程"作为市民共享成果的"民心工程"。昆明市环境保护局副局长陈嵩介绍，2014—2016 年，我市空气质量全年优良天数比例连续上升，分别达到 96.99%、97.81%、98.91%；2014—2016 年，我市环境空气质量在全国 74 个城市排名分别为第 9 名、第 8 名、第 9 名，在省会城市排名分别为第 4 名、第 4 名、第 3 名，持续保持靠前。在呈贡区空气质量监测中心，记者实地了解了空气质量监测工作。昆明市环境监测中心副主任杨健介绍，昆明市共有 7 个国家控制的空气质量监测站，分别在关上、龙泉镇、东风东路、碧鸡广场、金鼎山、呈贡新区及西山森林公园，覆盖整个主城区。空气质量监测站的工作原理为设备主动把周围的空气抽入仪器设备，随后通过国际通用的检测方法进行精密化分析检测，同时通过网络实时传输到环境保护部门，确保数据真实有效。今年以来，昆明市空气质量继续保持了好成绩，截至 5 月 8 日，昆明市主城区空气质量优良天数为 128 天，优良率达 100%。

其二，海河黑臭水体现象消除。消除黑臭水体是创建文明城市工作中一项重点和难点工作，全市相关部门和主城各区政府对"黑臭水体"开展拉网式排查，对疑似黑臭水体，采取截污导流、淹积抽排等方式开展整治。昨日，记者来到昆明市唯一一条黑臭水体河道——海河，看到海河水体已经变得清澈，岸边草木茂盛，河道环境得到较大改善。经过集中整治，海河透明度、溶解氧、氧化还原电位、氨氮等四项指标均已达标，水体黑臭现象已消除，目前正在开展水质跟踪监测和整治效果评估工作。从全市水环境情况来看，2016 年昆明市水环境质量持续改善，滇池水质从劣 Ⅴ 类好转为 Ⅴ 类，阳宗海湖体水质恢复到 Ⅲ 类，牛栏江出境断面（河口）平均水质 Ⅱ 类，达到 Ⅲ 类水保护目标。普渡河出境断面（铁索桥）平均水质为 Ⅲ 类，达到考核目标。城市集中式饮用水源地年均水质达标。2016 年昆明市纳入国家和云南省考核的地表水断面中优良水体比例均超额完成国家和云南省考核的任务。2014—2016 年，昆明市辖区 62 个地表水断面水质优良比例分别为 40.3%、45.2%、50.0%，连续三年上升，劣于 V 类水体断面比例分别为 29.0%、24.2%、6.5%，连续三年下降，河道生态景观改善明显。监测显示，2017 年上半年，滇池外海与草海水质均为 V 类，营养状态均为轻度富营养，主要污染物大幅下降。

其三，已建成 36 个国家级生态乡镇。昆明市生态文明创建工作硕果累累。目前，石林彝族自治县创建国家级生态县已通过考核验收，五华区、盘龙区等 10 个县区成功创建云南省生态文明县并获得省政府命名。截至目前，全市累计创建成 36 个国家级生态乡镇（街道）、71 个省级生态文明乡镇、2 个国家级生态村、24 个省级生态文明村、1120 个市级生态村、406 所市级绿色学校、168 个绿色社区、28 个环境教育基地和 137 家"宁静小区"。生活垃圾处理设施建设直接反映一个城市的文明程度。自 2008 年以来，昆明市先后建成和投产运营 5 座生活垃圾焚烧发电厂，处理规模 5300 吨/日，总装机容量达 10.8 万千瓦，形成了与昆明市主城区生活垃圾产生量相匹配的无害化处理能力，主城区垃圾焚烧处理设施占比达到 100%，改善了主城区环境卫生状况。接下来，生态环境整治指挥部将对存在的问题及时督促牵头单位完成整改，加强对滇池水面、河道、库塘、沟渠等各类城市水体的保洁工作，开展确保城市水环境质量的日常监管工作，强化水源保护区环境综合治理，巩固环境空气质量、城市绿化、垃圾处理取得的成效，让创建成果惠及每一个市民。①

2017 年 5 月 10 日，《中国环境报》记者蒋朝晖报道，站在小江与金沙江交汇处，手指着前方奔涌流入金沙江的滔滔河水，云南省昆明市东川区环境保护局局长张劲毅告诉记者："为确保一江清水入金沙江，东川区提出不让一滴污水入小江。虽然艰难，但这些年我们做到了小江出入境断面水质均达Ⅲ类水的目标。""长江生态行"第三站就在这里展开采访。小江是东川人的母亲河，也是金沙江下游的一级支流，处在云南乌蒙山和拱王山脉之间。虽然只有短短的 138 千米，但却是长江上游生态环境最为恶劣的流域之一，潜在环境风险大，对长江泥沙贡献率高。小江流经采矿历史悠久的"铜都"东川，沿岸有大大小小数十家矿山，生态破坏严重，环境欠账多。再加上当地特殊的地形

---

① 董宇虹：《昆明生态环境整治取得成效 空气质量监测站覆盖主城》，《昆明日报》2017 年 5 月 18 日。

地貌，流域内植被稀少、荒漠化严重，泥石流频繁。据调查，这里发育有一定规模的泥石流沟就有 107 条，严重威胁着区域和长江流域的生态安全。东川区常务副区长朱绍彬感慨地说："小江能有如此水质，来之不易。"近年来，东川区面临资源枯竭型城市转型升级发展的压力，加上 2013 年因铜矿企业无序开发将尾矿水直排入江，爆发了震惊国人的"牛奶河"事件，让东川区委区政府痛定思痛，牢固树立起"治理小江就是保护长江"的全局理念，坚持"生态立区"战略，把生态环境保护摆在了压倒性位置，扎实开展生态修复和矿区复垦等工程建设。在中国金沙股份有限公司汤丹分公司尾矿库，记者看到，库区犹如数十个篮球场大小，一层层整齐地码放着浇筑成扁圆柱形的尾矿固体，每袋高三四十厘米、宽一米多，外面覆盖着黑色模袋，防止矿渣流失。东川区安全生产监督局副局长彭云高指出，等到尾矿渣脱水固结后，就可在上面撒土种草种树，进入复垦阶段。从 2014 年起，东川区连续 3 年每年安排 1000 万元用于推进尾矿库项目建设，目前已建成几十座。同时，政府加强监管，要求企业没有尾矿库不能生产，"再也不能发生'牛奶河'那样的事件了。"为了综合治理水土流失和地质灾害，东川区在生态修复上更是付出了巨大努力。采访组沿着小江河谷行进，只见两岸山坡上稀稀疏疏地覆盖着一层绿意，与山体的红色形成了鲜明的对比，泥石流冲刷侵蚀而成的沟壑依然清晰可见。据介绍，东川属干热河谷地区，同时河谷多为泥石滩，土壤坚硬，树苗无异于在水泥地上扎根，存活难度可想而知。采访当天，这里已达 33 度高温，头上骄阳毫无遮挡的直晒，让人有些眩晕。一路上，记者真切体验到干热河谷气候的威力，也理解了绿化复垦的不易。在大白泥沟生态修复治理工程示范点，记者看见，坚硬的沙石地块上，耐旱的剑麻和银合欢树连成了片，大量野草夹杂其间，已超过人高。东川区林业技术推广站站长贺永表示，这片面积为 1500 亩左右的示范点，是全区各职能部门花了 4 年多时间才种起来的。泥石流冲击后，河岸变了，种树人也跟着变；种下的树苗死了，第二年再接着种。在东川人不懈努力下，当地森林覆盖率发生了倍数级的增长。20 世纪 80 年代中期仅为 8.8%，如今已达到 31%。到 2020 年，将力争达到 36%。东川区国土资源局副局长郑兴霖说："现在，东川的泥石流虽然还有，但再也不会出现以前那种规模了。小江也开始变得清澈，带入金沙江的泥沙也越来越少了。"东川区在 2017 年的政府工作报告中明确提出，要读好"山字经"，做好水文章，走好环境保护路。虽然仍困难重重，但对于"铜都"而言，绿色转型发展之路正在徐徐展开。①

2017 年 5 月 25 日，云南省政府办公厅印发的《关于成立云南省环境污染防治工作领导小组的通知》指出，为切实加强对大气、水、土壤污染防治工作的组织领导，云南省政府决定成立云南省环境污染防治工作领导小组，云南省副省长刘慧晏担任领导小组组长，省政府副秘书长马文亮、省环境保护厅厅长张纪华担任副组长，省发展和改革委员会、省公安厅、省国土资源厅、省环境保护厅等 23 家单位的领导担任领导小组成员。领导小组下设办公室和大气污染防治、水污染防治、土壤污染防治 3 个专项小组，均设在省环境保护厅。领导小组主要职责是贯彻落实云南省委、省政府关于环境污染防治工作的决策部署，统筹协调全省大气、水、土壤污染防治工作，研究环境污染防治重大政策措施，协调解决工作中的重大问题。②

2017 年 6 月 1 日，《中国环境报》记者蒋朝晖报道，云南省大理白族自治州制定的首部地方性法规《大理白族自治州乡村清洁条例》（以下简称《条例》）正式公布，6 月 1 日起正式施行，这是云南省第一部乡村清洁条例。《条例》旨在保护和改善乡村人居环境，推进生态文明建设。《条例》所称乡村清洁是指乡村垃圾、污水、废弃物等的收集处理和日常管理。乡村清洁遵循政府引导、村民主体、因地制宜、多元投入、注重实效的原则。《条例》共 28 条，对乡村清洁家园、清洁水源、清洁田园和美化村容村貌的空间范围、主要内容、管理职责、管理原则、群众主体作用、治理方式、投入机制、法律责任等做了具体规定。《条例》规定，自治州各级人民政府应当建立政府扶持、村集体经济组织投入、村民自筹、受益主体付费、社会资金支持的乡村清洁经费多元投入机制。村（居）民委员会、自然村村民自治组织、村民小组通过村规民约和有关规定收取保洁和生活垃圾处理费。在征求村民意见后可聘用保洁员，按照聘用约定支付报酬。《条例》明确规定了维护乡村清洁的 5 类禁止行为：擅自在公共场所、乡村道路、田间堆放、弃置、倾倒垃圾、渣土等废弃物；擅自在公共场所、乡村道路打场晒粮、晾晒物品，堆放粪便、秸秆、建筑材料、杂物；在田间、沟渠、河流、池塘、水库、湖泊等弃置农药、化肥包装物，农用薄膜、育苗器具等农业生产废弃物；向沟渠、

① 张辉、王琳琳、蒋朝晖：《治理小江就是保护长江 昆明东川区坚持"生态立区"念好山水经》，《中国环境报》2017 年 5 月 10 日。
② 蒋朝晖：《云南成立污染防治领导小组》，《中国环境报》2017 年 5 月 25 日。

河流、池塘、水库、湖泊等直接排放粪便、污水，丢弃动物尸体，倾倒垃圾等废弃物；在非指定地点堆放、弃置、倾倒或者抛撒建筑垃圾。如有违反以上规定逾期未改正的，由乡（镇）政府处 100 元以上 2000 元以下罚款。①

2017 年 6 月 1 日，《中国环境报》记者蒋朝晖报道，作为金沙江汇入长江前的最后一站，云南省昭通市素有"咽喉西蜀、锁钥南滇""云南北大门"之称，是长江上游重要的生态安全屏障，也是云南融入长江经济带的重要门户。"长江生态行"采访第四站就在这里展开。昭通市环境保护局副局长陈泽平说："昭通影响下游水质及生态安全的关键因素是城镇生活污染。"作为云南文化三大发祥地之一，昭通历史悠久，文化厚重，但同时也发展滞后、人口众多。由于地形多山地、少平坝，平坝面积仅占辖区总面积的 3.6% 左右，使得昭通的人口密度高度集中，全市 600 多万人口居住在两万三千多平方千米的土地上。尤其是穿越中心城区的两条河流——利济河、秃尾河，沿岸住着大约 15 万人，每天产生大约 3 万立方米生活污水和 20 多吨垃圾，防治形势十分严峻。昭通全市地处长江上游、金沙江下游的特殊地理位置，生态环境战略地位十分重要。昭通市委、市政府制定了"六大发展战略"，通过实施生态文明战略和新型城镇化发展战略，以"两污"治理为抓手，全面建设"山水昭通""森林昭通""清洁昭通"，着力提升城乡人居综合环境。在昭通北部新城最大的城市水体公园——省耕塘公园建设指挥中心，昭通市昭阳区规划局副局长朱云向记者介绍说："我们坚决拆除了沿河两岸违章建筑，分区建设了排水系统、污水管网、垃圾集中收集点等设施，同时，对两河干流及支流进行整治，修复河堤、疏浚河道，恢复河流生态系统。"据了解，省耕塘公园建成后，将成为一个面积高达 1600 亩的全绿化生态之心，并与海子绿心、柳树闸水库、荷花池、甘河闸水库以及昭鲁河、利济河、瓦窑河等河流联系起来，形成布局广泛又相互贯通的"五湖六河"体系，实现城市良性水循环，有效防止污染汇入长江干流。发展中的昭通是绿色的昭通，是生态的昭通，是宜居的昭通。城乡人居环境综合整治后，昭通市不仅城区面貌焕然一新，乡镇环境提升也紧跟其上。在鲁甸县茨院乡石牛口村，记者看到，村民房屋都是粉刷成白色的二层小楼，错落有序地排列着，美观大方。村居环境干净整洁，每隔几户就有一个"垃圾投放处"，垃圾桶上清晰注明了"生活垃圾""非生活垃圾"等标识。鲁甸县环境保护局局长纳才相告诉记者，这是鲁甸专门打造的生态

---

① 蒋朝晖：《大理施行乡村清洁条例 违规将被处 2000 元以下罚款》，《中国环境报》2017 年 6 月 1 日。

示范村，鼓励村民垃圾分类，与此同时，每家每户的生活污水经管网收集后引向村外一千米处的污水处理站，集中处理。负责运行的技术员高荣成介绍说："处理站采用太阳能云技术污水处理系统，具有远程监控、故障报警、无人值守等功能。"处理后的水质能达到一级 B 标准，避免了生活污水直排绕村而过的昭鲁河。高荣成表示，在昭通，类似这样的乡村污水处理设施，他们共负责运行着 11 个。昭通为流域生态环境安全做出了贡献，作为欠发达地区，昭通市下辖1区11县，除了水富县之外，其他都是国家级贫困县（区），经济发展与环境保护的矛盾突出。但是，昭通并没有因此降低对生态环境质量的重视，而是积极探索低碳绿色发展之路，主动融入和服务长江经济带发展战略。2016年监测数据显示，金沙江干流在昭通市水富县的出境断面——"三块石"断面的水质持续保持优良，达到Ⅱ类水质标准。①

2017年6月2日，《中国环境报》记者蒋朝晖报道，青山碧水常相伴，千年梯田展新颜。哈尼村寨美如画，八方游客乐无边。今年一季度，坐拥 19 万亩千年哈尼梯田的云南省元阳县共接待游客68.09万人次，较上年同期增长 72.75%；旅游总收入达 8.65 亿元，较上年同期增长 61.86%。元阳县长和爱红说："元阳县是集边疆、山区、民族、贫困四位一体的国家级重点扶持县，发展经济困难重重。近几年来，全县上下团结一心，持续加大污染治理和生态修复力度，县域生态环境质量持续改善，为生态旅游提质增效奠定了更好的基础。"

其一，生态产业问题突出，稳步推进环境整治。元阳县社会发育程度低，基础设施建设滞后，经济总量小，贫困面大、程度深，但同时保存有比较完整的生态系统、生物群落和传统、古朴的民风民俗。尤其是境内 19 万亩哈尼梯田被列为世界文化遗产后，吸引了越来越多的海内外游客前来观光旅游。如今，发展生态游、乡村自驾游和相关服务业，正成为元阳县经济发展和产业建设的主要方向，成为各族群众脱贫致富的主要途径和希望所在。在发展生态旅游和服务业的同时，元阳县存在着许多亟待解决的突出环境问题。如农村"两污"处理设施基本处于空白，脏、乱、差现象突出，白色污染严重；县域生态环境较为脆弱，植被覆盖率不高，生态系统自我修复功能不足，哈尼梯田生态环境保护压力大等。元阳县在抢抓发展新机遇的同时，坚持保护优先，牢固树立

---

① 张辉、王琳琳、蒋朝晖：《留得清水在 映得景更美 昭通提升城乡人居环境，构建长江上游生态屏障》，《中国环境报》2017 年 6 月 1 日。

"生态立县、绿色发展"理念,以建设"山水城市、生态乡村、绿色家园"为目标,以"控新治旧、集中治理、控污减排、生态建设、改善环境"为重点,全面推进污染治理和生态修复等工作。据元阳县环境保护局局长罗成会介绍,元阳县相继制定并实施《中共元阳县委、县人民政府关于加强生态文明建设的实施意见》《元阳县重金属污染综合防治"十二五"规划(2011—2015年)》《元阳生态县建设规划》于2014年获云南省环境保护厅审查批准,并经元阳县人大审查,目前已全面实施。为确保生态环境保护工作见实效,元阳县成立县环境保护委员会,严格推行环境保护"一岗双责"责任制,建立行政首长负责制和"主要领导亲自抓,分管领导具体抓,职能部门配合抓,环境保护部门监督抓"的联动机制。在财政入不敷出、既无项目又无资金的情况下,无偿划出5亩土地,投入资金385万余元建设县环境监测执法业务用房,并于2014年初建成投入使用。近几年,元阳县加快工业污染治理,先后投入1.4亿元,实施污染源综合治理工程、重金属污染治理项目,建成一批废水污水治理设施并投入使用。与此同时,建成配套污水收集管网10.214千米,县城污水处理厂处理能力达到5000吨/日。在解决历史遗留环境问题上,元阳县已争取项目资金2689万元,完成了大坪芭蕉岭、马鞍山、董棕湾等矿区重金属废渣安全处置项目,编制上报了大坪毛木树矿区、俄扎阿东矿区土壤修复工程实施方案和元阳县重金属污染防治"十三五"规划。上述项目的实施,正迅速减少重金属元素对区域环境的持续污染。在提升人居环境质量上,元阳县稳步推进农村环境综合整治。先后投入730万元,实施了箐口、普高老寨、土锅寨、全福庄、小窝中等7个农村环境综合整治工程,使畜禽粪便、生活污水、生活垃圾得到有效处置。记者在元阳梯田主要遗产的核心保护区老虎嘴、多依树等多个景区和周边村寨看到,道路两旁、公共区域和村民房前屋后干干净净,千姿百态的梯田及其周边很难看到垃圾的踪影。2016年,元阳县编制《红河哈尼梯田元阳核心区世界文化遗产保护利用总体规划》,出台《哈尼梯田保护利用三年行动计划》和《绿色元阳三年行动计划》,加强哈尼梯田遗产区和观音山自然保护区保护管理,实施退耕还草3万亩、造林6.28万亩,森林覆盖率达45.84%。

其二,"四素七面"破局,生态旅游显活力。当前,元阳县正在全面实施《绿色元阳三年行动计划》,以2020年创建成国家级生态县为目标,以哈尼梯田世界文化遗产和国家湿地公园为重点,围绕"森林、村庄、梯田、水系"四个要素同构生态系统和农耕文明的保护与延续，集中资金，整合力量，加快农村"两污"治理、村庄环境综合整治和历史遗留污染治理，强化造林绿化、生态修复和水源地保护，抓好梯田农灌系统、城乡居民饮用水设施建设和水环境治理，严格落实节能降耗政策。据了解，2016—2018年，绿色元阳行动计划共实施项目 193 个，总投入约 27.15 亿元，涉及垃圾热解、农村环境综合治理、美丽乡村建设、生态保护与修复、水环境治理、地质灾害防治和乡镇生态创建提档升级 7 个方面。为破解日益升温的生态旅游带来的垃圾和污水暴增等环境新问题，元阳县全力抓好垃圾热解示范项目建设。2016 年组织实施了新街镇丫口、胜村、攀枝花道班等 4 个 4 吨/日垃圾热解示范项目。目前，丫口垃圾热解站已投入运行，攀枝花热解项目已竣工。胜村、牛角寨热解项目完成土建工程，正在安装设备。2017年，元阳县计划建设 10 座垃圾热解站，目前已落实建设资金 2000 万元。罗成会认为，垃圾热解示范项目的投入运营，将比较彻底地改变全县乡村白色污染和垃圾成堆的问题，助推乡村生态旅游健康发展的作用日益显现。当前，投资 300 万元的牛角寨乡农村环境连片整治项目正在按计划实施，将于年内竣工。据了解，元阳县哈尼梯田核心区的每块梯田都是一个小型生态园，除水稻等农作物外，梯田里还生长着数十种自然水生动物，丰富了生物的多样性，构成了一种天然的稻渔禽共生系统。针对生活污水影响遗产区环境的问题，元阳县在示范实施稻渔鸭生态种养模式，在助民增收致富的同时，加紧编制《元阳县哈尼梯田核心区污水处理方案》，争取年内启动建设试点项目，逐步解决农村"两污"设施滞后的问题，确保哈尼梯田生态环境持续良好。和爱红信心满满地表示，元阳县计划用 3 年的时间，举全县之力打一场环境治理与生态建设的攻坚战，努力实现人居环境更加整洁便捷、人与自然更加和谐共生、各族群众生活更加富裕幸福。绿色元阳行动计划的实施，必将使声名远扬的千年哈尼梯田更加生机盎然，吸引来更多的海内外游客。①

2017 年 6 月 8 日，玉溪市河长办公室召开玉溪市河长制"三湖"入湖河道综合整治及水质监测方案编制会议，市河长办公室副主任罗金寿、黄朝荣出席会议，市水利局、市环境保护局、市抚仙湖管理局、省水文水资源局玉溪分局等有关负责同志参加会议。会议听取了县区落实河长制的情况报告，会议要求沿湖县区要认真落实《玉溪市全面推行河长制的实施意见》，县区河长办公室要以"河畅、水清、岸绿、湖美"为目标，牵

① 蒋朝晖：《云南元阳县强力治污提升区域环境质量哈尼梯田生机盎然》，《中国环境报》2017 年 6 月 2 日。

头编制"三湖"入湖河道综合整治方案，按轻重缓急，分两批编制方案报市河长办公室。会议要求，要整合水文、环境保护监测力量，同时购买社会服务，做好"三湖"入湖河道水质监测工作，县区要进一步梳理入湖河道，确定监测点位，在6月20日前编制"三湖"入湖河道水质监测初步方案报市河长办公室。①

2017年6月9日，玉溪市政协副主席、星云湖大街河及大庄河河长马良昌到江川区巡河，市三湖督导组副组长郑云龙、市政协副秘书长王宏义、江川区人大常委会副主任李保平、区政协副主席杨吉英、市环境保护局、大街街道办、区水利局、区环境保护局等有关负责同志陪同巡河。调研组一行从入湖河道源头到末端深入了解河道基本情况，并举行座谈会。在听取了江川区有关部门的情况汇报后。马良昌指出江川区在大街河治理上下了大工夫收到了成效，但也还存在一些不足，大庄河污染较重，特别是农贸市场对河道污染大。马良昌强调，江川区要强化星云湖是母亲湖、12条主要入湖河道是母亲河的认识，要强化生态环境恶化对人民群众危害性的认识，要下决心整治这两条河道。马良昌要求，围绕创建文明城市、卫生城市，江川区及大街街道办事处要加快推进大庄河畔农贸市场异地搬迁工作，整治以路为市的现象，抓好3年人居环境整治行动，建立健全村规民约、实行门前三包，教育引导群众加强入湖河道环境卫生管护；要尽快编制两条河道综合整治实施方案，积极筹措资金、整合资源，分段截污、分段治理，加大两条河道综合整治力度；要强化河段长责任制，建立治理台账和工作台账，明确联络员，建立工作进度月报、季报、年报制度。②

2017年6月21日，省委书记、省委全面深化改革领导小组组长陈豪主持召开省委全面深化改革领导小组第三十次会议。省长、省委全面深化改革领导小组副组长阮成发，省委副书记、省委全面深化改革领导小组副组长李秀领等出席会议。此次会议审议并原则通过《云南省生态文明建设目标评价考核办法（送审稿）》《云南省生态文明建设考核目标体系（送审稿）》《云南省绿色发展指标体系（送审稿）》《云南省领导干部自然资源资产离任审计工作规划（2016—2020）（送审稿）》。会议强调，建立领导干部生态文明绩效评价考核和自然资源资产离任审计制度，是云南省努力成为全国生态

① 玉溪市环境保护局：《玉溪市落实河长制编制三湖入湖河道综合整治及水质监测方案》，http://www.ynepb.gov.cn/zwxx/xxyw/xxywzsdt/201706/t20170613_169054.html（2017-06-13）。
② 玉溪市环境保护局：《星云湖主要入湖河道市级河长开始履职》，http://www.ynepb.gov.cn/zwxx/xxyw/xxywzsdt/201706/t20170613_169053.html（2017-06-13）。

文明建设排头兵的重要举措，要全面贯彻新发展理念，科学划定并严守生态保护红线，推动绿色发展，把生态文明建设各项任务落到实处。要注重考核与审计结果的运用，对违法违纪问题严肃问责、终身追责，推动领导干部增强生态环境保护和集约节约利用资源意识，实现经济社会可持续发展。①

2017年7月初，中国农业发展银行怒江傈僳族自治州分行成功获批了兰坪县沘江河综合治理（一期）工程项目贷款9000万元。并根据项目进度和融资情况，发放了第一批项目贷款资金1250万元。中国农业发展银行怒江傈僳族自治州分行为推进该项目尽快落实，积极建立内部督办机制，妥善安排部署，实地调研项目建设进展、投资规模及资金筹措情况，收集项目材料，评估客户信用和财务状况、担保措施等要素，有力推进该项目落地。据了解，该项目的建设为兰坪城区生态系统的重要组成部分，将在提升城市整体形象的同时，积极改善沘江河生态环境脏乱现象，促进城市生态体系的建设。②

2017年7月初，中国农业发展银行楚雄彝族自治州分行营业部获批林业资源开发与保护中长期扶贫贷款6亿元，并于当日投放3亿元支持楚雄市生态防护林建设。楚雄市森林生态系统整体功能脆弱，森林资源总量不足的问题长期存在，森林资源结构尚待优化，林业生态体系还不完善，局部地区生态还很脆弱，防御自然灾害的能力较弱。该项目的实施，将对楚雄市发展城乡森林绿地、提升生态服务功能、弘扬生态文化、树立生态文明理念，改善城乡人居环境、促进城市科学发展提供良好的生态支撑。同时，林区农民可依托项目建设，实现脱贫致富。③

2017年7月8日至10日，云南省政协主席罗正富带领省水利厅、环境保护厅及省级相关部门，到金沙江流域的丽江市、迪庆藏族自治州调研金沙江河长制及流域保护治理、地质、水文等工作。迪庆藏族自治州州政协、州人民政府主要领导，丽江市党委、政府及两州市的水务、环境保护、土地管理、水文、地质，滇中引水办公室、中国华电集团公司云南公司等多个部门负责人参与了调研及工作汇报会。7月9日，现场督察调研了金沙江流域尼西、拖顶、其宗、巨甸、石鼓等河段，9月10日上午在丽江市召开了

---

① 田静、张寅：《陈豪主持召开省委全面深化改革领导小组第三十次会议》，《云南日报》2017年6月22日，第1版。

② 吴俊瑾：《怒江发放首笔县域生态环境综合治理建设信贷资金》，http://www.nujiang.cn/html/2017/nujiang_0628_60546.html（2017-06-28）。

③ 中国农业发展银行云南省分行：《农发行楚雄州分行营业部6亿元支持生态防护林建设》，http://finance.yunnan.cn/html/2017-07/04/content_4874576.htm（2017-07-04）。

工作座谈会。座谈会上，丽江市政府、迪庆藏族自治州政府汇报了两地的河长制及金沙江（丽江段、迪庆段）河长制工作情况。省水利厅、省环境保护厅、国土资源厅、水文水资源局、省滇中引水办公室、云南金沙江中游水电开发有限公司等单位针对各自的职能职责进行了工作汇报。云南省环境保护厅贺彬副厅长在会上通报了金沙江流域近年来的水环境质量状况，以及两州市涉及的金沙江流域国控考核断面监测等情况，特别强调了饮用水源地保护工作。同时贺副厅长在会上强调，迪庆藏族自治州、丽江由于水质总体较好，按照国家的总体考核目标，流域水质只能在现有基础上提高而不能下降，两州市的污水治理及水质保护的任务较重。针对这个情况要求一要守住底线，保护好现有水体。二要防范风险，特别注意因突发情况及开发等引发的水环境问题。三要夯实基础，针对水质有变化的领域进行详查，提高精准度，重在解决问题。四要完善信息报送等机制，进度上按省环境保护厅要求不折不扣执行。罗正富主席作重要讲话，他要求上述两地严格按照省委、省政府要求，落实好河长制相关工作，并对本次调研总体水质保护情况较为满意。他要两州市要进一步明确各自的工作责任，承担起各部门自身的工作职责，明确保护好现有水质这个主要的目标任务，明确方案并抓好落实。他强调，要以曾经发生的矿山开发污染河流等严重水污染事件为警示，加强农村"两污"设施建设，加强生态治理和修复方案等措施的落实，下一步，将重点督查河长制工作方案及各项措施的落实。①

从 2017 年 7 月 17 日开始，红河哈尼族彝族自治州石屏县异龙湖国家湿地公园管理局出动干部职工、协管员 40 多人、打捞船 7 艘，冒雨对小瑞城湿地、大水湿地内非法种植的菱角进行集中清理整治。经过三天的辛苦劳动，清理非法种植菱角 8 塘，恢复湿地面积 42 亩。此次集中清理整治村民非法占用湿地种植菱角的违法活动，不仅是石屏县异龙湖国家湿地公园管理局对沿湖非法种植、养殖、破坏异龙湖动植物资源的一次沿湖综合整治行动，也是向社会各界表明，只要破坏湿地、破坏异龙湖的行为存在，就不会停止对其行为进行制止。湿地具有蓄水调洪、调节气候、保持水土、净化水质、保护生物多样性等重要功能，有地球的肾之称，它兼有水域和陆地生态系统的特点，具有极其特殊的生态功能，是地球上最重要的生命保障系统。为保护异龙湖国家湿地公园的生物

---

① 赵菊生：《省政协主席罗正富一行到丽江、迪庆督察调研金沙江河长制及流域保护治理工作》，http://www.ynepb.gov.
cn/zwxx/xxyw/xxywzsdt/201707/t20170712_170144.html（2017-07-12）。

多样性，保证湿地功能的发挥，不断提升人居环境和异龙湖生态环境的良性发展。①

2017 年 7 月 18 日下午，昆明市委召开常委会议，审议并原则通过了《昆明市关于开展生态修复城市修补工作的实施意见》等文件和方案。会议提出，提升城市品质首先要优化生态环境，各级领导干部要着力提升眼界和水平，提高工作标准，抓实城市"双修"这项系统工程。省委常委、昆明市委书记、滇中新区党工委书记程连元主持会议。根据上述文件和方案要求，昆明生态修复城市修补工作将坚持政府统筹、协同推进，问题导向、补齐短板，明确目标、有序实施，生态优先、因地制宜，以人为本，有效推进的原则，强化规划引领作用，全面修复生态环境。积极推进生态保护红线划定工作，对重要山体生态系统、"五采区"、生态脆弱地区进行植被恢复、景观改造等生态修复，推进以滇池为重点的水环境治理和海绵城市建设，完善城市绿地系统结构，提升公园绿地品质。大力修补城市功能，依法推进"拆违拆临"，为城市修补腾挪空间，不断完善城市基础设施体系，提高服务水平；优化城市公共空间和街道空间，提升城市魅力；合理推进城市更新改造，改善社区人居环境。通过优化路网结构、合理配置停车资源、推进绿道建设、完善城市慢行系统等途径，有效地改善交通出行条件。全面塑造特色风貌，一方面强化环滇池地区的城市形态和天际线控制，从整体上塑造城市特色形象；另一方面突显地方建筑风格，强化建筑的控制引导，彰显地方建筑风貌特色。②

2017 年 7 月 16—26 日，丽江市委书记崔茂虎分别到永胜县、玉龙县、古城区和宁蒗县调研了程海、拉市海、漾弓江和泸沽湖的保护治理情况，并在程海和泸沽湖召开了现场办公会，对"一江三湖"在保护治理中取得的成绩给予了肯定，就下一步工作提出了明确要求。他要求：一是要坚定不移抓环境保护。推进生态文明建设，着力提升城乡人居环境；处理好保护与开发的关系，把保护摆在第一位，开发要慎之又慎。当务之急是下最大的决心，用最硬的措施，节流、开源、控污、划定红线，理顺管理机制，整合流域内的螺旋藻生产企业，坚决保护好程海。二是突出特色抓小镇。坚持科技支撑、环境保护托底、规范品牌、拓展养生、程海为根、文化为魂的理念，在发展产业、促进就业、加大招商上下功夫，使清水古建筑群、边屯文化、微藻小镇有机衔接，着力打造程

---

① 红河哈尼族彝族自治州环境保护局：《红河州石屏县异龙湖国家湿地公园管理局开展湿地清理整治工作》，http://www.ynepb.gov.cn/zwxx/xxyw/xxywzsdt/201707/t20170725_170555.html（2017-07-25）。

② 李菊娟：《昆明市委常委会议审议通过"开展生态修复城市修补工作实施意见"》http://yn.yunnan.cn/html/2017-07/19/content_4888214.htm（2017-07-19）。

海小镇。[1]

2017 年 7 月 27 日下午，楚雄彝族自治州副州长张晓鸣一行对龙川江西观桥断面水污染防治工作情况进行调研。调研组先后深入南华县土城桥、小天城，楚雄市钱粮桥、青山嘴水库等重要河段进行实地检查，召开了西观桥断面达标工作推进会议。楚雄州人民政府领导和州发改委、州住建局、州水务局、州环境保护局、青山嘴水库管理局等相关部门领导参加了会议。会上，南华县、楚雄市就有关龙川江水污染防治工作情况做了汇报，相关部门进行发言。会议对南华县、楚雄市及相关部门开展的工作予以充分肯定，并对下一步龙川江西观桥断面水污染防治工作提出了要求。会议强调，龙川江是楚雄彝族自治州的母亲河，开展好流域水污染防治实现西观桥断面 2020 年达到 Ⅳ 类水不仅是国家、云南省下达的任务，更是楚雄彝族自治州经济社会发展的现实需要。西观桥断面水污染防治是一项系统性工作，涉及工业、生活、农村面源、水保等各方面水污染防治工作，涉及上下游联动，各级各部门要密切配合，齐抓共管，从严从实推进龙川江流域水污染治理工作。[2]

2017 年 7 月底，蒙自市环境保护局陪同蒙自市人大常委会开展固体废物污染环境防治法实施情况调研，先后到文澜镇、芷村镇、雨过铺镇、文澜镇凤凰路垃圾中转站视察，深入了解城乡生活垃圾分类、收集、转运情况。调研组到蒙自矿冶有限公司、蒙自红星电冶厂调研危险废物规范化处置工作。通过此次调研，调研组发现蒙自市固体废物污染环境防治法工作存在一定的问题。一是环境保护法制意识比较淡薄。《中华人民共和国固体废物污染环境防治法》宣传的力度和广度还不够，特别是相关企业负责人和广大基层干部群众对固体废物污染环境危害的认识还不深刻。二是环境保护基础设施十分薄弱。城乡垃圾处理配套设施规划建设比较落后，垃圾转运站点及相关配套设施等还没有真正做到资源化、无害化处理；垃圾填埋场使用年限即将到限，处理设施较落后和不完善。三是农村固体废物污染较严重。农村生活垃圾、建筑垃圾废弃物随意倾倒、随意处置的情况较为普遍，缺乏有效管理和约束。由于经费不足，乡镇垃圾收集、转运未能全部进入垃圾填埋场处置。四是固体废物综合利用创新不足，固体废物综合利用的创新

---

① 丽江市环境保护局：《狠抓落实 坚定不移保护好"一江三湖"》，http://www.ynepb.gov.cn/zwxx/xxyw/xxywzsdt/201708/t20170809_171187.html（2017-08-09）。

② 刘师政：《张晓鸣副州长对龙川江西观桥断面水污染防治工作情况进行专题调研》，http://www.ynepb.gov.cn/zwxx/xxyw/xxywzsdt/201708/t20170818_171423.html（2017-08-18）

力度还不够。财政资金对资源综合利用的投入力度也不足，使很多企业对固体废物综合利用缺乏创新积极性，许多单位对固体废物的处理还相对简单。综合利用企业小而散，缺乏市场竞争力，一些资源综合利用项目还存在"循环"不"经济"的问题。五是危险废物规范化处置需进一步加强。六是环境保护执法能力建设亟待加强，特别是要加强基层机构和队伍建设。针对存在问题，蒙自市环境保护局表示将切实增强责任意识，强化全过程监管，全面提升危险废物处置能力。要求辖区企业严格依法建设、管理和维护贮存设施场所，安全分类存放、处置固体废物，切实防止污染环境。[①]

2017年7月底，为了巩固城乡人居环境提升成果，姚安县组织发动全县各有关单位和乡镇力量，对全县城乡市容市貌、环境卫生进行整治。各单位按照分工要求，采取有力措施，对城区损毁路面、背街小巷、城区死角、城郊接合部、县城入口、公园、广场、公厕、河道、绿化带、汽车客运站等重点场所进行环境卫生整治，对垃圾进行彻底清扫清运、在部分地段增设垃圾箱；对绿化带补苗植株，打捞河道内的杂草、垃圾、漂浮物，严厉查处乱停放、乱调头违章车辆。各乡（镇）也结合各自实际情况，积极组织人力、物力对辖区环境卫生进行了大规模的整治。此次活动主题鲜明，措施有力，各有关部门积极参与，收效明显。为省级卫生县城创建复审工作和姚安县城乡环境整体提升打下了坚实基础。[②]

2017年7月底，保山市环境保护局副局长李明彦带领相关工作人员对昌宁县农村环境综合整治项目开展现场专项督查。督查组采取实地查看、听取汇报及查阅资料等方式，对柯街镇、卡斯镇农村环境连片综合整治工程项目进展情况进行认真细致地分析研究，并针对存在的问题提出具体的改进措施。一是严把质量关，严格执行项目实施方案，仔细研究设计图纸，严格按设计标准进行施工。二是要利用好监理力量。充分发挥好监理"促工期、控工艺、挑质量"的职能、职责，确保工程建成后即可顺利投入运行。三是要严把长效运行关口。进一步建立健全长效管理机制，明确责任主体，保障运行经费，加强监督考核，创新农村环境卫生综合管理机制，实现保洁"管理科学化、保障法制化、服务社会化"的目标，确保垃圾收集清运设施得到妥善管理，污水治理设施

① 红河哈尼族彝族自治州环境保护局：《红河州蒙自市环境保护局开展固体废物污染环境防治法情况调研》，http://www.ynepb.gov.cn/zwxx/xxyw/xxywzsdt/201707/t20170727_170610.html（2-10-07-27）。
② 庞翠平：《姚安县开展与文明同行 和绿色相伴 为主题的城乡环境卫生整治活动》，http://www.ynepb.gov.cn/zwxx/xxyw/xxywzsdt/201707/t20170727_170656.html（2017-07-27）。

长期稳定运行。①

2017 年 7 月底，云南省水污染防治专项小组印发《关于 2017 年上半年集中式饮用水水源地水质情况的通报》，通报了云南省各县级及以上集中式饮用水源地水质监测结果。玉溪市市县级集中式饮用水水源地水质均达标，达标率为 100%。玉溪市中心城区使用的城市集中式饮用水水源为东风水库和飞井海水库，均为湖库型地表水水源。县级使用集中式饮用水源地 10 个。其中，6 个河流型地表水水源，分别为：澄江县西龙潭饮用水源地，华宁县二龙戏珠台，易门县大龙口、清水河饮用水源保护区，元江哈尼族彝族傣族自治县依萨河水源地，峨山彝族自治县绿冲河水源地。4 个湖库型地表水水源，分别为：通海县秀山沟水库、峨山彝族自治县新村水库、新平彝族傣族自治县清水河水库、新平彝族傣族自治县他拉河水库。监测项目共 61 项，包括除化学需氧量外的 23 项基本项目，硫酸盐、氯化物等 5 项补充项目和挥发性卤代烃、甲醛等 33 项优选特定项目。监测结果表明：2017 年上半年，玉溪市市县级集中式饮用水水源地水质符合《地表水环境质量标准》（GB3838-2002）要求，水质良好，稳定达标。②

2017 年 8 月 1 日，保山市人大常委会副主任、致公党保山市委主委寸时庆率领致公党保山市委、保山市环境保护局、龙陵县委等市县相关部门领导一行对 2017 年省级环境保护专项龙陵县龙江乡勐外坝村农村环境综合整治项目进行实地调研指导。调研组深入村寨及农户家中，查看污水排放、垃圾处理及畜禽养殖情况，并召开座谈会，对下一步勐外坝村农村环境综合整治提出指导意见。一是要综合考虑住建、环境保护等部门农村环境综合整治、新农村建设、整合资金，优化项目，发挥好项目主体和示范作用。二是严格项目招投标、设备采购，积极组织实施，做到"好项目要做好"，切实提升当地农村人居环境质量，让当地老百姓看到变化、得到实惠。③

2017 年 8 月 1 日，西双版纳傣族自治州勐海县环境保护局、审计局、造价公司、施工方、监理、乡镇领导及村委会干部一同深入中央、省级农村环境综合整治项目点开展实地检查与复核工作。在审项目共 4 项，资金总额 280 万元，涉及西双版纳傣族自治州

① 王连泽、周晓艳：《保山市环境保护局对昌宁县农村环境综合整治项目进行专项督查》，http://www.ynepb.gov.cn/zwxx/xxyw/xxywzsdt/201707/t20170728_170752.html（2017-07-28）。
② 玉溪市环境保护局：《玉溪市 2017 年上半年市县级集中式饮用水水源地水质 100%达标》，http://www.ynepb.gov.cn/zwxx/xxyw/xxywzsdt/201707/t20170731_170805.html（2017-07-31）。
③ 李雪岗：《致公党保山市委领导到龙陵县龙江乡勐外坝村开展农村环境综合整治调研指导工作》，http://www.ynepb.gov.cn/zwxx/xxyw/xxywzsdt/201708/t20170804_170975.html（2017-08-04）。

勐海镇、勐混镇、勐阿镇三个乡镇。项目基本情况：（1）勐海镇曼短村委会农村环境综合整治项目，2013年第一批省级生态文明建设专项资金，总额80万元，勐海镇人民政府具体负责实施。（2）西双版纳傣族自治州勐海镇国家级生态乡镇以奖代补资金（曼搞村农村环境综合整治项目），2014年中央财政农村环境保护专项资金，总额50万元，勐海镇人民政府具体负责实施。（3）勐混镇贺开村农村环境综合整治项目，2014年第二批省级排污专项资金，总额100万元，勐混镇人民政府具体负责实施。（4）勐海县国家级生态县创建项目，2015年省级排污费专项资金，总额50万元，县环境保护局具体负责实施。据统计，2009—2015年，西双版纳傣族自治州勐海县实施的中央、省级农村环境综合整治项目共11项，资金总额3000万元，已完工并通过验收项目4项，已完工在审项目4项，在建项目3项，近期在建项目将完工。针对项目总体情况，西双版纳傣族自治州勐海县环境保护局下一步将加强与乡镇沟通协调，建立健全项目设施运行管理维护机制，注重项目后续管理，发挥建管作用，强化综合考核管理责任，改善提升城乡人居环境。①

2017年8月5日，记者从昆明市滇池管理局获悉，今年上半年草海水质类别为Ⅴ类，草海透明度平均为75厘米，与去年同期比较，综合营养状态指数上升1.9%，水体透明度的平均值上升3.2%。草海水质达到"省考核目标"和"昆明市工作目标"。昆明市强力推进滇池草海及周边水环境提升综合整治工作，以河道综合整治、沿湖沿河生态湿地建设、水质净化厂水质提标为重点，组织实施水环境整治。到2020年，将恢复草海原有的主要湖泊系统结构和生态功能，草海湖体水质稳定达到地表水Ⅳ类水质标准，透明度提高到100厘米以上，关键指标明显提升，水体对人体无害，实现广大市民亲水近水的需求。目前，草海及周边水环境提升综合整治重大工作进展顺利。其中，投资2.5亿元的草海大堤加固提升及水体置换通道建设工程，目前累计完成工程进度76%，2017年10月完成；昆明市第十三水质净化（污水处理）厂建设工程已完成地下主体工程80%，完成投资16000万元，预计2018年9月30日完成建设；一、三、七、八、九水质净化厂提标工作进展顺利，力争将水质净化厂出水磷含量降低到每升0.05毫

① 玉坎金：《西双版纳州勐海县审计局对勐海县实施的中央、省级农村环境综合整治项目开展实地检查与复核》，http://www.ynepb.gov.cn/zwxx/xxyw/xxywzsdt/201708/t20170809_171167.html（2017-08-09）。

克以下，氮含量降低到每升 5 毫克以下。①

2017 年 8 月 6 日，曲靖市师宗县环境保护局、县农业畜牧局渔政大队、海事处和高良乡人民政府，联合对南盘江开展环境综合整治。本次整治行动共出动人员 20 余人，利用大桥赶集日，向群众发放环境保护宣传资料、环境保护袋共计 500 余份。召集高良码头 39 户船主召开南盘江环境综合整治座谈会，详细了解废弃机油收集处置情况，随后坐船查看沿江两岸生态环境保护情况。针对居民向江内倾倒垃圾，排放生活污水，利用河岸上的空闲地乱堆乱放、乱砍滥伐等问题，师宗县环境保护局将联合有关部门，出台具体措施，加大水面污染物清理及沿岸"三堆"清运力度，扶持引导沿岸群众实施"一池三改"，不断提高沿岸群众的环境保护意识，营造了良好的环境保护氛围，确保南盘江流域水环境持续改善。②

2017 年 8 月 8 日下午，昭通市环境保护局局长童世新率队到昭阳区守望乡卡子村检查指导麻黄碱制毒窝点遗留废水综合治理工作，并对项目实施提出了具体要求。童世新一行听取了废水治理公司工作推进情况汇报后，现场检查了场地清洁整理、清水蓄水池建设、废水处理工艺设备运行和处理后收集情况，对承担废水治理公司的工作落实情况给予充分肯定。童世新强调，市委、市政府高度重视该项目的工作进度和治理结果，废弃厂区 1、2、3 号废水池的废水，处理后必须达到《化学合成类制药工业水污染物排放标准》，废弃厂区外池塘内的废水，处理后必须达到《农田灌溉水质标准》。处理后的水质，在相关部门的监督下，由有资质的第三方监测机构现场取样进行监测，提供监测报告，用监测数据说话，达标后才能对外排放，不得产生二次污染。童世新要求，市环境监测站、昭阳区环境保护局、守望乡党委政府和治理公司一定要全力配合，严格按照程序开展各阶段的工作，确保规定动作不走样，治理效果不打折，把该项目打造成达标型、治理型示范项目。处理水质达标排放后，将废水池、池塘和临时储水池进行平整。同时，守望乡要充分发动村社力量，积极主动宣传项目的实施情况和治理成效，保障达标水质排放时群众思想稳定、社会稳定，保障群众生产生活正常开展。③

---

① 浦美玲：《滇池草海水质 上半年达Ⅴ类》，《云南日报》2017 年 8 月 6 日。

② 曲靖市环境保护局：《师宗县环境保护局对辖区内南盘江段开展环境综合整治》，http://www.ynepb.gov.cn/zwxx/xxyw/xxywzsdt/201708/t20170808_171074.html（2017-08-08）。

③ 昭通市环境保护局：《昭通市环境保护局局长童世新到守望卡子检查指导制毒窝点遗留废水治理工作》，http://www.ynepb.gov.cn/zwxx/xxyw/xxywzsdt/201708/t20170810_171200.html（2017-08-10）。

2017年8月8日，云南省人大常委会农工委副主任尚婀岚在曲靖市人大常委会副主任高阳，市水务局局长保家礼，经开区党工委委员、管委会副主任罗中山，经济开发区党工委委员、地方事务局局长张勇的陪同下，深入经济开发区泰丰公园调研河道生态治理情况。罗中山汇报了白石江河道生态治理情况时指出，经济开发区围绕白石江综合治理、提升人居环境、河长制等重点工作，积极推进河道综合治理，投入近2亿元，建成2个河道带状滨河公园，构成"一河两岸、多景点"的空间结构，特别是在公园建设中，以水系生态为基础，既解决了河道防洪，又改善了河道两岸的生态环境。调研组现场查看白石江河道、水质、河道生态建设、沿河污染源等情况，对经济开发区白石江河道生态治理成效给予肯定，同时调研组强调，在河道治理工程中要尽可能地保护好河道周围的滩地，保留河流的原生态景观，让河流自然健康流淌。[①]

2017年8月14日，昆明市滇池管理综合行政执法局公开通报了今年1月至7月查处的35起典型违法违规案例，包括违法排污、不达标污水排放、接驳城市排水设施、危害城市排水管网等行为。目前，35起案件都已由昆明市执法部门依照相关法律法规，分别做出了整改并罚款的行政处罚。通报的典型案例包括：4月13日，昆明市执法人员对昆明某餐饮服务有限公司在车家壁经营餐厅的排水情况进行检查时发现，该餐厅设置有分段式多级隔油池，由于管理不善，隔油池油污未及时清理打捞，致使含有少量油污的餐厅废水排入入滇河道王家堆渠，最终进入草海。5月10日，市滇池管理综合行政执法局对该公司发出了处罚决定书，依据相关规定，要求该公司规范排水，达标排放，禁止将油污排入入滇河道王家堆渠，并罚款5000。2月13日，昆明市执法人员对某物业服务集团有限公司昆明分公司负责管理的某住宅小区废水排放情况进行检查时发现，该住宅小区产生的生活废水经化粪池处理后排入城市排水设施污水管内，所排废水含有部分油污、残渣，造成城市排水设施污水管内油污板结。经调查，该公司已办理入网排水许可证。4月12日，昆明市滇池管理综合行政执法局对该公司发出处罚决定书，并依据规定，要求该公司清掏城市排水设施污水管内的油污、残渣；规范排水行为，禁止将未达标的废水排入城市排水设施；同时给予罚款5000元的处罚。3月7日，昆明市执法人员对昆明某康复医院有限公司经营场所排水情况进行检查。发现该医院设有中水

---

① 尹力可：《省人大常委会领导到曲靖经开区调研白石江河道生态治理情况》，http://qj.news.yunnan.cn/html/2017-08/09/content_4906768.htm（2017-08-09）。

处理站，经营过程中产生的废水经中水处理站处理后排入城市排水设施污水井内，中水处理站排口用一根铸铁管接驳到城市排水设施污水管上用于排水，这一行为已违反《昆明市城市排水管理条例》相关规定。5月5日，昆明市滇池管理综合行政执法局对该公司发出处罚决定书，要求该公司规范排水行为，废水达标方可排放，补办排水许可手续，并罚款10 000元。3月8日，昆明执法人员对某基础工程有限责任公司承建的某小区项目进行检查时发现，该单位项目施工现场设置有一、三级沉淀池，施工过程中产生的施工废水经沉砂池沉淀处理后排入城市排水设施雨水管内，最终进入入滇河道新运粮河，所排废水含有少量泥沙。4月13日，昆明市滇池管理综合行政执法局对该公司发出处罚决定书，要求该公司规范排水行为，达标排放，严禁向入滇河道排放不达标废水，并罚款5000元。[1]

　　2017年8月15日上午，玉溪、澄江市县联合工作组依法对抚仙湖九龙晟景项目样板区处于抚仙湖保护红线内的别墅进行拆除，本月内将全部拆除，随后进行植被绿化生态修复。为了保护抚仙湖的生态环境，认真贯彻落实中央环境保护督察组督察整改要求，严格执行《云南省抚仙湖保护条例》《云南省风景名胜区条例》，根据云南省相关意见和要求，玉溪市政府制订了整改方案。澄江县成立了九龙晟景项目整改工作领导小组，市、县部门抽调人员组成联合工作组进驻孤山，坚决依法依规对该项目进行整改。截至目前，湖边人工生态恢复为自然岸线工程已完工，对人工沙滩上200余平方米的硬化部分、15座铁质休息亭、3个木质管理用房进行拆除，并种植乔木1900余株，种植地被14 000平方米。下一步，玉溪市、澄江县将严格督促业主完善相关环境保护设施，推进环境保护工程，完善环境保护管理措施。[2]

　　2017年8月15日，曲靖市珠江源自然保护区督察组一行4人深入宣威市8个涉及珠江源自然保护区的乡(镇、街道)开展环境综合督察，通过查阅相关资料、听取工作汇报等方式，并随机抽取了部分已关停取缔的采石采砂企业进行现场检查，着重发现问题，帮助和解决问题。8月17日召开了曲靖市珠江源自然保护区专项督察反馈会。会上，曲靖市林业局副局长余学政、水产站副站长卢宗明、曲靖市国土资源局矿产开发科副科长刘云所向宣威市反馈开展珠江源自然保护区督察意见及建议。曲靖市林业局副局

① 浦美玲：《昆明通报水环境污染典型案例》，《云南日报》2017年8月15日。
② 朱丹：《落实整改要求依法保护湖区生态抚仙湖保护红线内别墅开始拆除》，《云南日报》2017年8月16日，第2版。

长余学政将督查情况汇总后集中向宣威市进行反馈，客观、全面、精准地指出了宣威市珠江源自然保护区监管下一步工作方向。针对督查反馈的意见及建议，朱家灿要求，各部门要进一步提高思想认识，加强珠江源自然保护区生态环境监管，狠抓各项工作任务的落实，把各项监管工作做到位，同时要严肃责任追究，对监管工作出现失职渎职造成恶劣影响和严重后果的，依法依规严肃追究责任人的政治责任、纪律责任、法律责任，形成推进珠江源自然保护区管理工作的强大合力。宣威市环境保护局局长苏元光，宣威市林业局局长浦恩红，宣威市国土资源局矿管股股长孔令统以及珠江源自然保护区涉及的东山镇、落水镇、来宾镇等 8 个乡（镇、街道）主要领导参加会议。自珠江源保护区成立以来，林业、环境保护、安监、公安等部门多次依法组织开展了珠江源自然保护区宣威片区违法打击专项行动，查处各类林业案件 40 余起，其中，立为刑事案件查处 18 起，收缴罚款 50 余万元，关闭保护区内采石采砂企业 36 家，有力地遏制了非法占用自然保护区林地、破坏生态环境的违法行为。①

2017 年 8 月 24 日，竹园镇召开小瓦窑村、大凹子村、下糯木村农村环境综合整治初评会，会议由镇环境保护办公室组织，镇人民政府分管领导主持，环境保护公司，村（居）委会书记、主任，村民小组长参加。评审会由环境保护公司介绍农村环境综合治理的背景、进行农村环境综合治理的重要意义，并就小瓦窑村、大凹子村、下糯木农村环境综合整治的具体实施方案进行详细讲解。会上，镇人民政府分管领导、环境保护办公室，村（居）委会书记、主任，村民小组长，结合各村实际情况，对实施方案提出修改意见。会后，镇政府要求各村（居）委会做好项目的前期工作，并结合提升人居环境，做好群众的宣传引导工作。②

2017 年 8 月 28 日，由水利部 6 位专家组成的调研组到大理白族自治州调研洱海流域水生态修复与治理工作。通过实地查看、查阅资料、听取汇报，调研组对大理州在洱海保护、水生态修复与治理、河长制工作中取得的成绩给予了充分肯定。调研组认为，大理白族自治州高度重视洱海流域水生态修复与治理，开启抢救模式推进洱海保护治理的"七大行动"恰逢其时，山水林田湖人综合施策，进度快、效果好。特别是

---

① 曲靖市环境保护局：《宣威市召开珠江源自然保护区综合督查情况反馈会》，http://www.ynepb.gov.cn/zwxx/xxyw/xxywzsdt/201708/t20170824_171629.html（2017-08-24）。

② 曲靖市环境保护局：《富源县竹园镇召开农村环境综合整治工程实施方案评审会》，http://www.ynepb.gov.cn/zwxx/xxyw/xxywzsdt/201708/t20170825_171715.html（2017-08-25）。

对洱海流域 29 条入湖河道实行州、市"双河长"的做法成效明显，河长制工作走在了云南省前列。调研组指出，洱海流域水生态修复与治理是一个长期的过程，相关规划的制定要充分考虑经济社会发展与生态环境承载力的关系，要坚持生态优先、绿色发展，牢固树立尊重自然、顺应自然、保护自然的理念；要坚持保护优先、发展优化、治污有效的思路，突出系统治理、源头治理、标本兼治、共建共享；要做到近期与远期结合，在《洱海保护治理与流域生态建设"十三五"规划》的基础上制定《洱海保护治理与流域生态建设中长期规划》，把空间管控作为抓手，以流域为单元进行翔实的调查评估，建立水环境质量评价体系，科学划分水生态空间、产业空间；要把全面推行河长制与洱海保护治理"七大行动"深度结合；要加强宣传进一步总结提炼洱海保护和河长制工作好的经验和做法，通过多角度、全方位、深层次推进流域水生态修复与治理，把洱海打造成高原湖泊人水相亲、人水和谐的典范。调研组表示，将积极向国家发展和改革委员会和水利部汇报，将洱海流域水生态修复与治理纳入《全国重点区域水生态修复与治理总体方案》。①

2017 年 9 月 18 日，玉溪日报记者邢定生从玉溪市抚仙湖管理局获悉，在接下来的两年多时间里，玉溪市将有序推进抚仙湖生态圈建设，促进抚仙湖生态系统功能恢复，巩固提升抚仙湖保护治理成果。抚仙湖生态圈建设的实施年限为 2017—2019 年，重点实施六项工程：一是严格空间管控，划定生态保护红线，实施最严格的管控措施，进一步拆除区域内违章建筑，有序推进一级保护区人口转移。二是修复湖体生态系统，以抚仙湖土著鱼增殖为重点，提升抚仙湖土著鱼保护基础设施建设水平，强化增殖放流，恢复抚仙湖生态系统。三是连片建设湖滨带湿地，加强对已建湖滨带湿地的管理，提升湿地环境效能。四是建设沿湖生态沟渠，以入湖污染较集中的南北两岸为重点，建设环湖生态拦截带，最大限度降低农业面源污染物。五是恢复环湖植被，在现有基础上进一步提升和完善湖滨缓冲带生态植被，并加大面山裸露山体等区域的林业建设和植被恢复，提升沿湖陆生生态系统水源涵养和污染拦截能力。六是改善环湖生态景观，在恢复湖滨水体自净功能的同时，打造还湖生态景观带，有效疏导湖滨区日益增长的游客，营造人水和谐氛围。据悉，到 2019 年抚仙湖生态圈建设完成后，抚仙湖一级保护区内居住人口将基本实现生态搬迁，环湖生态空间被挤占问题能基本得到解决；湖滨生态得到修复

---

① 王淑娟：《水利部专家调研洱海流域水生态修复与治理工作》，《云南日报》2017 年 8 月 29 日，第 2 版。

和恢复，环湖生态系统失衡得到改善，生态系统自我修复功能得到提升；环湖生态景观进一步提升，游客亲水和休闲的空间将更加合理，管理能力得到提高，抚仙湖 I 类水质得到稳定保持，那时"水清、岸绿、景美"的抚仙湖生态圈基本形成，为水质良好湖泊保持稳定和生态功能提升提供示范。据了解，生态圈建设是中央巡视"回头看"云南省九大高原湖泊水污染综合防治整改工作的重要内容，其通过"工程治污、结构治污、管理治污"的线路，实现污染治理系统与生态圈建设相互衔接、同步推进治理体系的完善，从而更好地保护湖泊。①

---

① 邢定生：《玉溪市有序推进抚仙湖生态圈建设》，《玉溪日报》2017 年 9 月 19 日。

第三章　云南省生态文明宣传与教育建设

生态文明宣传与教育是云南生态文明建设的重要思想保障。云南生态文明宣传与教育的对象面向社会公众、高校学生、中小学生及政府工作人员等人群，尤其以高校学生、中小学生为重。云南的生态文明宣传与教育工作与以往的环境保护宣传与教育既有区别又有联系，2016—2017 年，云南生态文明宣传与教育建设有所继承、发展、创新，生态文明宣传的形式呈现多样化、科技化、现代化，其覆盖范围从城市到农村、从干部到群众、从高校到小学，生态文明理念的宣传与教育深入人心。

第一节　云南省生态文明宣传与教育建设（2016 年）

2016 年 1 月 6 日，《中国环境报》记者蒋朝晖报道，由共青团云南省委、云南省环境保护厅指导的云南首届大学生湿地和生物多样性保护公益演讲大赛在昆明启动。记者从云南省湿地保护发展协会获悉，本次公益演讲大赛是云南省湿地和生物多样性保护公众宣传教育活动的重要组成部分，是"湿地保护行动在云南"系列活动之一。大赛倡议百家企业和百名协会（或商会）会长全面助推公益演讲，旨在用爱心唤起全社会湿地和生物多样性保护意识。大赛由云南省湿地保护发展协会与云南各高等院校团委共同组织实施，参赛报名时间为2016年1月9日—3月9日，启动时间为2016年3月1日—3月15日，分赛举办时间为2016年4月1日—6月1日，决赛时间为2016年7月1日—7月16日。启动仪式上，多位企业家表示将积极参与搭建云南湿地和生物多样性保护公众宣教平台，支持本次公益演讲大赛，充分发挥湿地爱心人士表率作用，与社会各界一道共建美好家园。云南经济管理学院40位大学生代表宣誓加入云南省湿地保护发展协会成为志愿者，将以自己的实际行动保护生态环境及生物多样性。[①]

2016年1月17日，在全省林业局局长会议上，云南省林业厅向4家单位授予"云南省生态文明教育基地"牌匾。中科院昆明动物研究所动物博物馆、普者黑国家湿地公园、景东无量山哀牢山国家级自然保护区、弥渡密祉太极山风景名胜区4个单位分别于2014年初提出创建"云南省生态文明教育基地"，近两年来，经过省林业厅、省教育厅、团省委严格的初审、复核，以及专家评审，上述4家单位终于获得"云南省生态文明教育基地"称号。至此，云南省级生态文明教育基地已达6个。省林业厅、省教育厅、团省委要求各地林业、教育部门和共青团组织高度重视此项工作，建立科学合理的创建工作机制，积极开展省级生态文明教育基地创建工作，加大投入力度，建设一批有生态文化内涵的基础设施，深入开展群众喜闻乐见的创建活动，提高人民群众自觉参与的积极性，自觉养成生态文明行为规范，为建设生态文明、全面建设小康社会提供强有力的思想保证。[②]

2017年2月10日，由云南环境保护宣传教育中心带队，昆明市环境保护宣传教育中心、昆明市官渡区关上中心区社区、昆明市盘龙区环境保护局、昆明市五华区环境保护局等13人到环境保护部宣教中心环境教育示范基地学习环境教育基地建设及运营经验。在环境保护部宣教中心专家的带领下，大家参观了环境保护部宣教中心环境教育示范基地的环境保护远征展厅、多功能厅、绿色生活展厅等。展厅内容丰富，涉及环境保护法律法规、环境保护百科、生态文明建设、绿色生活、资源回收利用等；展览形式多样，以图文、漫画、动画、投影等为体验方式。大家认真观摩，通过录音、拍照、笔记等方式记录学习。同时在参观的过程中就环境教育基地硬（软）件建设方式、学生绿色

---

① 蒋朝晖：《云南启动湿地保护演讲大赛企业参与搭建公众宣教平台》，《中国环境报》2016年1月7日。
② 武建雷：《云南第二批省级生态文明教育基地授牌》，http://www.ynly.gov.cn/8415/8477/105494.html（2017-01-25）。

教育培训情况、绿色教育基地运营与维护要求等问题积极向环境保护部宣教中心专家请教。通过参观、交流，大家都表示对展厅内"变革始于人类对文明史的反思，探索源于对美好未来的向往。创建生态文明，开创生态文明新时代，既是实现伟大中国梦的内容，也必将为人类未来树起一座新坐标。只有选择生态文明绿色发展之路，建设美丽中国，才能为子孙留下绿水青山。"的内涵要深入学习体会。此次到环境保护部宣教中心环境教育示范基地观摩学习，对绿色教育基地建设有了新的认识和启发，回到云南将扎实履行好环境保护工作职责，为云南环境保护事业做出新贡献，助力提高云南环境教育基地建设。参观结束时，环境保护部宣教中心专家向昆明市官渡区关上中心区社区分享了绿色教育基地创建经验、低碳环境保护体验平台设备搭建等资料。昆明市官渡区关上中心区社区负责人表示，此次学习收获丰富，关上中心区社区将借鉴环境保护部宣教中心环境教育示范基地的创新与亮点，立足社区特点，开展丰富多彩的环境实践主题活动，引导公众积极参与，提高环境教育实效性，增强社区居民环境保护观念，让绿色行动成为文明时尚，让家园成为绿色教育基地。①

2017 年 2 月 10 日，在云南省林业局局长会议上，省林业厅、省教育厅、共青团云南省委共同授予西南林业大学、昆明市西山林场、东川区汤丹镇小龙潭公园、陆良县花木山林场、临翔区五老山森林公园、永德大雪山国家级自然保护区 6 家单位"云南省生态文明教育基地"称号并授牌。至此，云南省省级生态文明教育基地已有 12 个。云南省林业厅、省教育厅、共青团云南省委要求生态文明教育基地要充分发挥引领和辐射作用，大力开展生态文明宣传教育和实践活动，不断提升生态文明教育水平和质量，为生态道德教育搭建平台、打造阵地。②

2017 年 3 月初，环境保护部宣传教育中心下发了《关于授予 2016 年度国际生态学校项目绿旗荣誉及优秀组织单位的通知》（环宣中心文〔2017〕4 号），公布了全国荣获 2016 年度（总第七批）国际生态学校绿旗荣誉的 68 所学校，保山市永昌小学名列其中。国际生态学校项目（Eco-School）是国际环境教育基金会在全球推展的五个环境教育项目之一，是当今世界上面向青少年最大的环境教育项目，旨在帮助学校改善当地环

---

① 云南省环境保护厅宣传教育中心：《云南环境保护加大推进社区环境保护宣教工作寻求环境教育能力新突破》，http://www.ynepb.gov.cn/zwxx/xxyw/xxywrdjj/201702/t20170213_164929.html（2017-02-13）。

② 武建雷：《云南新增六个生态文明教育基地》，http://news.yuanlin.com/detail/2017222/250571.htm（2017-02-23）。

境，增强学生的环境保护意识，减少碳足迹。该项目自 2009 年正式启动以来，全国已有28个省406所学校获得此项荣誉，保山市已成功申报3所中小学校（幼儿园）获此殊荣。保山市将进一步广泛调动、积极支持和帮助获得省级绿色学校的中小学、幼儿园积极申创国际生态学校，通过"小手拉大手·环境保护伴我行"的方式，带动更多家庭从身边小事做起，共同履行环境保护责任，呵护环境质量，为全市推进生态文明建设筑牢群众基础。①

2016 年 3 月 12 日植树节当天，昭通市镇雄县组织 300 多名党员干部群众到赤水源镇银厂村赤水河源头开展义务植树活动。进一步增强社会各界"植绿、爱绿、护绿"生态文明观念，加快创建"绿色镇雄"、"生态镇雄"和"美丽镇雄"步伐。在赤水河源头，参加义务植树的 7 个组成员分别到自己区块开始把一棵棵小树苗种在山上，通过两个小时的努力，200 亩山地上就种了近 3 万棵树苗，同时也种下了党员干部群众对保护赤水河源头的一份责任和义务。赤水源镇镇长朱绍钊说："3 月 12 日植树节，在县委政府的组织下，今天广大党员干部、群众到赤水河源头植树，希望通过今天的这个活动，能够更进一步地激发全镇人民群众植绿、爱绿、护绿，并在今后认真开展绿化活动，在全镇掀起义务植树的高潮，让人人都参与到赤水河的保护中来。"镇雄县通过开展全民义务植树活动，目的是进一步增强社会各界"植绿、爱绿、护绿"生态文明观念。同时，把义务植树活动与全县林业生态建设、产业建设结合起来，积极引导广大干部职工和群众参与义务植树，掀起全民义务植树高潮。镇雄县安全生产监督局职工张凯玲说："在植树节能够参加植树活动，我感觉到非常有意义，特别是在享有英雄河、母亲河、美酒河的赤水（河）源头亲自种下树苗，感觉更有意义，希望通过我们的双手，让赤水（河）源头山更绿、水更清，也希望通过这次活动唤起更多人增强对环境保护的意识。"镇雄县四大班子在家领导及四大班子办公室干部职工，县农业、林业等涉农单位，政法系统干部职工及驻镇武警官兵，群团组织干部职工，财税金融系统、教科文卫系统及其他部分县直部门干部职工等 300 多人参加了此次植树活动。②

2017 年 3 月 14 日至 20 日，冯小刚导演的电影《芳华》摄制组在迪庆藏族自治州拍

---

① 穆加炼：《保山市永昌小学获 2016 年度国际生态学校绿旗荣誉》，http://www.ynepb.gov.cn/zwxx/xxyw/xxywzsdt/2017 03/t20170303_165497.html（2017-03-03）。

② 余秋霞：《镇雄干群到赤水河源头义务植树200亩》，http://zhaotong.yunnan.cn/html/2016-03/14/content_4226974.htm（2016-03-14）。

摄，根据州委宣传部的工作部署，迪庆藏族自治州及德钦县环境保护局积极与摄制组对接协调，认真做好拍摄期间生态环境保护宣传工作。在香格里拉普达措国家公园及德钦雾浓顶拍摄期间，环保局派出工作人员对影视拍摄的过程中产生的生活垃圾，以及人员的流动，车辆的运输，搭建布景，设备的运作等活动进行了宣传指导和监督管理，确保不会因拍摄而引发生态环境破坏等问题。《芳华》摄制组强化维护生态、尊重自然意识，做好垃圾回收、现场配备移动公厕、对拍摄人员严格管理等工作，力求最低限度减少对大自然的干扰。[1]

2017年3月中旬，临沧市林业局、教育局联合下发《关于继续开展生态文化进课堂活动的通知》，决定在各县（区）和市直学校继续广泛开展生态文化进课堂活动，加强森林防火宣传，创建国家森林城市，促进生态文明建设。这次活动以"创建国家森林城市，生态文化进课堂"为主题，要求全市各级学校利用课堂教学、校会、主题班会、主题队会等形式，认真开设一堂生态文化教育课，宣讲生态文化建设的基本知识、方法途径和典型案例。鼓励和教育学生主动践行植树护绿、森林防火、关爱自然、保护环境，做创建国家森林城市和生态文明建设的积极支持者、参与者和推动者。认真组织广大学生、教职工积极参与创建国家森林城市的知识竞赛、演讲比赛、征文比赛、"小手牵大手"等宣传活动，增强广大师生、家长爱绿护绿意识，以及参与校园绿化和城市绿化的积极性。[2]

2016年6月2日，"践行生态文明，畅想绿色生活"环境保护公益书画摄影展在昆明市博物馆举行。此次活动由云南省环境保护厅、省文联、团省委、省妇联主办，云南省人大环资工委、省政协人资环委协办，将从6月2日持续到12日，期间将面对所有市民免费开放。"践行生态文明，畅想绿色生活"摄影展分为了作品征集、评审、展出三个阶段。据悉，活动自4月6日正式启动，就受到了社会各界的积极响应和广泛支持，截至5月10日，共收到3027余幅摄影作品，这些作品出处不乏艺术大师、青少年和摄影、书法、美术广大爱好者。最终，共有300件作品入选，36名作者分别获得了优秀作品奖、创意奖和组织奖。据悉，此次活动是为了纪念"6·5"世界环境日，2016年世

---

[1] 迪庆藏族自治州环境保护局：《积极服务，迪庆环境保护部门做好影视拍摄期间生态环境监督管理工作》，http://www.ynepb.gov.cn/zwxx/xxyw/xxywzsdt/201703/t20170323_166284.html（2017-03-23）。

[2] 窦盛荣：《我市开展生态文化进课堂活动》，《临沧日报》2017年3月14日。

界环境日中国主题为"改善环境质量 推动绿色发展"，旨在倡导人与自然和谐共生、绿色发展的理念，从身边小事做起，共同履行环境保护责任。[①]

2016年7月6日上午，昆明滇池国家旅游度假区管委会王月冲副主任率度假区环境保护局领导、干部职工及国投置业公司领导等一行6人到昆明学院滇池流域生态文化博物馆参观。博物馆负责人钱春萍教授从滇池流域自然演进、社会人文变迁、生态文明建设等方面对博物馆进行了详细介绍，王月冲副主任参观了博物馆展厅及展品，并与博物馆相关负责人进行了沟通交流。参观结束后，王月冲副主任与昆明学院领导进行了工作对接，并邀请昆明学院对捞渔河湿地公园科普展馆建设给予指导，昆明学院领导表示将积极予以支持。此次参观学习，对推进捞渔河湿地公园科普展馆建设具有很好的借鉴意义，对捞渔河湿地公园科普宣传提升具有指导作用。[②]

2016年8月29日下午，云南省环境科学学会李唯理事长为石林彝族自治县委党校的中青年培训班做了一场题为"生态文明建设与绿色发展"的讲座。此次讲座内容主要围绕生态文明建设背景，云南省为什么要争当生态文明排头兵，石林县如何争当云南省生态文明建设排头兵，如何树立绿色发展理念等方面进行讲解。石林彝族自治县是云南省第一批获得"省级生态文明县"命名的县，也是第一批申报并通过国家生态文明县验收的四个县（市）之一。但生态文明建设工作任重道远，它是一项只有起点没有终点的世代工程。讲座最后李唯理事长就石林彝族自治县如何建立生态文明制度形成长效机制并巩固生态文明创建成果，就石林彝族自治县今后在产业发展的选择以及各部门如何履行好自己职责，并把好污染源头预防第一关等方面提出建议。学员们认真听讲，积极回答问题，讲座结束后一些问题还进行了进一步的探讨。[③]

2016年8月26日，云南省环境科学学会工作人员到大理白族自治州永平县厂街乡瓦金村开展了"深化生态文明体制改革和生态建设示范区创建基层调研与宣传活动"。本次活动以创建生态文明村为契机，针对该村存在的一些生活卫生不良习惯、农药及化肥不科学使用及如何创建生态文明村等问题，云南省环境学会理事长李唯围绕农村环境

[①] 张钊：《云南省环境保护公益书画摄影展举行 展出作品300幅》，http://yn.yunnan.cn/html/2016-06/02/content_4371962.htm（2016-06-02）。

[②] 昆明滇池国家旅游度假区环境保护局：《度假区管委会王月冲副主任率队参观滇池流域生态文化博物馆》，http://www.wcb.yn.gov.cn/arti?id=58663（2016-07-19）。

[③] 云南省环境科学学会：《云南省环境科学学会李唯理事长为石林县党校的中青班作"生态文明建设与绿色发展"的讲座》，http://www.ynepb.gov.cn/zwxx/xxyw/xxywrdjj/201609/t20160901_158947.html（2016-09-01）。

保护，生态文明村创建，以及健康生活方式三个方面，对当地村民开展了通俗易懂的讲座培训，让大家明白为什么要建设生态文明村、要使村庄变化美丽，首先是为了自己的生存需要，其次也是符合国家的要求，最后更是对习近平总书记到农村考察时强调"小康不小康，关键看老乡；中国要美，农村必须美；粮要安全、地要稳定、人要体面"这一观点的回应。通过培训，村民们表示一定要改变不文明的行为，改变过去那种不科学的生活和生产方式，大家纷纷表示有决心改变家乡的面貌。只有所有的村庄、社区都美丽了，美丽中国就一定能实现，只有大家都健康了，全面进入小康社会才有意义。云南省环境学会把宣传手册，挂图等宣传资料发放给村民，并给参加培训村民发放肥皂；为丰富瓦金村村民的精神文化生活及建立电商平台，云南省环境学会向瓦金村捐赠了移动音箱设备和电脑。本次宣传和培训为提高瓦金村村民生态文明意识，完善村规民约，改变村容村貌和生态文明村创建等方面的相关工作打下了基础。通过对村、乡镇、县的生态文明建设情况的调研，云南省环境学会编制了调研报告，分析了云南省生态文明体制改革中基层生态建设与机制中存在的问题，提出了相关建议。[①]

2016年10月12日，为了充分发挥生态文明建设宣传教育功能主体作用，临沧市双江县林业局经实地勘测研讨，决定将双江古茶山国家森林公园建设成为全县生态文明教育基地。据了解，生态文明教育基地分为生态保护区、生态旅游体验区、生态文化展示区三大区域。生态保护区，以保护生态为主，禁止人为活动的干预；生态旅游体验区，以体验生态环境、感受生态效果为重点；生态文化展示区，以普及生态知识，传播生态文化为核心。通过生态文明建设教育基地的创建，逐步提高群众对生态环境的认知水平，树立和形成崇尚自然、尊重自然、保护自然的理念。在下一步工作中，双江县将依托现有的林区防火通道、巡山护林步道，因地制宜完善休闲座椅、休息凉亭等，进一步完善基础设施。完成名树古木二维码标识牌、保护牌、警示牌的悬挂工作；设立展室，制作宣传展板和影像视频。同时，进一步加大生态文明建设政策的宣传，为生态文明进程提速。[②]

2016年11月1日上午，应云南省清洁服务行业协会邀请，云南省环境保护宣传教

① 云南省环境科学学会：《云南省环境科学学会到永平县厂街乡瓦金村开展生态文明调研与宣传》，http://www.ynepb.gov.cn/zwxx/xxyw/xxywrdjj/201609/t20160901_158946.html（2016-09-01）。

② 苏燕：《双江县启动生态文明教育基地创建工作》，http://www.ynly.gov.cn/yunnanwz/pub/cms/2/8407/8415/8477/108558.html（2016-09-27）。

育中心出席并参加"洁净中国 七彩云南"为主题的 2016 年中国首届清洁文化节系列活动，宣传云南生态文明传播绿色发展理念。这一系列活动由中国中小商企业协会清洁行业分会举办，云南省清洁服务行业协会承办，来自全国各地清洁行业协会及全国 400 余家清洁企业 1200 余人参会。此次系列活动主要是通过国内外清洁行业之间的交流、合作，提高云南省行业服务水平和环境维护与治理能力，进一步推动城乡环卫一体化建设，达到建设"美丽云南""生态云南'的目标。省环境保护宣教中心为扩大环境保护宣传辐射面，主动抓住机会，向所有与会代表们宣传云南良好的自然资源环境，宣传云南在努力争当全国生态文明建设排头兵所取得的重大成就，宣传云南环境保护行业涌现出的精彩故事。活动开幕式上，宣教中心代表向与会人员介绍了开展清洁文化节与弘扬生态文明、加强环境保护的关系，提升城市清洁水平，改善城市环境、提高城市竞争力对促进全社会加强生态文明建设的重要意义；传播了绿色、和谐、发展的理念；省环保宣教中心提出了通过联动企业、非政府组织、社会公众等社会力量，从工业生产源头注重保护环境，共同促进生态文明建设，同时呼吁大家以习总书记重要讲话精神为引领，积极投身生态建设和环境保护中来，共同建设美好家园。此次系列活动中，省环境保护宣教中心还通过环境保护宣传展板，发放环境保护宣传品，邀请环境保护艺术家书写环境保护标语的宣传方式，向全国关注"清洁"、热心环境保护的各界人士进行宣传环境保护科普知识的同时，充分展示云南生态保护与绿色发展的优秀成果，并向活动组委会赠予《自然的足迹——云南生物多样性图片集》环境保护书籍。①

2016 年 12 月 9 日至 10 日，省环境保护厅组织的"生态文明走边疆·看环境保护"宣传活动在西双版纳傣族自治州勐海县启动。新华网、中新网、中国环境报、中国经济时报、云南日报、云南电视台、云南广播电台、云南网、春城晚报等 10 家新闻媒体共 21 人参加此次活动，此次宣传活动采取座谈、采访、实地考察等形式开展。采访组深入勐海镇勐翁村委会曼兴村、曼真村委会曼景檬村，围绕生态文明建设、环境保护、生活污水处理及生活垃圾处置问题、生物廊道建设、农村环境综合整治情况等内容，分别对荣获环境保护部"首届中国生态文明先进个人"——勐海县环境保护局主任科员周坤、勐海县环境保护局局长赛勐、村委会干部及村民进行深度采访。通过深度采访、实

---

① 云南省环境保护宣传教育中心：《云南省环境保护宣教中心抓住机会宣传云南生态文明传播绿色发展理念》，http://www.ynepb.gov.cn/zwxx/xxyw/xxywrdjj/201611/t20161103_161423.html（2016-11-03）。

地走访，采访组对勐海县农村环境综合整治、生态创建、生态文明建设等工作给予了肯定，并表明将全力做好对勐海县的先进经验、做法做深度报道、宣传。①

2016 年 12 月 10 日下午至 11 日，云南省环境保护厅"生态文明走边疆·看环境保护"宣传活动采访组深入景洪市基诺乡巴亚村民委员会巴坡村、勐罕镇景恋嘎村，勐腊县勐捧镇景代迈村实地采访乡村环境保护、生态乡村建设情况。近年来，"省级生态市"——景洪市全面贯彻落实"生态立市"发展战略，大力推动绿色发展，生态乡村建设、农村环境综合整治工作取得显著成效。景洪市基诺乡巴亚村民委员会巴坡村 2014 年被评为"省级生态村"；景洪市勐罕镇 2009 年荣获"国家级生态乡镇"、2016 年荣获"全国首届生态文明先进集体"称号，生态村镇优美的自然风光、保护完好的自然环境、崭新的乡村面貌、洁净的村容给宣传活动采访组留下了深刻印象。采访过程中，巴坡村村委书记、村委会主任分别向采访组介绍了生态村创建、经营生态旅游情况；勐罕镇党委书记刀志鑫、镇长岩罕温、景恋嘎村村主任分别向采访组介绍了争创"全国首届生态文明先进集体"情况，采访组成员到生态村垃圾焚烧炉、生态茶园、曼远竜山傣族自然圣境保护示范点、勐罕镇名木古树保护示范区、生活污水氧化处理湿地等进行了实地采访。勐腊县勐捧镇立足得天独厚的生态资源，坚持"立足特色、建设基地、优化品质、提高效益"的发展理念，积极开展"宜居、宜生、宜游"的生态乡村建设，生态环境得到切实保护和大力改善，2015 年勐捧镇被命名为"国家生态乡镇"，景代迈村 2010 年被云南省委、省政府命名为省级文明村。走进勐捧镇景代迈村，杧果、番石榴、菊花等装点着错落有致的傣家竹楼，采访组成员用镜头和文字记录下了生态乡村取得的喜人成效和村民的幸福生活。在景代迈村，勐捧镇党委书记叶凤华介绍了勐捧镇生态镇创建情况，景代迈村村主任介绍了生态石斛园种植情况。采访组就生态特色产业、蔬菜种植农户合作社等进行了深度采访，并采访了 95 岁的老人依伦，老人表示环境整治后的村容村貌干净整洁、瓜果飘香、鲜花盛开，生活得非常幸福。宣传活动采访组成员在工作中不辞辛苦，起早贪黑，深入农户，走进田间地头，深入实地体验和了解生态乡村（镇）建设情况。至此，宣传活动采访组圆满完成了对西双版纳傣族自治州 5 个生态乡村的采访任务。12 日上午，西双版纳傣族自治州实施生态立州战略领导小组组

---

① 玉坎金：《云南省环境保护厅开展"生态文明走边疆·看环境保护"西双版纳宣传活动》，http://www.ynepb.gov.cn/zwxx/xxyw/xxywrdjj/201612/t20161219_163429.html（2016-12-19）。

长、州政协主席杨沙向新闻媒体介绍了西双版纳傣族自治州生态文明建设和环境保护工作情况，并回答了新闻媒体关注的相关问题。接下来，宣传活动采访组将利用视频、广播、图文等形式，积极宣传报道西双版纳傣族自治州在环境保护和生态乡村建设等方面取得的新成就、展现出的新特色、呈现出的新亮点。①

2016 年 12 月中旬，笔者随同云南省环境保护厅主办、省环境保护宣教中心承办的"生态文明走边疆·看环境保护"采访组走进西双版纳傣族自治州 5 个生态乡村。在 3 天时间里用镜头记录了一组这里的生态之美、生活之美、和谐之美。西双版纳大力宣传推广"有林才有水，有水才有田，有田才有粮，有粮才有人"等生态文明理念，形成具有自己特色的山水生态文化。西双版纳各族人民敬畏自然、崇尚自然、尊重自然、爱护自然，与自然和谐相处、和谐共生，和谐发展的生态文明观得到传承。保护森林、栽花种树、绿化庭院、爱水惜水等文明生产生活方式在这里得到很好延续。西双版纳注重保护优秀民族文化，广泛开展民族文化传习活动，积极构建繁荣的民族文化体系。西双版纳各族人民用勤劳、朴素、聪慧的自然本色，创造着美好幸福生活。②

2016 年，在云南团省委、省环境保护厅、大理州委州政府的关心下，大理白族自治州成功申报了"青少年生态文明志愿行动示范区"项目，项目启动后将引领全州青少年养成生态自觉，带动全社会参与环境保护志愿行动，助力打造"生态大理、文明家园"。③

第二节 云南省生态文明宣传与教育建设（2017 年）

2017 年 2 月 11 日，云南又增加了 6 个生态文明教育基地。据云南省林业厅消息，西南林业大学、昆明市西山林场、东川区汤丹镇小龙潭公园、陆良县花木山林场、临沧

---

① 段先鹤：《云南省环境保护厅"生态文明走边疆·看环境保护"宣传活动走进景洪市、勐腊县 3 个生态乡村》，http://www.ynepb.gov.cn/zwxx/xxyw/xxywrdjj/201612/t20161212_163028.html（2016-12-12）。

② 云南省环境保护厅宣传教育中心：《【"生态文明走边疆·看环境保护"采访报道】西双版纳，用心灵感受生态之美》，http://www.ynepb.gov.cn/zwxx/xxyw/xxywrdjj/201612/t20161223_163665.html（2016-12-23）。

③ 辛向东、李冲：《大理举行"青少年生态文明志愿行动示范区"建设暨"青少年洱海生态保护公益基金"设立启动仪式》，http://dali.yunnan.cn/html/2017-03/13/content_4757277.htm（2017-03-13）。

临翔区五老山森林公园、永德大雪山国家级自然保护区等 6 家单位被授予"云南省生态文明教育基地"称号。西南林业大学本来就是传授生态文明、生态文化的林业高等学府，理所当然是生态文明教育基地，是目前云南第一个获此称号的高等院校。西山林场是昆明的氧吧，是昆明的天然生态屏障，良好的生态使广大昆明市民充分享受生态福利，林场是昆明市民休闲游憩的最佳去处。东川汤丹镇小龙潭公园原来是东川铜矿所在地，一个尘土飞扬的大矿区经过几十年的恢复，变成了今天这个环境优美公众休憩公园，确实不易，是矿区恢复的典型，生态文明建设的典范。陆良花木山林场是陆良八老创建的林场，陆良八老经过几十年的奋斗才有了今天这郁郁葱葱的大森林，陆良八老精神就是生态文明建设的真实写照。临沧市临翔区五老山森林公园吸引着众多市民的眼光，是集休闲、娱乐、普及生态知识、修身养性的绝佳之地，是临翔区的后花园。永德大雪山国家级自然保护区保护着众多的野生动植物，丰富的生物多样性为全国甚至全世界科学家提供了科研场所和科研对象。①

2017 年 2 月底至 3 月初，环境保护部公布了我国第七批国际生态学校绿旗荣誉授予名单，昆明市盘龙区北站幼儿园名列其中。国际生态学校项目在环境保护部宣教中心的推动下于 2009 年正式启动。该项目为帮助中小学校和幼儿园更好地开展环境教育和可持续发展教育，提出了国际生态学校的"七步法"，通过建立由学生自主管理的学校生态环境委员会，让学生在教师的指导下能主动发现校园环境问题，并制订合理计划解决环境问题，同时对计划执行效果进行评估等。盘龙区从 2012 年积极参与该项目至今，已有 3 所学校成功创建，另外两所分别为盘龙区金实小学和新迎第三幼儿园。该项目对升华绿色创建、推动中小学校和幼儿园的环境与可持续发展教育以及当地生态文明建设均具有重要促进作用。②

2017 年 3 月 10 日，大理白族自治州"青少年生态文明志愿行动示范区"建设暨"青少年洱海生态保护公益基金"设立启动仪式在云南建设学校举行。团省委副书记赵国良出席启动仪式并讲话，大理白族自治州委常委、州委宣传部部长彭斌，州人大常委会副主任李红卫，州人民政府副州长洪云龙，州政协副主席张松，云南省建设学校党委

---

① 张小燕：《云南又添 6 个生态文明教育基地》，http://special.yunnan.cn/feature14/html/2017-02-14/content_4728956.htm （2017-02-14）。

② 期俊军：《昆明盘龙区北站幼儿园创建国际生态学校》，http://edu.yunnan.cn/html/2017-03-01/content_4744580.htm （2017-03-01）。

书记杨雄等领导出席活动。2017 年是实施"大理州青少年生态文明志愿行动示范区"项目建设的关键之年，团州委将与大理洱海科普教育中心和大理大学生物科学馆合作共建"大理州青少年生态文明志愿行动宣传教育实践基地"，通过组建青少年环境保护志愿讲解员队伍、开展主题日活动、开展实践活动等形式，深入宣传生态观和生态文明思想，在青少年中构建大理生态文化的坚实基础。为筹集更多的社会资本投入洱海生态保护之中，由大理州青少年发展基金会发起，决定设立"青少年洱海生态保护公益基金"，公益基金的设立将进一步关注洱海流域"生态·生存·生命·生活"这个主题，为关注、关心洱海生态保护的社会各界人士搭建参与平台，把捐赠意向快速、准确地落实到洱海生态保护的实际行动中。随着"青少年洱海生态保护公益基金"的正式启动，募捐通道也将在近日打开。出席启动仪式的领导先后为大理洱海科普教育中心宣教实践基地、大理大学生物科学馆宣教实践基地授牌；为在全州 12 县市组建的 12 支青少年生态保护先锋队和洱海环湖 16 个乡镇组建的"大理州青少年洱海生态文明志愿监护队"进行授旗。[①]

2017 年 3 月 12 日植树节当天，大理白族自治州云龙县近百名党员干部带头参与植树造林活动，在云龙天池国家级自然保护区种下了 1100 多株红豆杉，拉开了云龙县"党建＋生态建设"行动的序幕。近年来，云龙县紧紧围绕创建国家级生态县的目标要求，进一步发挥好基层党组织在生态建设中宣传发动、组织引领、带动实践的作用，深入推进"绿色云龙"建设行动。按照推进"两学一做"学习教育常态化、制度化要求，通过组织动员全县基层党组织和广大党员踊跃参与生态建设工作，切实增强绿色发展理念，开创了全民参与生态建设的新局面。云龙县计划从 2017 年 3 月起实施四个"支部+"行动，以党支部为主体，组织动员全县机关、农村基层党组织和广大党员开展好"支部+生态产业发展"行动，按照"产业生态化、农工一体化"的思路，将产业发展作为生态建设的一项重要内容，积极开设生态旅游服务项目，着力建设独具特色的生态农业示范区；开展好"支部+生态资源保护"行动，大力推进生态文明村规民约制度建设，重点加强天池国家级自然保护区和国有林场的管护工作，推动生态环境持续向好；开展好"支部+生态环境提升"行动，推行"河长"负责制等片区负责制度，突出抓好

---

① 辛向东、李冲：《大理举行"青少年生态文明志愿行动示范区"建设暨"青少年洱海生态保护公益基金"设立启动仪式》，http://dali.yunnan.cn/html/2017-03/13/content_4757277.htm（2017-03-13）。

义务植树、生态恢复、河道治理、"两污"治理等工作，同时结合实际，着力建设绿色河道、绿色道路、绿色村庄、绿色田园、绿色山体；开展好"支部+生态责任落实"行动，层层落实生态建设责任，实现党建与生态共赢，助推"绿色云龙"建设。①

2017 年 5 月 6 日，"关爱人居环境·我们在行动"——曲靖市 2017 年环境保护公益活动在珠江源广场启动。此次活动主要向市民普及环境保护知识，增强环境保护意识，倡导市民自觉践行绿色生活，共同做生态文明建设的宣传者、实践者、推动者。上午九时，500 余名市民和环境保护志愿者来到广场，左手系着象征环境保护寓意的绿丝带，头戴环境保护宣传帽，整齐地坐在广场上。活动现场，环境保护志愿者代表庄严宣誓："绿色生活，从我做起，保护环境，你我同行……"广场上空，《三峡情》《感谢春天》等歌曲悠悠回荡，唱出了人们对美好环境生活的向往；市委宣传部副部长张亚昌的诗朗诵《生如胡杨》激情飞扬，道出了人们保护好地球绿色家园的殷殷期盼。"有谁知道环境日的时间，常用的垃圾处理方法主要有哪些？"工作人员在现场与市民开展了环境知识互动问答，答对的市民现场领到一份环境保护小礼品。工作人员还走入参与活动的市民之中，发放环境保护宣传资料和环境保护手提袋，并在现场设置了咨询台，为群众提供环境保护方面的咨询解答，同时开展了环境保护志愿者签名活动。活动现场精彩纷呈，生态文化、环境保护理念、绿色生活引领主题，打造生态家园、共建七彩云南融汇全程。炎炎烈日下，市民们纷纷参与其中，充分体现了公众关心环境保护、热爱环境保护、参与环境保护的热情。来自某公司的志愿者小李告诉笔者，他虽然不是云南人，但保护环境是每个人应尽的义务，参加这项活动，不仅可以提高自己的环境保护意识，而且可以通过亲身体验后，告诉身边更多人保护好生态环境。据了解，活动启动仪式后，将集中开展为期一个月的环境保护宣传进机关、进社区、进校园、进企业、进公园活动，广泛深入地宣传环境保护知识，使环境保护理念在润物无声、潜移默化中深入人心，走进千家万户。此次活动由云南省环境保护宣传教育中心、曲靖日报社、曲靖市环境保护局主办，云南宏润集团承办。②

2017 年 5 月 14 日上午 9 时，由云南日报报业集团和省林业厅共同组成的"美丽云

---

① 杨钰洁：《"党建＋生态"助力绿色云龙建设》，http://dali.yunnan.cn/html/2017-03/14/content_4758289.htm（2017-03-14）。

② 云南省环境保护宣传教育中心：《曲靖市"关爱人居环境·我们在行动"2017 年环境保护公益活动启动》，http://www.ynepb.gov.cn/zwxx/xxyw/xxywrdjj/201705/t20170509_167792.html（2017-05-09）。

南·穿越自然保护区"媒体采访组从昆明出发，驱车前往采访的第一站——高黎贡山国家级自然保护区保山段。这是一项构思已久的大型采访报道工程。云南是我国生物多样性最为丰富的省份，也是北半球生物多样性最为丰富的地区。当生态环境保护意识在越来越多的心田苏醒，当云南因为卓越的自然禀赋和良好的生态环境吸引了越来越多的身影，当党的十八大把生态文明建设提至前所未有的全局和战略高度，采访组便开始越来越多地思考这样一些问题：应该用怎样的视角和切面来表现云南的生态之美，表现云南为全国乃至全球生态文明建设做出的牺牲和付出的努力？慢慢地，采访组的视线聚焦到了自然保护区。因为，通过感知这里，您才能深切地体会，云南为什么会被称为植物王国、动物王国；才能更深刻地明白，那些地球脊梁和褶皱处与我们同呼吸的花草与生灵正在与我们共命运；才能更透彻地参悟生态文明建设不是口号，而是迫在眉睫需要我们共同付诸努力的行动。2015 年习近平总书记对云南提出了"生态文明建设排头兵"的殷殷希望以来，云南省委、省政府正为此付出了艰苦不懈的努力，采访组通过关注自然保护区来反映云南生态文明建设的愿望也更加强烈。保山市委、市政府则极力邀请采访组从高黎贡山保山段开始这次的自然保护区穿越之旅。终于，采访组的设想化作实际行动。接下来很长的一段时间里，采访组将怀着诗心，率先走进全省由林业部门管理的17 个国家级自然保护区，通过文字、图文、音视频、网络直播等方式，温暖柔软、简洁明快、理性思辨地展现采访组在自然保护区的所见所闻，讲述云南省开创保护区事业60 年以来的故事与变迁，关注这里的人物、生灵的命运与呼唤。而这里，将是采访组重要的文字记录和讲述平台。从此，这方名为"美丽云南·穿越自然保护区"的天地，是美丽云南生态文明建设的生动彰显，是云南日报报业集团增强权威性和影响力的有益尝试，也是党报记者深化"走转改"的有力见证。①

2017 年 5 月 22 日上午 9 点半，2017 年云南环境保护世纪行活动启动仪式在昆明举行，今年活动以"推进乡村生态文明，促进美丽乡村建设"为主题。仪式启动现场，组委会对 2016 年云南环境保护世纪行活动好新闻作品和优秀组织单位进行了表彰，云南日报、云南网和春城晚报为代表的云报全媒体均有记者获得一等奖。据了解，云南省目前共有 615 个传统村落列入国家传统村落名录，1700 个村庄列入省级规划建设示范村，

---

① 谭晶纯、程三娟：《"美丽云南·穿越自然保护区"专栏开栏的话》，http://ynjjrb.yunnan.cn/html/2017-05-20/content_4830946.htm（2017-05-20）。

力争 2019 年培育建设 20 个全国一流特色小镇、80 个全省一流特色小镇。截止到 2016 年底，全省乡镇生活垃圾设施覆盖率达到 38.5%、污水设施覆盖率达到 26.12%、自来水供水覆盖率达到 55.12%。云南省全面提升农民群众生活品质，把保留传统文化、民俗习俗与推行健康文明的生活方式相结合，提升农民的幸福指数作为最终目标。2017 年 6 月至 10 月，云南环境保护世纪行组委会将组织新闻记者、专家分批次赴全省典型地区进行集中采访宣传报道。据悉，云南环境保护世纪行活动作为中华环境保护世纪行的重要组成部分，已经成功举办了 23 届，2017 年将举办第 24 届，它成为云南省环境保护新闻宣传报道、媒体舆论监督的重要品牌。①

2017 年 6 月 3 日，由云南省环境保护厅、共青团云南省委、中国邮政集团云南分公司共同举办的 "6·5" 环境日系列宣传活动正式启动。今年云南省 "6·5" 环境日系列宣传活动主要包括：发布《云南省生物物种红色名录（2017 版）》，环境保护集邮展览，环境保护志愿者绿色骑行活动，为省级命名的绿色学校、绿色社区、环境教育基地授牌，为环境保护小卫士颁奖，举办 "云南蓝——环境保护诵" 阅读朗诵公益活动等。当天，丰富多彩的活动，吸引了不少环境保护志愿者和市民的积极参与。环境保护集邮展览展出的 66 部、204 框作品，主题突出，内容丰富，一枚邮票、一部环境保护题材集邮作品就是一个生动的环境保护故事，描绘了一幅绿色生态、环境保护宜居的生活环境，展示了云南山清水秀的自然风光、多元的民族文化和绿色的生产生活方式，反映了云南省在环境保护和争当全国生态文明建设排头兵中取得的新成就。据了解，"6·5" 环境日期间，省环境保护宣传教育中心还将开展 "云南环境保护流动展" 进社区、进校园、进公园等活动，全省各地也将围绕主题开展丰富多彩的宣传活动。"6·5" 世界环境日设立于 1972 年，旨在提醒世界注意全球环境状况和人类活动对环境的危害，强调保护与改善人类环境的重要性。6 月 8 日上午，在石林彝族自治县民族中学，冈特·鲍利先生一行观赏了撒尼大三弦映客、男子霸王鞭舞、《撒尼青春舞曲》，感受撒尼刺绣文化及撒尼麻布纺织过程；欣赏撒尼民族画，了解撒尼密枝林生态文化，并观赏了学校传统民族艺术刺绣过程。凯瑟琳娜女士与同学们分享了生态童话绘画作品创作体会，并与师生一起绘制 "彝族农民画"。6 月 8 日下午，在昆明市外国语学校，冈特·鲍利先

---

① 苏虹铭：《2017 年云南环境保护世纪行在昆启动 云南网记者作品去年荣获一等奖》，http://yn.yunnan.cn/html/2017-05/22/content_4832701.htm（2017-05-22）。

生一行观看了学生表演的合唱《拯救蓝色地球》，参观了同学们设计的关于环境保护节能、资源回收利用手工艺术品，对同学们的作品给予了赞赏。6月9日上午，在安宁中学，冈特·鲍利先生观看了学生生态课题展板，同学们进行了《治理工厂水污染问题研究》生态教育实践成果展示。在学校礼堂，冈特·鲍利先生幽默的言语赢得了500多名师生阵阵掌声，授课结束后，冈特·鲍利先生为同学们签名并合影。在体育馆内，凯瑟琳娜女士与学校师生拿起画笔一起描绘美丽绿色安宁。9日下午，冈特·鲍利一行来到"姚基金希望小学篮球季项目学校"——禄丰县独瓦房完全小学，观看了孩子们表演的篮球操、军体操，与孩子们进行了篮球友谊赛。在篮球场边的树下，孩子们整齐地坐在板凳上，认真聆听冈特·鲍利的"我们身边的生态童话"——蘑菇专题讲座，孩子们用那天真可爱的笑容与冈特·鲍利进行课上课下交流。凯瑟琳娜女士走到写生作画的孩子中间，一个一个、一笔一画地教他们绘画。省环境保护宣传教育中心向学校师生赠送了学习用品。环境保护部宣传教育中心综合室主任牛玲娟、青少年环境文化艺术中心主任李原原、项目主管靳增江及云南省环境保护宣传教育中心相关领导全程参加活动。新华社、人民网、云南广播电视台等新闻媒体对活动进行了采访报道。①

2017年6月5日晚，昆明市工人文化宫里传出激昂的朗读声，"云南蓝·环境保护诵"公益朗读活在这里举行。此次"云南蓝 环境保护诵"公益朗读活动由云南省环境保护厅主办，云南省环境保护宣传教育中心、昆明市工人文化宫、云南网、樊登读书会云南分会联合承办。活动旨在动员和引导社会各界牢固树立"绿水青山就是金山银山"的强烈意识，尊重自然、顺应自然、保护自然，自觉践行绿色生活，共同建设美丽中国和秀美云南。云南省环境保护厅党组成员、副厅长高正文在活动中致辞表示，阅读朗诵公益活动通过围绕习近平总书记提出的"绿水青山就是金山银山"重要论断展开，以强化公众绿色发展理念，提高环境保护意识，培育环境道德，传播环境文化为目的，最终共同建设美丽云南。朗读这种交流方式，既可以丰富我们的精神世界，还可以表达我们对美好生活环境的向往，彰显对大自然的无限情怀。据了解，活动自5月31日开始征集环境保护志愿者，截止到6月4日共有千余人报名参与"云南蓝 环境保护诵"公益朗读活动，不少网友还在微信文章评论里点赞，但由于场地受限，活动组织方最终选取了

---

① 胡晓蓉、张彤：《云南省"六五"环境日系列活动启动》，http://yn.yunnan.cn/html/2017-06-04/content_4843918.htm（2017-06-04）。

60 人作为此次活动的环境保护志愿者。经典诵读、现场互动，一个个紧扣主题的环节设计吸引市民驻足观看。环境保护志愿者们热情讴歌经济社会发展与环境保护相协调、资源节约、环境友好、生态环境保护、公众参与等内容，用饱含深情的朗诵生动诠释了"绿色发展"理念，为现场百余名观众呈现了一场精彩的视听盛宴。环境保护志愿者们在现场朗读《习近平总书记系列重要讲话读本》之绿水青山就是金山银山更是将活动推向高潮。"'绿水青山就是金山银山'是今年的环境日主题，也是举办本次活动的最终目的，我们通过朗诵传播环境保护好声音，与观众分享身边的环境保护故事，用声音为云南环境保护事业接力。"樊登读书会云南分会会长师兢表示，读书会将以此为契机，动员引导社会各界着力践行人与自然和谐共生和绿色发展理念，将生态文明意识扎根于市民内心，从身边小事做起，共同履行环境保护责任，呵护环境质量，共建美丽家园，凝聚更多的社会力量形成保护生态环境的合力。环境保护志愿者小涛说："朗诵都围绕着绿色发展和美丽云南的主题，很精彩朗诵非常受益，深深感受到了语言的力量。希望通过这样的活动，能让绿色发展的理念更加深入人心。"①

2017 年 6 月 5 日环境日上午，安宁市围绕"绿水青山就是金山银山"环境日主题，在宁湖湖畔举行了"绿色出行　千人走宁湖"环境保护宣传活动，引导市民树立低碳环境保护理念，选择绿色出行方式，自觉践行绿色生活，共同做环境保护和生态文明建设的宣传者、实践者和推动者。安宁市党政机关、企事业单位、相关协会等 80 余家单位、社会组织和市民 1000 余人参加了活动。此次宣传活动由安宁市委、市政府主办，安宁市环境保护局、文体广电旅游局、环境保护协会承办。安宁市环境保护局局长唐宽在活动启动仪式致辞时表示，当前安宁市正积极创建全国文明城市，环境保护主题宣传活动是创建文明城市的重要一项内容。举行徒步走宁湖活动，就是引导公众把"崇尚节约、保护资源、爱护环境、践行绿色低碳"的生活理念融入日常的生活中，坚持从我做起、从现在做起、从小事做起，为建设天更蓝、山更青、水更绿、空气更清新的美丽安宁而努力。安宁市副市长李宝林宣布"绿色出行　千人走宁湖"活动启动。开幕式上，市民代表宣读了环境保护倡议书，倡导公众积极开展绿色行动，共享绿色生活，呵护好美丽家园。徒步环湖行走距离约五千米，活动得到了相关单位和市民的积极参与。上午

---

① 刘畅：《用朗诵呼吁环境保护　云南环境保护"朗读者"颂美好家园生态》，http://kunming.yunnan.cn/html/2017-06/06/content_4846108.htm（2017-06-06）。

9时45分许，随着发令枪一声枪响，1000多名活动参与者统一穿着印有环境保护宣传标语的服装，手举环境保护宣传标语牌，沿着河岸，向终点进发，传播环境保护理念，当好绿色出行表率，长长的徒步行走队伍，与宁湖一道形成了亮丽的风景。活动现场，安宁市环境保护局的工作人员还向市民发放了环境保护宣传手册和印有环境保护内容的围裙，进行了环境保护知识宣传展等。①

2017年6月5日以来，楚雄彝族自治州姚安县紧扣我国纪念第46个"6·5"世界环境日主题，周密部署，统筹安排，开展了丰富多彩的宣传纪念活动。县委政府高度重视，专门召开会议对开展纪念活动做了安排部署，围绕《全国环境宣传教育工作纲要（2016-2020年）》要求及2017年全国、全省环境保护工作会议精神，制定下发了《姚安县人民政府办公室关于做好2017年"6·5"世界环境日宣传活动的通知》，明确了开展纪念活动的指导思想、活动主题、活动内容及工作要求。6月5日，姚安县环境保护局牵头组织40余家县级部门在县城西正街集中开展宣传咨询活动。各参加活动单位在活动现场悬挂宣传标语，结合部门行业职能特点和活动主题设置了展板、发放了宣传资料；姚安县电视台、县广播电台派出记者对活动现场进行跟踪采访报道。活动期间，姚安县政府办公室、县环境保护局通过政府信息公开网站发布"6·5"环境日宣传活动主题；各乡镇、县级各部门组织辖区企业单位和省州级绿色学校、绿色社区、环境教育基地等利用各单位（场馆）电子显示屏、专栏、橱窗、广告牌等设施打出或悬挂了"6·5"环境日活动的标语、口号、横幅；县广播电视台在主要时刊播了一些环境保护的工作新闻、标语口号及党和国家环境保护决策部署、法律法规和环境知识，大力弘扬生态文化，深入推进生态文明宣传教育，建设美丽生态姚安。据统计，此次纪念活动全县共有9个乡镇、40余家县级单位、20余家企、15个省州绿色学校（社区）参加，县政府信息公开网站发布"6·5"环境日宣传活动主题6期；各乡镇、县级各部门利用电子显示屏、专栏、橱窗、广告牌等设施打出或悬挂了"6·5"环境日活动的标语、口号、横幅640余条；县广播电视台刊播新闻纪念活动新闻一期；参加活动单位发出宣传手册15 000本、宣传单20 000余份、环境保护袋500余个、环境保护围裙200余条。②

---

① 云南省环境保护宣教中心：《安宁市举办"绿色出行 千人走宁湖"环境日主题宣传活动》，http://www.ynepb.gov.cn/zwxx/xxyw/xxywrdjj/201706/t20170605_168721.html（2017-06-05）。

② 彭家良：《姚安：深入开展纪念"六·五"世界环境日宣传活动》，http://www.ynepb.gov.cn/zwxx/xxyw/xxywzsdt/2017 06/t20170623_169442.html（2017-06-23）。

2017年6月13日，牟定县环境保护局等20多家单位一起到县城中园街集中开展节能宣传周和全国低碳日宣传活动。此次宣传活动通过发放新环境保护法读本、环境保护知识手册、围腰、环境保护袋、接受群众咨询、悬挂宣传画等形式，全面宣传党和国家环境保护和生态文明建设的有关法律法规和方针政策，大力传播"绿水青山就是金山银山"的环保意识和勤俭节约、绿色低碳、文明健康的生活方式及消费模式，倡导全县广大群众树立生态文明和环境保护理念。共发放公众环境保护知识宣传手册200余份、围腰500余个、环境保护袋100余个、新环境保护法宣传材料500余份，接受群众现场咨询20余人次。通过此次环境保护宣传，使牟定县群众充分认识了环境污染对人类带来的灾难和保护生态环境对人类生存和发展的重要意义，促使公众及参与到生态文明建设和环境保护当中来。①

2017年6月15日，玉溪市环境监测站联合聂耳社区居委会围绕2017年世界环境日主题"绿水青山就是金山银山"，认真开展了环境保护宣传教育、绿色创建等一系列宣传活动。玉溪市环境监测站党支部全体党员及广大干部职工参加了宣传活动。活动现场通过发放环境保护知识手册、环境保护宣传画、环境保护袋以及展出环境保护宣传展板等形式，动员引导社会各界牢固树立"绿水青山就是金山银山"的强烈意识，倡导全社会共同行动，自觉践行绿色生活，努力改善环境质量，共同建设美丽家园。此次宣传活动共发放各类宣传资料300余份，发放环境保护袋200余个，展出宣传展板11块，利用布标宣传环境保护标语3条。向广大群众宣传环境保护法律法规有关知识，引导群众树立"爱护环境，人人有责"的环境保护理念，呼吁大家共同努力营造人人参与环境保护、爱护环境的良好氛围，以实际行动为保护环境做出贡献。通过开展此次宣传活动，进一步激发了各级各部门社会公众关心环境保护、支持环境保护的工作理念，使环境保护成为全民的自觉行动，营造了全民参与环境保护工作和争当全省生态文明建设排头兵的浓郁氛围。②

2017年6月中旬，墨江县各乡镇紧紧围绕第46个世界环境中国主题"绿水青山就是金山银山"积极开展宣传活动。结合乡镇实际借助赶集天，在集镇、各村积极组织开

① 李国华：《牟定县环境保护局积极参与节能宣传周和全国低碳日宣传活动》，http://www.ynepb.gov.cn/zwxx/xxyw/xxywzsdt/201706/t20170623_169441.html（2017-06-23）。
② 玉溪市环境保护局：《玉溪市环境监测站开展"六·五"世界环境日党员进社区宣传活动》，http://www.ynepb.gov.cn/zwxx/xxyw/xxywzsdt/201706/t20170620_169286.html（2017-06-20）。

展镇、村两级"6·5"世界环境日宣传活动，力求提高群众环境保护意识，践行绿色生态理念，营造全民关心环境保护、积极参与环境保护的良好社会氛围。活动现场，工作人员和志愿者以标语、横幅、展板、挂流程图、电子显示屏等方式，向广大群众宣传环境保护法律法规及创建全国文明城市的有关知识，并通过深入集镇摊位点、各村免费发放宣传单、宣传册、海报等资料，引导群众树立"爱护环境，人人有责"的环境保护理念，动员镇村两级志愿者参与到"环境整治人人参与，美好家园家家受益"环境卫生打扫的工作中来，呼吁大家共同努力营造人人参与环境保护、爱护环境的良好氛围，以实际行动为保护环境和全国文明城市创建工作做出贡献。据统计，此次活动共发放《中华人民共和国环境保护法》《中华人民共和国环境影响评价法》《中华人民共和国大气污染防治法》《中华人民共和国水污染防治法》《中华人民共和国固体废物防治法》3500份，创文创卫宣传单 1000 余张，悬挂建设项目环境影响报告书（表）审批办理流程图 2 张、横幅 15 条、建设项目竣工环境保护验收办理流程图 2 张、电子显示屏 9 条，提供各类咨询 224 余人次。通过开展此次宣传活动，把农村环境保护基本知识、常用的环境保护法律法规送到了农民手中，帮助群众提高了的环境保护意识和法律意识，受到了农民群众的欢迎和好评。①

截止到 2017 年 6 月底，红河哈尼族彝族自治州共创建州级绿色学校 127 所、省级绿色学校 76 所、州级绿色社区 57 个、省级绿色社区 46 个、省级环境教育基地 6 个。红河哈尼族彝族自治州"绿色创建"工作在有关部门的配合努力下取得了阶段性成效。通过开展"绿色创建"工作，实现了环境保护从小抓起，从社区层面入手，大力提升广大社会公众的生态文明理念和环境保护意识，为进一步更好地推进生态文明、建设绿色家园奠定坚实基础。②

2017 年 7 月 6 日上午，由云南省环境保护宣传教育中心、安宁市环境保护局和县街街道办事处共同举办的"生态文明环境保护宣传"活动暨"云南环境保护流动展"在安宁市县街道办事处广场举行。此次活动是"6·5"环境日系列宣传活动的延续，活动紧紧围绕"绿水青山就是金山银山"主题和目前正在开展的"创建全国文明城市"进行，

① 普洱市环境保护局：《墨江县各乡镇积极开展"6·5"世界环境日宣传活动》，http://www.ynepb.gov.cn/zwxx/xxyw/xxywzsdt/201706/t20170615_169121.html（2017-06-15）。

② 红河哈尼族彝族自治州环境保护局：《红河州"绿色创建"工作绿意盎然》，http://www.ynepb.gov.cn/zwxx/xxyw/xxywzsdt/201707/t20170705_169877.html（2017-07-05）。

引导公众树立"创建文明城市，生态文明先行"意识，倡导公众践行文明、健康、绿色的生活方式，不断提升自身的幸福感和收获感。活动现场，环境保护科普展板整齐摆放在广场两侧，云南省环境保护和生态文明建设成果在这里一一展示；"呵护绿水青山 建设美丽家园"等环境保护宣传标语格外醒目，向群众宣传低碳、环境保护和绿色理念。在宣传人员的桌子前，挤满了参与活动的群众，大家纷纷领取环境保护宣传资料，主动了解环境保护和创建文明城市知识。工作人员向大家比较详细讲解了绿色生活方式常识和"呵护绿水青山 建设美丽县街"的重要意义，带来的1000余份环境保护宣传海报、环境保护手提袋和印有环境保护宣传标语的帽子、围裙被群众全部领空。同时，工作人员还认真听取了群众在加强环境保护宣传教育方面的意见和建议。通过此次宣传活动，进一步提升了人民群众对环境保护和生态文明理念的知晓率与参与度，有效提升了公众的环境素养。近年来，云南省环境保护宣传教育中心不断丰富宣教形式，灵活宣教载体，积极推进"云南环境保护流动讲堂""云南环境保护绿色讲堂""云南环境保护流动展"进机关、进企业、进社区、进乡村、进学校、进公园活动，"两堂一展"已成为云南省环境保护宣教工作的一个重要品牌，在向社会普及环境保护知识、增强全民绿色发展意识、推动环境保护事业发展、争当生态文明建设排头兵中发挥了积极作用。[①]

2017年7月13日，在2017中国生态环境保护大会暨西宁绿色发展论坛上，环境保护宣传教育"品质之星"榜单发布，云南省环境保护宣传教育中心与其他23家环境保护宣教中心共获此殊荣，这是云南省环境保护宣教中心继2016年荣获"绿色传播最具影响力奖"后获得的又一荣誉。今年，《环境保护》杂志社推出了"环境保护宣传教育'品质之星'推介"活动，经过公众投票评选，结合公众投票与专家评审意见，24家单位脱颖而出。近年来，云南省环境保护宣教中心认真学习贯彻环境保护部和云南省环境保护厅关于做好环境保护宣教工作的重要精神，坚持围绕中心不停步、服务大局能担当、面向机关有成效、支持基层有作为，着力开展以"云南环境保护八大体系"为重点的宣传教育，广泛开展面向公众的环境宣传活动，着力提升社会各界生态文明和环境保护意识，为"十三五"时期云南省环境保护工作营造良好舆论氛围。成功举办了"6·5"环境日系列宣传活动，承办了2017"清洁节水青春行"全国高校节水宣传活

---

① 段先鹤、华培垚：《"云南环境保护流动展"走进安宁市县街乡开展生态文明环境保护宣传》，http://www.ynepb.gov.cn/zwxx/xxyw/xxywrdjj/201707/t20170707_169916.html（2017-07-07）。

动（云南站），开展了云南省环境保护宣传走基层活动，大力抓好绿色学校、绿色社区、环境教育基地创建，以及云南绿色书屋建设。在《云南政协报》开办了"争当生态文明建设排头兵，云南环境保护在行动"专栏，与云南广播电视台合作开办了"环境保护之声""关注绿色""环境保护一分钟"等新闻与环境保护知识宣传栏目。大力加强宣教平台建设，建起了云南环境保护网络视频中心，向全省开展环境教育网络视频宣传工作，兴办《云南环境保护宣教网》《云南环境保护宣教公众微信平台》，创办了《绿色云之南》网络科普期刊等，努力构建横向到边、纵向到底、公众积极参与的环境宣传格局,较好地发挥了舆论引导和宣传教育作用。①

2017 年 7 月 25 日，云南省林业厅组织召开创建省级生态文明教育基地评审会，昭通大山包国家级自然保护区等 7 个单位创建省级生态文明教育基地通过专家评审。会上，专家组对昭通大山包国家级自然保护区、罗平县水沟林场、富源县三道箐林场、沾益海峰省级自然保护区、耿马县四方井铁力木保护小区、沧源南滚河国家级自然保护区、双江县古茶山国家森林公园 7 个单位创建省级生态文明教育基地进行评审，全体专家一致同意通过评审。接下来，将由省林业厅、省教育厅、团省委联合授予称号。省级生态文明教育基地创建活动于 2013 年启动。云南省生态文明教育基地是指具备一定的生态景观或教育资源，能够促进人与自然和谐价值观的形成，教育功能显著的场所。主要是省级以上自然保护区、森林公园、湿地公园、国家公园、国有林场、自然博物馆、野生动物园、植物园、生态科普基地、生态科技园区；或者具有一定代表意义、一定知名度和影响力的风景名胜区、重要林区、古树名木园、湿地、野生动物救护繁育单位、鸟类观测站，学校、青少年教育活动基地、文化场馆（设施）等相关单位。云南省生态文明教育基地称号采用命名制，严格控制数量，坚持标准、注重实效、保证质量，并实行动态管理。据了解，云南省生态文明教育基地对有组织的生态文明教育活动实行优惠或者免费；对现役军人、残疾人、离退休人员和有组织的中小学生免费开放；植树节向全民免费开放，并组织有纪念意义的宣传活动。截至目前，云南省共有"云南省生态文明教育基地"12 个（即中科院昆明动物研究所动物博物馆、普者黑国家湿地公园、景东无量山哀牢山国家级自然保护区、弥渡密祉太极山风景名胜区、凤庆县

① 云南省环境保护厅宣教中心新闻网络室：《云南省环境保护宣教中心摘得环境保护宣传教育"品质之星"》，http://www.ynepb.gov.cn/zwxx/xxyw/xxywrdjj/201707/t20170719_170369.html（2017-07-19）。

凤山镇安石村、临沧市花果山城市森林公园、西南林业大学、昆明市西山林场、东川区汤丹镇小龙潭公园、陆良县花木山林场、临沧临翔区五老山森林公园、永德大雪山国家级自然保护区）。①

　　2017年7月28日，宣威市环境保护部门组织观看了2017年7月20日播出的《焦点访谈》"像对待生命一样对待生态环境"。大家陷入了深深的思考。以牺牲生态环境为代价换取短期的经济效益真的是我们想要的吗？急功近利怎么能创造美丽宜居宣威呢！？观看结束后，宣威市环境保护局局长痛心疾首地指出，生态环境保护是一个长期任务，我们一定要遵照习近平总书记的指示，像保护眼睛一样保护生态环境，像对待生命一样对待生态环境，久久为功。在以习近平同志为总书记的党中央的坚强领导下，我们必须切实行动起来，将生态文明建设作为一项重大的政治任务，以绿色产业发展引领经济转型升级，真正实现绿水青山就是金山银山的梦想。洁净的水、清新的空气、优美的环境，是广大群众的殷切期盼，是最公平的公共资源。坚持"绿水青山就是金山银山"的绿色发展理念，真正实现经济发展与环境保护共赢是大家的共同心愿，一定要给子孙后代留下蓝天、绿地、清水的美好家园！②

　　2017年9月1日上午，盘龙区新迎第三幼儿园举行国际生态学校复核启动仪式，活动以"废旧物品在幼儿园建构游戏中的运用"为主题，将环境保护和绿色创建作为"开学第一课"。学校在2012年已取得国际生态学校资格，2017年是复核年。活动现场，新迎第三幼儿园园长、老师、家长、幼儿分别进行了发言，新迎第三幼儿园园长表示，本次启动仪式，对于正值创文明城市攻坚冲刺阶段的昆明和全幼儿园师生来说，都是一个富有意义的时刻。国际生态学校的创建将增强学校文化底蕴，发挥环境育人的积极作用，启动仪式后，会严格按照"七步法"的原则，号召全体师生从我做起，从身边小事做起，人人争做"充分利用废旧物的环境保护先锋"。学校整体色调以绿色为主，据幼儿园张丽宏老师介绍，在学校的宣传引导下，现在小朋友们的环境保护意识很强，大家随处可见的手工作品，都是用回收的材料做的，小朋友们可以用身边的材料发挥想象，拼接出很多意想不到的装饰品，在节能环境保护的同时，也培养了他们的创造性。在创

① 张捷：《云南再添7个省级生态文明教育基地》，《昆明日报》2017年7月26日，第T03版。
② 曲靖市环境保护局：《像对待生命一样对待生态环境》，http://www.ynepb.gov.cn/zwxx/xxyw/xxywzsdt/201708/t20170809_171110.html（2017-08-09）。

建"国际生态学校"的过程中，大家都贡献了自己的力量，把国际生态学校"七步法"标准和环境保护意识落实到每一个教与学的生活细节中去，为爱护地球家园，改善生存环境而共同奋斗。据了解，新迎第三幼儿园已向环境保护部宣传教育中心提交注册及申报材料。环境保护部宣教中心将组织有关专家对申报材料进行复核，届时进行实地抽查，根据网络评审与实地抽查情况，确定最终结果。通过复核的学校，环境保护部宣教中心将向其颁发绿旗及相关证书。①

2017年9月4日，"保护绿孔雀·双柏在行动"倡议活动在楚雄彝族自治州双柏县嘉镇举行。野生动物保护专家、当地群众、省内外游客汇聚嘉镇中学，通过宣读倡议书、签名宣誓等方式，号召和呼吁社会各界力量，参与到以绿孔雀为主的野生动物保护行动中来。在中国·哀牢·嘉镇七月十五节日期间，节庆活动丰富多彩，哀牢山的绮丽美景与神秘古朴的民族文化吸引了大批游人。以此为契机，双柏县提出了"永远不要破坏森林""永远不滥捕滥杀野生动物""保护绿孔雀栖息地，不要破坏其生存环境""永远不参与非法买卖野生动物""见到违法者立即向野生动物保护部门反映""绿孔雀栖息地周边不要滥用农药和杀虫剂"六项具体行动倡议。在活动中，相关专家学者、领导嘉宾、当地群众和学生共同签名宣誓，为保护野生动物做出自己的庄严承诺。同时，开展了野生动植物相关知识竞答。近年来，双柏县以恐龙河州级自然保护区为核心，积极做好绿孔雀等国家级珍稀濒危野生动植物资源及其栖息地保护工作。先后投入资金65万元，栽设保护区界桩156棵，在保护区重要位置、显要地点兴建保护区半永久性、永久性宣传牌（碑）及宣传展板73块，并购置一批数码相机、红外相机、巡护监测等装备，切实加强野生动植物保护能力建设。②

2017年9月24日，"中国·昆明原生态文化学术研讨会"在春城启幕。云南网获悉，此次研讨会是继2010年中国·昆明原生态文化国际学术研讨会之后的又一次原生态领域的重要学术会议，将使云南少数民族传统原生态艺术和非物质民族文化遗存在社会上产生更大影响。国内外原生态学术领域的专家、云南原生态歌舞艺术表演创作者、云南部分大专院校师生130余人参会。据主办方相关负责人介绍，本次研讨会以"中华

---

① 陈世金：《盘龙区新迎三幼举行国际生态学校复核启动仪式》，http://kunming.yunnan.cn/html/2017-09/01/content_4927 303.htm（2017-09-01）。

② 杨洋、施丽铃：《双柏——开展绿孔雀保护倡议活动》，《楚雄日报》2017年9月22日，第1版。

文化大背景下的云南原生态民族艺术"为主题，由云南省文学艺术界联合会主办，云南大学艺术学院、云南省文艺评论家协会承办。云南原生态文化积淀于原始文化的历史长河，自古以来，原生态文化就是云南民族文化富矿中一颗瑰丽的明珠，而源于少数民族丰富多彩现实生活的原生态歌舞，是云南靓丽的艺术名片。前些年，云南打造推出了《云南印象》等极富云南民族文化特色的原生态艺术，云南原生态唱法以独特的艺术魅力走上全国青年歌手电视大奖赛的舞台，首创"原生态"比赛类别。可以说，原生态文化为繁荣云南民族文化、彰显民族文化特质和坚定民族文化自信做出了积极贡献。此次研讨会的举办，将落实把云南建成民族团结进步示范区、生态文明排头兵、面向南亚东南亚辐射中心这一战略，并针对云南最具特色、最具影响力的原生态艺术进行集中研究和探讨。为期 3 天的研讨会，来自全国各地的 50 位专家学者提交了论文，40 位论文作者在会上发言。与会专家认为，云南是中国乃至世界上原生态文化保存得最好的地区之一，尽管"原生态文化"这一概念已提出来十多年，但直到今天，对原生态文化的研究尚停留在学术热身的阶段。多年来，云南丰富多彩的民族文化吸引了全国乃至世界人民的眼球，但云南独有的少数民族文化的保护和传承却并不完善，很多民族的语言文字以及原生态民族音乐、舞蹈、工艺、服饰、习俗等都急需得到保护和传承。[①]

---

① 赵岚：《国内外专家春城研讨云南原生态文化》，http://yn.yunnan.cn/html/2017-09/24/content_4947922.htm（2017-09-24）。

第四章　云南省生态文明交流与合作事件编年

生态文明交流与合作主要是云南在生态文明建设的过程中，与邻国、邻省之间开展的学习、交流与合作，从学术研究到政策制定，再到理论与实践相结合。云南生态文明交流与合作的一系列活动，为整合资源、科技自主创新能力、提高地方经济发展能力，推进跨区域联动提供了前提条件，更将有助于为国家和区域生态文明建设提供有力的理论支持和技术支撑。

第一节　云南省生态文明交流与合作建设（2016 年）

2016 年 1 月中旬，云南省政府新闻办公室举办了以"绿色发展"为主题的新闻发布会。云南省环境保护厅、省委政策研究室、省农业厅、省林业厅、省发展和改革委员会 5 家单位分别结合工作实际，对云南省委九届十二次全会关于"坚持绿色发展，争当全国生态文明建设排头兵"的有关部署要求做了深入解读。其一，绿色发展是实现双赢必然选择。在前不久召开的云南省委九届十二次全会上，云南省把争当全国生态文明建设排头兵列入"十三五"内容之一，在目标要求和发展理念中都体现了绿色发展的思想。

云南省环境保护厅厅长张纪华认为，"十三五"期间，云南省将从加快形成人与自然和谐共生新格局、加快建设主体功能区、促进资源节约循环高效使用、全面推进环境治理、筑牢国家西南生态安全屏障 5 个方面推动绿色发展，争当全国生态文明建设排头兵。云南省委政策研究室副主任兼改革办副主任尹维汉认为，绿色发展的理念是推动和实现云南省经济发展和生态建设双赢的必然选择。云南省林业厅副厅长万勇提出，深入贯彻省委、省政府"生态立省、环境优先"战略部署，必须主动适应新常态，坚定不移地全面深化林业改革，创新推动绿色发展，扎实推进美丽云南建设，构建完备的生态安全屏障。其二，以过硬工作举措推动绿色发展。张纪华表示，"十三五"期间，云南省环境保护系统将按照云南省委、省政府《关于努力成为生态文明建设排头兵的实施意见》的要求，贯彻落实绿色发展理念，以改善环境质量为核心，实行最严格的环境保护制度，认真落实"大气十条"、"水十条"和即将出台的"土十条"，抓好水、大气、土壤、重金属污染防治工作。云南省农业厅副厅长王平华表示，"十三五"期间，农业部门将重点抓好实施化肥使用量零增长行动，抓好农业资源利用和保护。力争到 2020 年，秸秆资源化利用率达 85%以上，规模化养殖场（小区）配套建设粪污处理设施普及率达 80%以上。其三，环境保护要成为转型动力。张纪华认为，"十三五"期间，云南省要进一步提高生态文明建设水平，必须科学处理好环境保护与经济发展的关系，把环境保护真正作为推动经济转型升级的动力；必须深化生态文明体制改革，健全生态文明制度；必须坚持以改善环境质量为核心，持续加大环境治理力度；必须坚持推进绿色革命，为生态文明建设奠定坚实的社会和群众基础；必须坚持全社会共建共治，形成政府、企业、公众共治的环境治理体系；必须积极探索提升生态文明水平的新模式、新路径、新载体。云南省发展和改革委员会资源节约和环境保护处处长吴尤宏认为，在更高层次上推进绿色发展，需要凝聚工作合力，形成部门联动推进生态文明建设的工作格局。①

　　2016 年 1 月 16 日，云南省生态文明建设研究会在西南林业大学举行第二届代表大会暨换届选举大会。会议审议通过了第一届理事会工作报告、财务工作情况、章程修改情况，并选举产生新一届领导班子，吴松任会长。据了解，2008 年，云南省生态文明建设研究会经省委宣传部、省社科联、省民政厅等部门批准成立，主管单位为省社科

---

① 蒋朝晖：《云南探索绿色发展新模式 努力实现经济发展和生态建设双赢》，《中国环境报》2016 年 6 月 12 日。

联。自创立以来，研究会在社会各界的帮助下，履行组织、联络、协调、服务的职能，助推云南省生态文明建设，为宣传生态文明思想，传达绿色和谐意识，构建和谐云南做出积极贡献。云南省生态文明建设研究会第一届会长何宣在报告工作时指出，近年来，云南生态文明建设研究会认真学习党的十七大、十八大和习近平总书记系列重要精神，坚持正确的办会方向，围绕云南生态文明建设研究会宗旨深入基层开展工作，在生态文明建设工作方面取得可喜成绩。其中，编辑出版的《云南生态年鉴》客观真实地记载了云南省年度生态建设、节能减排、环境保护等新情况，获得社会的普遍好评和专家的高度赞扬。何宣说："取得成绩的同时，也看到了研究会存在的不足和困难。"他认为云南生态文明建设研究会的不足之处包括学习还不够深入、调研还不够广泛、队伍还不够壮大、内部建设有待进一步加强等，面临的困难主要是经费紧张，筹资渠道和手段单一，经济效益不理想，云南生态文明建设研究会运作能力有待提高等。据悉，在今后的工作中，云南生态文明建设研究会将在现有基础上，加强宣传生态文明思想、传播绿色和谐知识，增进社会大众的生态环境与绿色和谐意识，为共同保护人类生存环境，努力构建生态云南和谐云南服务。同期举行的换届选举大会上，吴松当选为云南生态文明建设研究会第二届会长。①

2016年1月21日，西南林业大学西南绿色发展研究院正式揭牌成立。今后，研究院将致力于为云南闯出一条绿色发展和跨越式发展的新路子，筑牢西南生态安全屏障，为美丽中国示范区建设和生态文明排头兵建设贡献力量，省委常委、省委高校工委书记李培任西南绿色发展研究院院长。据介绍，云南是全国生物多样性最为丰富的地区，有着良好的生态环境和自然禀赋，开展绿色发展研究具有得天独厚的条件。西南林业大学过去在绿色发展和生态文明研究中虽取得一定成绩，但与省委、省政府要求和建设生态文明排头兵的需求相比还有差距。为整合资源提升人才培养质量、科技自主创新能力和学科建设水平，增强服务和引领地方经济发展能力，推进学校发展内涵，建设区域高水平大学，西南林业大学决定成立西南绿色发展研究院。研究院的成立，将有助于为国家和区域生态文明建设提供有力的理论支持和技术支撑，引领西南林业大学向区域高水平大学目标迈进。此外，研究院的成立也是西南林业大学主动适应国家发展战略的务实行

---

① 罗浩：《云南省生态文明建设研究会选举吴松担任第二届会长》，http://yn.yunnan.cn/html/2016-01/16/content_4121237.htm（2016-01-16）。

动，是贯彻落实"五大发展理念"的具体措施，是学校主动服务地方经济社会发展的有利措施。[①]

2016年1月21日，2016年云南省环境保护工作会议在昆明召开。会议认真学习贯彻党中央、国务院和省委、省政府关于生态文明建设和环境保护的重要部署，总结2015年和"十二五"工作成果，部署当前和"十三五"重点任务，努力把习近平总书记关于将云南建设成为生态文明建设排头兵的要求落到实处，副省长刘慧晏出席会议并讲话。会议提出，实现"十三五"时期发展目标，着力抓好几个方面的工作：一要坚持绿色发展，提升环境保护服务云南发展的水平，形成节约资源和保护环境的空间格局、产业结构、生产方式、生活方式。二要着力深化改革，从制度入手，解决制约环境保护事业发展的体制障碍，确保生态文明体制改革见实效。三要加强生态环境保护，坚守生态环境质量只能提升不能下降的底线思维，构建西南生态安全屏障。四要以环境质量改善为核心，打好大气、水体、土壤污染治理三大战役。[②]

2016年2月19日，云南省环境保护宣传教育中心组织"云南环境保护流动讲堂"进州市活动。在临沧市永德县举办的学习贯彻党的十八届五中全会精神科级领导干部集中培训班上，云南省环境科学学会副理事长李唯教授进行了《中华人民共和国环境保护法》专题讲座，全县科级干部、部分重点企业负责人、环境保护系统干部职工共470余人参加了培训。培训班上，李唯教授从环境形势、环境法规实施、生态文明体制改革与生态建设、在经济发展中应该注意的问题和建议等方面对生态文明建设与环境保护工作做了详细讲解和阐述。授课紧密结合永德县环境保护与建设实际，内容丰富、内涵深刻、语言生动，具有很强的针对性、指导性和启发性，对永德县开展好"十三五"环境保护工作具有很强的指导意义。陶海生副县长主持培训并要求全县各级、各部门要继续加强对新《环境保护法》及生态文明建设相关内容的学习，深刻理解，精准把握，各部门、各乡镇要加强联动，落实好、执行好新《环境保护法》及中央、省、市、县关于生态文明建设的相关精神和要求，努力推进生态县、生态乡镇、生态村创建工作。此次培训讲座，是2016年度云南省环境保护宣教中心组织的"云南环境保护流动讲堂"进基

---

① 罗浩：《西南绿色发展研究院成立 将为云南建设生态文明排头兵贡献力量》，http://yn.yunnan.cn/html/2016-01/21/content_4131082.htm（2016-01-21）。

② 胡晓蓉：《全省环境保护工作会议提出 提升生态环境质量 助推云南绿色发展》，《云南日报》2016年1月23日。

层的第一讲，今年，云南省环境保护宣教中心将继续大力推进"环境保护绿色讲堂"进机关、进基层、进企业、进社区、进乡村、进学校活动，面向社会公众宣传环境保护法规，普及环境保护知识，增强全面绿色发展意识。①

2016年3月下旬，为了解渔洞水库库内水资源生态系统基本情况，渔洞水库水资源保护委员会办公室与市农业局首次入库采样，正式启动渔洞水库水生生态系统调查工作。两部门将通过1—2年时间，对水库7条主要河流入库口及周边环境实地调查，结合渔洞水库水质基本情况，摸清库区现有水资源生态系统结构组成情况，并重点研究消费者群落种群结构及生物数量变化趋势，为构建更加科学、平衡的库区水资源生态系统提供理论基础和技术依据。库内水资源生态系统调查工作对水库受损水资源生态系统修复、水体污染治理、水资源可持续利用、生态环境良性循环等具有重要意义。②

2016年5月12日，南—南合作大湄公河次区域发展中国家生态系统管理能力建设和咨询研讨会成功在纳板河保护区管理局召开。由联合国环境规划署国际生态系统管理伙伴计划即中国—东盟环境保护合作中心主办，世界农用林业中心东亚中亚区域办公室和纳板河流域国家级自然保护区管理局联合承办的"南—南合作大湄公河次区域发展中国家生态系统管理能力建设和咨询研讨会"成功在纳板河流域国家级自然保护区管理局科研监测中心召开。此次咨询研讨会邀请了云南省环境保护厅、云南省环境科学研究院、亚太森林网络、云南生物多样性研究院、云南省热带作物研究所、云南省水文水资源局、云南大学、西南林业大学、西双版纳州环境保护局、西双版纳国家级自然保护区管护局、纳板河流域社区代表等各行各业的专家、学者齐集一堂，通过利用联合国环境规划署国际生态系统管理伙伴计划提供的保护区效益评估工具、IPBES概念框架评估工具、未来情景评估工具，以纳板河流域国家级自然保护区为案例进行了研讨。在全体与会人员的积极参与和共同努力下，本次咨询研讨会达到了通过在景观层面上整合对生态系统服务和相关利益者利益的理解，从而提升各界对生态系统管理重要性认识的目的，同时为联合国环境规划署国际生态系统管理伙伴计划今后组织相关活动和项目提供了宝贵经验。③

---

① 云南省环境保护宣传教育中心：《云南省环境保护宣传教育中心组织"云南环境保护流动讲堂"进州市》，http://www.ynepb.gov.cn/zwxx/xxyw/xxywrdjj/201603/t20160315_117028.html（2016-03-15）。
② 渔洞水库管理局：《渔洞水库启动水生生态系统调查工作》，http://www.wcb.yn.gov.cn/arti?id=56709（2016-03-25）。
③ 纳板河国家级自然保护区管理局：《南—南合作大湄公河次区域发展中国家生态系统管理能力建设和咨询研讨会成功在纳板河保护区管理局召开》，http://www.ynepb.gov.cn/zwxx/xxyw/xxywrdjj/201605/t20160517_153014.html（2016-05-17）。

2016年5月下旬，红河哈尼族彝族自治州与环境保护部华南环境科学研究所举行战略合作签字仪式，双方就环境保护、生态文明建设等方面工作达成合作意向。在签字仪式上，红河哈尼族彝族自治州委书记姚国华表示，近年来，红河哈尼族彝族自治州委、州政府及时抢抓机遇，进一步加大基础设施建设和产业培育力度，确保全州经济社会呈现良好发展态势。在发展经济的同时，红河哈尼族彝族自治州积极推进生态文明建设，积极做好污染治理工作，抓实生态文明建设，竭力为全州人民创造和谐人居环境。"十三五"期间，全州各县市将至少建设一个湿地公园（森林公园），以具体工作为抓手，进一步加快生态文明建设步伐。姚国华表示，环境保护华南环境科学研究所在环境科学研究方面有着突出的成绩，赢得了各界的认可。希望环境保护华南环境科学研究所发挥科研技术和人才优势，在环境保护规划、环境综合治理、高原湖泊保护、水源地保护、产业结构调整等方面为红河哈尼族彝族自治州出谋划策，进一步提升红河生态文明建设水平，共同推动红河哈尼族彝族自治州经济社会持续健康发展。环境保护部华南环境科学研究所所长吴国增表示，红河哈尼族彝族自治州资源富集、区位优势明显，有巨大的发展潜力。华南环境科学研究所将以此为契机，积极为红河哈尼族彝族自治州提供环境政策、技术和信息咨询服务，以生态文明建设为核心，进一步深化环境保护领域的交流合作，全力支持红河哈尼族彝族自治州发展。①

2016年5月31日下午，云南大学高原湖泊研究助力生态文明建设。"2016全国重点网络媒体云南高校行"媒体团走进云南大学，在走访中记者了解到，日前，加拿大温莎大学北美五大湖环境研究中心创始主任、加拿大一级首席科学家Doug Haffner教授与加拿大自然博物馆Paul Hamilton博士到访云南大学，就2016年8月即将举办的"第二届中加高原湖泊国际研讨会"进行深入磋商。双方商定，第二届中加高原湖泊国际研讨会"将集中讨论如何基于生态风险、生物多样性及污染物行为有效开展生态系统的可持续管理。预期本次会议在水生态、环境科学等方面产生的成果将积极服务云南生态文明建设。2015年7月，双方曾在昆明成功举办了首届中加高原湖泊国际研讨会办。据悉，云南省有九大高原湖泊，湖泊保护与治理压力巨大。作为云南省办学和综合实力最强的高校，云南大学必须发挥自身生态学、环境科学等方面的学科和资源优势，主动承担国家使命，为高原湖泊保护做出努力。加拿大在湖泊治理、特别是北美五大湖的环境保护

---

① 胡梅君：《红河州与华南环科所合作携手加快生态文明建设》，《云南日报》2016年5月20日。

方面实力雄厚，经验丰富，研究水平享誉世界。因此云南大学与加拿大温莎大学等高校合作，2015 年联合组建了中加高原湖泊研究中心，云南大学聘任了加拿大卓越首席科学家、耶鲁大学博士、滑铁卢大学教授 Philippe Van Cappellin 和温莎大学北美五大湖环境研究中心创始主任、加拿大一级首席科学家 Doug Haffner 教授为中加高原湖泊研究中心杰出研究员。加拿大卓越首席科学家由加拿大政府从全球聘请，任期七年，每人可以获得相关科研经费 1000 万加币，目前加拿大所有高校只有 24 名卓越首席科学家。可以说，云南大学中加高原湖泊研究中心起步高、平台好。云南大学与加拿大高校的合作以及成立中加高原湖泊研究中心，实现了优势互补和强强联合，有利于为解决全人类共同面临的水环境问题贡献力量，也是云南大学主动融入国家战略，积极服务云南发展的具体举措。①

2016 年 6 月 16 日，时任省长陈豪在省环境保护厅调研云南省环境保护工作时强调，要守住发展和生态两条底线，深刻领会习近平总书记"绿水青山就是金山银山"的重要思想。切实承担起发展和保护双重责任，让绿色发展理念和生态文明建设各项决策部署贯穿云南经济社会发展全过程。陈豪强调，云南作为西南生态安全屏障，又属生态环境比较脆弱敏感地区，要在决战决胜脱贫攻坚同步全面建成小康社会征程中处理好大建设、大发展与大保护的关系。一是坚持用绿色发展理念引领生态文明建设排头兵新实践。按照习近平总书记把云南建成全国生态文明排头兵的要求，将生态环境保护放在更加突出的位置，坚定不移地用绿色发展理念指导经济社会建设。二是加强污染治理和生态修复。始终坚持"生态立省、环境优先"战略不动摇，把保护好生态环境作为生存之基、发展之本，加强对九大高原湖泊水环境保护与治理，以及对六大水系生态保护力度，推进生态修复和城乡人居环境持续改善，坚持绿色可持续发展。三是加快推进资源节约和循环高效利用。树立绿色生产和生活观念，加强生产、流通、消费全过程资源节约，持续推动节能减排和循环经济发展，确保资源节约型和环境友好型社会建设取得重大进展。四是加强生态安全屏障建设。习近平总书记要求我们"一定要像保护眼睛一样保护生态环境，坚决保护好云南的绿水青山、蓝天白云。"要全力抓好天然林保护和城乡绿化造林重大工程，大力推进农村环境综合整治和美丽宜居乡村建设，保护好云南独

---

① 邹龙飞：《海外借智 云南大学高原湖泊研究助力生态文明建设》，http://special.yunnan.cn/feature14/html/2016-06/14/content_4385897.htm（2016-06-14）。

特的生态系统和生物多样性，推动环境保护机构监测监察执法垂直管理。五是主动为全省稳增长促发展提供更好的服务。经济发展要保持一定速度，但绝不用生态赤字为代价换取经济的发展。要围绕推进供给侧结构性改革任务落实，主动服务全省"五网"建设和8大重点产业发展，严把环评审批关的同时，全面提升环评审批质量和效率。陈豪要求，环境保护部门要以"两学一做"学习教育促工作提升，放下身段、主动服务，严格依法管理；要吸收借鉴发达地区先进经验，不断创新体制机制，提高业务能力水平，成为行业专家里手。各级各部门要凝聚共识、形成合力，为全国生态环境保护做出云南应有的贡献，真正把云南建设成为全国生态文明排头兵。刘慧晏、何金平参加调研。①

2016年7月2日，"2016中国·昆明世界生态城市与屋顶绿化大会"在昆明召开，专家学者共同研讨治理城市污染实用技术。此次会议，来自国内外的500余名知名专家学者和业界精英、企业家齐聚一堂，通过世界各国治理城市大气和水污染的案例分析，研讨治理当今中国城市污染实用技术，为海绵城市建设提供可行性方案。大会以"创建新型海绵城市·圆美丽中国梦"为主题，旨在通过主题演讲和广泛深入的交流，普及生态文明、屋顶绿化、立体绿化、生态修复知识，推广海绵城市建设和生态规划、科学智慧管理、雨洪水收集利用、土地改良等一切有利于生态城市建设的新理念、新技术，为城市治理雾霾、大力推进海绵城市和生态文明建设出谋划策。同时，多家国内外知名企业还将通过展板、实物造景等方式，展示各自在屋顶绿化、墙体垂直绿化、室内农业、栽培基质、排灌水设备等最新技术成果、新产品、新工艺及室内外垂直墙面绿化、屋顶绿化工程的成功案例。据了解，云南在许多方面与中部地区、沿海地区乃至世界发达国家在绿化方面有较大差距，因此希望本届大会的举办能为昆明市、云南省和全国在城市绿化、屋顶绿化、建设美丽云南、建设美丽中国方面提供更多的箴言，让云南的天更蓝、水更清、大地更绿、城市建筑更美。会上，上海世博园总规划师、上海同济大学副校长吴志强发来贺电，他表示，世界屋顶绿化协会经过多年来的发展已汇集海绵城市、绿色建筑、绿化技术等众多专业领域的国内外人才，并组织多次国际交流学术、考察、论坛与展览，对屋顶绿化世界的发展产生了积极的影响。当前世界城市人口已占到全球人口的50%以上，人口密集所带来的环境问题日益严重，如何实现城市让生活更美

---

① 陈晓波、李绍明：《陈豪：守住发展和生态两条底线 让绿色发展理念厚植七彩云南》，《云南日报》2016年6月17日，第1版。

好、如何通过生态、理论与技术解决大气污染、水体等关乎百姓生活的问题，已成为中国各级政府的迫切任务，世界的可持续发展需要生态的智慧，需要博采众长。开幕式上，世界屋顶绿化技术联盟主席曼弗雷德·科勒和著名美国屋顶绿化专家埃德蒙·斯诺德格拉斯首先向为我国立体绿化事业做出重大贡献而获得世界立体绿化终身成就奖的王仙民（去年逝世，由代表领奖）颁发荣誉证书，随后向获得世界立体绿化工程建设金奖、世界屋顶绿化工程建设金奖、世界立体绿化设计金奖和世界屋顶农业示范大奖及世界屋顶绿化项目示范大奖的企业代表颁发荣誉证书。据悉，大会期间，除曼弗雷德·科勒（德）、埃德蒙·斯诺德格拉斯等 8 位专家学者将在"创建新型海绵城市论坛"主论坛上作主题演讲外，还有 23 位中外专家学者将分别在立体绿化景观设计与海绵城市建设论坛、中日立体绿化与绿色建筑论坛、海峡两岸休闲农业创新发展论坛和生态城市新技术、新产品论坛上作主题演讲。此外，大会组委会将组织参观中国最大的室内花园——昆明"花之城"立体花雕、昆明爱琴海购物花园屋顶"天空农场"3000 平方米的屋顶菜园体验式家庭农场和昆明碧鸡汽车文化博览园 30 000 平方米屋顶花园等昆明重点立体绿化项目。大会由世界屋顶绿化技术联盟、世界屋顶绿化协会主办，云南省观赏苗木行业协会、昆明市苗木行业协会、京津冀生态景观与立体绿化产业联盟等协办。①

2016 年 8 月 1 日，以"绿色产业·绿色人文"为主题的第二届普洱绿色发展论坛在云南普洱市举行。普洱市委书记卫星在论坛上作主题发言，称普洱将继续立足绿色生态这一最大的特色和优势，坚持根植本土优秀传统文化，让"天赐普洱 世界茶源"的城市品牌更有颜值、更有质感、更有温度、更加响亮。论坛上，卫星以"坚持文化引领，品牌支撑绿色崛起"为题，向与会嘉宾介绍了普洱市打造城市品牌、文化品牌、产业品牌方面的做法和体会。他提出，如何以五大发展理念为引领，让绿水青山真正变成"金山银山"，让发展绿色经济的探索实践从试验走向示范，履行好国家赋予普洱建设国家绿色经济试验示范区的神圣使命？一个重要的法宝就是要坚持文化引领，走品牌支撑绿色发展之路。"品牌是经济全球化中资源配置与竞争力的核心。谁拥有了品牌，谁就拥有了市场、拥有了财富，就能抢占竞争制高点、领跑发展。"卫星说，近年来，普洱深

① 罗浩：《2016 中国·昆明世界生态城市与屋顶绿化大会在昆召开专家学者共同研讨治理城市污染实用技术》，http://edu.yunnan.cn/html/2016-07/04/content_4417767.htm（2016-07-04）。

挖少数民族文化、茶文化、生态文化、茶马古道文化富矿，大力实施文化"珍珠链"工程，全力打造"天赐普洱 世界茶源"城市品牌。立足绿色生态这一普洱最大的特色和优势，以国家绿色经济试验示范区建设为总平台，培育壮大绿色产业，推动产业结构变"新"、模式变"绿"、质量变"优"，促进产业优化升级，经济发展有速度、有质量、有效益，普洱知名度不断扩大，软实力大幅提升。

卫星还表示，空气带不走，生态带不走，但绿色健康养生产品可以带走。"我们将通过抓标准、抓品牌、抓融资、抓'互联网+'、抓庄园，着力打造绿色生态大健康产业品牌，把普洱建设成为全国知名的大健康食品供应基地，让资源禀赋变成财富，让绿水青山变成金山银山。"卫星又指出，面向未来，普洱将坚持根植本土优秀传统文化，用文化擦亮城市品牌，打好"五网"建设5年大会战，实现县县通高速公路，打赢脱贫攻坚大决战，全力争创中国人居环境奖、联合国人居环境奖，争当生态文明建设排头兵的旗手，不断增强全市人民的自豪感、认同感和归属感，让"天赐普洱 世界茶源"城市品牌更有颜值、更有质感、更有温度、更加响亮。论坛上，来自全国各地的专家学者近百名嘉宾围绕本届论坛主题，从推动绿色产业发展、加强环境保护、培育生态文化、促进人与自然和谐、打造品牌农业等方面做了发言，为普洱坚持生态立市、绿色发展，加快建设国家绿色经济试验示范区提出宝贵建议。大家表示相信，普洱的绿色发展之路会越走越宽，普洱绿色发展论坛会越办越好。①

2016年8月17日，云南大学举行首届"生态文明建设与区域模式"研究生暑期论坛。来自南开大学、中国社科院、复旦大学、中国人民大学、云南大学等国内多所知名高校的70余位学者及研究生参会，探讨在美丽中国背景下的生态文明建设，助力生态环境保护发展。本次论坛主题为"生态文明建设与区域模式"，旨在响应国家战略，探讨云南生态文明建设过程中的新问题、新思路与新途径，推动云南省生态文明排头兵建设的持续发展，增进学术交流，拓展研究生的学术视野，树立研究生关注现实的情怀。与会者对云南生态文明形象构建研究、云南生态安全及构建研究、云南生态屏障及构建研究、云南生物多样性保护与生态文明建设研究、云南民族传统生态知识与生态文明建设研究、石漠化治理与生态文明建设研究、生态文明建设的理论与实践、生态文明建设

---

① 虎遵会：《云南普洱：立足绿色生态 坚持文化引领 让城市品牌更有颜值》，http://yn.people.com.cn/news/yunnan/n2/2016/0804/c228496-28777869.html（2016-08-04）。

的区域模式研究 8 个子议题进行研讨，为云南省乃至中国的生态文明建设提供思路、方法、途径，以及符合云南省情的生态文明建设建议。云南大学党委书记杨林表示，十八大以来，云南把生态环境保护放在更加突出的位置，要建设成为生态文明建设的排头兵。探索生态文明发展之路，是云南一项重大任务，研究解决生态文明问题，对云南乃至整个中国都具有重要意义。南开大学生态文明研究院常务副院长王利华表示，新形势下，如何让生态文明建设惠及更多百姓至关重要，生态文明建设的未来在青年，希望参会青年人积极建言献策，能有更多青年投入生态文明建设领域，推动生态文明建设事业的发展。云南大学西南环境史研究所于 2009 年 5 月成立，以生态环境、环境考古、环境疾病、环境灾害、环境法规等为研究特色，已构建了环境史本科、硕士及博士研究生人才培养的完整体系。①

  2016 年 9 月 5 日，怒江傈僳族自治州集中整治破坏森林资源违法行为和进一步规范集体林权流转工作专题会议在六库召开。州委副书记、州长纳云德在会上强调，当前和今后一个时期，全州上下要把集中整治破坏森林资源违法行为和进一步规范集体林权流转工作作为一项重点工作任务来抓，加大工作力度，强化工作措施，推动工作落实，为加快怒江生态文明建设，建设"美丽怒江"做出新的贡献。会议传达学习了国家林业局和省政府集中整治破坏森林资源违法行为和进一步规范集体林权流转工作电视电话会议精神。纳云德强调，全州各级各部门和广大干部群众要迅速行动、认真学习、深刻领会，切实把思想和行动统一到国家林业局和省政府集中整治破坏森林资源违法行为和进一步规范集体林权流转工作电视电话会议精神上来，不断深化对森林资源保护工作长期性、艰巨性、复杂性的认识，进一步增强紧迫感、责任感和使命感，切实提高怒江森林资源保护的科学性、系统性和有效性。坚持更加科学的理念，统一思想、提高认识、明确目标、强化措施，以最严格的保护措施、最严格的执法监督、最严格的责任追究，坚决打赢森林资源保护攻坚战，以实际行动争创全省生态文明建设排头兵建设先行区。加强生态环境保护、建设生态安全屏障、争当全国生态文明建设的排头兵，不仅是党中央、国务院和省委、省政府赋予我们的光荣使命，也是怒江自身实现绿色发展、跨越发展、与全国全省同步建成小康社会的必由之路。纳云德要求，全州各级各相关部门当前

---

① 詹晶晶：《云南大学首届"生态文明建设与区域模式"论坛在昆举行》，http://www.yn.xinhuanet.com/2016original1/20160817/3381004_c.html（2016-08-17）。

要重点抓好八个方面的工作：一是认真学习贯彻国家林业局和省政府电视电话会议精神。二是强化组织领导。三是迅速制订专项行动方案。四是全面开展专项行动。五是健全完善林权流转制度。六是强化宣传引导。七是抓好协同配合工作。八是强化督查督办工作。州政府秘书长张泽鸿主持会议，州直相关部门负责人参加了会议。①

2016年10月8日，玉溪市召开集中整治破坏森林资源违法行为和进一步规范集体林权流转工作会议，贯彻落实国家林业局、全省集中整治破坏森林资源违法行为和进一步规范集体林权流转工作电视电话会议精神，对加强全市森林资源保护和规范集体林权流转工作进行动员部署，全面推进林业生态建设。围绕全市生态文明建设工作，会议指出，要聚力抓好生态建设，建立良好的生态屏障，并着力抓好深化集体林权制度配套改革工作。要认真贯彻国家林业局、省政府的决策部署，从2016年9月开始至年底，在全市范围内开展为期4个月的集中整治破坏森林资源违法行为和进一步规范集体林权流转工作专项行动，重点排查"三湖"径流区、自然保护区、森林公园等重点地区存在的开山取石、毁林开荒等方面的违法行为，通过集中整治，找出存在的问题和不足，进一步健全机制、完善措施、规范管理，全面推进林业生态建设快速健康发展，为推动全市经济社会跨越式发展提供良好的生态资源保障，为实现玉溪绿水青山、蓝天白云做出实实在在的工作成绩。②

2016年10月24日下午，云南省政协常委、九三学社云南省委巡视员、副主委周勇率课题组一行，在保山市环境保护局三楼会议室召开云南省环境保护厅生态环境保护智库调研座谈会。保山市委宣传部、保山市九三学社市委、保山市环境保护局、隆阳区环境保护局相关领导和保山学院蓝宇社、环境保护志愿者代表等参加座谈。周勇说，根据省环境保护厅将与云南省四个民主党派联合建设云南省生态环境保护智库的部署，其中已立项的智库项目《云南省环境保护法律宣讲团建议方案》，由云南省环境科学研究院与云南省九三学社省委共同承担，为使《方案》编制更科学、服务功能更全面、机制建设更完善听听大家的意见和建议。为此，与会代表围绕建立生态环境保护法律法规宣讲团纷纷发言，希望宣讲团建立后能够分层次、分门别类经常向各级领导、基层环境保护

① 马恩勋：《纳云德：加快怒江生态文明建设》，http://nujiang.yunnan.cn/html/2016-09/07/content_4523180.htm（2016-09-07）。
② 宋礼春、魏中红：《玉溪市全面推进林业生态建设》，http://yuxi.yunnan.cn/html/2016-10/09/content_4566262.htm（2016-10-09）。

部门、企业和社会公众，及时、准确地对相关法律法规进行宣讲，进一步增强各级领导干部生态环境保护责任意识，进一步推动环境保护部门依法行政水平，进一步提高公众生态环境保护意识。①

2016 年 11 月 4 日，"长江湿地保护网络年会"在大理举行，来自国际国内的专家学者齐聚大理。肯定了大理在湿地立法、保护、恢复、利用中所取得的成绩，发表了重要的《大理宣言》，创新管理模式，建立全球视野下的长江大保护新格局。大家一致认为，大理的湿地从建设到管理，从法制建设到机构改革，探索了一些有益的经验，取得的成绩得到外界的广泛关注、认可，值得借鉴与推广。同时对林业的发展更加重视，许多专家认为，"天蓝"需要林业来维护，"地绿"需要林业来担当，"水清"需要林业来守护，"宜居"需要林业来营造。林业兴则大理兴、生态兴则文明兴。②

2016 年 11 月 8 日，云南环境保护世纪行采访团走进丽江，剖析农村环境案例推动生态文明建设。由云南省人大常委会副主任刀林荫带队的 2016 云南环境保护世纪行采访团来到丽江，深入德为居民小组、新华村、黎明乡等多个农村环境整治现场，采访报道丽江市农村环境综合整治和生态文明建设取得的成效，并召开座谈会剖析农村环境整治的典型案例，总结生态文明建设的创新经验。在座谈会上，刀林荫表示，云南环境保护世纪行到现在已经走过了 23 个年头，是云南省环境保护最具特色的工作平台。当前，云南正在积极贯彻落实习近平总书记关于云南要争当全国生态文明建设排头兵的重要指示，环境保护世纪行活动在其中可以大有作为。今后要大力宣传我省贯彻执行环境法律法规的好经验、好做法；大力宣传在环境保护工作战线上做出积极贡献的先进人物；大力宣传成效显著、生态环境优美的典型事例，在全省乃至全国形成宣传声势。此外环境保护世纪行活动不仅是宣传，更主要的是挖掘先进、发现问题，推动环境突出问题的解决。今后要继续发扬云南环境保护世纪行的务实精神，大力促进环境保护与经济社会的协调发展，围绕今年环境保护世纪行的主题，着力加强农村环境综合整治。在当天的采访中，云南日报、云南广播电视台、云南经济日报等新闻单位记者，先后采访了德为村通过"七改三清"美化家园的典型案例；新华村引进垃圾焚烧炉解决农村垃圾直

---

① 李成忠：《云南省环境保护厅在保山市组织召开生态环境保护智库调研座谈会》，http://www.ynepb.gov.cn/zwxx/xxyw/xxywrdjj/201610/t20161031_161289.html（2016-10-25）。

② 管毓树、尚伟：《"森林大理"扮靓苍洱大地》，《云南日报》2017 年 2 月 6 日，第 9 版。

接倒入金沙江的问题；黎明乡加大护林防火力度精心管护老君山的事例。各家媒体记者进村入户，用摄像机和手中的笔，捕捉记录所到之处的生态文明和美丽家园建设的动人瞬间。[①]

2016年11月10日，为期5天的云南省昆明市生态文明建设专题培训班开班。来自昆明市各县（市、区）政府、开发（度假）区管委会分管环境保护工作的负责人和环境保护局长、市级相关部门负责人共50人参加了培训。据昆明市副市长王道兴介绍，当前昆明市供给侧结构性改革、产业结构优化调整、转型升级正处在关键时期，给环境保护带来了新考验。昆明市刚经历了1个多月的中央环境保护督察，面对环境保护"党政同责、一岗双责"的要求，全市各级党委、政府和相关职能部门都以高度负责的态度，切实加强组织领导，把做好中央环境保护督察工作纳入党委、政府重要议事日程。通过督察，大家深刻认识到，在落实生态文明建设和环境保护主体责任等工作中还存在着一些不足，急需通过学习来"充电""补脑"，理解掌握新形势下生态文明建设和环境保护发展的规律、趋势，进一步提高认识，提升环境监管能力和服务水平。此次培训邀请了中国人民大学环境学院、云南省委党校、云南大学、昆明理工大学、昆明市环境科学研究院等单位的专家学者进行授课。课程内容丰富、针对性强，包括生态文明与"十三五"规划解读、习近平总书记"七一"重要讲话精神解读、中国环境保护与经济发展的两难与双赢等内容。参训学员纷纷表示，通过这次全面、系统的培训，大家进一步增强了在大数据、信息化时代更新知识的紧迫感，对新形势下不断创新发展的环境保护理念有了更深刻的认识，对在争当全省生态文明建设排头兵中勇挑重担有了更大的底气和信心。[②]

2016年12月1日，由西南林业大学主办的"2016年生态文明建设与绿色发展高端论坛：理论与政策"在该校举行。此次论坛为期两天，来自全国各地的专家学者将通过专题讲座和专家圆桌会议，分享他们在生态文明建设与绿色发展前沿问题上的经验意见，并对西南林业大学学科建设、科研创新、人才培训进行指导，提出意见。西南林业大学党委书记吴松表示，论坛的召开将对学校的学科建设和学术发展注入动力，将认真

---

① 和茜：《云南环境保护世纪行采访团走进丽江　剖析农村环境案例推动生态文明建设》，http://www.yunnan.cn/html/2016-11/11/content_4611492.htm（2016-11-11）。

② 蒋朝晖：《昆明举办生态文明建设专题培训班　提升环境监管能力和服务水平》，《中国环境报》2016年11月11日。

消化、广泛听取专家建议，并以此为契机，进一步深化学校内部各项改革，完善学校学科发展定位、目标、思路和举措，发挥林业高校的专业特色，推进生态文明与绿色发展研究，为建设区域高水平大学，为云南经济社会全面发展做出贡献。据了解，西南林业大学作为我国西部地区唯一一所以林业教育为主的院校，近年来积极响应和服务国家战略，在推进区域生态文明和绿色发展中做出了应有的担当。今年1月，学校成立了集研究、咨询、绿色产业发展于一体的西南绿色发展研究院，致力于践行绿色发展理念，为建成在国内有水平有特色有影响的绿色发展智库、协同创新中心和成果转化平台而努力。近期，学校又成立了湿地学院、石漠化治理研究院，目的就是通过打造一批高水平优势学科群，推动形成具有重要影响力的生态文明与绿色发展学科高地，争取尽快培育和产出具有重要价值的科研成果，成为推动区域生态文明建设与绿色发展的生力军。①

2016年12月2至5日，由中国生态文明研究与促进会、北京生态文明工程研究院担任指导单位，由云南大学和中国科学院昆明分院联合主办的"屏障与安全：云南生态文明区域建设的理论与实践"高端学术论坛，在云南大学呈贡校区和腾冲市召开。来自德国海德堡大学、伦敦大学亚非学院等国内外30余所高校及科研院所的60余位专家学者参加此次论坛。在研讨中，与会专家和学者就"云南生态安全建设"、"云南生态屏障构建"、"云南边疆民族地区的生态安全建设"、"云南生态屏障建设与研究"和"云南生态文明建设的理论与实践"等议题展开充分的探讨和交流。闭幕式上，与会专家学者修改、完善并审定了《关于加强云南生态屏障和安全保障的十大建议（腾冲建议）》，并获得一致同意并审议通过，这将对建立健全和完善七彩云南生态屏障与生态安全保护体系具有重要价值。②

2016年12月9日上午，云南省环境保护厅"生态文明走边疆·看环境保护"宣传活动座谈会在西双版纳傣族自治州环境保护局召开，云南省环境保护宣传教育中心主任王云斋代表宣传采访活动小组介绍了此次活动的目的、意义和背景。新华网、中国环境报、中国经济时报、云南日报、云南电视台、云南广播电台、云南网、春城晚报等10家新闻媒体，西双版纳傣族自治州环境保护局，景洪市人大、景洪市环境保护局主要领

---

① 罗浩：《2016生态文明建设与绿色发展高端论坛在昆举行助推西南林大学术发展》，http://yn.yunnan.cn/html/2016-12/01/content_4638684.htm（2016-12-01）。

② 周琼：《60名专家学者聚焦云南生态安全建设》，http://edu.yunnan.cn/html/2016/12/14/content_4653617.htm（2016-12-14）。

导参加了会议。座谈会上，西双版纳傣族自治州环境保护局党组书记汤忠明、局长阳勇、景洪市人大常委会副主任朱洪进、景洪市环境保护局局长杨春岗，向新闻媒体详细介绍了西双版纳傣族自治州生态文明建设和环境保护工作，特别是生态文明创建、农村生态环境整治等方面取得的经验和主要做法，回答了新闻媒体关注的问题。采访团成员表示一定要把西双版纳这块"生态名片"采写好、宣传好。座谈会后，采访团成员乘车赴勐海镇勐翁村委会曼兴村深入实地进行采访。①

2016 年 12 月 13 日，盐津县生态文明建设工作会召开。会议对《盐津县生态文明建设实施方案（讨论稿）》进行了讨论。会议指出，实施"生态立县"战略，促进绿色发展、循环发展、低碳发展，把盐津的绿水青山变成金山银山，是"五个文明"建设中生态文明建设的必然选择；是深入贯彻落实习近平总书记系列重要讲话和考察云南重要讲话精神，紧紧围绕"五位一体"总体布局和"四个全面"牢固树立创新、协调、绿色、开放、共享发展理念的具体行动；是坚持节约资源和保护环境，坚持生态优先、绿色发展和以"绿色山川、绿色经济、绿色城镇、绿色生活"行动计划的需要；实施生态文明建设工程，就是以正确处理人与自然的关系为核心，以解决生态环境领域突出问题为导向，以重点工程为依托，加快形成节约资源和保护环境的空间格局、产业结构、生产方式、生活方式和价值理念，努力构建天更蓝、地更绿、水更净的水墨新盐津。会议强调，要坚持保护优先、突出问题导向、立足生态优势、强化创新驱动，力争用 3 年时间打造乌蒙山片区生态文明示范区，创建国家生态文明县。通过 3 年行动计划，让国土开发格局进一步优化，资源利用更加高效，生态环境质量总体改善，生态文明制度基本建立。

会议强调，生态文明创建主要任务是要着力构建空间规划体系，优化规划实现多规合一，积极实施主体功能区战略，大力推进绿色城镇建设，加快美丽乡村建设；要着力构建绿色产业体系，调整优化产业结构，推动科技创新，发展绿色产业，推行市场化机制；着力构建生态系统和环境保护体系，保护和修复自然生态系统，积极推进国土整治，加大森林草原生态系统保护和培育，全面推进污染防治，推进节减排，严守资源环境生态红线；着力构建生态文明制度体系，建立自然资源资产产权制度和市场化制度，

① 段先鹤：《云南省环境保护厅"生态文明走边疆·看环境保护"宣传活动座谈会在西双版纳州环境保护局召开》，http://www.ynepb.gov.cn/zwxx/xxyw/xxywrdjj/201612/t20161210_162994.html（2016-12-10）。

完善生态环境监管制度，探索生态保护补偿机制，加强统计监测，加强统计监测，强化执法监管，增强全民生态文明意识；推进生态文明重点工程建设，推进生态资源项目化。要抓学习、下决心、重行动，进一步修订完善3年行动方案，年度实施意见，统一规划、分步实施，强化组织领导高位推动，落实"一把手"负总责的工作机制压实责任，形成部门协调联动的合力推动工作开展。据了解，目前，盐津县已有5个乡镇获得省级生态文明乡镇的命名。4个乡镇已通过检查验收，等待命名。等待命名的四个级镇获得命名后，全县90%的乡镇被命名为省级生态文明乡镇。现有21个村评为省级生态村，正在申报省级生态文明县。①

2016年12月15日，普洱市委理论学习中心组举行2016年第六次集中学习，传达贯彻全国生态文明建设推进会议精神和省委九届十四次全会精神，围绕全面加强生态文明建设进行学习研讨。市委书记卫星在主持学习时强调，要深入学习领会习近平总书记关于推进生态文明建设的系列重要论述，认真贯彻落实省委九届十四次全会精神，牢固树立"绿水青山就是金山银山"的理念，坚持生态立市、绿色发展，争当生态文明建设排头兵。市委副书记、市长杨照辉，市委副书记陆平参加学习并讲话。卫星指出，党的十八大把生态文明建设纳入中国特色社会主义事业"五位一体"总体布局，吹响了美丽中国的集结号。习近平总书记要求云南加强生态文明建设，努力成为全国生态文明建设排头兵。省委书记陈豪同志强调，要把生态文明建设作为云南的生命线，作为云南的根本来抓。普洱是祖国西南重要生态安全屏障，是全国唯一的国家绿色经济试验示范区，加强生态文明建设，对于贯彻落实五大发展理念，厚植绿色发展根基，实现追赶跨越、绿色崛起的宏伟目标，具有十分重要的意义。

卫星强调，生态兴则文明兴，生态衰则文明衰。建设生态文明是追赶跨越、绿色崛起的具体实践，是提升普洱发展"硬实力""软实力"的重要支撑，是培育"新优势"的内在要求，是顺应人民群众新期待的必然要求。面对新形势、新任务、新挑战，我们要认真贯彻落实中央和省委、省政府的部署要求，以更宽广的视野、更明确的责任、更严格的要求、更有力的举措，坚定不移地推进生态文明建设。一是要坚持规划引领，严格落实主体功能区规划，用科学的规划维护生态安全的"生命线"、维护公众健康的"保障线"、促进可持续发展的"警戒线"。二是要把生态文明建设作为开发绿色资

源、积累绿色资产、拓宽绿色空间的有效路径，大力发展平台经济、总部经济、品牌经济，做实做强国家绿色经济试验示范区。三是要着力提升人居环境，狠抓大气、水、土壤污染防治工作，扎实推进各类生态文明创建活动，争创国家级生态文明市。四是要着力解决中央环境保护督察组反馈的突出问题，以抓铁有痕、踏石留印的韧劲推进各项整改任务落实。五是要加快构建全域覆盖的生态文明建设制度体系，用制度确保生态文明建设取得实效。

　　卫星还强调，发展是解决普洱一切问题的根本，不唯 GDP 并不是不要 GDP，我们要绿色、生态、惠民的 GDP，不要带血、污染、低效益的 GDP。坚持发展是第一要务不动摇，党委要围绕 GDP 挂图指挥，政府要围绕 GDP 挂图作战，统计部门要围绕 GDP 挂图监测。要对标对表，全力冲刺，统筹抓好稳增长、促改革、调结构、惠民生、防风险各项重点工作，确保全面完成今年各项目标任务，超前谋划好明年工作。杨照辉传达了全国生态文明建设推进会议精神，并在会上强调，建设生态文明，是深入贯彻落实党的十八大精神和习近平总书记系列重要讲话精神的具体体现，要把生态文明建设当做最大民生工程，进一步深化对"生态立市、绿色发展"战略的认识，动员全民共同参与；要结合国家绿色经济试验示范区建设，科学制定全市生态文明建设的规划和实施方案；要坚定不移走"绿水青山就是金山银山"的生态发展道路，努力把生态优势转化为经济优势和发展优势；要准确把握生态文明建设的工作重点，让绿色生态理念贯穿到提升城乡人居环境的方方面面；要全面落实生态文明建设的各项举措，加强统筹协调，完善生态保护的联动机制。陆平强调，要深入贯彻落实五大发展理念，认真贯彻落实市第四次党代会部署要求和"十三五"规划，扎实开展提升城乡人居环境行动和全国文明城市创建工作，加快推进国家绿色经济试验示范区建设，坚决打赢脱贫攻坚战。学习会上，市委常委、市委统战部部长魏艺红传达学习了中共云南省委九届十四次全会精神。市政府副市长杨卫东、张若雷作交流发言。会上还观看了《警钟——辽宁拉票贿选案警示录》。市委理论学习中心组成员，其他现职市级领导，市直有关部门和单位负责人，各县（区）党政主要领导等参加学习。①

　　2016 年 12 月 19 日，陈豪在云南省第十次党代会上做报告时指出，必须坚持生态优

---

① 王博喜莉：《卫星在普洱市委理论学习中心组集体学习时强调 牢固树立"绿水青山就是金山银山"理念 争当生态文明建设排头兵》，《普洱日报》2016 年 12 月 19 日，第 1 版。

先、绿色发展，筑牢生态安全屏障，加快生态文明排头兵建设，把七彩云南建设成为祖国南疆的美丽花园。陈豪表示，云南要坚持绿色发展，在加强生态环境保护和治理、大力发展绿色经济、提升城乡人居环境、实行最严格的生态环境保护制度四个方面持续发力，不断推进生态文明建设。①

第二节　云南省生态文明交流与合作建设（2017 年）

2017 年 1 月 16 日，云南省第十二届人民代表大会第五次会议开幕，阮成发作《政府工作报告》，他认为，2016 年云南城乡区域协调发展，生态文明建设扎实推进。启动云南省空间体系等规划编制，23 个县市区"多规合一"和"十城百镇"规划试点稳步推进。推动昆明市与滇中新区融合发展，滇中城市一体化加快推进。保山城市地下综合管廊和玉溪海绵城市建设试点顺利推进，腾冲、楚雄、瑞丽和剑川沙溪成为第三批国家新型城镇化综合试点。强化分类考核，促进县域经济差异化发展。启动实施以"四治三改一拆一增"和"七改三清"为主的城乡人居环境提升行动，推动"一水两污"、燃气管网、城市公厕等城镇基础设施加快建设。传统村落民居、民族特色村寨和历史文化名街、名村、名镇、名城保护力度加大。加快建设主体功能区，深入实施水、大气、土壤污染防治行动计划，滇池等高原湖泊水质得到改善，空气质量总体保持良好，中央环境保护督察反馈意见整改落实工作全面展开。实施退耕还林还草 160 万亩，治理水土流失面积 4720 平方千米，完成中低产田地改造 336 万亩。全面加强耕地数量质量生态，启动耕地轮作休耕试点。集中打击破坏森林资源违法违规行为，扎实开展非煤矿山专项整治，启动实施生态环境损害赔偿制度改革试点。②

2017 年 1 月 18 日，由大理白族自治州环境保护局主持，在州环境保护局二楼会议室召开了宾川县创建云南省生态文明县材料技术审查会，会议邀请了州工信委、州住建

---

① 云南网全媒体前方报道组：《陈豪：把七彩云南建设成为祖国南疆的美丽花园》，http://www.yunnan.cn/html/2016-12/19/content_4659592.htm（2016-12-19）。

② 李星佺：《【云南两会】生态云南颜值爆表　2016 年云南退耕还林还草 160 万亩》，http://www.yunnan.cn/html/2017-01/16/content_4697071.htm（2017-01-16）。

局、州统计局、州农业局、州环境监测站和州林业局的领导和专家组成技术审查组，宾川县创建办和县环境保护局参加了会议。与会领导和专家查阅了创建省级生态文明县的6项基本条件，观看了创建专题片、听取创建工作汇报后，对申报材料逐一进行了点评，对存在的问题和不足提出了建议，会议要求编制方要认真审核相关数据，按照专家提出的意见和建议进行修改，待修改完善后报省级进行评估。会上，州环境保护局副局长沈兵最后强调，编制单位要加强与县创建生态文明县办公室的沟通，对数据认真核实，对申报材料进行认真修改，确保申报材料的质量。①

2017年2月16—17日，受环境保护部委托，云南省环境保护厅在云南省西双版纳傣族自治州景洪市组织召开了"云南纳板河流域国家级自然保护区生物多样性保护示范项目"验收会。环境保护部自然生态保护司、云南省环境保护厅、中国环境科学研究院、环境保护部南京环境科学研究所、中国科学院昆明植物所、中国科学院西双版纳热带植物园、西南林业大学、云南省环境科学研究院、西双版纳州环境保护局、西双版纳州环境监测站等单位的领导、专家和项目承担单位纳板河流域国家级自然保护区管理局相关人员共30人参加会议。会议成立了由相关部门管理人员和专家组成的验收组。验收组对项目实施情况进行现场查验，审阅了相关资料，听取了项目实施单位的汇报，经过质询、答疑和讨论，形成验收意见如下：一是纳板河流域国家级自然保护区是西双版纳澜沧江流域生物多样性最丰富的核心地带，位于《中国生物多样性保护战略与行动计划（2011—2030年）》确定的生物多样性保护优先区域，具有重要的保护价值。项目的实施是加强保护澜沧江流域生态环境和生物多样性的客观需要，同时也为我国自然保护区建设管理、区域生物多样性保护与社区可持续发展提供科学依据，并为探索建立适合我国国情的自然保护区科学管理新模式做出了示范。二是项目依照实施方案，结合保护区实际情况，完成了生物多样性本底调查与评估、生物多样性监测和预警体系建设、与生物遗传资源相关传统知识调查及惠益分享示范、就地和迁地保护设施建设、生物多样性与减贫示范、气候变化对生物多样性的影响评估与对策研究六个方面的各项实施内容，并在本底调查、科研监测中有新发现；在遗传资源传统知识惠益分享等方面有突破；在生物多样性与减贫示范建设方面有创新，提高了社区群众保护生物多样性和传统

---

① 李永明：《宾川县创建云南省生态文明县申报材料完成初审》，http://www.daliepb.gov.cn/news/local/3500.html（2017-01-22）。

文化的意识、主动性和参与性。三是项目资金收支情况真实、完整，资金使用规范，并通过了西双版纳会计师事务所有限公司的审计。项目组圆满完成了项目各项规定任务，部分任务指标超额完成，实现了项目预定的总体目标，验收组一致同意通过验收。①

2017 年 2 月 27 日，由云南省委宣传部、云南大学主办的"深入学习贯彻云南省第十次党代会精神，推进生态文明排头兵理论研讨会"在云南大学召开。来自云南省有关高校，社会科学、环境科学、林业科学研究机构和党校的专家学者，围绕"深入学习贯彻云南省第十次党代会精神，推进生态文明排头兵建设"这一主题，就"高校要争做生态文明建设的先行者""云南美丽乡村建设中的环境问题探讨""云南省生态保护红线对生态安全格局优化的作用""马克思恩格斯生态思想对云南生态文明建设的启示""推进云南生态文明建设的理论探讨和实践追求""云南极小种群野生植物的保护与恢复""高原湖泊治理与区域生态化发展"等若干思想理论问题和实践问题进行了研究探讨。专家学者在交流发言中认为，云南要加快生态文明排头兵建设，要把七彩云南建设成为祖国南疆的美丽花园，必须坚持生态优先、绿色发展，筑牢生态安全屏障；要着力转变经济增长方式，以马克思、恩格斯生态思想为指导，在"物质交换"中促进自然主义与人道主义的结合，完成人的自然主义与自然界的人道主义的统一；要树立底线意识，将生态保护红线作为国土空间规划的"底图"和刚性约束，切实落实生态红线的保护制度；要依托云南丰富的自然资源，延续各民族优秀文化传统，在改进居住环境中融入现代科技发展成果和发展理念推进美丽乡村建设；要在发展绿色的基础上实现生态价值，努力从"绿色经济"走向"绿色发展"。会上，云南大学党委副书记、教授张昌山就研讨会进行了总结发言；张昌山坦言，习近平总书记 2015 年 1 月 20 日在云南考察时，对云南生态文明建设寄予厚望，但就实际情况来看，目前云南生态文明建设工作重点及特色还不是很突出、示范性效应还没有充分发挥、生态文明建设的实践以及科学研究还缺乏重大突破，还没有专门的专业性生态文明研究团队倾力研究云南生态文明建设的路径及策略，生态文明宣传与教育相对滞后。"云南既要做生态文明建设的排头兵，又要做生态文明建设研究的引领者。"张昌山认为，在云南，推进生态文明排头兵建设，尤其要发挥民族文化众多、生物多样性特色鲜明这两个不可替代的优势；应该重视

① 纳板河国家级自然保护区管理局：《纳板河流域国家级自然保护区生物多样性保护示范项目顺利通过验收》，http://www.ynepb.gov.cn/zwxx/xxyw/xxywrdjj/201702/t20170224_165192.html（2017-02-24）。

民族生态知识，挖掘民族生态观念，融入现代生态文明建设的理念，丰富云南生态文明建设的内涵；尊重和敬畏自然的民族传统行为文化，在保留其优良的传统及文化精华的同时，转化为当代生态文明建设的意识及行为；重视民族农耕传统及方法，优化民族地域的产业结构，探索一条适合云南并可以推广的绿色农业建设与发展之路；支持和推广民族优良环境保护理念，吸取民族生态法规的内容并加以改造及妥善运用，促进生态环境可持续发展。①

2017年3月6日上午，玉溪市新平彝族傣族自治县在会堂二楼报告厅召开2017年环境保护工作会议，会议就2017年环境保护工作做出了安排和部署。副县长杨雪波、县直有关部门负责人、各乡镇（街道）分管领导、县域重点企业主要负责同志及县环境保护局全体干部职工共计100余人参加会议。会上，县环境保护局局长李晗就2016年新平彝族傣族自治县环境保护完成工作情况及2017年要做好的重点工作做报告。杨雪波副县长在讲话中充分肯定了2016年新平县环境保护工作在突出环境问题整治、环境监管执法、环境监测、总量减排、污染防治、生态创建等方面取得了优异成绩。杨雪波副县长指出，2017年新平彝族傣族自治县环境保护工作要在生态创建、环境质量、污染减排、执法监管、督查整改等方面实现新突破。各部门、各乡镇（街道）进一步增强政治意识、大局意识，切实担负起解决环境问题的政治责任，坚持生态优先、进一步完善环境信息公开、公示等制度，保障公众环境知情权，鼓励公众参与环境保护决策、环境保护监督，形成社会共同关心环境保护、支持环境保护、参与环境保护的良好氛围。会上，杨雪波副县长代表县政府与县直有关部门、各乡镇政府、街道办事处和重点企业签订了《2017年新平县环境保护目标责任书》。②

2017年3月24日下午，保山市环境保护局全体职工在局机关五楼视频会议室参加"生态文明与动物保护"专题培训会，听取著名昆虫和生态学家、中国科学院动物研究所所长康乐院士讲授生态文明。康乐院士系统诠释了什么是生态文明、为什么要提倡生态文明建设、为什么要保护野生动物、动物灭绝的原因、如何保护野生动物以及动物保

---

① 吴杰、自建丽：《专家学者云南大学共话："云南如何成为生态文明建设排头兵"》，http://edu.yunnan.cn/html/2017-03/01/content_4744618.htm（2017-03-01）。

② 玉溪市环境保护局：《新平县召开2017年环境保护工作会》，http://www.ynepb.gov.cn/zwxx/xxyw/xxywzsdt/201703/t20170309_165677.html（2017-03-09）。

护的终极目的等内容。大家听取感触颇深，开阔了视野，拓宽了思路，引发了思考。①

2017 年 4 月 14 日，保山市召开申报创建省级生态文明市业务培训会，五县（市、区）创建生态文明办公室和生态文明市创建领导小组成员单位分管领导及业务人员、市环境保护局科室负责人等共计 70 余人参加了培训。培训会邀请云南省环境科学研究院高级工程师胡玉洪授课，主要讲授三方面内容：一是生态文明的内涵。二是生态市申报及管理程序。三是如何做好申报材料的编制。市创建生态文明办公室副主任、市环境保护局副局长薛众强调，一是市委、市政府把创建省级生态文明市作为生态文明建设的重要载体，将"生态城市"创建列为市级重点工作之一，要充分认识创建生态文明市的重要性、紧迫性。按照市委、市政府 2017 年 10 项重点工作安排和《关于加快推进保山生态文明市建设实施方案（2016—2020 年）》《保山市申报创建省级生态文明市工作方案》的要求，切实增强责任感和使命感，动员全党、全社会积极行动，深入推进保山生态文明市创建。二是各成员单位、各县（市、区）创建生态文明办公室要按照《保山市省级生态文明市创建技术资料方案》分解的工作内容，4 月 25 日上报具体收集的技术资料内容、4 月 30 日上报生态市规划工程表的内容，确保 6 月 30 日完成 6 个技术资料报告，7—8 月成果提交、完成市级自检和现场准备，9—12 月完成自检整改情况及迎接省级生态文明市技术审查，2018 年 1—5 月完成省级技术审查整改意见，2018 年 6 月迎接省级考核验收并报省政府命名。三是齐抓共创，统筹推进。全力抓实支撑生态创建的详细技术资料及档案管理，抓实现场检查的重点地区，点面结合整体推进生态市创建，争取用两年时间创建省级生态文明市，确保创建工作一次成功。②

2017 年 4 月中下旬，文山壮族苗族自治州砚山县生态文明建设工作领导小组办公室组织召开了第一次部门联席会议。11 个乡镇分管生态文明建设或环境保护工作的领导及工作人员、县生态文明建设工作领导小组各成员单位分管领导等 50 余人参加了会议，共商砚山县生态文明建设事宜。会议组织学习了党的十八大以来各级党委、政府贯彻落实生态文明建设相关政策和文件精神以及环境监管网格化管理等相关内容，并对《砚山县 2017 年度生态文明建设领域工作任务分解》及《砚山县生态文明建设工作

---

① 穆加炼：《保山市环境保护局参加"生态文明与动物保护"专题讲座培训》，http://www.ynepb.gov.cn/zwxx/xxyw/xxyw zsdt/201703/t20170324_166367.html（2017-03-24）。

② 穆加炼：《保山市召开申报创建省级生态文明市业务培训》，http://www.ynepb.gov.cn/zwxx/xxyw/xxywzsdt/201704/t20170418_167086.html（2017-04-18）。

部门联席会议制度》进行讨论，进一步提高了与会人员对生态文明建设重要性的认识，统一了思想，明确了 2017 年各乡镇、各部门的工作目标、任务和责任主体，使生态文明建设工作逐步走上规范化、制度化轨道，为加快全县生态文明建设步伐奠定了坚实基础。①

2017 年 4 月 19 日，全国政协教科文卫体委员会副主任张连珍率住苏全国政协委员考察团，到云南就"走出生态优先绿色发展的路子"开展考察。4 月 19 日下午，考察团在昆明与省政府、省政协和省级有关部门进行座谈。江苏省政协副主席、民建江苏省委主委洪慧民，江苏省政协副主席、致公党江苏省委主委麻建国，江苏省政协原副主席罗一民出席座谈会。张连珍代表考察团对云南实施生态优先、推进绿色先行工作给予充分肯定。她指出，云南地理位置重要、生物资源丰富、民族文化多元，发展潜力巨大。特别是近年来推进生态文明建设思想坚实、措施有效、成果丰硕，值得江苏学习。希望在接下来的考察中，进一步挖掘和学习云南在环境保护、污染治理中的经验做法，推动江苏生态文明建设取得良好成效。也希望云南结合自身优势特色，加快发展装备制造业、旅游业、生物医药和健康产业、信息产业、文化产业，充分发挥市场作用，把资源优势转化为经济优势，推动经济社会取得更好更快发展。副省长董华汇报了云南省有关情况，省政协常务副主席白成亮主持会议。云南省国土厅、环境保护厅、林业厅、水利厅、发改委、农业厅等相关部门负责人与考察团围绕生态文明建设、水污染治理、化工企业整治等问题开展座谈交流。在滇期间，考察团将前往昆明、红河、普洱、西双版纳等地开展实地考察。②

2017 年 5 月 8 日至 9 日，由环境保护部宣传教育中心、云南省环境保护宣传教育中心共同主办的 2017 年中国少年儿童生态教育示范课进校园活动走进云南。活动邀请生态活动家、"蓝色经济"模式创始人、《冈特生态童书》作者冈特·鲍利先生，联合国零排放研究基金会法律总监、《冈特生态童书》绘画作者凯瑟琳娜女士，先后走进石林彝族自治县民族中学、昆明市外国语学校、安宁中学、楚雄彝族自治州禄丰县独瓦房完全小学进行专题讲座。据环境保护部宣教中心综合室主任牛玲娟介绍，环境保护部宣教

---

① 文山壮族苗族自治州环境保护局：《砚山县召开 2017 年度生态文明建设工作第一次部门联席会议》，http://www.ynepb.gov.cn/zwxx/xxyw/xxywzsdt/201704/t20170417_166991.html（2017-04-17）。

② 张潇予：《住苏全国政协委员考察团到云南考察 实施生态优先推进绿色先行》，《云南日报》2017 年 4 月 20 日，第 1 版。

中心启动"中国少年儿童生态意识教育"项目走进云南，引进《冈特生态童书》，旨在通过创新形式对云南少年儿童开展生态意识教育，让云南环境文化与国外环境教育相衔接、相促进，促进云南青少年环境教育广泛深入开展。在2天4场讲座上，冈特·鲍利先生为师生们带来了"爱孩子，爱地球"专题讲座。"气泡可以捕鱼""石头可以造纸""鲸鱼的心脏能发电"……冈特·鲍利先生借助全球范围内妙趣横生的生态创新案例，深入浅出地引导同学们从身边小事做起，珍惜地球资源，践行生态环境保护生活。"如果出现雾霾问题该如何解决？""生活中如何节约用水？""茶叶咖啡如何种植蘑菇？"在课堂互动环节，同学们积极踊跃地向冈特·鲍利先生提出环境相关问题，冈特·鲍利先生一一做了详细解答，并为4所学校赠送了《冈特生态童书》。①

2017年6月下旬，玉溪市华宁县召开十二届县委第28次常委（扩大）会议，县委常委、县委办公室主任专题传达学习中央和省委相关环境保护文件精神。县委书记黄云鹂对全县生态建设和环境保护工作提出六点新的更高的要求：一是全县上下必须深入学习贯彻习近平总书记系列重要讲话精神，特别是关于生态文明建设和生态环境保护工作的重要指示批示精神，牢固树立生态保护优先理念，切实增强"四个意识"特别是核心意识、看齐意识，提高政治站位，严格落实生态保护主体责任，以高度的政治自觉和历史担当守住生态文明底线，守住环境保护高压线，把环境保护作为守纪律讲规矩的必然要求、促进绿色发展的有力手段、建设生态文明的重要抓手、推进民心工程的头等大事，从战略和全局角度，精心谋划、扎实推进全县环境保护工作，切实用具体行动检验自己的"看齐"意识。二是全县上下要紧紧围绕"十三五"规划中生态文明建设的要求，按照县委全委会确定的"生态立县"战略继续抓好2017年的各项环境保护工作，特别是要抓好"绿色华宁"建设、"省级卫生县城"创建、城市"四治三改一拆一增"和农村"七改三清"环境整治等重点工作，互相协调配合，全力推进各项工作，确保年初制定的目标任务如期完成。三是县委常委要充分发挥带头示范作用，坚持以上率下，带头学习贯彻和执行文件精神，支持环境保护相关工作，并在分管工作中统筹抓好环境保护工作。四是县纪委、县委督查室和县政府督查室要定期开展对市委、市政府和县委、县政府关于环境保护方面决策决定落实情况的督察，及时跟进进度，确保各项决策

---

① 云南省环境保护宣传教育中心：《生态活动家冈特·鲍利走进云南开展中国少年儿童生态教育示范课进校园活动》，http://www.ynepb.gov.cn/zwxx/xxyw/xxywrdjj/201705/t20170510_167877.html（2017-05-10）。

部署落实落地。五是宣传部门要加强对环境保护工作的宣传报道，教育引导广大干部群众积极参与到环境保护中，形成全面发动、全民参与、全员行动的良好工作格局。六是全县各级各部门认真做好中央环境保护督察反馈意见整改工作，严格按照要求确保整改到位。①

2017年6月26—28日，环境保护部环境保护对外合作中心和世界银行对全球环境基金"中国生活垃圾综合环境管理项目"昆明示范项目实施进展及项目采购管理、财务管理、环境管理、公众参与和信息公开等开展第四次检查。期间，检查团现场考察了昆明市生活垃圾焚烧发电厂运行状况和污染物排放在线监管系统在昆明市城管局、市环境保护局和省环境保护厅三个客户端的建设情况，并与相关单位讨论项目实施存在的问题，提出下一阶段项目实施的建议。省环境保护对外合作中心、省环境信息中心、昆明市城管局、市环境监控中心及合同供货商/承包商、监理公司和项目选聘的个体咨询顾问等相关人员参加相关会议或考察。②

2017年9月3日至9月5日，野生动植物保护国际组织广西邦亮长臂猿国家级自然保护区管理局、广西金钟山黑颈长尾雉国家级自然保护区管理局一行15人到纳板河流域国家级自然保护区管理局就保护区综合管理、社区工作、巡护监测进行交流学习。在纳板河流域国家级自然保护区，分别参观了管护站建设、社区共管村、苗圃和少数民族传统文化传习馆，与保护区领导及各科室负责人共同探讨了纳板河流域国家级自然保护区社区共管方面的经验教训、与其他利益相关方协调工作的方式以及纳板河流域国家级自然保护区的"科研为社区发展服务"的理念。通过交流学习，两个来自广西的国家级自然保护区的同仁对纳板河保护区工作给予了充分肯定，一致认为保护工作得到社区的支持是提高保护成效的关键，特别是这次学习了纳板河流域国家级自然保护区26年以来积累的社区工作经验，为日后的社区工作提供了很好的启发和经验。③

---

① 玉溪市环境保护局：《县委书记黄云鹍对生态建设与环境保护工作提出新的要求》，http://www.ynepb.gov.cn/zwxx/xxyw/xxywzsdt/201706/t20170620_169292.html（2017-06-20）。

② 云南省环境保护厅对外合作中心：《全球环境基金"中国生活垃圾综合环境管理项目"昆明示范项目实施进展检查》，http://www.ynepb.gov.cn/zwxx/xxyw/xxywrdjj/201706/t20170629_169612.html（2017-06-29）。

③ 纳板河国家级自然保护区管理局：《野生动植物保护国际（简称FFI）组织人员到纳板河流域国家级自然保护区管理局交流学习》，http://www.ynepb.gov.cn/zwxx/xxyw/xxywrdjj/201709/t20170915_172436.html（2017-09-15）。

第四编

云南省生态文明排头兵

建设路径篇

党的十八大报告要求，生态文明必须融入经济建设、政治建设、文化建设、社会建设的各方面和全过程。生态文明建设本身便是环境问题、社会问题、政治问题、民生问题的综合体。云南在争当生态文明排头兵的过程中必须以国家政策为导向，结合云南特色建设生态文明，走符合云南省情和我国国情的生态文明可持续发展道路，包括生态经济、生态文化、生态科技及生态法治四个方面，相互之间有交织和共融，成为云南争当生态文明排头兵的重要路径。

生态经济方面，云南主要集中于生态农业、生态旅游、生态茶园、环境保护产业、生态工业五个方面。云南在生态文明试点创建之中，依托当地生态资源，力求发展适合当地环境、经济、文化的生态产业，并努力实现人与自然之间的和谐相处。在生态工业建设中，大理白族自治州洱源县邓川镇工业园区软硬件建设进一步加强，"一园三区"的科学布局逐步形成。在生态旅游建设方面，该县以改善旅游基础设施为重点，坚持"一手抓保护、一手抓开发"，启动了西湖景区建设项目和下山口度假村改扩建项目，大理地热景区功能不断完善。洱源县的成功案例说明，云南在生态文明建设的过程中，需要结合当地特色，发展适合当地的生态经济，保障环境与经济协调发展。

生态科技方面，生态科技建设是当代生态文明建设的必然趋势，更是支撑生态文明信息化、数据化的科技基础。2016年2月18日，昆明市水务局龚询木副局长带领供水处、水资源处及市节水办公室，到大春河水土保持生态科技示范园进行调研工作；2016年3月31日，省环境保护厅副厅长高正文带队到云南省基础地理信息中心就云南省生态保护红线数据库建设等问题进行调研，进一步加快推进云南省生态保护红线划定工作。云南的生态科技建设仍旧处于探索阶段，今后的生态文明建设之中还需大力发展生态科技，必须建设生态科技示范园，扩充生态信息数据库，彰显云南生态形象。

生态法治方面，从"四个全面"战略布局来看，生态文明建设应以全面依法治国为法治保障，要将绿色发展理念贯穿到科学立法、严格执法、公正司法和全民守法的各方面各环节，为生态文明建设提供法治保障；当前，应针对现实中的突出矛盾和问题，着力加强刑事立法，加大对破坏生态环境犯罪行为的打击力度；实行环境司法举证责任倒置，等等。①云南的生态法治建设在环境监督、环境执法、环境立

---

① 黄承梁：《从战略高度推进生态文明建设》，《人民日报》2017年6月21日，第7版。

法、环境案件处理方面已取得了一定成效，2016 年 10 月 11 日，云南省政府法制办公室发布公告，由云南省环境保护厅起草送审的《云南省生物多样性保护条例（草案）》正式公开征求社会各界的意见；2016 年 11 月，云南省委、省政府研究制订了《云南省贯彻落实中央环境保护督察反馈意见问题整改总体方案》，明确了工作目标和整改措施，建立了整改工作联席会议制度，云南省也将进一步深入贯彻习近平总书记系列重要讲话和对环境保护督察工作重要指示精神，认真落实中央环境保护督察组的要求，以鲜明的态度、果断的措施、严格的标准，主动整改、尽快整改、坚决整改；2016 年以来，怒江傈僳族自治州人民检察院受理审查批捕盗伐林木等破坏环境资源类案件共计 30 件、38 人，批准逮捕 19 件、23 人，受理审查起诉 32 件、50 人，提起公诉 25 件、38 人，为促进全州生态文明建设提供了强有力的司法保障。

综上，云南在争当生态文明排头兵的过程中，坚持国家政策导向，寻找适合云南生态文明可持续发展的路径，构建生态文明区域发展的云南模式。云南在生态文化、生态经济方面取得了较好的成效，但应在全省范围内全面开展，发展适合云南的生态文化、生态经济建设，如大力发展高原特色农业，建设传统生态文化传习馆、博物馆等。云南的生态法治、生态科技尚处于萌芽阶段，仍有很多不足和改进之处，如生物多样性保护的监督监测、环境破坏案件的执法力度等。因此，在今后的生态文明建设之中，必须大力发展其长处，弥补短板，形成生态文明可持续发展的长效机制。

第一章　云南省生态经济建设事件编年

生态经济建设是保障生态文明建设得以持续的重要经济基础。云南是一个集边疆、民族、山区、贫困于一体的地区，近几十年来经济的无序发展，加之生态脆弱性，导致生态系统严重失衡。生态经济建设在生态文明提出之前便有已有所发展，"生态文明"被提上日程之后，更是以稳步推进的态势不断发展。

"十一五"期间，云南将建设"绿色经济强省"作为重要战略目标，大力发展绿色旅游、绿色农业、绿色工业、绿色机械、绿色食品等，为生态经济建设提供了重要支撑。"十二五"规划期间，云南为了天更蓝、山更青、水更净、民更富，在实施建设绿色经济强省战略中，转变经济发展方式，以生态优先，调整工业结构，推进云南生态文明建设。为顺利启航"十三五"，云南各州市根据区域特色，大力开展生态特色产业建设，升级传统产业，构建资源节约型与环境友好型的生态工业体系。生态旅游、生态茶、生态农业成为云南大力发展的生态经济，更好地推进了云南社会经济的发展，较好实现产业转型、经济结构调整。云南在生态经济建设的过程中仍需继续推进，彰显云南独特性，以区域特色打造生态经济，带动全省经济发展，更好解决山区、贫困的劣势。

第一节　云南省生态经济建设（2016 年）

2016 年 1 月 15 日下午，昆明市委副书记、代市长王喜良参加富民县代表团的分组审议，王喜良强调，富民县要充分利用滇池下游的区位，抓好产业转型升级和生态文明建设，建成昆明的后花园和产业转移承接地。在听取了代表们的发言后，王喜良认为，市人大常委会工作报告和"两院"工作报告，思路清晰，重点突出，任务明确，措施具体，是高质量、高水平、高层次的工作报告。一直以来，市人大及其常委会，认真履行职责，充分发挥立法、监督、选举、决定重大问题等方面作用，有力监督和大力支持政府工作，特别是围绕全市改革发展大局，加大立法工作力度，对市政府依法行政、重大决策给予了积极的立法支持和法治保障。"两院"充分发挥审判和检察职能，积极主动服务全市经济社会发展，为维护公平正义，促进社会和谐提供了有力的司法保障。下一步，市政府将全力为市人大开展工作搞好服务，做好保障，更加自觉接受市人大及其常委会的监督。希望"两院"继续深化司法体制改革，充分利用法律手段积极支持重大工程、重大项目的有序推进，为全市经济社会发展保驾护航。市政府将进一步强化法治思维和法治意识，支持配合好法院和检察院依法开展工作。

王喜良指出，"十三五"时期是全面建成小康社会的决胜阶段，富民县作为滇池的下游，环境容量相对加大、交通区位优势明显、生态环境优美、发展空间广阔、发展潜力巨大，要坚持走产业和城市融合道路，主动承接昆明主城功能的疏解、承接主城人口和产业转移，把富民县打造成昆明主城区的后花园、休闲旅游基地和重要的特色优势产业基地。王喜良强调，富民要把产业作为支撑经济发展的核心，花大力气谋划产业结构转型升级。要探索"互联网现代农业"的模式，通过土地集约整合、公司产业化运作等方式，向每亩土地要效益，打造高原特色生态农产品。要不断提升产业的竞争力，提高招商引资的吸引力，积极主动服务企业，做大做强"先进装备制造、钛盐化工、新材料"等主导产业。同时，要利用富民县资源优势，积极发展旅游业，推动现代商贸物流等现代服务业健康发展。"产业的发展关键是互通互联。"王喜良要求抓好基础设施建设，加快完善"五网"建设，加快建设和完善与昆明主城、周边县区、县域范围各功能之间的交通接连，着力形成便捷、畅通、高效、安全的交通运输体系。此外，富民县要抓好生态文明建设，做优做美环境，争创生态文明建设示范区，努力把富民县打造成宜人宜居宜业的生态家园，利用互联网发展的重大机遇，加快"光纤入户、宽带入村"，打造互联网小镇。要把扶贫攻坚作为头等大事，补齐薄弱环节和民生短板，更加注重民生、保障民生、改善民生，让改革成果更多更公平惠及广大群众，让群众有更多获得感和幸福感。要抓好社会稳定工作，把服务工作做到群众家门口，营造良好的亲商、爱商、护商的环境，树立良好形象，打造和谐富民。[1]

2016年1月底至2月初，云南省生态产业联盟生态旅游分会正式成立。生态旅游分会的成立将促进美丽乡村建设、生态旅游开发，为推动旅游业产品形成产业化起到推助作用，在联动云南的旅游项目，整合旅游产品，挖掘云南民族旅游文化资源，旅游分会将为云南旅游市场搭建生态旅游平台，为云南旅游第二次创业产生积极影响。据分会负责人介绍，"争当全国生态文明建设排头兵"是国家赋予云南的使命，也是推动云南科学发展、和谐发展、跨越发展的重要保障，成立分会及举办系列相关活动的目的是推进生态文明建设意识，联盟通过该系列活动一方面扎扎实实宣传生态文明理念以及环境保护知识，通过各方参与"生态文明建设公益活动"，推选一批在生态文明建设过程中涌现出的先进单位和个人；另一方面树立标杆，带动影响全社会共同参与生态文明建设，让生态文明家喻户晓，让参与单位和个人彰显社会责任，为云南省的生态文明建设做出积极贡献。[2]

2016年5月13日，《中国环境报》记者蒋朝晖、陈雪、龚尚林报道，西双版纳傣族自治州勐腊县近年来实施绿色产业富县战略，优化升级传统产业，建设热带地区生态特色农业示范区，构建资源节约型与环境友好型的生态工业体系。勐腊县不断加大农业基础设施建设投入，累计发展高产水稻及玉米6万亩，超级杂交稻5.36万亩，粮食作物间套种6万亩，改造中低产田两万亩。逐步推行低产低质胶园、茶园改造计划，大力推广良种橡胶及无性系良种茶，规范种植园的抚育管理，目前已完成胶园改良面积近5万

① 杜托：《王喜良：把富民建成昆明后花园和产业转移承接地》，http://yn.yunnan.cn/html/2016-01/16/content_4120879.htm（2016-01-16）。
② 赵岗、冯书：《云南省生态产业联盟生态旅游分会成立》，http://yn.yunnan.cn/html/2016-02/01/content_4151428.htm（2016-02-01）。

亩，茶园改造近 6000 亩。为破解经济作物挤占生态用地的难题，勐腊县稳步推进"生态种植园"改造行动，按照"顶上戴帽、箐沟还林、中间系腰"的设计方案，建设多层多种的胶林复合生态系统 1 万余亩。在 25 度以上的坡地实施推蔗还林 200 余亩，对坡度在 25 度以下的缓坡实施蔗园坡改梯 450 余亩。为保护好古茶树资源，勐腊县政府出台了《勐腊县古茶树资源保护实施方案》，划定古茶树保护区域 4 片，面积 2400 余亩，挂牌保护古茶树 379 株。同时，勐腊县不断促进对外绿色经济发展，与老挝的农业跨境交流步伐不断加快，磨憨兴农蔬菜专业合作社、南欠克木人蔬菜专业合作社、中云勐腊糖业公司等一批企业和农村合作组织成为农业"走出去"的领头羊，在老挝和缅甸建立了甘蔗、蔬菜、橡胶、粮食等生物产业发展基地共 75 万亩，对保护珍贵的森林资源发挥了重要的作用。为治理橡胶加工业水污染，勐腊县成立了县橡胶废水治理专项工作小组。挂牌督办 20 家橡胶加工厂，共投入治理和技改资金 6000 余万元，实施了"厌氧+生物接触氧化法"治理减排与水循环利用工程。截至目前，已有 11 家企业的治理项目通过了环境保护验收，5 家完工待验收、3 家在建、另有 1 家停产待搬迁。针对作坊式生胶片、生绉片加工点不断增多的趋势，勐腊县展开了联合执法和清理整顿，取缔了两家违法建设的加工点，对 9 家加工点责令限期治理，有效遏制了橡胶污染向农村转移的趋势。严把环境准入关，勐腊县实行新上项目管理部门联动制和项目审批问责制，坚持不满足总量控制要求的项目一个不批，选址不合理的项目一个不批。县环境保护部门加强"三同时"验收。县节能办公室对 5 家重点耗能企业进行驻点指导，保证年度节能任务有效完成。①

2016 年 8 月 11—12 日，纳板河流域国家级自然保护区举办社区生态茶园建设与茶叶初制加工技术培训。纳板河保护区管理局邀请云南省农业科学院茶叶研究所包云秀高级实验师，深入保护区管理局挂钩帮扶的四个贫困村，开展"生态茶园建设与茶叶初制加工技术"精准科技扶贫培训，来自四个贫困村的茶农 60 余人参加了培训。培训分为室内理论与实地实际操作两个阶段，第一阶段授课专家有针对性地采用图文结合幻灯片投影的形式，给参会人员讲解了生态茶园建设的栽培建园、施肥管理、病虫害防治、修剪、采摘等方面不同阶段的关键技术，同时深入茶农的茶园，进行现场教学指导。第二

---

① 蒋朝晖、陈雪、龚尚林：《改造生态种植园 整治橡胶加工业 勐腊发展绿色产业促转型》，《中国环境报》2016 年 5 月 13 日。

阶段从鲜茶叶的采摘、杀青、揉捻、晾晒全过程做了示范讲授，并让学员进行了实际操作。此次培训的目的在于利用先进适用的科学技术改革贫困地区封闭的小农经济模式，提高农民的科学文化素质，扶贫的同时，重点突出"扶志、扶心、扶技"。通过现场讲解与实际操作培训，参加培训的学员们普遍认为培训提高了他们对茶园的管护意识，让他们对生态茶园有了一个全新的认识，在茶叶的初制加工技术上有了大幅提高，茶农们表示会将学到的知识，传授给更多的茶农，用科学的方法，提高茶叶的品质和产量，增加经济收入，早日脱贫摘帽。①

2016 年 10 月 12 日，临沧市政府与红塔烟草（集团）有限责任公司举行临沧黄金走廊红塔绿色生态烟叶基地转让协议签订仪式，标志着临沧市与红塔集团的合作进入一个新阶段。市委副书记、市长杨浩东，市人大常委会党组书记、市政府常务副市长李华松，市委常委、市委政法委书记、市政府党组副书记杨文章，市委常委、市财政局长唐文庆出席签字仪式。红塔烟草（集团）董事长王勇，红塔烟草（集团）副董事长葛孚明出席签字仪式。李华松与葛孚明签署《临沧黄金走廊红塔绿色生态烟叶基地转让协议》。由临沧市烟草部门、华叶庄园烤烟专业合作社与红塔集团三方合作建设的临沧庄园作为黄金走廊红塔绿色生态烟叶基地，不仅是有机烟叶生产组织、技术培训、科技推广、生态农业发展的宣传中心，也是临沧生态文明建设的示范窗口和对外宣传的形象窗口，在推进农业产业化、产业庄园化、庄园经济化，以及带动烟农致富和推动烟区和谐社会建设等方面发挥着积极作用。

杨浩东首先对红塔集团长期以来对我市经济社会发展，特别是扶贫开发、烟叶调拨和庄园建设等方面给予的大力支持表示感谢。他指出，临沧市委、市政府历来高度重视与红塔集团的合作，多年来，双方在合作中建立了深厚的友谊，实现了"双赢"目标。"十三五"期间，临沧将继续加大烤烟产业发展力度，着力把临沧打造成全国重点卷烟骨干品牌的优质烟叶原料供应基地。临沧市与红塔集团具有长远的合作前景，希望红塔集团一如既往地在烟叶调拨、基地建设、技术指导、扶贫开发等方面支持临沧市，继续保持良好合作关系，积极争取在今后开展更多更深入的合作。他表示，临沧将切实管理好临沧黄金走廊红塔绿色生态烟叶基地，充分发挥临沧市黄金走廊红塔绿色生态烟叶基

---

① 纳板河国家级自然保护区管理局：《纳板河流域国家级自然保护区举办社区生态茶园建设与茶叶初制加工技术培训》，http://www.ynepb.gov.cn/zwxx/xxyw/xxywrdjj/201608/t20160817_157402.html（2016-08-17）。

地使用效益。

王勇表示，历届临沧党委政府倾力支持红塔集团发展，临沧人民对红塔集团怀有深厚的感情，当前红塔集团正处于由规模效益型向结构效益型转变的重要时期，更需要各级党委、政府的大力支持和帮助。面对国内经济稳中求进、稳中向好的发展态势和烟草行业改革发展的新任务、新形势，红塔集团将坚持"转方式、调结构"战略任务不动摇，积极想办法、拿措施，实现重点品牌发展止跌回稳和经济效益稳增长的目标任务，努力为加快地方经济社会发展和增强中国烟草总体竞争实力做出新的更大贡献。红塔集团是云南中烟下属核心骨干企业，1956 年创业于有着"云烟之乡"美誉的云南省玉溪市。经过多年的改革发展，红塔集团目前已经形成母分公司、母子公司及股份制公司等多种形式架构的大型国际化集团公司。创业五十多年来，红塔集团取得了巨大的成就：目前拥有的"玉溪""红塔山""红梅"三大卷烟品牌均为"中国名牌"和"中国驰名商标"产品，红塔集团被授予"五一劳动奖状""全国优秀企业金马奖""全国文明单位""中国工业行业排头兵企业"等众多荣誉称号，被誉为"中国民族工业的一面旗帜"。①

2016 年 10 月 17 日至 18 日，国家质检总局专家组到楚雄彝族自治州禄丰县，对该县申报禄丰香醋生态原产地产品保护进行现场评定。生态原产地产品是指产品生命周期中符合绿色环境保护、低碳节能、资源节约要求，并具有原产地特征和特性的良好生态型产品。实行生态原产地产品保护，是国家实施"生态文明建设"整体发展战略的重要举措，也是促进生态原产地产品占领高端消费市场的有效手段。专家组一行深入实地，通过现场抽样考察、书面材料审核、现场提问等方式，围绕"生态"和"原产地"两个重要特征，从合规性要求、生态要素、综合评定要素等方面，进行了全面细致的评定。专家组一致认为禄丰香醋申报资料翔实，生态特色明显，基本符合《生态原产地产品保护评定通则》等相关要求，同意向国家质检总局生态原产地产品保护办公室推荐，并就如何完善申报材料及加强后续管理提出了意见和建议。②

---

① 魏江跃：《临沧黄金走廊红塔绿色生态烟叶基地转让协议签订》，《临沧日报》2016 年 10 月 14 日，第 1 版。
② 张文清、李春丽：《禄丰香醋通过生态原产地产品保护现场评定》，http://chuxiong.yunnan.cn/html/2016-10/28/content_4595160.htm（2016-10-28）。

第二节　云南省生态经济建设（2017 年）

2017 年 2 月 12 日，由个旧市水务局、农业局、林业局、国土局、环境保护局、发改局、规划局相关领导以及红河哈尼族彝族自治州水利学会专家组成的实施方案评审组对个旧市红河生物谷绿色生态农村产业融合发展项目供水工程实施方案进行了评审。个旧市红河生物谷绿色生态农村产业融合发展项目供水工程项目，是为解决红河生物谷绿色生态农村产业融合发展项目加工物流园区的工业用水以及啥俄迷村（62 户 334 人）的生活用水问题。受个旧市农业局的委托，个旧市水利电力勘测队承担了该项目的勘测设计任务。通过努力，圆满完成了该项目实施方案的编制工作。该项目的实施，极大的推进了红河生物谷绿色生态农村产业融合发展项目加工物流园区的发展进程。经专家认真审议，实施方案顺利通过评审。[①]

2017 年 4 月 20 日至 21 日，国家林业局计财司司长闫振、中国农业发展银行创新部总经理杜彦坤率两部门相关领导，就林业改革发展和国家储备林项目建设工作到楚雄彝族自治州开展联合调研。云南省林业厅厅长冷华、中国农业发展银行云南省分行行长江卫国、国家林产工业规划设计院所长于宁楼等参加调研；楚雄彝族自治州领导任锦云、赵克义、赵晓明、邓斯云、杨玉泉陪同调研或出席工作汇报会。

在调研期间，调研组一行前往云南摩尔农庄生物科技开发有限公司、楚雄市紫溪彝村、紫溪山国家华山松种子园和楚雄市庄甸村花椒种植示范基地，实地了解楚雄彝族自治州林业产业发展、绿化美化提升人居环境、储备林基地建设和低效林改造工作，重点对楚雄彝族自治州国家储备林建设推进情况进行深入调研。"看到了山清、水秀、天蓝、树幽，感受到'绿色楚雄、美丽彝乡'的风采。"通过实地调研和听取工作汇报，在 21 日上午举行的调研座谈会上，调研组一行对楚雄彝族自治州生态建设取得的成效给予高度评价。闫振就做好储备林项目建设工作提出三点具体要求：一要加快推进国家

---

① 李燕：《个旧市红河生物谷绿色生态农村产业融合发展项目供水工程实施方案通过评审》，http://www.wcb.yn.gov.cn/arti?id=61462（2017-02-13）。

储备林等生态修复工程建设，全面提升楚雄林业生态文明建设水平，让楚雄生态文明建设再上新台阶，通过大项目带动大发展，探索绿水青山变为金山银山路子，实现经济生态共同发展。二要编制一流的规划方案，打造南方地区样板标杆。在建设方式上要注重机制、模式创新，在建设内容上以储备林建设为主线、以森林城市建设为重点，统筹考虑森林旅游、扶贫开发等，在建设重点上要在继续扩大森林面积基础上，把改造培育森林资源作为一项重要内容，在资金筹措上要通过政府主导、市场运作、平台筹贷、项目管理、持续经营的模式，通过国家投入和银行贷款、地方配套、社会资本参与，按照轻重缓急打出"组合拳"，由此实现林业建设由过去的低水平向高水平、由低效向高效、由粗放向集约发展的目标。三要依靠科技进步，提升生态文明建设发展的质量和效益。国家林业局将组织专家队伍做好各项前期工作，对楚雄储备林建设项目给予优先支持，省、州两级要抢抓机遇，积极主动做好相关准备工作，更好地推动项目落实，推动"绿色楚雄、美丽彝乡"建设取得新成效。

杜彦坤提出，支持林业生态建设是中国农业发展银行应尽的职责，也是中国农业发展银行联合国家林业局开展项目建设的一项重要内容。楚雄具有储备林项目建设的资源禀赋和优势，要把绿色生态与旅游、产业发展和脱贫攻坚工作相结合，通过统一规划、分步实施和成熟一个、实施一个的模式推进项目建设。中国农业发展银行将充分发挥国家政策银行的优势，优先优惠、全力支持项目建设，省分行要积极介入，加强组织领导，加强与地方党委、政府的对接沟通，在工作上体现出科学专业，在模式上积极创新探索，把好事做好、做快，共同把楚雄国家储备林项目建设成为政银合作的示范、国家政策银行创新支持林业生态建设的示范。

楚雄彝族自治州委书记表示，楚雄正处在跨越发展、定期脱贫、全面建成小康社会的关键时期，国家储备林建设项目的实施，既有利于加快楚雄彝族自治州林业产业结构调整和转型升级步伐，又有利于更好地发挥国家优惠政策的支撑作用，进一步将楚雄彝族自治州的资源优势转化为发展优势，促进区域经济协调快速发展，加快打造滇中城市经济圈西部增长极。我们将抢抓机遇，积极汇报对接，主动服务和融入国家和云南省发展战略，认真做实项目前期工作，全力推动项目实施；高度重视，认真完善提升工作方案和实施规划，及时进行专题研究部署，及早明确具体责任部门、单位和人员；狠抓落实，认真编制项目实施方案和可行性研究报告，使项目更加注重生态保护，更加注重改善民生，更加注重质量效益，并积极与农业发展银行对接协调，确保项目收到实效。①

2017 年 5 月上旬，云南省发改委发布了"关于实施生态文明建设重大工程包的通知"，其中提到云南省生态文明建设重大工程包以 2017—2018 年为一个周期，共涉及九大重点工程、220 个项目，总投资 2112 亿元。涉及昆明的有中缅油气管道富民支线项目、空港再生水处理站及配套管网工程、昆明市第十四污水处理厂、阳宗海环湖截污工程等项目。其中，投资额度最大的为生态产业化工程，包括生物医药和大健康、高原特色现代农业、食品与消费品制造、旅游文化、节能环境保护、清洁能源等方面，首批 70 个项目，投资 872 亿元；其次为清美家园工程，包括城市环境综合治理、低碳交通体系、绿色建筑、城区景观绿化、市容环卫等城镇基础设施和农村基础设施、农村环境集中连片整治、特色村庄建设等方面，首批 20 个项目，投资 522 亿元。②

2017 年 9 月中旬，大姚县咪依噜彝绣及制品申报国家生态原产地产品保护项目通过专家评审，被国家评定为保护产品，并将使用中华人民共和国生态原产地产品保护标志。这是大姚县第一个生态原产地产品保护申报项目通过评审。大姚县咪依噜民族服饰制品有限公司于 2009 年 6 月成立，2011 年成立合作社，以中、高端彝族刺绣产品研发、设计、生产及销售为主。公司产品在传承传统彝绣的同时糅合现代时尚元素以及其他民族的特色，在产品的质地、款式等各方面进行大胆的创新、改良，形成了独具特色的"咪依噜"地方知名品牌。2014 年获得了联合国教科文卫组织颁发的"杰出手工艺品徽章认证"。其产品制作技艺被楚雄彝族自治州彝族服饰联合申报纳入国家级"非物质文化遗产"，成为楚雄彝族自治州境内唯一一家企业荣获"楚雄彝族服饰传习所"。同时，咪依噜服饰还获得了"云南省特色文化产业知名品牌""云南特色文化产业示范企业""楚雄州知名商标""云南省著名商标""巾帼创新示范基地""楚雄州百佳特色旅游商品"等荣誉称号，并拥有自主专利三项。大姚县咪依噜彝绣及其制品生态原产地产品保护申报项目通过评审，将有助于提升咪依噜彝绣及制品品牌，优化产品质量，增加产品价值，提高产品档次，推动大姚县生态"原"字号产品走出云南、走向全国、

---

① 武爱萍：《楚雄探索绿水青山变金山银山路子 实现经济生态同发展》，《楚雄日报》2017 年 4 月 22 日，第 1 版。
② 欧阳小抒：《云南推出生态文明建设重大工程包 220 个项目总投资 2112 亿元》，http://yn.yunnan.cn/html/2017-05/10/content_4818686.htm（2017-05-10）。

走向世界，进一步促进大姚生态经济和大姚彝绣产业的更好发展。[①]

2017 年 9 月 21 日至 24 日，第十五届中国国际农产品交易会在北京举行。本届农交会上，云南组织展团 80 家企业参展，设置"云果""云菜""云粮""云茶""云咖""云花""云核桃"等板块，参展产品有茶叶、咖啡、核桃、蔬菜、水果、花卉、野生菌、畜产品、粮油产品、乳制品、保健品等 18 类 200 多个品种参展，全面展示党的十八大以来云南省"三农"工作、云南高原特色农业建设取得的重大成果和重大成就。经过层层推荐、评比，云南省"应福"铁皮石斛、"八角亭"宫廷普洱王、"来思尔 LESSON"裸酸奶、"凤"牌功夫金芽、"满园鲜"昭通苹果、"无量翠环"绿茶、"藏龙"土司牦牛肉、"SPRING"西兰花、"源盘"猕猴桃、"醇自然"一级罗平菜油、"贡和"核桃油 11 个特色农产品从众多参展产品中脱颖而出，获得本届农交会"金奖"。据介绍，"十二五"期间，在省委、省政府的坚强领导下，云南省高举高原特色农业大旗，闯出了一条发挥云南优势、彰显云南特色的农业发展道路，突出高原粮仓、特色经济作物、山地牧业、淡水渔业、高效林业和开放农业 6 大建设重点，打造"丰富多样、生态环境保护、安全优质、四季飘香"的云南特色农业。据相关数据显示，2016 年云南农产品的出口达到了 44.7 亿美元，首次成为云南省的第一大类出口商品，占到了云南省出口总额的 38.7%；水果出口 21 亿美元，占到了全国的 36.2%，居全国首位。此外，2016 年云南省农业方面的招商引资就达到了 525.6 亿元，增幅近 50%。[②]

---

① 赵丽梅：《大姚县咪依噜彝绣被评定为国家生态原产地保护产品》，http://chuxiong.yunnan.cn/html/2017-09/15/content_4940445.htm（2017-09-15）。
② 杨之辉：《11 个特色生态云品获第十五届中国国际农交会"金奖"》，http://finance.yunnan.cn/html/2017-09/26/content_4949473.htm（2017-09-26）。

第二章 云南省生态法治建设编年

生态法治是生态环境监管、环境保护督查的制度表现，必须加快法治建设，保障生态文明可持续发展。自 2016 年全国检察机关提起公益诉讼试点以来，云南作为该项工作试点省份，分别在昆明、曲靖、红河、楚雄、大理、普洱、临沧、德宏八个州市进行试点，截至目前全省各级法院立案并审理检察机关提起的环境民事公益诉讼案件 5 件，共受理检察机关提起环境行政公益诉讼案件 79 件。2016—2017 年是云南省生态法治建设的重要阶段，也取得了显著成果，一系列生态法规的相继出台，如 2016 年 11 月 23 日制订《云南省贯彻落实中央环境保护督察反馈意见问题整改总体方案》、2016 年 10 月 11 日拟定《云南省生物多样性保护条例（草案）》等，为促进云南省生态文明建设提供了强有力的司法保障。

第一节 云南省生态法治建设（2016 年）

2016 年以来，云南各级法院共受理并审结各类环境资源一审刑事案件 1589 件，审结破坏土地、森林，野生动物资源刑事案件 1372 件，走私珍贵动物及制品犯罪案件 17

件，在对被告人的犯罪行为给予刑事处罚和帮教的同时，针对环境犯罪的特点判处刑罚要求其自觉履行环境修复义务，在保护环境同时较好地发挥了普法教育的作用。在民事审判方面，2016 年全省法院共受理并审结各类环境资源一审民事案件 1717 件，其中涉及大气、水、土壤等环境污染损害赔偿案件 45 件，涉及采矿权等自然资源使用权权属、侵权纠纷，土地使用权出让、转让、租赁合同，农村土地承包合同，供水、电、气、热力合同纠纷案件 1672 件。努力做到合理调整环境公共利益与个人利益、妥善解决当事人权利救济与生态保护的有机统一。此外，自 2016 年全国检察机关提起公益诉讼试点以来，云南作为该项工作试点省份，分别在昆明、曲靖、红河、楚雄、大理、普洱、临沧、德宏八个州市进行试点，"在下一步的工作中，我们要审理好现有的环境资源案件，通过这些案件的审理，加大教育和宣传力度，让环境保护意识更加深入人心。"云南省高级人民法院副院长向凯介绍，云南法院将树立环境司法现代化理念引领环境资源审判工作，完善审判规则推动环境公益诉讼开展，打破传统区划设置践行集中管辖制度，构建多元共建机制、持续创新保护机制，以公益资金账户为核心完善生态修复机制，加强环境资源审判队伍建设提升专业素质推动环境司法开展，为保障云南生态文明建设与绿色发展提供更加有力的司法保障。①

2016 年 4 月 9 日，云南省普洱市人民检察院作为公益诉讼人，就云南景谷矿冶股份有限公司污染环境违法行为，向普洱市中级人民法院提起民事公益诉讼，这是云南首例由检察院作为公益诉讼人提起的民事公益诉讼案件。②

2016 年 7 月 15 日至 8 月 15 日，中央第七环境保护督察组对云南省开展了环境保护督察。11 月 23 日，督察组向云南省反馈了督察意见。云南省委、省政府高度重视，坚持问题导向和目标导向，迅速研究制订了《云南省贯彻落实中央环境保护督察反馈意见问题整改总体方案》（以下简称《方案》），明确了工作目标和整改措施，建立了整改工作联席会议制度。省委、省政府主要负责同志明确要求，严格按照《方案》责任分工，认真抓好整改落实。目前，《方案》全文已在云南省人民政府和环境保护部门户网站公布。《方案》着眼"举一反三，改善薄弱环节、尽快补齐短板、完善长效机制"，

---

① 黄翘楚：《云南高院发布法院年度环资司法保护情况共受理 84 件环境公益诉讼案》，http://fazhi.yunnan.cn/html/2017-06/06/content_4846177.htm（2017-06-06）。

② 黄翘楚：《云南高院发布法院年度环资司法保护情况共受理 84 件环境公益诉讼案》，http://fazhi.yunnan.cn/html/2017-06/06/content_4846177.htm（2017-06-06）。

有针对性地提出了整改措施和保障措施，并体现以下四个特点：一是贯彻党中央、国务院环境保护重大决策部署。二是回应中央环境保护督察组指出的问题。三是压实整改落实工作的责任。四是着眼建立整改落实工作长效机制。

《方案》整改措施主要有：一是切实把环境保护摆在更加突出的位置。牢固树立绿水青山就是金山银山的强烈意识，把绿色发展纳入各级党委（党组）中心组学习内容，树立正确的绿色政绩观；深化党校和行政学院生态文明教学内容，让绿色发展理念植根于广大干部的头脑中；拓展全社会环境保护和生态文明意识，自觉接受法律监督和民主监督；促进经济建设与环境保护协调可持续发展，全面开展"多规合一"，强化空间"一张图"管控，优化国土空间布局；构建绿色产业体系，大力发展节能环境保护产业；发展壮大循环经济，优化经济发展方式；全面压实环境保护责任，将环境保护纳入党委和政府重要议事日程，落实党政同责、一岗双责，强化环境保护考核评价；强化环境保护责任追究，开展省级环境保护督察；成立省环境污染防治领导小组；加大环境保护资金投入，加大资金投入筹集和整合，引导社会资金投入环境保护，2017年6月底前设立省绿色发展基金。二是切实加强污染综合防治。加强水污染综合防治，深化九大高原湖泊污染防治，2017年6月底前"十二五"规划项目完工率达90%；深化流域水污染防治，强化饮用水源地和地下水污染防治；加强大气污染防治，综合施策、重点整治、区域联动，全省环境空气质量总体继续保持优良，部分地区持续改善；加强土壤和重金属污染防治，深入实施土壤污染防治工作方案，分类开展土壤污染治理与修复；综合治理重金属污染，加快历史遗留重金属污染项目治理；加强危险废物污染防治，加快推进危险废物、医疗废物集中处置设施建设，提高全省危险废物无害化处置保障能力，强化危险废物监督管理，2018年1月1日起，全省所有危险废物、医疗废物集中处置设施实现正常运行。三是切实加强自然生态保护。2017年底前，划定全省生态保护红线；加强生物多样性保护，实施重大生态修复工程，持续增加全省森林覆盖率，自然湿地保护率达45%，推进45个重点县实施石漠化综合治理工程；完善自然保护区管理机制，严格自然保护区环境管理，每年开展2次国家级、1次省级自然保护区人类活动卫星遥感动态监测的监督检查，加强重点流域保护区环境管理。四是切实改善提升城乡人居环境。开展全民绿化、全面绿化；持续提高城乡规划质量和水平，逐步实现城镇总体规划建设用地范围内的控制性详细规划全覆盖；实施城乡人居环境提升行动，全面推进城乡"四治三改一拆一增"和村庄"七改三清"环境综合整治行动；全面加强农业面源污染防治，防治畜禽养殖污染，实施"一控二减三基本"面源污染防治技术；积极推动"三创"工作；加快生态文明先行示范区建设。五是切实实行最严格的环境保护制度。强化源头严防制度，健全战略环评、规划环评及建设项目环评之间的联动机制；强化过程严管制度，开展中央环境保护督察组交办问题"回头看"；加强全省环境监管执法力度，严格执法，在全省形成打击环境违法犯罪行为的高压态势；强化生态环境监测网络建设和监管；强化后果严惩制度，强化环境保护行政执法与刑事司法联动；深化环境保护监管体制改革，开展省以下环境保护机构监测监察执法垂直管理制度改革。

为了保障整改工作顺利开展，《方案》明确了五个方面组织保障措施。一是加强组织领导。整改工作由省环境保护督察工作领导小组负责，分管副省长牵头，领导小组办公室负责日常工作，建立整改落实工作联席会议制度，全面负责推进中央环境保护督察反馈意见整改工作。二是严肃责任追究。由省纪委、省委组织部牵头组织，省环境保护厅参加，启动问责程序，对中央环境保护督察组移交的责任追究问题深入调查，逐一厘清责任，依法依规进行严肃追责。三是严格督导检查。由省委督查室、省政府督查室牵头，省环境保护厅参加，成立整改督导工作组，对各地各部门的整改工作实行挂账督办、跟踪问效。四是做好整改信息公开。由省委宣传部牵头，及时通过中央和省级主要新闻媒体向社会公开中央环境保护督察组反馈意见和问题整改方案、整改进度、整改落实情况。五是建立整改长效机制。细化落实各项整改措施，既对个性问题紧盯不放、立行立改，又要对共性问题举一反三、专项整治，改善薄弱环节、尽快补齐短板，建立长效机制。对中央环境保护督察组督察反馈意见归纳整理出的"46+4"个问题，实施清单制，制定了问题整改措施清单，逐项明确责任单位、责任人、整改目标、整改时限。明确各级各有关部门主要负责人为整改工作第一责任人，督促落实、办结销号，确保按要求整改落实到位。下一步，云南省将进一步深入贯彻习近平总书记系列重要讲话和对环境保护督察工作重要指示精神，认真落实中央环境保护督察组的要求，以鲜明的态度、果断的措施、严格的标准，主动整改、尽快整改、坚决整改。不断开创环境保护和生态建设新局面，切实筑牢西南生态安全屏障，守护好云南良好的生态环境这个宝贵财富，把七彩云南建设成为祖国南疆的美丽花园，努力争当生态文明建设排头兵。[①]

2016年9月17日，西双版纳傣族自治州开展集中整治破坏森林资源违法违规行为专项行动，并取得了初步成效。为全面加强西双版纳傣族自治州森林资源保护管理，严厉打击和整治非法占用林地、非法采伐林木、剥树皮、蚕食森林等破坏森林资源违法违规行为，坚决督查督办破坏森林资源案件，有效遏制涉林违法犯罪高发态势，全力维护全州林区治安稳定，确保生态资源安全，加快生态文明和美丽西双版纳建设，西双版纳傣族自治州成立了集中整治破坏森林资源违法违规行为专项行动领导小组，并建立督查机制，明确目标责任，积极开展集中整治破坏森林资源违法违规行为专项行动。组成3个督查组，分别奔赴景洪市、勐海县和勐腊县开展督查工作，对非法侵占林地、毁林开垦、违法探矿和采石采矿、盗伐和滥伐林木等破坏森林资源的违法行为进行全面排查，摸排梳理涉林犯罪线索，深入剖析本地区破坏森林资源的突出问题，明确专项行动的打击重点和目标任务，为精确打击、精密防控、精准治理奠定基础。据统计，自专项行动开展以来，已出动人员532人次，破获刑事案件36起，查处林政案件45起，清理非法征占用林地项目32个，清理木材、野生动物非法交易场所5处，清理木材、野生动物加工经营场所45处，检查野生动物活动区域20处，打击处理人员104人（其中：刑事处理59人，行政处罚45人），行政处罚涉案单位1个，开展宣传教育活动40次，收到群众举报线索47条，根据群众举报破获案件18起，收缴野生动物制品13.27千克、林地15.9公顷、木材39.2707立方米、作案工具8件。此次专项行动取得了阶段性成果。[②]

2016年10月，昆明市官渡区人民检察院向昆明空港经济区管理委员会提出检察建议，要求其依法履行职责，督促三农落实三项环评对策措施，切实保证大树营村第三村民小组饮用水安全，尽快完成项目竣工环境保护验收。昆明空港经济区管理委员会（以下简称空港管委会）收到检察建议后高度重视，及时安排布置相关部门逐一整改，通过综合整治以及对三农公司养殖生产进一步规范，小哨片区的环境安全隐患初步得到控制，环境质量得到较大改善。另外，空港管委会采取车辆送水和新建饮用水管的方式，确保了当地村民饮用水安全。为从根本上彻底消除突出环境问题及安全隐患，同时保持

[①] 云南省环境保护督察工作领导小组办公室：《云南省对外公开中央环境保护督察整改方案》，http://www.ynepb.gov.cn/zwxx/xxyw/xxywrdjj/201704/t20170427_167458.html（2017-04-27）。

[②] 孔树芳：《西双版纳集中整治破坏森林资源违法违规行为专项行动初见成效》，http://xsbn.yunnan.cn/html/2016-09/18/content_4536556.htm（2016-09-18）。

昆明猪肉消费市场的稳定，空港管委会一方面采取有力措施有计划地减少三农公司的生猪存栏数；另一方面启动该片区整体拆迁改造工作。[①]

2016 年 10 月 11 日，云南省政府法制办公室发布公告，由云南省环境保护厅起草送审的《云南省生物多样性保护条例（草案）》（以下简称《条例（草案）》）正式公开征求社会各界的意见。据了解，云南是我国生物多样性最丰富的省份之一，也是全球 34 个物种最丰富且受到威胁最大的生物多样性热点地区之一，是我国重要的生物多样性宝库和西南生态安全屏障。云南省总面积仅占全国的 4.1%，却囊括了地球上除海洋和沙漠以外的所有生态类型，涵盖了从热带到寒带的各种生态类型；各类物种种数、国家重点保护的物种种数均接近或超过全国的 50%，居于全国之首。同时，云南省生物多样性的特有性、脆弱性十分突出，保护任务繁重。当前，云南省经济社会发展与生物多样性保护的矛盾依然突出，法规政策体系不健全、生物多样性保护意识不强、措施不力、办法不多、成效不大，以致生物多样性下降的趋势尚未得到根本遏制，面临生物遗传资源流失严重、生态系统服务功能下降、外来入侵物种威胁加剧、生物多样性资源利用粗放等一系列问题。云南省在全国率先开展生物多样性保护立法，目的正是要以上述问题为导向，系统完善生物多样性保护内容和制度，理顺关系，促进全省的生物多样性保护和可持续利用工作。记者了解到，《条例（草案）》共 6 章 52 条，分别为总则、严格保护、持续利用、监督管理、法律责任、附则，将重点解决 4 个方面的问题，包括强化责任，健全机制；填补空缺，完善制度；划定红线，严格准入；摸清家底，突出特色。《条例（草案）》的法律责任共 7 条，基本覆盖了关于生物多样性保护的有关禁止性规定，包括向禁止引入外来物种的区域引入外来物种、未办理物种引入审批手续、未办理生物多样性保护环境影响评价手续、未经批准在云南省生物多样性保护区域开展保护物种收集等违法行为，同时还对其他一些违法行为做出了处罚规定。[②]

2016 年以来，怒江傈僳族自治州检察机关以执行办案为中心，全面履行法律监督职责，积极适应经济发展新常态对检察工作的新要求，始终把服务大局、保障发展作为检察工作的根本任务，主动服务全州"脱贫强基、生态养山、产业润江，通道活边"四

① 蒋朝晖：《云南通报检察机关提起公益诉讼试点工作情况生态环境领域案件线索超五成》，《中国环境报》2017 年 6 月 29 日。
② 蒋朝晖：《云南制定生物多样性保护条例 系统完善生物多样性保护内容和制度》，《中国环境报》2016 年 10 月 12 日。

大发展战略，在全州检察系统深入开展"怒江新跨越，检察怎么办"大讨论活动，凝聚发展共识，不断提高服务全州重大发展战略的能力和水平；主动融入党委政府生态文明建设工作布局，环境资源检察部门加强对资源环境监管执法活动的法律监督，依法加大对破坏环境资源违法犯罪的打击力度，强有力促进全州生态文明建设。此外，截至目前，全州检察系统还查办职务犯罪案件共 27 件 35 人，其中贪污贿赂犯罪案件 20 件 26 人，渎职侵权犯罪案件 7 件 9 人，查办科级干部 10 人。[①]

2016 年 12 月 4 日，云南省环境保护厅组织 10 所高校大学生环境保护社团在昆明、曲靖、丽江等地集中开展环境保护法律法规宣传进学校、进社区、进公园活动，取得了良好效果。记者在滇池湖畔的昆明市西山区海埂大坝上看到，来自云南大学"唤青社"、云南财经大学"低碳节能环境保护协会"等环境保护社团的大学生环境保护志愿者，采用现场宣讲、发放传单、开展有奖问答、举横幅、展示自制宣传板等多种形式，向来来往往的群众宣传《宪法》《环境保护法》《大气污染防治法》《水污染防治法》等与人们息息相关的环境保护法律法规。此外，环境保护志愿者还通过表演舞蹈、开展游戏互动、邀请签名等办法，吸引了更多群众参与宣传活动。据了解，在本次活动开展之前，云南省各高校大学生环境保护社团就已开展了环境保护法律法规知识集中培训，利用海报、社团 QQ、微博、微信公众号、对外交流群等多种宣传平台，广泛宣传环境保护法律法规和日常环境保护小常识。云南大学滇池学院"唤青社"的环境保护志愿者表示，在推进生态文明法制建设进程中，"唤青社"和各大高校环境保护社团肩负着共同使命，希望通过参加环境保护法律法规宣传等活动，为提高全社会对环境保护各项法律法规的关注度和知晓率，增强全民环境保护法制观念尽心尽力。[②]

2016 年 12 月 30 日，昆明市委常委会审议通过了《昆明市贯彻落实中央环境保护督察反馈意见问题整改方案》。会议强调，要采取有力措施，不折不扣整改到位，并以环境保护督察整改为契机，全面推进实施大气、土壤、水污染防治行动计划，不断改善生态环境质量，努力把昆明建设成为全省生态文明建设的首善之区。会议强调，全市各级各部门要高度重视中央环境保护督察反馈的意见问题，切实把整改落实工作作为一项重大政治任务、重大民生工程和重大发展问题来抓，严格落实环境保护主体责任，明确整

---

① 李畅：《全州检察院今年共受理 30 件破坏环境资源类案件》，《怒江日报》2016 年 12 月 16 日，第 2 版。
② 蒋朝晖：《云南高校社团宣传环境保护法律 利用多种宣传平台 增强全民法制观念》，《中国环境报》2016 年 12 月 9 日。

改目标和具体内容，采取有力措施，不折不扣地落实好中央环境保护督察意见，确保按时按质全面整改到位。会议对昆明市的整改问题清单逐一进行了梳理，有针对性地制定了整改措施。在整改工作中，将成立昆明市环境保护督察整改工作领导小组，按照中央、云南省对环境保护督察整改工作的要求，统一领导和统筹推进昆明市环境保护督察整改工作，研究全市环境保护督察整改涉及的重要事项。要求各县（市）区、开发（度假）园区和市级各部门研究制订整改方案，细化分解任务，强化工作措施，明确责任单位、责任人员和整改完成时限。"一把手"负总责，亲自抓问题整改，整改一个，销号一个，一抓到底，确保整改工作按期完成。要严格督导检查，严肃追究责任，采取现场督察、调度资料等方式，全面掌握整改进度，对未按要求完成整改任务的，严肃追究相关责任单位和人员的责任。省委常委、昆明市委书记程连元主持会议并讲话。①

2016 年，云南省环境监管执法力度不断加大。全省环境监察系统共出动 97 387 人（次），检查企业 38 376 家（次），对 1279 家企业进行了立案查处，共处罚款 7195.39 万元；查处适用《环境保护法》及四个配套办法的违法典型案件 137 件；全省共征收排污费 2.52 亿，稽查追缴排污费 389 万元。全省"12369"环境保护举报热线、微信及网络平台共受理投诉 8500 件，按时办结 8375 件，办结率达 98.5%。受理办结国家转办案件 5 件，办结率达 100%。②

第二节　云南省生态法治建设（2017 年）

2017 年 2 月 14 日下午，全省集中打击整治破坏森林资源违法违规行为专项行动总结电视电话会议召开，总结了专项行动开展以来采取的有效举措、取得的成绩，并就下一步工作进行部署。为了争当全国生态文明建设排头兵，云南正探索一条生态资源保护新机制。副省长张祖林出席会议，就下一步工作进行部署。会议传达贯彻了全国严厉打击非法占用林地等涉林违法犯罪专项行动情况通报会精神。会议指出，专项行动开展以

---

① 浦美玲：《昆明市委常委会强调 努力建成全省生态文明建设首善之区》，《云南日报》2016 年 12 月 31 日。
② 蒋朝晖：《云南持续加大环境监察力度执法力度小地区将被约谈》，《中国环境报》2017 年 5 月 23 日。

来，各级林业主管部门深入贯彻落实国家林业局印发的《严厉打击非法占用林地等涉林违法犯罪专项行动方案》，在省委、省政府统一部署下，坚持预防为主、标本兼治、打防结合，集中查处了一批大案要案，有效打击了部分地区突出的占用林地等涉林违法犯罪活动，努力维护了森林安全，巩固了林业改革、生态文明建设成果。会议指出，当前和今后一个时期，云南省保护和发展森林资源仍存在不少难点和问题，各级各部门要切实加大保护、发展森林资源的工作力度；要认真查处薄弱环节、牢固树立生态环境保护意识；要切实强化责任担当，树立宏观森林资源观念，把森林资源保护纳入地方考核评价的主要部分；要不断健全完善长效机制，将整治活动常态化，进一步完善地方森林资源保护机制。去年9月开始，按照国家林业局的要求，在省委、省政府的统一领导部署下，在为期4个月的专项行动期间，云南"动真碰硬"，在全省范围内加强森林资源保护管理，严厉打击和整治破坏森林资源违法违规行为，重点整治自然保护区、国有林场、森林公园和重要生态区位等区域，把非法侵占林地、毁林开垦，违法采石采矿，盗伐、滥伐林木等破坏森林资源违法行为作为打击重点。此外，还进一步规范集体林权流转，完善集体林权制度改革配套政策。统计数据显示，专项行动开展以来，云南省共清理非法征用林地项目3134个；排查木材、野生动物加工交易场所2561处；检查野生动物活动区域1798处；刑事立案820起，查处林政案件8776起；打击处理违法犯罪人员9400余人，行政处罚涉案单位191个。副市长赵学农出席昆明分会场会议。[①]

2017年3月10日，云南省委常委、副省长刘慧晏主持召开云南省2017年度环境保护督察工作动员会，对年度省级环境保护督察工作进行动员部署。刘慧晏强调，环境保护督察是党中央、国务院推进生态文明建设和环境保护工作的一项重大制度安排。省委、省政府高度重视此项工作，做出了开展省级环境保护督察的重大决策部署。全省各地、有关部门要认真贯彻落实省委、省政府的要求，以高度的政治责任感和使命感，全面做好省级环境保护督察工作，着力解决突出环境问题，全面提升生态文明建设水平。刘慧晏要求，省级环境保护督察工作主要围绕《环境保护法》、中央和我省生态文明建设和环境保护的决策部署及大气、水、土壤污染防治行动计划的贯彻落实情况开展，尤其要把落实中央环境保护督察要求作为重中之重。各督察组要坚

---

① 李双双：《云南严打破坏森林资源违法犯罪"成绩单"出炉 清理非法征占用林地项目3134个》，《昆明日报》2017年2月15日。

持问题导向，突出重点任务，全面查找各地在生态文明建设和环境保护方面存在的突出问题，督促各级党委、政府严肃问责，层层压实责任，推动问题整改。在省级环境保护督察工作开展过程中，各督察组要严格程序规范，严守纪律，加强沟通协调，高标准完成督察各项任务。会上，省委、省政府第一、第二、第三、第四环境保护督察组组长做了表态发言。①

截至 2017 年 4 月 7 日 20:00 时，怒江傈僳族自治州共向督察组按时提交了 7 批环境保护及生态建设方面的调阅资料，受理群众反映环境问题举报 26 件，问题主要集中在垃圾随意丢弃、饮用水源地污染、矿山不规范管理等方面。根据各县市人民政府上报情况统计，现已办结 7 件，其余均在调查核实过程中，办理结果将在当地电视台和政府门户网站公开公示。目前，怒江傈僳族自治州及四县（市）电视台累计播出了 59 条视频新闻，广播播放了 15 条语音动态，门户网站、官方微博、微信和《怒江报》读报机、LED 屏幕同步更新了 267 篇网页新闻（信息），实时宣传报道环境保护督察工作动态，保证群众及时了解转办件办理情况。旨在全社会形成更加重视环境保护、各级各部门更加重视政策法规落实、企业和社会各级组织更加自觉履行环境保护责任的良好氛围。守住一江清水，保住碧水蓝天！②

2017 年 5 月 16 日，云南省委副书记、省长阮成发日前率领省级有关部门负责人深入大理白族自治州对洱海保护治理河长制推进落实工作进行专题调研。阮成发强调，要深入贯彻落实中央关于推行河长制的决策部署和省委、省政府全面落实河长制的具体要求，明确目标任务，层层压实责任，千方百计、争分夺秒抓好洱海保护治理。阮成发要求，各级各部门要充分认识推进河长制的重要意义，积极承担起加强水资源保护等职责；要层层压实责任，构建起责任链、任务链，明确时间表、路线图，逐级将各项任务落实到最基层；要全面对洱海湖岸线和入湖河流细化分段并明确具体责任人及其责任，推进洱海沿湖各段河长制的责任落实，以倒逼机制促进入湖河流水质全面好转。阮成发强调，要以更大决心、更实工作依法依规推进洱海沿湖违法违章建设及其污染的整治；要在沿湖城乡全面实施雨污分流，实现污水全收集、全处理，确保不让一滴污水进入洱

① 胡晓蓉：《云南：解决突出环境问题提升生态文明建设水平》，http://www.yunnan.cn/html/2017-03/11/content_4755652.htm（2017-03-11）。
② 怒江傈僳族自治州环境保护局：《怒江环境保护督察重点做好"四个一批"确保怒江山青水碧的良好环境持续稳定》，http://www.ynepb.gov.cn/zwxx/xxyw/xxywzsdt/201704/t20170409_166826.html（2017-04-08）。

海；要加大宣传力度，动员全社会广泛积极参与洱海保护治理。①

2017年5月18日，云南省委书记陈豪率领调研组在玉溪市调研"三湖"（抚仙湖、星云湖、杞麓湖）保护治理工作落实情况。陈豪强调，要深化思想认识，夯实责任担当，全面贯彻落实中央对"河长制"的工作部署，深入推进以高原湖泊为重点的水环境综合治理，不断增加良好生态带给百姓的幸福生活获得感。调研中，陈豪沿抚仙湖岸线实地检查抚仙湖保护治理工作落实情况，对入湖水质恢复到Ⅲ类感到十分欣慰。他指出，党政领导要亲力亲为，强化"河长制"责任落实，千方百计守住保持抚仙湖Ⅰ类水质这条红线，绝不让一湖清水在我们这代人手里失去。陈豪在左所社区了解当地调整种植结构削减面源污染、增加农民收入情况；在广龙社区了解"四退三还"推进情况；在右所镇窑泥沟了解拆除侵近湿地周边建筑情况。他指出，要找准问题，保护优先，统筹实施好生态移民和"一城五镇多村"规划建设，确保一级保护区内企事业单位年底前全部退出；要严格控源，完善截污管网建设，确保污水处理达标，确保污水不入抚仙湖。在江川区大凹村星云湖入水口，陈豪指出，要充分认识保护治理工作的严峻性，坚持因湖施策、狠抓重点，结合全域旅游建设和城乡环境综合整治标本兼治。要与国家重点流域水污染防治规划衔接，实行"三湖"监测全覆盖，统筹推进"三湖"保护治理和水生态环境整体改善。②

2017年5月23日，西双版纳傣族自治州勐海县政府领导带领勐海县环境保护局相关人员来到普洱市澜沧县对接协调关于建立跨县联动机制的相关事宜。座谈会上，两县环境保护局分别介绍了在行政边界生态保护和环境污染执法的相关工作，共同表达了尽快建立两县行政边界生态保护和环境污染纠纷执法机制的愿望，希望双方人民政府尽快搭建此项工作机制平台。两县人民政府领导在座谈会上分别发言，同意建立相关行政边界生态保护和环境污染执法联动机制。③

2017年5月下旬，云南省环境监察暨应急工作会召开，会议提出，不断创新监管工作机制，提高执法效能，对环境质量差、执法力度小的地区，将采取通报批评、公开约

① 蒋朝晖：《云南省省长阮成发：争分夺秒抓好洱海保护治理》，《中国环境报》2017年5月16日。
② 蒋朝晖：《云南省委书记调研"三湖"保护治理工作时强调深入推进水环境综合治理》，《中国环境报》2017年5月19日。
③ 郭孝宇：《西双版纳州勐海县、普洱市澜沧县建立行政边界生态保护和环境污染执法联动机制》，http://www.ynepb.gov.cn/zwxx/xxyw/xxywzsdt/201706/t20170602_168640.html（2017-06-02）。

谈等措施推动加大处罚力度。云南省环境保护厅副厅长杨春明指出，针对当前环境监察工作存在的困难、问题和短板，全省环境监察系统必须不断创新监管工作机制，提高执法效能。今年，全省环境监察要着力抓好 8 个方面工作：加快推进中央环境保护督察反馈意见的整改和省级环境保护督察，做好全省环境监察垂直管理，推进实施《工业污染源全面达标排放计划》，继续加大环境监管执法力度，开展 4 个专项执法行动，持续提升环境应急工作水平，加强环境监察执法队伍建设和能力保障，加强党风廉政建设"两个责任"落实及切实履行"一岗双责"。据了解，云南省今年 4 月已对大理、德宏、临沧、怒江 4 个州（市）组织开展了环境保护督察，年内还将全面组织实施对其他 12 个州（市）的省级环境保护督察。从 7 月 1 日起，组织对企业无证排污行为集中开展执法检查，对无证排污的企业依法责令停止排污，并顶格处罚；对拒不执行的，依法移送公安机关。在加大环境监管执法力度上，今年原则上所有县（市、区）环境保护部门均要有适用四个配套办法的案件；适用四个配套办法案件数不低于全国平均水平；省环境保护厅将适时加大督查力度，加强环境违法案件的后督察。[①]

2017 年 6 月 13 日，云南省环境保护机构监测监察执法垂直管理改革领导小组办公室组织召开省环境保护机构监测监察执法垂直管理制度改革工作推进会。省垂改领导小组副组长、办公室主任、省环境保护厅厅长张纪华主持会议。会议认真学习了党的十八届五中全会提出实行省以下环境保护机构监测监察执法垂直管理制度改革的决定和习近平总书记系列重要讲话精神，为认真贯彻中共中央办公厅、国务院办公厅印发《关于省以下环境保护机构监测监察执法垂直管理制度改革试点工作的指导意见》（中办发〔2016〕63 号），会议就下一步我省垂改调研工作计划和调研方案进行了安排部署，明确了调研组组成人员、任务分工、时间安排，省垂改领导小组各成员单位参会同志针对调研的有关问题进行了讨论发言，提出很好的建议。会议强调，一是提高认识，高度重视垂改工作。实行省以下环境保护机构监测监察执法垂直管理制度改革，这是生态环境保护领域一项重大改革事项和制度安排，要认真落实省委、省政府的部署要求，高度重视生态环境保护工作，为云南成为生态文明建设排头兵而努力奋斗。二是加强学习，深入扎实开展调研工作。调研是制订方案的基础，面对复杂繁重的改革任务，各垂改领导小组成员单位一定要积极主动，合力推进，深入、全面、积极、稳妥、务实地搞好顶

---

① 蒋朝晖：《云南持续加大环境监察力度执法力度小地区将被约谈》，《中国环境报》2017 年 5 月 23 日。

层设计，科学合理地制订出我省的垂改实施方案。三是明确任务，全面推进工作落实。各调研小组按照调研方案，全面推进调研工作落实，调研中做到重点突出，各有侧重，充分听取基层的意见和建议，收集汇总各方面建议，为制订垂改实施方案打好基础。四是落实要求，严格遵守纪律规定。调研期间要严格遵守中央八项规定精神和省委、省政府党风廉政建设有关规定。省垂直管理制度改革领导小组成员及办公室组成人员、联络员，省环境保护厅办公室、规财处、监测处、人事处，省环境监测中心站、省环境监察总队相关负责人等共 20 余人参加了会议。①

2017 年 6 月 28 日，云南省人民检察院召开新闻发布会，向媒体通报云南省检察机关提起公益诉讼试点工作情况。不到两年的时间里，全省检察机关共发现公益诉讼案件线索 834 件，其中生态环境和资源保护领域公益诉讼案件线索 467 件，占比达 56%，提起诉前检察建议 793 件，提起公益诉讼 130 件。法院已开庭审理 52 件。从最高人民检察院今年 4 月通报的情况看，云南提起公益诉讼的数量居全国之首，办案规模居全国第二，试点工作成效明显。其一，突出重点大胆探索，确保试点工作有序推进。云南省人民检察院副检察长沈曙昆通报，2015 年 7 月 1 日，十二届全国人民代表大会常务委员会第十五次会议决定，授权最高人民检察院在云南等 13 个省、自治区、直辖市，以生态环境和资源保护、国有资产保护、国有土地使用权出让、食品药品安全领域为重点，开展为期两年的检察机关提起公益诉讼试点工作。云南省是全国第一批开展公益诉讼试点省份。按照最高人民检察院的统一部署，云南省人民检察院确定昆明、曲靖、红河、楚雄、大理、普洱、临沧、德宏 8 个州市及所辖 81 个县级人民检察院为全省检察机关提起公益诉讼的试点地区。云南省各试点检察院科学谋划，大胆探索，在加强汇报沟通、争取各方支持，整合内部力量、形成工作合力，注重程序结合、积极保护公益，建立工作机制、提供制度保障，强化理论研究、研提立法建议等方面大胆探索，并取得积极进展。试点期间，各试点检察院主动向地方党委、人大、政府汇报试点工作推进情况，加强与环境保护等部门沟通交流，在线索摸排、调查取证、法律政策理解与适用、专业培训等方面取得支持和配合，共同推进试点工作积极稳妥开展。加强与法院的沟通协商，

① 云南省环境保护厅人事处：《云南省环境保护机构监测监察执法垂直管理改革领导小组办公室组织召开省环境保护机构监测监察执法垂直管理制度改革工作推进会》，http://www.ynepb.gov.cn/zwxx/xxyw/xxywrdjj/201706/t20170619_169255.html（2017-06-19）。

统一司法尺度和标准，明确相关具体程序性问题。曲靖市环境保护督察工作领导小组要求，各县级人民政府及领导小组办公室成员单位要及时向检察机关提供执法文书及测绘、环境监测数据等证据材料，涉及违法行使职权或者不作为的行政机关负责人要主动向检察机关说明情况，有力支持试点工作。云南省人民检察院积极发挥督促指导作用，周密部署、抓好统筹和指导，设立行政检察、环境资源检察部门，充实公益诉讼办案力量，加强对全省公益诉讼工作指导，确保全省三级检察院内部力量得到有效整合、工作合力真正形成。云南省人民检察院多次与省高级人民法院座谈，就推进公益诉讼试点相关问题达成共识，会签了《公益诉讼试点工作指导意见》。红河哈尼族彝族自治州人民检察院与州环境保护局会签了《环境行政执法与检察监督协作制度》，推动案件信息共享。此外，云南省人民检察院还聘请 7 名环境保护、行政执法等领域的专家，为环境保护和公益诉讼提供咨询，借力专家智慧，发挥各方专业优势，共同探索推进公益诉讼试点改革。目前，云南省试点的 81 个基层人民检察院均向人民法院提起了公益诉讼。

其二，精心办案注重实效，最高检推广云南典型案例。沈曙昆认为，云南省近两年积极推进的检察机关提起公益诉讼试点工作取得了一定成效，在有效督促行政机关依法行政、有力促进生态环境资源保护、有效维护国有资产安全、切实保障和改善民生等方面发挥了重要作用。如宣威市人民检察院针对某自然保护区内 33 家采石场开山采石，破坏林木、植被、水土的问题，向市林业局、市环境保护局等行政机关发出依法处理违规开采行为的检察建议。宣威市政府及时采纳检察机关意见，目前已关停保护区内的所有采石厂，治理恢复工作正在实施中。昆明市官渡区人民检察院通过发出检察建议督促空港经济区管委会依法履行职责，及时整治昆明三农农牧有限公司 550 亩标准化生猪养殖生产基地建设项目，解决对周边地下水和地表水系造成的污染问题，切实保证当地居民饮用水安全。通过办案共督促修复被损毁和违法占用林地、耕地 2326.557 亩，被污染土壤 217.5 亩；清理污染和非法占用的河道 80 千米；治理恢复被污染水源地面积 60 889.45 亩；促成关停和整治造成环境污染的企业 238 家。检察机关将诉前程序作为公益诉讼的必经程序，充分发挥诉前检察建议作用，有效监督行政机关依法行政和有关社会组织主动履责，对于经过诉前程序，逾期未纠正违法或履行职责的案件，及时向人民法院提起公益诉讼。特别是行政公益诉讼，行政执法的主体是行政机关，通过诉前程序可以充分发挥行政机关履行职责的能动性，既及时解决问题，又节约司法资源。截至 5

月底，云南省检察机关共提出诉前程序检察建议793件。这些案件主要是行政公益诉前程序案件达777件，占诉前程序案件的97.99%，大多数是怠于履行职责的情形。曲靖市马龙县环境保护局怠于履行职责案被最高人民检察院列为首批"公益诉讼试点工作诉前程序典型案例"在全国推广。沈曙昆表示，下一步，云南省将提前谋划、积极做好全面开展检察机关提起公益诉讼各项准备工作，扎实办好每一起公益诉讼案件，推动全省公益诉讼工作取得新的更大成效。①

2017年5月22日，公益诉讼人东川区检察院因当地林业局没有及时督促企业进行生态环境修复，向昆明铁路运输法院提起环境行政公益诉讼，请求确认区林业局未依法全面履行监管职责的行为违法，并判令其依法继续履行法定职责。事情要从2016年3月说起，云南圣烽电力工程有限公司因施工需要非法砍伐东川区阿旺镇长岭子村新房子小组场皮坡处集体所有的生态公益林共计70株、林木蓄积共计6.1386立方米。同年5月，昆明市森林公安局东川分局向圣烽电力公司做出行政处罚，对其予以罚款并责令补种毁损林木2倍的树木。2016年5月10日，圣烽电力公司交纳了相应行政罚款，但未补种树木。但被告东川区林业局在2016年5月至2017年2月间未采取措施督促圣烽电力公司兑现其相应的生态修复责任，东川区检察院于2017年3月1日就上述事项向区林业局发出检察建议，督促其履行相应职责。2017年4月19日，东川区检察院在经过相应诉前程序、相关生态修复行为仍未实施的情况下，向法院提起诉讼。经过审理，法院对起诉事实予以认定，判决被告东川区林业局对云南圣烽电力工程有限公司应当及时补种林木、进行生态修复未正确履行监管职责的行为违法，责令东川区林业局继续履行法定职责。②

2017年6月6日，云南省委召开常委会议，传达学习近期中央政治局会议精神，传达中央办公厅、国务院办公厅《关于甘肃祁连山国家级自然保护区生态环境问题督查处理情况及其教训的通报》，研究我省贯彻意见，省委书记陈豪主持会议。会议强调，中央政治局常委会会议对甘肃祁连山国家级自然保护区生态环境破坏典型案例进行深刻剖析，并对有关责任人做出严肃处理，充分体现了以习近平同志为核心的党中央对生态环

---

① 蒋朝晖：《云南通报检察机关提起公益诉讼试点工作情况生态环境领域案件线索超五成》，《中国环境报》2017年6月29日。

② 黄翘楚：《云南高院发布法院年度环资司法保护情况共受理84件环境公益诉讼案》，http://fazhi.yunnan.cn/html/2017-06/06/content_4846177.htm（2017-06-06）。

境保护的高度重视。我们要引以为鉴，提高政治站位，坚决落实生态安全政治责任；坚持问题导向，善于发现突出问题，抓好整改落实；树牢新发展理念，正确处理经济发展和生态环境保护关系；强化主体责任，通过环境保护督察常态化等措施层层传导压力，切实把生态文明建设抓紧抓实抓好。会议还研究了其他事项。①

2017年6月下旬，玉溪市人民政府下发通知，要求全市各县区对自然保护区进行全面清理核查，深入调查核实自然保护区内是否存在违法违规开发矿产资源、水电设施违法建设违规运行、周边企业偷排偷放、中央环境保护督察反馈意见涉及自然保护区生态环境突出问题整治不力等问题，以及开展国家级自然保护区遥感监测存在问题的整改情况。6月19—26日，由玉溪市环境保护、林业、国土、水利四部门抽调人员组成的督查组，将对各县区自查及整改情况进行专项督查。目前，全市各级各部门已及时组织广大干部职工认真学习领会中央和省委、省政府对有关自然保护区生态环境问题督查处理情况及其教训的通报，各县区和有关自然保护区管理机构已组织开展了对自然保护区的全面自查工作。全市上下将牢固树立"四个意识"，全面加强生态文明建设和环境保护工作，严守生态功能保障基线、环境质量安全底线、自然资源利用上线三大红线，确保全市生态环境质量不断得到改善，确保绿水青山常在、各类自然生态系统安全，积极争当全省生态文明建设排头兵，为人民群众创造良好的生产生活环境。②

2017年7月初，云南省人大常委会副主任刀林荫带领省住建厅、水利厅、环境保护厅、农业厅、工信委等负责人，对马龙河流域贯彻执行《牛栏江保护条例》情况进行了执法检查。检查组先后深入马过河水质自动监测站、曲靖塑料集团有限公司马龙分公司、王家庄北片区生活污水处理站、马龙县县城北面"汇龙溪"湿地公园、马龙县县城南面利民桥断面、龙湫河、马龙县污水处理厂等现场进行了细致的了解查看，沿途听取了相关情况汇报，同时对特色轻工业片区的相关企业进行了暗访，并与县政府领导及有关部门负责人进行了交流。检查组对环境保护、水务、住建、农业、工信等部门和县政府贯彻执行《牛栏江保护条例》充分给予了肯定。同时强调，河流污染治理要从源头预防，统筹上下游、左右岸、干支流、水陆关系。要加快制定以流域为单元的污染治理规

---

① 田静、李绍明、张寅：《云南省委召开常委会议：切实把生态文明建设抓紧抓实抓好》，《云南日报》2017年6月7日，第1版。

② 玉溪市环境保护局：《玉溪市全面部署开展自然保护区突出生态环境问题整治及督查工作》，http://www.ynepb.gov.cn/zwxx/xxyw/xxywzsdt/201706/t20170620_169297.html（2017-06-20）。

划，加强农村面源污染治理，加大农村固体废弃物污染防治和综合利用，对废旧农膜进行集中收集，回收利用。同时，要将治理河流污染同发展观光农业、乡村旅游以及城市景观打造结合起来，加强河湖水域岸线管理保护、水环境治理、水生态修复，盘活农业、旅游资源，提升城市品质，促进农民增收致富。并从市级层面统筹城乡污水处理设施及管网建设，整合各项治水资金投入，提高污水收集率，采用政府购买服务方式运营管理，加快农村面源污染治理。刀林荫特别指出，畜禽污染治理工作涉及水源地和居民饮用水安全，要高度重视，通过探索"种养结合、循环发展"等多种模式实现绿色养殖。刀林荫副主任要求马龙县在今后的工作中，要严格按照《牛栏江保护条例》，以控制源头污染和生态建设为主线，持续开展工业、农业面源和城镇污染治理，督促产业结构优化升级，严格行业准入，强制淘汰落后产能，降低进入马龙河水体的污染物，保护水环境质量，把马龙河当成生命河来保护，确保马龙河出境断面保持并优于Ⅲ类水质标准，满足牛栏江—滇池水质补水要求,促进社会经济与环境保护协调持续发展。①

2017 年 7 月 12 日，富源县环境保护局相关工作分管领导及科室负责人在云南东源恒鼎煤业有限公司相关工作部门负责人的陪同下，到富源县河兴煤矿进行环境保护法培训，培训主要围绕新环境保护法"13 个方面的变化、6 大亮点、4 个配套办法"等内容做了详细的讲解，另外发放环境保护知识宣传单 200 余份。参加培训的人员为煤矿管理人员、部分职工等 40 余人。②

---

① 曲靖市环境保护局：《省人大常委会对马龙河流域贯彻执行〈牛栏江保护条例〉情况进行执法检查》，http://www.ynepb.gov.cn/zwxx/xxyw/xxywzsdt/201707/t20170720_170425.html（2017-07-20）。
② 曲靖市环境保护局：《富源县环境保护局到河兴煤矿开展环境保护法培训》，http://www.ynepb.gov.cn/zwxx/xxyw/xxywzsdt/201707/t20170717_170285.html（2017-07-17）。

第三章　云南省生态科技建设编年

　　云南生态科技建设脱胎于环境保护技术之中，其起步晚于国外，生态科技示范园建设标志着云南生态科技的正式构建。生态科技建设尚处于探索阶段，需要一个长久的过程，只有发展生态科技，才能更好地实现生态科技化、信息化、数据化。

　　生态科技建设的内容包括生态设计、生态科技示范园创建、数据库建设等。生态设计，即对清洁生产中心、机电制造、包装企业等方面运用先进技术进行绿色环境保护设计；生态科技示范园，即大春河水土保持生态科技示范园，在水土保持综合治理、水资源管理和利用、农业节水、生态保护等方面取得了显著成效；数据库建设，如云南省生态保护红线数据库建设，通过信息数据平台实现对生态环境的全面监测。生态科技建设是当代乃至未来生态文明建设的科技支撑，云南在生态科技建设方面必须加快步伐，以科技带动生态文明建设。

　　2016年2月18日，昆明市水务局龚询木副局长带领供水处、水资源处及市节水办公室，到大春河水土保持生态科技示范园进行调研工作。晋宁县（今晋宁区）水务局总支书记、分管副局长及相关部门负责人陪同调研组深入园区实地参观，并做相关工作汇报。调研组一行参观了园区的水土保持监测站、径流场、人工模拟降雨以及水资源利用、水土保持综合治理和节水设施。通过实地了解，充分肯定了近年来大春河水土保持生态科技示范园在水土保持综合治理、水资源管理和利用、农业节水、生态保护等方面取得的显著成效，同时就进一步做好治理、节水、水资源管理等工作提出具体要求：一是园区高效节水是大势所趋，尤其在干旱地区，节水就显得更加紧迫。二是要努力保持和巩固现有成果，全力推进节水型社会建设。要把节水作为水务工作最重要的方面来抓，在促进经济社会发展的同时保护好生态环境，努力实现经济社会发展和生态建设的共赢，促进经济社会科学发展。三是要进一步统一思想，提高认识，宣传和节约用水、水土保持综合治理、水资源利用新技术推广，充分调动广大农民的积极性，发挥农民群众积极参与。[1]

2016 年 4 月 20 日，云南省环境保护厅在昆明举办了全省生态保护红线划定技术培训班，深入贯彻落实云南省委、省政府关于划定生态保护红线工作的部署。来自省发展和改革委员会、工业和信息化委、国土资源厅、环境保护厅、住房和城乡建设厅、农业厅、林业厅、水利厅、旅游发展委、测绘地理信息局等单位的管理和技术人员共 90 余名学员参加了培训。会议由云南省环境工程评估中心杨永宏主任主持，省环境保护厅高正文副厅长出席培训班并做动员讲话。高副厅长就生态保护红线划定的目的、意义进行了深入分析，提出了相关要求，明确了划定责任，以确保按时完成云南省生态保护红线划定工作。省环境保护厅自然处夏峰处长介绍了云南省生态保护红线划定工作方案的主要内容，省环境工程评估中心对红线划定技术方案进行了培训和解读。省环境信息中心介绍了数据库建设流程，云南省基础地理信息中心讲解了红线管理信息系统平台操作的具体方法。会议还邀请环境保护部南京环境科学所专家讲解了国家对生态保护红线划定的工作要求和各省工作进展情况。各参会人员就具体划定工作中可能遇到的问题进行了讨论，省环境保护厅技术组对相关问题进行了解答，评估中心杨永宏主任对培训情况进行了总结。通过此次培训会，各责任单位明确了工作分工，熟悉和掌握了生态保护红线划定的技术要求，为今后生态保护红线的划定奠定了坚实的基础。[2]

2016 年 9 月 6 日，大理白族自治州政府与中国移动云南分公司在大理签署战略合作协议，旨在以信息化呵护大理生态之美，以智慧旅游分享"风花雪月"之乐，以现代技术留住大理乡愁。中共大理白族自治州委书记梁志敏及州委、州政府相关领导，中国移

---

[1] 晋宁县水务局：《市水务局调研晋宁大春河水土保持生态科技示范园》，http://www.wcb.yn.gov.cn/arti?id=56241（2016-02-26）。

[2] 云南省环境工程评估中心：《云南省生态保护红线划定技术培训班在昆明举办》，http://www.ynepb.gov.cn/zwxx/xxyw/xxywrdjj/201604/t20160425_152029.html（2019-04-25）。

动云南公司总经理马奎，副总经理黄振旺、冯毅出席签约仪式，中共大理白族自治州副委书记李雄主持签约仪式。马奎总经理在签约仪式上表示，此次战略合作协议的签署是双方共同迈出深入贯彻云南省委九届十次全会工作部署坚实的一步。中国移动云南分公司将主动融入大理白族自治州委、州政府的中心工作，积极为大理城乡信息化建设贡献力量。一方面，中国移动将努力实现移动 4G 网络覆盖所有乡镇，助力"智慧大理"建设，为大理信息化跨越发展架好桥铺好路；同时，中国移动还将本着相互尊重、相互支持、共同发展的原则，按照大理"坚持特色发展、创新发展"的思路，全力推动大理传统产业与互联网的融合，提速产业转型升级，助力大理绿色产业、生态旅游的互联网转型升级，促进电子政务和服务型政府建设、提高城市信息化管理水平，以信息化为大理的创新发展注入强劲动力。

其一，移动互联网+生态文明建设。习近平总书记在云南大理调研时指出，"云南有很好的生态环境，一定要珍惜。生态环境保护是一个长期任务，要久久为功。"目前，大理白族自治州政府将生态保护列为发展要务，把洱海保护好，让"苍山不墨千秋画，洱海无弦万古琴"的自然美景永驻。环海路路况良好，景色优美，旅游者多不胜数，所带来的生活垃圾、附近居民的排污治理成为目前最为棘手的问题之一，中国移动云南分公司努力提升环海路4G网络覆盖，同时也解决了环海路2G网络覆盖弱问题，协助政府在环洱海建立强大的视频监控网络，全方位监测洱海周边排污情况、污水处理站工作情况。气象数据对保护生态环境至关重要，中国移动云南公司通过提供优质的无线网络，为大理州气象局提供了 300 多张气象数据采集卡，对全州天气情况进行监控，并为大理白族自治州气象局定制开发了天气预报预警平台，通过短、彩信方式向州、县、乡各级政务提供灾情预警。

其二，移动互联网+智慧旅游。"风花雪月地，山光水色城"，这是人们对于大理这座文化古城灵韵之美的概括。这里是曾经的南诏古国、文献名邦，也是金庸笔下的传奇小城、妙香佛国，更是现代人逃离北上广，拥抱小幸福的首选之地。为了有效保证游客们随时随地高速稳定地访问移动互联网，中国移动云南分公司积极响应政府号召，攻坚克难，快速完成了对全州 500 多个旅游资源点的 4G 网络覆盖；同时，在旅游、服务、民生、金融等重点行业公共区域大力建设 WIFI 网络，目前已实现蝴蝶泉、三塔等重点国家级景区 WIFI 网络免费使用，下一步将继续加大各种公共服务场所免费 WIFI 网络的建设力度；还参与了"来大理网"旅游信息平台建设，为该平台提供优质的信息化网络服务。

其三，移动互联网+电子政务。在大理白族自治州委、州政府的信任和支持下，中国移动云南分公司已圆满完成大理州电子政务网项目建设，实现全州12个县市110个乡镇的办公无纸化、网络化、信息化。本着资源整合，统一高效的原则，中国移动云南分公司依托电子政务网先后拓展建设了大理白族自治州基层服务型党组织平台（全省率先完成5个县项目建设，实现467个行政村接入）、社会管理综合治理平台（覆盖12个县、110个乡镇、超过20 000名网络管理员使用）、州县乡视频接访系统（全省率先完成123接入点建设）、大理白族自治州农村集体"三资"监管平台（全省率先完成建设，全面覆盖全州12个县，110个乡镇，超过1000名村级资产管理员使用）、"6995"互救互助信息平台（全州近60万农村山区老百姓使用）、州纪委门户网站（日均网站访问量超过5000）以及大理白族自治州人大代表政协委员提案系统（全省首家完成建设，高效服务全州2000多名人大代表和政协委员）等党委、政府重大信息化项目。目前，已完成建设的各项目运行稳定，客户使用感知良好，得到了大理白族自治州各级党委、政府和各合作单位的高度认可和肯定。

据了解，今年是中国"互联网+"元年，也是中国移动在大理实施"移动互联网+"深度应用的起步之年。以"移动互联网+"为重点的信息化建设打造"信息大理、高效大理、智慧大理、幸福大理"的重要举措。中国移动云南分公司计划未来5年内将在大理投入23亿元，涉及大理白族自治州在"移动互联网+"宽带中国、云计算、创新创业、物联网、便民服务、电子政务、智慧城市、电子商务、三农、林业、教育、医疗卫生、旅游、交通、平安等15个方面的合作计划，双方将以"移动互联网+"解决方案为具体结合点，开展全方位、深层次的战略合作。中国移动云南分公司将充分发挥网络优势、产业链优势、客户规模优势，推动"移动互联网＋"的深度应用，确保将大理白族自治州建成为一个基础设施先进、信息网络通畅、科技应用普及、生产生活便捷、社会管理高效、公共服务完备、生态环境优美、经济健康发展的现代化社会，用"移动互联网+"开创生态保护的大理模式，用信息化让大理之美焕发活力。[①]

---

① 贺静：《保护生态文明 发展智慧旅游大理州政府与中国移动云南公司签署战略合作协议》，http://special.yunnan.cn/feature13/html/2016-04/24/content_4303773.htm（2015-09-06）。

2017年8月底，高新区企业云南国辉神农茶业有限公司生产的"国辉神农"牌普洱茶，通过了国家生态原产地产品保护现场评定，成为云南第一个普洱茶国家生态原产地保护产品。获得国家生态原产地保护批准后，产品可加贴生态原产地保护标志，将有利于提高产品知名度、美誉度，赢得消费者信赖，塑造良好的企业形象；有利于进一步推动茶企业向外向型经济发展，实现通关绿色通道，加快通关速度。①

---

① 郭曼：《普洱茶首个生态原产地认证落户高新区》，《昆明日报》2017年8月30日。

第五编

云南省生态文明排头兵

建设区域特色篇

云南地处我国西南边疆，与缅甸、老挝、越南接壤，其独特的地理位置、气候特征、民族文化、生态环境，在我国生态文明建设的过程中发挥着至关重要的作用，更是云南争当生态文明排头兵建设所具备的区域优势。2016 年 6 月 28 日，中国政府网发布《国务院关于同意新增部分县（市、区、旗）纳入国家重点生态功能区的批复》（国函〔2016〕161 号），云南有 21 个县（市、区）被新增纳入国家重点生态功能区。对于云南而言，《全国主体功能区划》《全国生态保护与建设规划（2013—2020）》等的出台，决定了云南在生态文明建设中的独特地位，更凸显了云南的区域特色。云南在西南生态安全格局中占据着重要地位，其生态屏障的构建、生态保护红线的划定关系着西南乃至我国的生态安全，更影响到边境地区的生态安全。近十年来，各种生态问题的突发严重危及人们的生产生活、自然生态系统的平衡，云南在国家政策指导下，围绕区域环境安全、国家生态安全以及跨境生态安全开展了一系列工作，极大地推动了生态文明建设的进程。

第一章　云南省生态安全建设编年

云南省发展和改革委员会巡视员李承宗曾说："保护云南生态，不仅关系到国家生态安全，更直接影响我国的国家形象。"云南地处祖国西南边陲，西部与缅甸接壤，南部与老挝、越南毗邻，国境线长达 4060 千米，是我国边境线最长的省份之一。云南具有气候类型多样、地形地貌多样、生物物种多样等特征，云南以其独特的自然资源和多元化人文，肩负着维护我国西南生态安全屏障的重担。

云南生态安全建设是构筑我国西南地区生态安全屏障的重要组成部分。云南省在具体的生态安全建设中，在维护区域生态安全和跨境生态安全方面做出了一定成绩，并取得较好的效果。从区域生态安全建设的情况来看，高原湖泊作为水生态安全的重点治理对象，在云南争当生态文明排头兵的过程中正发挥重要作用，云南生态安全建设主要是以云南所处的地理位置、所具有的独特的自然环境展开，主要包含水生态安全、森林生态安全等。按照《云南省主体功能区划》的要求，稳步推进，加大跨境联合保护的力度，最终实现人与自然和谐发展。

第一节　云南省生态安全建设（2016 年）

2016 年 1 月 19 日，云南玉溪抚仙湖国家湿地公园（试点）获得国家林业局的相关批复，将开展国家湿地公园试点工作，成为 2015 年批准建设的 137 个国家湿地公园试点之一，是云南省唯一一个国家湿地公园试点。即将启动实施的抚仙湖国家湿地公园规划总面积达 22 971.65 公顷，其中湿地面积有 21 989.7 公顷，占总面积的 95.73%，将涵盖五个功能区，即保育区、恢复重建区、宣教展示区、合理利用区和管理服务区。最终，通过国家湿地公园的建设，实现抚仙湖 I 类水质的保护和珠江源头水生态安全，为高原湖泊物种保护、高原湖泊湿地保护与利用提供典型示范。国家湿地公园（试点）将在 5 年后进行正式验收，通过验收后才可正式挂牌国家湿地公园。"十二五"以来，抚仙湖累计建成生态湿地 1000 余亩，搬迁沿湖群众 1500 人，完成农业产业种植结构调整 1.5 万亩，实施造林 7.7 万亩、封山育林 4.77 万亩、国家公益林管护 25 万亩，治理水土流失面积 180 平方千米。通过这些保护措施，抚仙湖总体水质稳定保持 I 类水质。抚仙湖还被列为国家水质良好湖泊生态环境保护试点，进入国家江河湖泊生态环境保护重点名录，澄江、江川、华宁沿湖 3 县也被纳入国家重点生态功能区转移支付范围。[①]

2016 年 4 月 5 日，记者从澄江县林业局获悉，自抚仙湖国家湿地公园（试点）获国家林业局批复后，澄江县随即着手实施湿地保护项目和湿地恢复两个工程，加快推进抚仙湖国家湿地公园建设，力争 5 年后通过验收正式挂牌。抚仙湖是珠江源头第一大湖，是我国最大的深水型淡水湖泊，湖岸线长约 100.8 千米，湖面面积 216.6 平方千米，湖容量达 206.2 亿立方米，占全国淡水湖泊蓄水量的 9.16%，水质和水量为云南省九大高原湖泊之首，生态区位十分重要。抚仙湖被列为国家水质良好湖泊生态环境保护试点，进入国家江河湖泊生态环境保护重点名录。"十二五"期间，玉溪市对抚仙湖实施了环湖生态修复、流域截污治污、农业面源污染控制、入湖河道综合整治等多项工程，使抚仙湖总体水质稳定保持 I 类水质。按照规划，2016 年澄江县已着手实施抚仙湖国家湿地公园保护与恢复两个工程。湿地保护工程将对抚仙湖一级保护区的湖滨缓冲带、入湖河口湿地加强管护，禁止对水体有污染的行为，并通过种植结构调整，推广生态观光农业、控制旅游污染等措施保护水系水质；将对抚仙湖湖岸采取严格保护和管理措施，打捞湖岸的枯枝败叶，及时清理垃圾，控制游客数量等；将划定鸟类栖息地保护区，加大土著鱼类增殖放流；将开展保护管理能力建设，设立湿地公园界碑、标示牌、防火设施和巡护设备等。湿地恢复工程将改造和提升已有河道，对河道实施打捞、清淤，修复水

[①] 陈怡希：《云南抚仙湖国家湿地公园试点建设获批》，《云南日报》2016 年 1 月 19 日。

体，恢复水生植被和湿地生态系统结构；通过缓冲带建设实施退田还湿地、还塘、还林，对已有的湖滨生态修复工程进行改造提升，增强出入湖河流水质及湖滨带水源涵养能力，完善湿地生态系统。据悉，抚仙湖国家湿地公园建设项目保护与恢复工程总投资预计1.1亿元。由于湿地公园建设是一项公益性社会事业，因此建设资金主要依靠财政投入，可申请国家、省级的资金支持，吸引社会化资金投入建设。澄江县林业局野生动植物湿地保护科科长余刚介绍，澄江县正全力推进国家湿地公园的建设，通过建设保护抚仙湖Ⅰ类水质，确保珠江源头水生态安全。①

2016年4月18日，《云南日报》记者张登海报道，文山壮族苗族自治州丘北县紧紧围绕制约全县经济社会发展的"瓶颈"问题，科学规划，以构建"多源互补、城乡一体、区域互济、河湖连通"的现代化水网为目标，全面推进水网建设5年大会战。建设多源互补的骨干水源工程网。重点围绕产业园区、工业园区、重点农业生产基地等重点经济区，突出园区和灌区的水利支撑，推进骨干水源工程建设。全县规划建设22件水源工程，其中，大型1件、中型2件、小（Ⅰ）型8件、小（Ⅱ）型11件。新增蓄水库容23 703万立方米，为21.56万人、7.51万头大牲畜和49.31万亩耕地提供可靠的供水水源，进一步提高全县供水安全保障能力和水资源综合调控能力，扭转全县工程型缺水问题，另外，以县城区域为主，打造县城、乡镇、农村三级供水安全保障网，努力构建城乡一体化饮水安全保障网络。全县以农村饮水安全巩固提升工程为重点规划，建设自流引水及管网延伸工程236件、打井291口、小水窖1163件，全面提升15.02万人的饮水问题；建设区域互济的农业灌溉供水网。根据骨干水源工程布局情况，因地制宜，以大、中、小型灌区为主，建设灌排有序的农业灌溉供水保障网。续建丘北大型灌区，建设8个中型灌区、29个小型灌区、10个高效节水灌溉工程、10个田间节水改造工程；建设河湖联通的水生态安全网。以河湖生态补水、河道治理、城镇污水治理、水土保持、水电站水库综合利用等内容为主，打造丘北生态水网。②

2016年6月16日，公布的《云南省环境保护厅中国保监会云南监管局关于印发云南省环境污染强制责任保险试点工作方案的通知》显示，云南首批131家企业将试点投保环

---

① 白诚颖：《抚仙湖国家湿地公园力争5年后正式挂牌》，http://yuxi.yunnan.cn/html/2016-04/06/content_4267332.htm（2016-04-06）。
② 张登海、黎云皎、陈映波：《丘北全面推进水网建设大会战》，《云南日报》2016年4月18日。

境污染强制责任保险。所谓环境污染强制责任保险，是指以企业发生污染事故对第三者造成的损害依法应承担的赔偿责任为标的的保险。按照通知要求，云南将按照政府推动、市场运作，试点先行、稳步推进等原则，通过试点，逐步完善全省环境污染强制责任保险制度，并建立健全风险评估、损失评估、责任认定、事故处理、保险金赔付等工作机制。到 2020 年，环境污染强制责任保险将基本覆盖重污染行业和重点防控区域，同时基于环境风险程度的投保企业目录也将初步建立，企业风险有效分散，环境安全保障能力明显增强。从具体的运行模式来看，主要是通过事前、事中、事后的风险管理，建立环境污染强制责任保险新机制。即引入第三方参与环境风险管理，建立环境风险管理专家库；在环境风险识别和评价的基础上，以事故防控为核心，量身设计保险方案；选择有资质的保险公司，组建共保体，共同服务、共担风险；建立风险评估系统、投保系统、政府查询系统三位一体的云南省环境污染强制责任保险网络服务平台，实现企业在线投保、环境保护在线监管等。通知中明确指出，首批试点企业共 131 家，试点时间为 2 年。其中，重金属污染物产生和排放的企业共 88 家，包含重有色金属冶炼业、铅蓄电池制造业、皮革及其制品业、化学原料及化学制品制造业等；高环境风险企业共 43 家，包含石油化工行业企业，近 3 年内发生过严重污染事故的企业，位于九大高原湖泊流域等重点流域且存在环境风险的企业，生产、运输危险化学品的企业等。另外，通知强调，承保公司须明确保险条款载明的保险责任范围、赔偿范围、责任限额等，合理厘定保险费率。保险责任赔偿范围应包括第三方因污染损害遭受的人身伤亡或财产损失；投保企业根据环境保护法规政策规定，为控制污染物扩散或清理污染物支出必要而且合理的清污、运送费用等。每年累计责任赔偿限额在 100 万元至 3000 万元之间设立多级，以满足不同企业投保需求。投保企业在发生环境污染事故后，应及时采取必要、合理的措施，有效防止或减少损失，并按照政策法规要求，向有关政府部门报告。同时，及时通知承保公司，书面说明事故发生的原因、经过和损失情况；保护事故现场，保存事故证据资料，协助承保公司开展事故查勘和定损。承保公司在接到报案后，则应及时组织事故查勘、定损和责任认定，并按保险合同的约定，及时履行保险赔偿责任。承保公司应委托投保企业和承保公司共同认可的污染损害鉴定评估专业机构，对污染事故的损害情况进行测算。[①]

[①] 许孟婕：《云南试点环境污染强制责任险 首批 131 家企业投保》，http://society.yunnan.cn/html/2016-06/17/content_4390 840.htm（2016-06-17）。

2016 年 6 月 20 日，云南红河哈尼族彝族自治州河口县将以保障防洪，群众供水、水生态安全和粮食生产为目标，力争到"十三五"末达到境内库库连通，解决 5.98 万群众安全饮水和新增（改善）农田灌溉面积 5.2 万亩，并使水土流失综合治理面积达到 63 平方千米。"十三五"期间，河口县将兴建天生桥中型水库 1 座，蓄水库容 1450 万立方米，新增蓄水库容近 2000 万立方米。到 2020 年，河口县将实现库库连通，从而有能力加大枯水时段供水，做到可优化配置水资源开发利用。为此，河口县拟建北山、山腰、南溪、桥头、瑶山五个自来水厂。并将实施农村人畜饮水提升改造工程 37 件，解决 5.98 万群众饮水安全问题，使河口县农村饮水安全提质增效，农村集中式供水人口比例达到 80% 以上。据了解，河口县、绿春县、金平县加在一起，已占有整个红河哈尼族彝族自治州 50% 以上的水力资源。"十三五"末，河口县的南溪河、红河干流及其主要支流的堤防将达到防洪标准，中小河流和山洪灾害防治能力得到进一步提高，洪涝灾害和干旱灾害年均直接经济损失占同期 GDP 的比重分别降低至 0.6% 和 0.8% 以内，城镇防洪达标率达到 80%。并开展中小河流治理工程 16 件，治理总长 35.5 千米。此外，到"十三五"末，河口县将加快中小灌区节水改造，项目区灌溉水利用系数将提高到 0.7 左右，实现灌溉保证率提高 75% 左在，新增农田有效灌溉面积 3.2 万亩，改善灌溉面积 2 万亩，让更多的贫困群众生产生活条件得到明显改善。[①]

2016 年 10 月 20 日，《国务院关于同意新增部分县（市、区、旗）纳入国家重点生态功能区的批复》明确，将昆明市东川区新增纳入国家重点生态功能区。东川区委、区政府明确表示，结合东川区转型发展和重点生态功能区建设，将始终坚持保护优先，全面推动创新发展和绿色发展，打好产业转型升级战和生态环境保护持久战。围绕"一产做特、二产做强、三产做大、整体做优"的总体思路，通过发展特色农业、推进产业转型升级、提升传统产业、培育新兴产业、挖掘旅游产业，着力构建"主业突出、多元并举、优势互补、竞相发展"的产业新体系。坚持以生态文明理念引领绿色发展，把生态文明建设作为转型发展的根本要求，突出山绿、水清、环境美，加快推进东川生态修复示范区建设，抓好天然林保护、城乡绿化造林、退耕还林、生物多样性保护和外来有害生物防控等重大工程建设，深入推进工业污染防治，严厉打击环境污染和破坏生态行

---

① 赵岗、张耀辉：《云南河口"十三五"末将实现库库连通 可解决 5.98 万群众安全饮水》，http://finance.yunnan.cn/html/ 2016-06/21/content_4396545.htm（2016-06-21）。

为，继续实施小江流域综合治理，加强集中式饮用水水源保护区管控，完善城乡污水、垃圾治理设施，确保区域生态环境质量不断改善，实现经济与人口、资源、环境的可持续发展。

2016年10月21日，中国环境报记者蒋朝晖报道，云南省昆明市东川区在推进国家重点生态功能区建设中，将着力打好产业转型升级战和生态环境保护持久战，构建天蓝、地绿、水净、和谐的美好家园。长期以来，东川区委、区政府着眼区域经济社会可持续发展，克服各种困难，积极探索生态保护与经济发展协调统一路径，推进生态产业化，全面建设绿色美丽东川。经过坚持不懈的环境治理和生态修复，东川区环境质量逐渐改善，森林覆盖率已从2004年的20.8%提高到2015年的33%。①

2016年11月23日，中国科学院地学部第十六届常委会第三次会议暨"一带一路"建设与地球科学前沿论坛在云南大学举行。本次论坛由中国科学院地学部主办，云南大学、中科院成都山地灾害与环境研究所承办。围绕"一带一路"建设与地球科学的主题，中国科学院院士朱日祥、郭华东、姚檀栋、崔鹏等做了题为"丝路沧海与资源能源""地球观测：从遥感卫星到月基平台""青藏高原地球系统科学研究新进展""'一带一路'自然灾害与重大工程风险防范"等报告。此外，长期从事国际河流跨境资源环境研究的云南大学何大明教授，以澜沧江—湄公河为例开讲国际河流与地缘合作。"此次论坛的召开恰逢云南大学地球科学建设'一流学科'的关键时刻，成为云南大学地球科学学科建设的新开端"，云南大学校长林文勋表示，云南大学将推进地学学科平台和科学中心建设、人才培养和科研创新，着力打造具有国际影响力的地球科学学科高地，为国家战略和区域社会经济发展做出更大的贡献。同时，学校将以国家发展战略需求和重大问题为导向，不断完善地学学科发展定位、发展目标、发展思路和发展举措，争取尽快培养和产出具有重大影响力的地球科学科研创新成果。据悉，云南大学围绕西南地区独特的地质环境、水文资源、生物多样性以及地处边疆和紧邻南亚东南亚的优势条件，明确了以我国西南与东南亚、南亚的国际河流为研究主体，重点开展跨境资源环境领域的基础研究和应用基础研究，形成了以国际河流与高原山地环境研究为主的水文过程与跨境影响、水域生态功能与河流健康、地缘合作与跨境生态安全、陆疆环境

① 蒋朝晖：《昆明东川区建设重点生态功能区 坚持保护优先 推动绿色发展》，《中国环境报》2016年10月21日。

监测评价与生态修复的研究特色，取得了重要的研究成果。[①]

2016年12月22日，云南省印发了《云南省环境保护厅关于构建环境保护工作"八大体系"的实施意见》（以下简称《实施意见》），明确提出全面构建环境质量目标、法规制度、风险防控、生态保护、综合治理、监管执法、保护责任和能力建设保障八大体系。

其一，国家西南生态安全屏障功能持续提升。《实施意见》明确提出全面构建八大体系的总体目标，即全面构建实施云南省环境保护工作八大体系，确保"十三五"环境保护规划目标完成。到2020年，全省生态环境质量总体保持优良，重点流域和重点区域的环境质量明显改善，主要污染物排放总量达到国家要求，国家西南生态安全屏障功能持续提升，生态环境保护管理体制进一步优化完善，环境风险得到有效管控，现代环境治理体系初步形成。《实施意见》逐一细化目标，在构建环境质量目标体系上，从水环境质量明显改善、大气环境质量持续优良、土壤环境质量稳中向好、生态安全屏障功能继续稳定提升、环境风险防范能力持续加强5个方面，分别提出了具体指标。具体说来，到"十三五"末，《云南省水污染防治工作方案》增加的50个考核断面水质达标率要达到100%，水环境质量得到阶段性改善。以六大水系和九大高原湖泊为主的地表水国控断面达到或优于Ⅲ类标准的比例不低于75%，劣Ⅴ类断面比例小于6%。县、州（市）级集中式饮用水水源水质达到或优于Ⅲ类的比例分别为95%、97%以上。州（市）级城市空气质量优良率不低于92%，细颗粒物达标率达100%。"十三五"期间，全省耕地土壤环境质量稳中向好，污染耕地安全利用率不低于85%。

其二，明确责任主体加大奖惩问责力度。《实施意见》对全省环境保护工作八大体系具体工作逐一细化，明确了每项工作的责任单位。《实施意见》从加快生态环境监测网络建设、严格环境监管执法、深化职能部门间联动执法、强化核与辐射安全监管4个方面，明确了构建环境监管执法体系的具体举措。在严格环境监管执法上，云南省将继续开展整治违法排污企业保障群众健康环境保护专项行动；完善跨行政区域环境执法合作，严肃查处涉危、涉重等环境违法问题及未批先建、批建不符等违法行为，对涉嫌犯罪的环境违法行为移送司法机关依法处理；坚持实行流域、区域、行业限批和挂牌督办

① 高艺萌、杨莎：《院士专家齐聚云大　共探"一带一路"建设与地球科学发展》，http://edu.yunnan.cn/html/2016-11/25/content_4631766.htm（2016-11-25）。

等措施，开展环境问题整改后督察；完善对未完成环境保护目标任务或发生重特大环境违法事件负有责任的各级政府领导和企业责任人约谈制度；健全环境保护举报制度，妥善处理群众的环境投诉；加强环境信息公开，充分发挥社会监管和舆论监督作用，维护人民群众的环境权益。《实施意见》明确要求，从严守生态保护红线、严格环境准入强化源头管控、完善环境应急体系和能力、防范重金属污染及有毒有害化学物质风险4个方面，构建环境风险防控体系；从加强重要生态功能区保护、加强生物多样性保护、加强自然保护区监管、加强生态环境保护合作等5个方面，构建自然生态保护体系；从全面加强水污染防治、稳定提升大气环境质量、切实加强土壤污染防治、深化城乡环境综合整治、推进市场化环境污染治理等5个方面，构建重点突出的环境综合治理体系；从建立健全环境保护督察机制、党委和政府及其部门依法履行环境保护责任、公众积极主动投身环境保护等4个方面，构建环境保护责任体系；从加强环境保护机构和人才队伍建设、加大环境保护资金投入、加快推进环境管理信息化建设等4个方面，构建能力建设保障体系。《实施意见》强调，全省各级环境保护部门和相关单位要结合职能职责，进一步细化"十三五"期间构建八大体系的时间表和路线图，对照八大体系逐一明确责任领导、责任部门和责任人，确保工作落实。省环境保护厅将加强检查督促督办，加大奖惩问责力度。①

2016年以来，景洪市森林公安局先后在全市范围内开展了"打击非法猎捕、杀害珍贵濒危野生动物、"湿地和自然保护区执法"等专项行动，依法严厉惩处各类涉林违法犯罪，全年受理行政案件182起、刑事案件55起，打击处理违法犯罪人员301人。②

第二节　云南省生态安全建设（2017年）

2017年，"十二五"以来，瑞丽市在规范森林公安民警执法行为、增强治安管控

---

① 董宇虹：《云南省环境保护系统着力构建环境保护工作"八大体系"》，http://kunming.yunnan.cn/html/2016-12/23/content_4666289.htm（2016-12-23）。

② 韩帅南、常国轩：《云南景洪市森林公安局销毁841公斤野生动物死体及制品》，http://society.yunnan.cn/html/2017-04/08/content_4785567.htm（2017-04-08）。

能力、提升保障服务水平上下功夫，有效保障了林区生态资源安全，为推动瑞丽生态林业、民生林业健康快速发展和瑞丽开发开放试验区"生态软环境"建设做出了积极贡献，用实际行动实践着瑞丽试验区"生态软环境"的目标。多措并举，建设和谐林区。首先，瑞丽市紧紧围绕涉林违法犯罪的突出特点和规律，始终保持对破坏森林和野生动植物资源违法犯罪活动的高压严打态势，适时开展一系列打击涉林、野生动植物及制品违法犯罪专项行动。期间，共查处各类涉林违法案件986起，共处罚各类违法犯罪人员1014人，收缴大批非法木材及野生动物制品，解救各类国家级野生保护动物白眉长臂猿、臭鼬、蜂猴、蟒蛇、大壁虎、虎纹蛙等2000余只（头），累计为国家挽回经济损失2099.9万元，有效保护了全市森林和野生动植物资源安全。其次，瑞丽市森林公安机关充分发挥熟悉山情、林情的优势，不断加大情报调研力度，加强阵地控制，在边境林区重要通道、复杂区域及毒品源植物种植和生长季节有针对性地开展禁毒宣传、教育活动，营造"种毒违法、种毒必铲、种毒必究"的舆论氛围。同时，全面加大巡护踏查和线索收集研判工作力度，坚决把非法种植毒品源植物活动消灭在萌芽阶段，严厉打击利用林区通道走私、运输涉毒违法犯罪活动，实现了"十二五"期间全市林区毒品源植物"零种植"的工作目标。最后，瑞丽市始终坚持"打防结合、以打促防"的原则，把护林防火工作作为森林公安机关服务和保障涉林产业有序发展的重中之重来抓，适时开展森林防火进村入户、走进校园、深入集市，筑牢林区群众防火意识，加强重点林区的火源火患管控整治，严格按照"四快、四细、三到位"的原则，从快从严查处各类森林火灾案件。

据统计，"十二五"期间，瑞丽市共开展森林防火宣传31场次，发放宣传单2000余份，张贴宣传标语300余幅，查处森林火灾案件17起，破案率100%。确保队伍正规化，增强执法公信力。瑞丽市采取的主要措施包括：一是认真贯彻落实相关文件精神，将一些制约森林公安队伍建设与发展的瓶颈问题得到有效化解，森林公安队伍警务保障水平得到不断加强。二是顺利落实财政供养辅警人员10名，影响和制约队伍效能发挥的保障、机制、体制问题得到逐步化解。三是通过不断努力，瑞丽市森林公安局队伍正规化建设工作于2012年8月初顺利通过省、州考核验收，莫里派出所于2012年9月初被省森林公安局正式命名为队伍正规化建设达标单位。同时，还采取聘请监督员、参与庭审旁听、组织学习考察等多种形式，从内部上全面加强对一线森林公安民警的执法培训，从外部上全面完善执法监督体系，初步建立了"内外双修"的执法规范化建设机制。积极推行检察官派驻森林公安监督工作机制，全面认真推进相对集中林业行政处罚权工作，增强森林公安机关执法公信力。另外，狠抓基础硬件建设，通过自筹及上级支持，先后斥资 20 余万元为森林公安基层一线部门配备了一大批信息化装备。截至目前，全市森林公安民警数字证书配备率为 95%，民警的计算机拥有率达到了 100%，公安网计算机拥有率达到了 100%，一线部门二代证读卡仪、集群手机配备率达 100%，公安网扩容改造已投入使用，活体指纹采集室已建成并投入使用，软视频会议系统覆盖到了基层派出所。狠抓信息采集录入，严格按照"准确采集，录入规范"的原则，狠抓网上布控、警务信息核查、活体指纹采集等信息的采集录入，落实信息录入责任，确保做到全警采集、全警录入、全警共享、全警应用。通过软视频会议系统传输到一线派出所，实现会议召开网络化、公文处理无纸化，让更多的基层民警在派出所视频会议室就能参加会议，办公自动化系统已广泛的在民警中使用，文件传真的处理转发在网上就已基本上能完成，极大地提高了办公效率、降低了办公成本。扎实推进无房派出所基础工程建设，先后投入 10 余万元，顺利完成了莫里派出所"五小工程"建设，将勐秀、弄岛、畹町派出所纳入中西部无房森林公安派出所建设项目，并于 2014 年全部竣工投入使用。①

2017 年 2 月 17 日，记者从云南省水利厅获悉，去年，云南省积极践行新的治水思路，全面做好水土流失预防、综合治理、生态修复、监测评价各项工作，完成年度新增水土流失治理面积 4720 平方千米。省水利厅相关负责人介绍，去年云南省水土流失综合治理稳步推进。2015 年国家下达云南省坡耕地水土流失综合治理工程 14 个、国家农业综合开发水土保持项目 10 个、水土流失重点治理工程 25 条小流域。云南省于 2016 年 3 月前全面完成，完成项目投资计划 2.3 亿元，坡改梯 4.29 万亩，农业综合开发治理水土流失面积 101.57 平方千米，小流域治理 62.5 平方千米；2016 年国家安排云南省坡耕地综合治理项目 12 个、国家重点治理工程 12 个、农业综合开发水土保持项目 10 个，总投资 2.6 亿元，资金到位率 100%。截至 2016 年底，中央投资完成率分别为坡耕地 97.4%，农业综合开发项目 99.2%，国家重点工程 99.2%。此外，通过积极争取，9 月份省财政增加财政预算 1.12 亿元用于水土保持工作。同时，云南省加大项目竣工验收力

---

① 杨雪梅：《瑞丽：当好国门森林卫士 构建"生态软环境"》，《德宏团结报》2017 年 4 月 17 日，第 3 版。

度。开展了2011—2015年已实施完成的坡耕地、农发项目、重点小流域项目共186个项目的验收工作，其中省级负责验收81个，委托州市验收105个，目前已全部完成验收工作。2016年，云南省在完成新增水土流失治理面积工作中，预防监督力度加大。通过强化事中、事后监管，全省生产建设项目水土保持"三同时"制度有效落实，人为水土流失得到有效控制。省级审批生产建设项目水土保持方案158件、组织水土保持设施竣工验收126件、征收水土保持补偿费1.07亿元。2016年省级确定236个项目作为开展水土保持监督检查重点，组织对全省九大高原湖泊及157个城市重要饮用水源地径流区矿山项目逐一排查、建立台账、梳理问题、督促整改。云南省2016年开工建设了7个水土保持监测站点和改造升级了14个已建站点，计划2017年年底完成建设任务，届时全省监测站点数量将达到48个，水土流失监测能力也将明显加强。[①]

2017年2月中旬，云南省发布的第四次森林资源调查公报显示，全省森林面积2273万公顷，森林覆盖率达59.30%，与2009年相比，森林面积增加117万公顷，森林覆盖率提高3.06个百分点。经测算，云南省平均每公顷森林每年可涵养水源2588.17立方米，固土85.96吨，固碳1.41吨，释氧3.78吨，还有提供负离子吸收空气中的有害气体、滞尘等作用，折算为生态服务功能价值为每公顷7.41万元，新增117万公顷森林面积，每年新增生态服务功能价值达866.97亿元。森林资源数量增加、质量提高，天蓝、地绿、水清，人民群众的生态福祉更高，获得感更强。这是云南省生态环境持续改善的一个缩影。深入贯彻落实习近平总书记考察云南的重要讲话精神，近年来全省上下一盘棋，强化体制创新，抓实抓牢各项工作，以实际行动争当生态文明建设排头兵。全省各级相关部门坚持把中央、省委及省政府主要领导关于生态文明建设和生态文明体制改革讲话精神、指示要求与环境保护工作实际相结合，坚持点面结合全覆盖，城市、乡村，空气、水体、山林、土壤等全面覆盖。进一步推进退耕还林还草工程，加大天然林保护、防护林建设、低效林改造和陡坡地生态治理力度。加强自然保护区、国家公园和生物多样性保护，推进九大高原湖泊水环境综合治理。提高环境突发事件应急处置能力，深入推进农村生态环境综合治理，强化环境监管，对违法排污、破坏生态的行为严厉查处。坚持"生态立省、环境优先"的战略不动摇，在生态环境保护上，云南坚持算大账、算长远

[①] 王淑娟：《云南完成新增水土流失治理面积4720平方公里》，http://yn.yunnan.cn/html/2017-02/18/content_4733270.htm（2017-02-18）。

账、算整体账、算综合账。面对经济下行的巨大压力，全省上下坚持把节能减排作为加快产业转型升级的重要抓手，统筹处理好稳增长与节能减排的关系，推动绿色可持续发展。创新驱动，绿色转型。立足已有的资源优势和产业基础，绿色产业的发展将为经济增长提供新的动力，有效提升全省经济发展的质量，为绿色云南的发展创造更大机遇。[①]

2017年3月起，昆明将对各县（市）区2016年度水资源管理工作进行考核，各县（市）区自检自查，4月份进入复核阶段。待考核结果出炉，昆明将对各县（市）区实行水资源红、黄、绿分区管理。昆明境内径流面积在100平方千米以上的河流有61条，主要河流有金沙江、普渡河、牛栏江、小江、南盘江、巴江等，主要湖泊有滇池、阳宗海、清水海，总面积327平方千米，总储水量22.2亿立方米。如此丰富的水资源，放在国内任何一座省会城市，都是傲人的本钱。然而，昆明处于珠江、长江、红河的分水岭，没有大江大河过境，没有直接可以利用的水，滇池流域人均水资源量不足200立方米，仅为全省的1/30。为此，控制市级水资源开发利用总量和提高用水效率管理刻不容缓，所以昆明将按县级行政区划分红、黄、绿分区并实施管理。根据《昆明市水资源红黄绿分区管理实施细则（试行）》规定，年度落实最严格水资源管理制度考核结果，是划分水资源红黄绿分区的主要依据。水资源开发利用率大于40%，或者年度最严格水资源管理考核用水总量、用水效率有不合格的县（市）区和开发（度假）园区划为水资源红区管理。发生重大水污染事件，对供水安全、水生态安全和水功能区、水源地造成严重影响的区域，也将划为红区管理。水资源开发利用率处于30%—40%，或者年度最严格水资源管理考核年度用水总量、用水效率考核合格，但用水总量已超过考核控制指标80%的县（市）区和开发（度假）园区，划为水资源黄区管理。水资源开发利用率低于30%，年度最严格水资源管理考核用水总量、用水效率考核合格，以及用水总量小于控制指标80%的县（市）区和开发（度假）园区，划为绿区管理。对实施红区管理的单位，将严格建设项目水资源论证制度，并作为取水许可审批的依据；限制新增取水许可；延续取水许可审批应核减取水许可量；原则上不作为引调水工程的水源区、调出区，不应向其他区域转让水权。[②]

① 胡晓蓉：《创新驱动绿色转型》，http://www.yunnan.cn/html/2017-02/13/content_4727276.htm（2017-02-13）。
② 杨官荣：《昆明水资源实行红黄绿管理 县区考核不合格亮红牌》，http://finance.yunnan.cn/html/2017-03/27/content_4771745.htm（2017-03-26）。

自 2017 年 3 月 15 日起，为实现"村庄园林化、道路林荫化、农田林网化、岗坡林果化、庭院花园化"，香格里拉市立足建设全国生态文明排头兵目标，积极推进乡镇"百万林"造林绿化工程 3 年行动计划，努力构建生态优良、宜居宜游的美丽环境。森林覆盖率达 76% 的香格里拉市，始终坚持绿水青山就是金山银山的发展理念，突出香格里拉国家级生态功能区、"两江"流域生态安全屏障和青藏高原南缘生态屏障核心区的战略地位，紧紧围绕"生态立市、绿色发展"战略和实现森林覆盖率及森林质量双增长的目标，在全力实施"两江"上游生态保护与建设工程，落实政府环境保护主体责任的同时，强力推进乡镇"百万林"造林绿化工程，计划全市 11 个乡镇每个乡镇每年种植树木 10 万株。据悉，香格里拉市今年将完成公益林项目 0.5 万亩，封山育林 1 万亩，退耕还林 1 万亩，国家森林抚育补贴项目 5 万亩，森林管护面积超过 1500 万亩，重度退化草地占比下降 10%，力争 5 年后森林覆盖率达到并保持在 78% 以上，林木绿化率达到 83%。①

2017 年 3 月 22 日，云南省纪念第二十五届"世界水日"暨第三十届"中国水周"座谈会在昆明举行。座谈会提出，云南省要突出自身特点，实现所有河湖库渠推行河长制，到 2017 年底全面构建五级河长制体系，为 2018 年全面建立河长制创造条件。今年"世界水日"的宣传主题是"废水"，我国纪念 2017 年"世界水日"和开展"中国水周"活动的宣传主题是"落实绿色发展理念，全面推行河长制"。云南省河湖众多，水系发达，分属长江、珠江、红河、澜沧江、怒江、伊洛瓦底江六大水系，其中集水面积 50 平方千米以上的河流有 2095 条；常年水面面积 1 平方千米以上湖泊有 30 个，已建成的水库有 6230 座，渠首设计流量每秒 5 立方米以上的渠道有 267 条。长期以来，云南省积极采取措施加强河湖水环境、水生态、水资源的治理、管理和保护。根据党中央、国务院战略部署，云南省将采取有力措施，积极组织开展全面推行河长制工作。结合云南实际，云南省六大水系、牛栏江及九大高原湖泊设省级河长。纳入《云南省水功能区划》的 162 条河流、22 个湖泊和 71 座水库，纳入《云南省水污染防治目标责任书》考核的 18 个不达标水体，大型水库（含水电站）要设立州市级河长。其他河湖库渠，纳入州、市、县、乡、村河长管理。全省河湖库渠实行省、州（市）、县（市区）、乡

---

① 尤祥能：《香格里拉市 推进造林绿化 3 年行动计划》，http://www.yunnan.cn/html/2017-04/17/content_4793422.htm（2017-04-17）。

（街道）、村（社区）五级河长制，设立总河长、副总河长，分别由同级党委、政府主要负责同志担任。"河长"是河流保护与管理的第一责任人，主要职责就是督促下一级河长和相关部门完成河流生态保护任务，协调解决河流保护与管理中的重大问题。座谈会明确提出，既要"河长制"，又要"河长治"，要在水资源保护、岸线管理保护、水污染防治、水环境治理、水生态修复、执法监管等方面继续加大力度。[1]

2017年3月30日，云南省森林防火和国土绿化工作电视电话会议在昆明召开。会议深入学习贯彻习近平总书记系列重要讲话和李克强总理重要批示精神，按照全国国土绿化和森林防火工作电视电话会议要求，对当前和今后一个时期全省森林防火和国土绿化工作做出全面安排部署。副省长张祖林出席会议并讲话。会议指出，林业建设是事关经济社会可持续发展的根本性问题，全省各级相关部门要充分认识抓好森林防火和国土绿化工作的重要意义，牢固树立"绿水青山就是金山银山"的发展理念，增强责任意识，从保障人民群众生命财产安全、国家生态安全的高度做好国土绿化和森林防火各项工作。围绕扎实推进国土绿化工作，会议要求，全省各级相关部门要以创新、协调、绿色、开放、共享发展理念为引领，切实抓好造林工作，大力开展义务植树活动，着力推进森林质量提升，创新国土绿化机制，强化国土绿化责任落实，大力发展绿色产业，实现一二三产业融合发展，加快形成科学合理的国土绿化事业发展格局。针对当前森林防火工作的形势和重点，会议要求，各地各有关部门要牢固树立"防范第一""有火是过、无火是功"的责任担当意识，形成齐抓共管强大合力，坚决管住林区野外火源；营造林区森林防火浓厚氛围；强化预警监测，做好应急处置各项准备；加强森林防火工作的组织领导，最大限度减少森林火灾发生，坚决遏制重大森林火灾发生，坚决避免人员伤亡和重大财产损失，努力打赢森林防火攻坚战。[2]

2017年4月8日，记者从云南省景洪市森林公安局获悉，该局近日在景洪市原始森林公园附近集中销毁一批不易保存的涉案野生动物死体及其制品，总重量达841.53千克。景洪市森林公安局局长杨苏林表示，公开销毁野生动物死体及制品表明了景洪市森林公安局坚决打击破坏野生动物违法犯罪，保护野生动物资源，维护生态安全和林区稳

① 王淑娟：《我省落实绿色发展理念加强水资源治理管理保护：河长制年内覆盖全域河湖库渠》，《云南日报》2017年3月23日，第1版。
② 胡晓蓉：《云南森林防火和国土绿化工作电视电话会议提出 扎实推进国土绿化 齐抓共管森林防火》，http://politics.yunnan.cn/html/2017-03/31/content_4776430.htm（2017-03-31）。

定的坚定立场和鲜明态度。该局副局长金忠呼吁,广大民众要自觉抵制乱捕、滥猎、滥食野生动物及非法经营野生动物产品的违法行为。[1]

2017年4月上旬,片马边境检查站官兵在跃片公路77千米处公开查缉时,从某辆车上查获疑似野生动物死体11只(经鉴定为赤麂,属于国家三级保护动物),怒江傈僳族自治州泸水市森林公安局将此案立为林业行政案件调查处理,没收11只麂子制品,给涉案的少某某给予处罚。针对境内存在的盗伐滥伐林木,乱捕滥杀野生动物,破坏森林和野生动植物资源违法犯罪案件频发的形势。2017年2月开始,怒江傈僳族自治州森林公安局根据省森林公安机关统一部署,在全州范围内组织开展严厉打击破坏森林和野生动植物资源违法犯罪"2017利剑行动"。重点打击盗伐滥伐林木、非法大树移植、非法经营加工木材、毁林开垦、非法占用林地、非法猎捕杀害野生动物、非法收购运输出售及互联网上非法贩卖珍贵濒危野生动物及其制品、失火放火烧山及在林区内违令用火等违法犯罪行为。争取查破一批在当地有影响的重点案件,力争实现"抓一个打一伙,破一案带一串",确保打出气势、打出成效,有效维护怒江傈僳族自治州森林和野生动植物资源安全,维护怒江傈僳族自治州生态安全屏障建设。行动中,怒江傈僳族自治州森林公安机关广辟线索来源,转变侦查方式,强化巡防布控,深入问题突出的重点地区、林区和场所,重拳出击。目前,怒江森林公安机关先后出动民警1449人,清理非法占用林地项目3个,清理木材、野生动物非法交易场所2处,清理木材、野生动物加工经营场所15处,检查野生动物活动区域9处,开展宣传教育活动108次。共受理案件156起,查获154起。其中,刑事案件7起,破案5起(野生动物案件2起),刑事处理5人,查处林政案件149起(野生动物行政案件8起),行政处罚149人,行政处罚涉案单位2个。共收缴野生动物14只(头),其中,国家二级野生动物3只,收缴木材136.1417立方米。[2]

2017年4月上旬,西双版纳傣族自治州多地开展了国门生物安全宣传教育进校园活动。4月6日,西双版纳傣族自治州出入境检验检疫局与西双版纳职业技术学院联合进行以"践行国门生物安全倡议,筑牢国家生态安全保障"为主题的国门生物安全进校园

---

[1] 韩帅南、常国轩:《云南景洪市森林公安局销毁841公斤野生动物死体及制品》,http://society.yunnan.cn/html/2017-04/08/content_4785567.htm(2017-04-08)。

[2] 李寿华、学华:《怒江森林公安开展"利剑行动"保护野生动植物安全》,http://nujiang.yunnan.cn/html/2017-04/11/content_4788075.htm(2017-04-11)。

宣传活动。检验检疫技术人员从动植物检疫法与国门生物安全、医学媒介生物与人类传染病、动物疫病与人类健康、入侵性生物与检疫性生物等角度出发，以工作实例介绍、标本实物展示、国门生物安全倡议书发放等方式进行了宣讲，活动现场互动气氛热烈。4月7日，勐腊县出入境检验检疫局的检验检疫技术人员走进勐腊县关累国门小学，为包括108名缅甸籍学生在内的全校500余名师生开展了国门生物安全宣传教育活动。结合30幅国门生物安全、生态安全知识的宣传展示板和500余份宣传资料，检验检疫技术人员进行了知识性与趣味性兼具的专题视频讲座、展板展示、咨询释疑及有奖竞答互动，赢得师生们的广泛好评。[1]4月下旬，西双版纳傣族自治州政府做出决定，从4月下旬开始，在全州范围内组织开展为期3个月的打击破坏野生动物资源违法犯罪专项联合行动。此次行动，以乡镇为重点，突出自然保护区、风景名胜区、森林公园、湿地、天然林区、公益林区、水资源保护区等资源丰富、生态区位重要地区，对破坏森林资源的违法违规行为进行全面清理排查。对野生动物栖息地、边境一线边贸集市、花鸟、集贸等各类市场、野生动物及其制品集散地，以及非法加工利用、经营销售和邮递运输野生动物及其制品的餐饮、工艺品、宠物经销、驯养繁殖、货运快递等相关行业进行整治。力争侦破一批影响较大、群众关心、媒体关注的案件，坚决遏制野生动物非法交易行为，切实维护西双版纳傣族自治州生态安全。同时，要求行政公安、林业、森林公安、海关、边防、工商多部门联合，加强边境一线查缉，堵死偷运走私野生动物路径。在全州开展宣传教育，倡导保护野生动物理念，为专项联合行动营造良好的舆论氛围。[2]

2017年5月9日，昭通市召开2017年环境保护暨中央环境保护督察整改工作推进会议，对于维护长江上游生态安全具有重要作用。会议指出，2016年全市环境保护工作取得了显著成绩，但离中央、云南省的要求以及群众的期盼尚有较大差距，全市各级各有关部门务必全力确保昭通市环境问题按时按质整改完成。要以环境质量改善为核心；以环境问题整改为重点；以"生态细胞"创建为载体，全面推进生态文明建设；以提升污染防治水平为根本，推进污染总量减排；以严格环境准入为红线，提升环境评价审批效率；以严格监管执法为重点，促进环境保护守法常态化；以加强环境监测为突破

① 刘子语、刘冰洋、白永华：《西双版纳开展国门生物安全教育进校园活动》，http://edu.yunnan.cn/html/2017-04/13/content_4790320.htm（2017-04-13）。
② 田仁梅、黄文徽：《文山州开展打击破坏野生动物犯罪专项行动》，http://wenshan.yunnan.cn/html/2017-04/27/content_4805740.htm（2017-04-27）。

口，提升环境监管水平；以强化宣传教育为基础，提升全民环境保护意识；以提升队伍素质为保障，不断夯实环境保护基础，全力推进环境保护工作有力有序有效开展，为建设长江上游重要生态安全屏障贡献力量。[①]

2017 年 5 月 10 日下午，在组织收看收听全省全面推行河长制电视电话会议后，曲靖市立即召开全市全面推行河长制电视电话会议，市委副书记、市长董保同在会上强调，各级各部门要主动担当、真抓实干，全面落实河长制各项任务，切实保障全市水安全、水生态安全、水环境安全，为全市经济社会持续健康发展做出新的更大贡献。董保同在会上强调，要提高认识、迅速行动，各县（市、区）要对照市委、市政府全面推行河长制的工作意见和实施方案，结合工作实际，确保在 2017 年 6 月份制订完成各县（市、区）实施方案，10 月份基本建成较为完善的管理体系，切实把各项工作任务落到实处。要明确任务、突出重点，严格按照河长制的主要任务和工作要求，进一步细化工作措施。要抓好源头治理，把产业规划、布局与保护水生态、治理水环境结合起来，全力预防水源污染；要将治理污染源作为治水的重点和前提，环境保护、水务、住建、城管等部门要全面排查各河段排污口和沿河排放企业，开展联合执法，实施截污封堵，加强源头防控、溯源治理、水岸共治工作；要加大工业园区污水集中处理设施建设，确保污水经处理达标后方可排放。要抓好生态治理，筑牢生态修复、生态治理、生态保护三道防线，恢复河湖库渠水域岸线生态功能；要充分发挥河道综合功能，与创建国家森林城市、国家文明城市、提升城乡人居环境、打造特色生态旅游文化城市相结合，精心打造一批水环境生态走廊，使河道成为一条安全线、生态线和风景线。要抓好水源治理，科学编制河湖管理保护规划，严格落实最严格水资源管理制度，着力加强节水型社会建设，加快实施节水技术改造，严格限制发展高耗水项目。要加强体制建设，加快水质监测、智慧水务建设，积极探索大江大河源头水生态保护新路子，不断提高水污染应急处置能力。董保同要求，要加强领导、完善机制，建立各级党委、政府主要领导担任组长的河长制领导小组，构建市、县、乡、村四级河长和市、县、乡、村、组五级治理体系，确保河湖库渠全覆盖、领导责任全覆盖；要坚持问题导向、因地制宜，协调各方力量，共同推进水生态、水环境管理保护工作；要将河长制纳入 2017 年重点工作进行

---

① 聂孝美、王娟：《昭通市召开环境保护暨中央环境保护督察整改工作推进会》，http://www.yunnan.cn/html/2017-05/11/content_4821416.htm（2017-05-11）。

督查，对组织领导不力、履行职责不到位、目标任务完成滞后的从严问责；要建立完善河湖库渠管理保护信息发布平台，公告河长名单，设立河长公示牌，聘请水环境社会监督员，公布热线电话，拓展公众参与和社会监督渠道；要充分利用报刊、广播、电视、网络、微信、微博等各类媒体和传播手段，加大河湖保护科普宣传力度，让河湖管理保护意识深入人心，成为社会公众的自觉行动，营造全社会关爱河湖、珍惜河湖、保护河湖的良好风尚。曲靖市委常委、市委组织部部长赵正富主持会议并对全面推行河长制工作提出具体要求。①

2017 年 5 月 22 日，是一年一度的联合国"国际生物多样性日"，在这一天，云南省环境保护厅联合中科院昆明动物所、植物所，共同对外发布了《云南省生物物种红色名录（2017 版）》，这可是我国发布的首个省级生物物种红色名录。云南成为全国首个发布生物物种红色名录的省份，并不让人意外，这与云南省在全国生物多样性保护中的重要地位是相符的。云南以特殊的地理位置和复杂的自然环境，孕育了极为丰富的生物资源，是全球 34 个物种最丰富的热点地区之一，也是我国重要的生物多样性宝库和西南生态安全屏障，生物多样性居全国之首，换句话说就是在云南省生存的生物物种种类全国最多。云南人引以为傲的"动物王国""植物王国"的称号，是有真凭实据的。然而，云南省也是生物多样性受威胁最严重的地区之一。云南省南北走向的山脉和较大的海拔落差，造就了多样的地理与气候类型，使得物种多样性极高，然而这同时也意味着许多物种种群数量少、分布空间有限，生态适应能力低，对于外界干扰非常敏感，遇到自然灾害和人为破坏，很容易陷入濒危境地甚至灭绝。例如，今年刚刚被认定独立成种的高黎贡白眉长臂猿，观测到的整个种群数量不到 200 只，物种生存状况非常脆弱且危险。另外，云南省滇西北地区特殊的高海拔、低温，山高坡陡、土地贫瘠等因素，导致这些地区的植被生长和演替过程非常缓慢，一旦破坏，极难恢复。例如，香格里拉县的小雪山林场曾在 1982 年 5 月发生特大森林火灾，烧毁森林 2.2 万亩，此后，相关部门对过火地区进行了修复，然而 30 多年过去了，山上的植被依然稀疏，补种的杉树高度仅有一米左右，没有比被火烧过之后的残缺树桩高出太多。原生植被恢复之难，可见一斑。由于资源过度利用、栖息地破坏、生存环境破碎化、外来物种入侵、环境污染、气

① 张俊：《董保同在全市全面推行河长制电视电话会议上强调：全面落实河长制 切实保障水安全》，《曲靖日报》2017 年 5 月 11 日，第 1 版。

候变化等因素，云南省生物多样性一直呈现下降的总体趋势，保护形势非常严峻。此次发布的红色名录中，濒危物种847个，其中有滇金丝猴和红豆杉；灭绝危险级别更高的极危物种有381个，金钱豹和绿孔雀赫然在列。在生物多样性丰富的云南，发现新物种的概率并不低。在世界范围内，动物尤其是高等灵长类动物的新物种发现是非常罕见的，但是在云南省2010年新发现了怒江金丝猴，2017年新认定了高黎贡白眉长臂猿，都是震惊世界的发现。

据《人民日报》的报道，中科院昆明植物研究所提供的数据显示，2011年以来，发现于云南省并合格发表的种子植物物种（包括种下等级）有168种，云南省新生物类群的不断发现，尤其是研究较为深入的种子植物仍有新属的发现，表明云南省内的物种多样性仍有较大的挖掘潜力，需要进行持续深入的野外科学考察、调查和研究。同时，新发现的物种通常分布区域较为狭窄，或者数量极稀少，刚被发现就面临生存困境。我国能够作为生物多样性保护法律依据的是野生动物保护法和野生植物保护条例，但是配套的国家重点保护野生动物名录从1988年颁布至今只调整过3次，国家重点保护野生植物名录从1999年一直沿用至今。新发现的物种或者近年来栖息地受破坏较为严重，分布地区及数量急剧减少的物种，不能及时收录到国家保护名录，而能否进入重点保护名录，不仅意味着破坏该物种面临的刑事处罚力度不同，还在很大程度上会影响保护资金的投入，从而关系到许多濒危物种的命运。一方面云南省的生物多样性面临严峻的威胁；另一方面国家野生动植物保护名录跟不上新物种发现的脚步以及生物种群变化的趋势，让《云南省生物物种红色名录（2017版）》的发布具有了划时代意义——一个省决心对生物多样性的保护主动承担更多的责任。本次云南省的红色名录评估集全国200多位专家学者之力，对云南省已知野生动植物物种进行的一次全面系统的梳理，不仅确定了每个物种的等级，还评估分析了物种的地理分布、种群现状以及威胁因素；不仅丰富和完善了《中国生物多样性红色名录》，同时首次将大型真菌和地衣列入生物物种红色名录评估。《云南省生物物种红色名录》以及去年发布的《云南省生物物种名录（2016版）》（也是全国首个省级物种名录），为云南省制定相关政策规划、编制物种保护计划、开展生物多样性研究、修订重点保护野生物种名录、提高公众保护意识以及促进生物资源的合理利用等提供了科学依据。"我们今天所见的生物多样性是数十亿年进化的成果。它经过天然过程以及越来越多的人类影响被塑造成了今天的样子。它形成了一个生命网，我们人类是这个生命网上的组成部分，并完全依赖它。"生物多样性为包括农业、化妆品、制药、纸浆和造纸、园艺、建筑、废物处理在内的各种行业提供着资源支持。生物多样性的丧失会威胁到粮食供应、休闲旅游，以及木材、药物和能源的来源。除此之外，生物多样性的丧失还会影响到人类赖以生存的水汽循环、水净化等重要的生态功能。保护生物多样性符合人类自身的利益。期待红色名录的发布，能加快推进《云南省生物多样性保护条例》的立法进程，针对云南省生物多样性丰富、独特而脆弱的特点，保护好我们作为动植物王国最珍贵的生物资源，也为全人类守住一片希望之地。[1]

2017 年 5 月 24 日至 26 日，由老挝南塔省主办，西双版纳傣族自治州政府、亚太森林可持续经营网络老北项目协办的"中老跨境生物多样性联合保护第十一次交流年会"在老挝南塔省召开。老挝中央委员、南塔省省长、省委书记培塔翁·丕莱万出席会议并致开幕词，丰沙里省副省长康培·万纳桑，乌多姆赛省农林厅有关负责人，西双版纳傣族自治州副州长刘俊杰等相关人员参加了会议。刘俊杰分别与老挝南塔省、丰沙里省、乌多姆赛省政府代表签署合作备忘录。会议的召开具有里程碑意义，双边的合作由之前的双方保护区签署合作协议提升到双方政府之间签署合作备忘录，标志着中老跨境生物多样性联合保护交流机制从政府部门层面交流上升到了两国政府之间的交流合作。本次会议总结了 2016 年中老跨境生物多样性联合保护工作及老北援助项目 APFNet 工作，协商研讨了下一步在联合保护区域内合作工作计划，并就健全信息交流平台、强化森林防火、开展资源本底调查、联合巡护和环境教育、人才培养等方面达成了共识。中方向老挝北部三省赠送了价值 3 万元的办公设备，与会人员还参观了老挝楠木哈保护站。据悉，中老跨境生物多样性联合保护项目自 2006 年开展以来，中方与老挝北部三省林业保护部门通过 11 年合作，在边境线建立了长 220 千米、面积 20 万公顷的"中老跨境生物多样性联合保护区域"，构建中老边境绿色生态长廊，促进联合保护区域内的物种交流与繁衍，筑牢了中老边境生态安全屏障。双方以跨境生物多样性联合保护区域为基础，在保护区能力提升培训、跨境亚洲象调查、生物多样性保护宣传、跨境联合巡护、边民交流及跨境交流年会等方面开展合作，为东南亚生

---

[1] 朱宏：《动植物王国的生物多样性更需要科学的保护》，http://comment.yunnan.cn/html/2017-05/23/content_4833582.htm（2017-05-23）。

态安全做出了积极贡献。[①]

2017 年 5 月 24 日，全省城市地下综合管廊海绵城市建设工作推进会在玉溪召开，来自全省 16 个州市的与会代表实地观摩了按园林设计打造景致、路面色彩斑斓的玉溪市两湖大瀑布城市森林公园、东风广场海绵城市建设，以及迄今为止云南最大的四舱管廊，也是全国建设规模最大的管廊之一的红龙路管廊施工现场等。紧扣"水安全保障、水生态良好、水资源持续、水环境改善、水文化丰富、生态宜居、高原特色"的目标，玉溪市将海绵城市试点区建设纳入市委、市政府重点工作，以问题和目标为导向，围绕20.9 平方千米的试点区，按年径流总量控制率 82%，对应设计日降雨量 23.9 毫米的海绵城市建设任务，高起点规划、高标准建设、高水平管理，多措并举，积极推进海绵城市建设。据玉溪市副市长蔡四宏介绍，2016 年，通过竞争性评审，玉溪市成功申报为国家第二批海绵城市建设试点城市。根据试点实施方案，玉溪海绵城市试点区共分为六大汇水分区和黑臭水体及河道综合治理七个大项 290 个子项目，总投资 83.77 亿元。截至2017 年 4 月底，已经建设完成 22 个项目 4.7 平方千米海绵城市区，同时启动了试点区2.9 平方千米范围内建筑小区、道路广场、公园绿地、管网调蓄等 29 个项目的建设工作。规划站位高，规划管控强，延伸海绵县城、乡镇及村庄规划是玉溪高起点规划、统筹海绵建设全局的一大突出亮点。

结合水资源缺乏，短时单点暴雨频发这一特征，玉溪市紧抓解决城市内涝、水体黑臭等突出问题，依据城市总规，多规衔接、多规统筹，以雨水综合管理为核心，绿色设施与灰色设施相结合，统筹源头减排、过程控制、系统治理的技术路线，实现自然积存、自然渗透、自然净化、高效利用的发展途径，高起点编制中心城区海绵城市专项规划、控制性详细规划、规划设计导则、标准图集和海绵项目包建设系统方案，确保项目建设的科学性、系统性。推行海绵城市规划建设管控制度，将海绵规划与技术标准落实到规控单元"一张图"中，建立海绵城市规划建设一体化管控平台，把海绵城市建设要求纳入"两证一书"、施工图审查、开工许可、竣工验收等环节，实现海绵城市规划建设管理流程闭合循环。以海绵城市试点建设为引领，带动各县区海绵城市规划，把海绵城市建设理念融入城镇建设，在"百村示范、千村整治"工作中，结合农村实际，梳理

---

① 张国英：《中老跨境生物多样性 联合保护交流取得新进展》，http://xsbn.yunnan.cn/html/2017-06/05/content_4844839. htm（2017-06-05）。

乡村治水思路，提升农村建设品质，打造具有地方特色的海绵小镇。当前，随着海绵城市建设工程不断推进，各项目包每月均有大量项目开工建设，今年底将确保完成70%的建设任务。①

2017年5月底，昆明市人大常委会分组实地视察云龙水库、清水海、牛栏江流域水源保护情况并召开座谈会，听取市政府对云龙水库、清水海、牛栏江流域水源保护情况汇报。据悉，昆明市将在云龙水库水源区实施农村人畜饮水安全工程建设等28项安全达标建设工程。2016年，禄劝彝族苗族自治县、寻甸回族彝族自治县分别成立云龙水库及清水海水源保护区管理局，全面负责云龙水库、清水海水库的保护和管理。结合水源区保护实际，昆明市出台《昆明市云龙水库保护条例》并上升为《云南省云龙水库保护条例》；相继出台《昆明市清水海保护条例》及关于进一步加强集中式饮用水源保护的实施意见等一系列法律、法规和政策体系，水源地保护逐渐迈向科学化、规范化和法制化轨道。按照收益与补偿相结合的原则，昆明设立了水源保护专项资金，从2014年起，水源保护专项资金筹措基数增加，由每年上缴1千万元提至3千万元，筹集的水源保护专项资金每年合计2.4亿元。并不断拓宽水源地保护资金投入渠道，保障水源地保护工作资金需求。

从退耕还林、农改林、产业结构调整、清洁能源、劳动力转移技能培训、学生补助、新型农村合作医疗补助等12方面给予补助。2008—2015年，市级拨付禄劝彝族苗族自治县云龙水库水源保护区生态补偿资金2.94亿元。2013—2015年，昆明市拨付清水海水源保护区生态补偿资金0.97亿元。2016年，昆明市出台《昆明市主城饮用水源区扶持补助办法》，将扶持补助范围由松华坝、云龙、清水海扩大到主城7个集中式饮用水源地，每年定额补助资金2.07亿元。实施综合治理，改善饮用水源区的生态环境，开展达标建设，计划在云龙水库水源区实施农村人畜饮水安全工程建设、森林生态系统建设、云龙水库水源替代工程、撒营盘污水处理厂尾水农业再利用工程、保护区划界定桩工程、农业面源整治工程、地表径流控制工程、河道综合整治工程、保护区生活垃圾整治工程、30个村庄生态文明村建设、水库及入库河道生态隔离带和防护林建设、水土保持工程、云龙水库自动化监测系统升级改造工程等28项安全达标建设工程，预计投入17.3亿元。计划在清水海水源区实施水源区水源涵养系统建设、保护区划界定桩、

① 余红：《生态玉溪的海绵城市建设》，《云南日报》2017年6月29日，第10版。

一级保护区退田及移民搬迁、集镇和农村环境综合治理、农业面源整治、水土保持工程等 14 项措施，预计投资 14 亿元。通过实施以上措施，强化水质安全保障。牛栏江在昆明径流面积为 2190.7 平方千米，昆明通过采取严格环境保护准入、全面控制工业污染、狠抓城镇治污设施建设、加强农村面源污染防治、加强生态环境建设及水土流失防治等，确保牛栏江流域水质达标。根据检测结果，2011—2017 年 4 月，牛栏江昆明出境断面（河口）平均水质Ⅱ类，好于Ⅲ类水保护目标。视察组提出，应多措并举加大水源区综合治理，加大对滇池流域水源区保护力度，科学处理发展与保护间的关系。市委常委、副市长邢敦忠，市人大常委会副主任金志伟、常敏、马凤伦、赵学锋、毕惠芝，市人大常委会秘书长吴庆昆参加会议。①

2017 年 6 月 5 日，是第 46 个世界环境日，云南省环境保护厅公布《2016 年云南省环境状况公报》。其中，全省城市空气质量持续改善并保持优良，16 个州市政府所在地城市平均优良天数比例达 98.3%，较 2015 年提高 1.0%。六大水系主要河流干流出境跨界断面水质全部达到水环境功能要求，九大高原湖泊水质总体保持稳定，地级以上城市集中式饮用水水源地水质全部达标。主要重金属污染物排放量明显下降，重金属污染防治重点区域环境质量总体稳中趋好。②

2017 年 6 月 14 日至 17 日，云南省政协副主席王承才率省政协调研组到迪庆藏族自治州开展"进一步加强金沙江流域生态环境保护与绿色发展"专题调研。王承才要求，迪庆藏族自治州要继续坚持绿色发展理念，积极发展绿色经济、循环经济、低碳经济，筑牢长江上游生态安全屏障，为我省建设"生态文明排头兵"做出更大贡献。省政协常委、省政协人资环委主任张登亮，省政协常委、省政协人资环委副主任他盛华等省政协相关领导参加调研。州委书记、州人大常委会主任顾琨，州政协主席杜永春，副州长蔡武成，州政协副主席施春明一同调研。4 天时间里，调研组沿金沙江流域实地走访沿线各乡镇，深入调研迪庆藏族自治州生态保护、产业发展、环境执法监管等工作情况。调研中，王承才充分肯定了迪庆藏族自治州相关工作取得的成绩。他表示，迪庆藏族自治州是"三江并流"世界自然遗产的核心区，金沙江、澜沧江"两江"贯穿迪庆藏族自治

① 杜仲莹、张梦曦、钟士盛等：《昆明云龙水库水源区将实施 28 项"安全工程"》，http://society.yunnan.cn/html/2017-05/29/content_4839521.htm（2017-05-29）。

② 期俊军：《2016 年云南省环境状况公报发布：9 大高原湖泊水质 2 优 2 重度污染》，《春城晚报》2017 年 6 月 6 日，第 A07 版。

州全境，其特殊的地理位置、丰富的自然资源、重要的生态价值使之成为我国长江上游乃至西南重要的生态安全屏障。近年来，迪庆藏族自治州以发展生态经济为核心，着力强化生态环境建设和环境保护，切实加快资源节约型、环境友好型社会建设。通过实施"森林迪庆"建设、"七彩云南香格里拉保护行动"、滇西北生物多样性保护等工程，目前全州的森林覆盖率达到了74%以上，在全省位居前列，有效保护了"两江"流域的生态环境安全。王承才指出，党的十八大以来，中央把生态文明建设放在了突出地位。推进生态文明建设是经济社会持续健康发展的关键保障、是民意所在民心所向、是党执政能力的重要体现，做好生态环境保护是功在当代、利在千秋的事业。迪庆藏族自治州由于特殊的区位和气候特点，生态环境脆弱，生态环境保护压力巨大。迪庆藏族自治州各级领导干部一定要清醒认识到保护生态环境、治理环境污染的紧迫性和艰巨性，要清醒认识加强生态文明建设的重要性和必要性，以对人民群众、对子孙后代高度负责的态度和责任，守护好迪庆藏族自治州的绿水青山。王承才要求，在今后工作中，迪庆藏族自治州各级领导干部要认真学习领会习近平总书记系列重要讲话精神和在云南考察时对我省提出的三个定位和要求，主动服从、服务和融入国家发展战略。一是要通过强化法制保障，巩固生态文明建设取得的成果。二是要通过专项执法检查，严格环境保护监管。三是要认真落实国家相关的生态补偿政策，引导广大群众做好流域沿线的生态环境保护。四是要开展好农村环境综合整治，建设美丽乡村。五是要协调处理保护与发展关系，积极发展旅游业、高原特色生物产业、水电等绿色产业，以发展促进保护，切实筑牢长江上游生态安全屏障，为我省建设"生态文明排头兵"做出更大贡献。①

2017年6月下旬，甘孜藏族自治州和迪庆藏族自治州林业、森林公安、白马雪山保护区管理局等部门在德钦县奔子栏镇开展林业植物检疫联合执法行动，进一步加强和规范林业植物检疫执法秩序，严厉打击违法调运应施检疫森林植物及其产品的行为，制止危险性林业有害生物的传播蔓延，巩固造林绿化成果，维护森林生态安全。联合执法对解板点的《木材加工许可证》、民用材来料登记及加工等是否合法、完整进行抽查，并对解板点松木是否带有危险性林业有害生物进行检疫，在金沙湾检查站堵卡检查来往车辆，并对经营户和过往车辆进行检疫法律法规宣传，讲解重大林业有害生物给人民带来

---

① 杨勇：《王承才：坚持绿色发展理念 构筑长江上游生态安全屏障》，http://diqing.yunnan.cn/html/2017-06/20/content_4860527.htm（2017-06-20）。

的经济损失。通过联合执法，进一步加深了两地多部门执法工作联系，打击了林业植物检疫违法犯罪行为，有效防止松材线虫病、薇甘菊等重大林业有害生物传入，提高了涉木单位、企业及个人对林业植物检疫的认识，增强了涉木单位、企业及个人的法律意识和社会责任感。[①]

2017 年 6 月 30 日，云南省人大常委会在昆明召开会议，听取云南省人民政府相关部门和省高院、省检察院关于 2016 年度云南省环境状况和环境保护目标完成情况。会议认为，2016 年省政府环境保护各项目标任务完成较好。全省化学需氧量、氨氮、二氧化硫、氮氧化物排放量减排完成了年度任务。主要河流出省出境断面全部达标，九大高原湖泊水质总体稳中向好，滇池水质由劣五类改善为五类。地级以上城市集中式饮用水水源水质达标率达到 100%，云南省成为全国环境空气质量最好的省份之一。与此同时，云南省环境保护状况还与中央和云南特殊生态地位的要求、人民群众的期盼有较大差距。例如，对生态环境保护认识不深、要求不严、落实不力；高原湖泊治理与保护力度仍需加大；重金属污染治理推进不力；自然保护区和重点流域保护区违法违规问题严重等突出问题需高度重视。截至目前，全省关于环境资源保护方面的地方性法规和单行条例已有 149 件。2016 年，根据新环境保护法，云南省人大常委会还首次听取了省政府关于 2015 年度云南省环境状况和环境保护目标完成情况汇报，成为全国首批落实新环境保护法依法听取报告的 18 个省份之一。2017 年省人大常委会将综合运用听取审议专项工作报告、工作评议、测评等方式，对省政府环境保护工作进一步依法实施正确、有效监督。此外，会议通报了《省人大常委会听取和审议省人民政府 2016 年度环境状况和环境保护目标完成情况并开展工作评议方案》。省人大常委会副主任刀林荫出席会议并就相关工作作安排。她指出，要充分认识省人大常委会开展对省政府环境保护工作评议的重要意义，以评议工作为契机，坚持问题导向，精心组织、团结协作、科学评议、加强监督、务求实效，加大环境保护力度，扎实推进生态文明排头兵建设。[②]

---

① 吴国平：《跨地区多部门开展林业植物检疫联合执法行动》，http://diqing.yunnan.cn/html/2017-06/26/content_4866536.htm（2017-06-06）。

② 左超：《云南省人大常委会召开会议听取 2016 年度云南省环境状况和环境保护目标完成情况》，《云南日报》，2017 年 7 月 1 日，第 4 版。

第二章 云南省生态屏障建设编年(2016—2017 年)

由于多样的自然环境和人文环境,云南各地州市开展了具有地域色彩的生态屏障构建,为云南生态文明排头兵建设提供坚实保障。2016 年 5 月 13 日,西双版纳傣族自治州景洪市紧紧围绕国家、省、州关于生态文明建设的决策部署,抓实生物多样性保护工作,加快构建生态保护屏障体系,景洪市坚持把林业工程作为景洪生态屏障的重要依托,全面实施林业工程,抓好天然林保护和退耕还林工程,修复热带雨林生态系统。2017 年 3 月 15 日,普洱市作为全省重要生态屏障和林业大市,普洱市今年将围绕国家绿色经济试验示范区建设和全面建成小康社会的目标任务,重点抓好生态林业、富民林业、开放林业、文化林业、法治林业、智慧林业建设。2017 年 5 月 26 日,昆明市在西山林场黑泥凹林区知了山开展"关爱山川·义务植树"志愿服务活动,170 余人参与活动,巩固了昆明的生态屏障。云南省的生态屏障建设是一项庞大的生态文明建设工程,从当前的工作来看,尚处于发展阶段,应使得云南生态屏障建设尽快制度化、法制化、信息化,逐步形成具有云南特色的生态屏障体系。

2016 年 5 月 13 日,《中国环境报》记者蒋朝晖、陈雪、罗蒂报道,西双版纳傣族自治州景洪市紧紧围绕国家、省、州关于生态文明建设的决策部署,抓实生物多样性保护工作,加快构建生态保护屏障体系。景洪市有两个国家级自然保护区、1 个州级自然保护区和 1 个市级保护区,保护区面积共计 1709.56 平方千米,全市森林覆盖率达

84.46%。为推进生物多样性保护，景洪市科学编制并大力实施生物多样性保护规划，积极建设生态保护廊道，景洪市积极参与"糯扎渡保护区—纳板河保护区—勐养片区—勐腊片区"和"双江县—勐养片区—小黑江—勐仑片区—勐海—打洛"两条重要的生物多样性保护廊道建设。景洪市坚持把林业工程作为景洪生态屏障的重要依托，全面实施林业工程，抓好天然林保护和退耕还林工程。划定生态红线，编制了《景洪市 2010—2020 年林地保护利用规划》，明确全市林地保有量达 46.94 万公顷，森林保有量达 40.88 万公顷，为全市的经济社会发展建设用地划定生态保护底线。为加强重要经济植物、珍稀濒危植物、地区特有植物保护，景洪市出台了《关于进一步加强农业野生资源保护工作的意见》，实施了"野生亚洲象栖息地恢复及食物源人工改造"等项目，亚洲象、野牛、猕猴等野生动植物种群数量回升。先后投入 300 余万元，建立了勐罕镇曼崩村野生稻保护区和景讷乡曼召村药用野生稻保护区，对景洪市的野生稻实施了有效保护。同时，景洪市注重修复生态系统，通过选择保护区退化程度不同的热带雨林区作为示范基地，采取自然、半人工和人工的方式开展修复示范，在分割成片的热带雨林建立模拟热带雨林生态系统，引入热带雨林建群树种和适当的乡土树种，在重要的生态廊道两侧实施"退园还林"等措施，促使热带雨林生态系统向"正演替"方向发展，创造了良性循环的热带雨林环境。①

2017 年 3 月 15 日，普洱市作为全省重要生态屏障和林业大市，2017 年将围绕国家绿色经济试验示范区建设和全面建成小康社会的目标任务，重点抓好"六个林业"建设，努力争当全国全省生态文明建设排头兵。坚持保护优先，坚守生态红线，加强公益林、天然林、生物多样性和生态环境保护，抓好重点生态工程建设，深入推进森林防火、林业有害生物防治、农村能源建设等工作。依托得天独厚的光热水土条件和森林资源，实施绿色崛起、兴林富民行动计划，努力抓好林业八大产业建设，积极引进、扶持和培育种植龙头企业和林业大户，大力发展绿色有机种植、生态食品有机认证和庄园经济，整合带动林业一二三产业融合发展。加快开放林业建设。加强与国内科研院所和产业集团等优势企业合作，大力引进大企业、先进林业技术、资金、人才和管理经验，引进新产品，有针对性地补齐普洱林产业发展的"短板"。加强与老挝、缅甸和越南等国家的交流、合作，配合和做好亚太森林组织培训考察基地建设。充分挖掘、收集整理、

---

① 蒋朝晖、陈雪、罗蒂：《推进生物多样性保护 景洪建设两条生态保护廊道》，《中国环境报》2016 年 5 月 19 日。

传播弘扬、提升传统和本土各民族森林生态文化知识；建立适应生态文明的生产方式、生活方式，形成崇尚生态文明的社会新风尚；充分依托国家公园、森林公园、湿地公园、自然保护区，加大生态文明教育基地建设。加快法治林业建设。坚持"法定职责必须为、法无授权不可为"的原则，推行权力清单、责任清单和行政许可事项实行清单动态管理。全面厘清林业主管部门权力，建立与行政权力相对应的责任事项、责任主体、责任方式，消除权力设租寻租空间；开展行政许可标准化建设，明确行政许可事项的审批标准、申请条件和材料，公开审批流程、依据和服务指南；完善以森林公安为主的林业综合行政执法，推进执法重心下移，抓好"平安林区"创建。启动智慧林业建设。整合林业信息资源，系统获取、融合、应用数字信息支持林业发展，提升应用云计算、物联网、移动互联、大数据等新一代信息技术，逐步实现林业日常监管智能化、信息反馈实时化、风险防控标准化、资源利用高效化和政务工作高效化，实现森林资源管理"一张图"和资源信息平台共享，提升林业信息化水平。①

2017年3月30日，记者从昆明滇池国家旅游度假区（以下简称"度假区"）举行的滇池流域水污染防治工作会获悉，2017年度假区将继续推进捞渔河国家湿地公园试点的申报及建设工作，并聚焦草海整治；滇池外海、草海水质稳定达到V类；8条主要入湖河道水质达标，1个地下水考核点水质保持稳定。记者了解到，2017年是全面实施滇池水环境保护治理"十三五"规划关键之年，度假区将继续推进捞渔河国家湿地公园试点的申报及建设工作，做好总体规划专家咨询及文本修改工作，按时上报国家林业局审批。高起点、高标准、高要求，统一规划、统一建设、统一管理，构建大渔片区完整的湖滨生态屏障。规划显示，度假区将考虑在大渔片区滇池湖岸线14.7千米范围内建设438公顷的捞渔河国家湿地公园，现有的捞渔河湿地只是上报规划建设公园中的一部分。据介绍，昆明市拥有的11个湿地中，只有晋宁区南滇池湿地获得国家湿地公园（试点）的批复，如果捞渔河国家湿地公园能够获批建设，将有望成为昆明第二个将要打造的国家湿地公园。在此次滇池流域水污染防治工作会上，度假区2017年的重点工作还包括对石城社区大湾片区1008亩土地的收储，并对该块土地的生态修复进行规划及设计，年内开工。另外，将推进主城南片区二环路外度假区排水管网建设，完成度假区141号路的管网建设任务。6月30日前完成环湖截污东岸配套完善系统12千米管网

---

① 沈浩、李荣：《新理念：抓好"六个林业"争当排头兵》，《云南日报》2017年3月15日，第9版。

建设，并投入使用，全面完成大渔片区村庄污水收集处理问题。同时，按照海绵城市建设"渗、滞、蓄、净、用、排"的功能要求，度假区将推进辖区海绵城市先行示范区的建设。通过工程与生态措施的结合，提高城市雨水径流的积存、渗透和净化能力，减少城市降水径流面源污染，恢复和重建自然水循环系统，提升城市及滇池水环境质量。①

　　2017年4月初，玉溪市通海杞麓湖国家湿地公园（试点）建设项目开工仪式在通海县杞麓湖南岸举行，标志着规划总面积为3881.22公顷的湿地公园将进入全面快速建设阶段。该项目将结合当地实际，完善相关配套项目，把杞麓湖湿地建设成为集生态保护、科普宣教、旅游观光和生态文化体验为一体的国家级湿地公园，为生态名县建设提供生态屏障支撑。杞麓湖是云南省九大高原淡水湖泊之一，湿地资源异常珍贵。2014年12月，国家林业局批准杞麓湖为"国家湿地公园（试点）"建设。依据《云南通海杞麓湖国家湿地公园总体规划》，湿地公园规划总面积3881.22平方千米，工程建设总投资1.87亿元。工程主要通过生态保育区、恢复重建区、宣教展示区、合理利用区及管理服务区五大功能分区进行建设。同时，将结合通海县实际，完善环境保护、水利等相关配套项目，计划总投资28亿元，使杞麓湖国家湿地公园成为集湿地保护、科普宣教、旅游观光和生态文化体验为一体的重要基地，成为城市发展和湿地保护结合的典范。一直以来，玉溪市通海县重视杞麓湖的保护与治理工作，积极与云南云投生态环境科技股份有限公司洽谈，并签订了《通海县杞麓湖湿地公园PPP项目前期工作合作协议》《通海县"山、城、湖"区域生态（旅游）综合体项目PPP合作框架协议》，严格按照国家林业局批准的杞麓湖湿地公园的总体规划，认真抓好项目实施，确保杞麓湖国家湿地公园建设前期工作稳步推进。云投生态环境科技股份有限公司副总经理谭仁力说："从签订协议时开始，我们就全力推进项目的前期工作，重点完成了概念规划，四个启动区项目的设计，目前已经达到了实施条件。我们遵循了科学合理的原则，确定采取措施来保护杞麓湖的原生态和达到杞麓湖水体治理和景观提升的双重效果。"据介绍，目前，玉溪市通海县已完成杞麓湖国家湿地公园景观石、界桩界碑的安装、入湖河道河流清淤、沿湖村庄两污治理、径流区面山森林植被恢复与保护等工作控制污染源。2015年聘请西南林业大学、国家高原湿地研究中心开展杞麓湖水环境、鱼类、鸟类、

---

① 赵岗：《昆明将"高起点高标准"推进捞渔河国家湿地公园试点申报》，http://yn.yunnan.cn/html/2017-03/30/content_4775825.htm（2017-03-30）。

植被资源本底调查工作。今年，杞麓湖国家湿地公园将重点围绕红旗河、中河前置湿地、南岸湖岸带生态修复、南岸湖滨带保护与修复、杞麓湖沿湖村落环境综合整治、杞麓湖水生植物残体打捞以及相关基础设施的建设来开展，并按计划逐年推进，确保2019年顺利通过国家级验收。通海县副县长、杨广镇党委书记常伟说："今后，我们将干在实处，整合项目，推进工程实施，确保2019年国家湿地公园验收，使我们的水质得到恢复，使面源污染得到减少，最后使天更蓝、水更清，杞麓湖保护出效果，为现代宜居生态文化名县作好坚实的生态屏障支撑。"①

2017年5月26日，昆明市在西山林场黑泥凹林区知了山开展"关爱山川·义务植树"志愿服务活动，170余人参与活动，为昆明的生态屏障再添一抹绿。志愿者们来自市林业局、市园林局、市环境保护局、市文明办、团市委、市水务局及社会人士。5月26日下午天气转晴，知了山上太阳当空，但志愿者们仍然热情高涨，一边咨询专业人员种树的窍门，一边如火如荼地开始种树。挖坑、填土、浇水……小山坡上很快竖起了一棵棵树苗。经过一个下午的辛勤劳动，志愿者们在知了山种下了400余株小树。根据知了山的气候情况，植树树种选择了耐旱的华山松、滇青冈、旱冬瓜等，整个植树活动种植面积约67亩，将在接下来几天里由林场职工种植完毕。按照昆明市创建全国文明城市生态环境整治指挥部《关于印发〈关于组织开展昆明市2017年"关爱山川河流·共建美丽昆明"志愿服务活动的实施方案〉的通知》要求，昆明市举办了"关爱山川·义务植树"志愿服务活动。据介绍，西山林场位于昆明市西北部，是昆明市一道重要的生态屏障，活动呼吁更多市民关注、参与到义务植树活动中，为建设生态昆明、美丽春城以及全国文明城市献出一份力。②

2017年5月26日，曲靖市实施绿化亮化工程，积极推进西河公园、南盘江城区段河道整治和绿化景观提升、龙华大道景观提升、玉林山退耕还林、城市面山治理等项目，启动西平公园、太和山森林公园、引水入城等项目建设，完成龙华东路、太昌路、西河路等新建道路的路灯建设和主干道临街建筑及各单位夜景灯光工程。实施城市面山绿化美化修复。由林业局牵头编制《云南沾益城市面山绿化规划》，有步骤地对城市面

① 余红、师云波：《通海杞麓湖国家湿地公园开建》，《云南日报》2017年4月3日，第1版。
② 董宇虹、王爱红：《昆明市开展"关爱山川·义务植树"活动 170余志愿者为生态屏障添绿》，《昆明日报》2017年5月27日。

山到期石场（砂场）进行分期关停。制定《曲靖市沾益区城市面山关停采石采砂场植被修复实施方案》，完成矿山废弃地治理与恢复林地 650 亩，关停城市面山石场 6 家。扎实推进水土保持工程建设。水务局牵头以滇黔桂岩溶区农业综合开发项目为依托，共投资 3200 万元，完成水土流失面积治理 181.2 平方千米，先后实施白水镇官麦地小流域、大德小流域、座棚小流域和花山街道新排小流域等综合治理工程，大力实施土坎坡改梯地、配水管网、拦沙坝、谷坊、塘堰整治等工程，实施封禁治理。①

2017 年 7 月 3 日，由云南省水利水电科学研究院、北京师范大学、云南大学等单位历时两年做的最新水土流失调查结果显示：云南省水土流失面积较 10 年前减少 29 534.04 平方千米，同比减少 22%；流失面积由占全省总面积的 35% 下降到 27.33%；年均土壤侵蚀量由 5.1 亿吨下降到 4.8 亿吨，总体呈现流失总面积减少，轻度和中度流失面积显著减少态势，大批昔日的水土流失区筑起支撑经济社会发展的生态屏障。山大谷深的特殊地理、地貌特征，致使云南省水土流失防治形势颇为严峻。为此，云南省委、省政府在加快经济社会发展的同时更加注重水土流失防治工作，以久久为功的精神，多措并举，坚持不懈防治水土流失。"十一五"和"十二五"期间，云南省加快实施生态修复、坡耕地综合治理、重点小流域治理、石漠化综合治理、生态清洁型小流域建设等水土保持工程，在建设中积极探索创新水土流失防治模式，以小流域为单元，从坡到沟，从山脚到山顶，从上游到下游，合理布设生物、工程、农耕措施，进行山水林田路综合防治；同时，转变防治思路，由以人工治理为主向人工治理与生态修复相结合转变，水土流失防治步伐加快成效凸显。10 年间，全省各级各部门累计综合治理小流域 9000 多条，兴建谷坊、拦沙坝 1.78 万座，新增拦沙库容 3.48 亿立方米，兴建小型蓄水保土工程 52.05 万座，修筑梯田 6600 余平方千米，造林种草 2.27 万平方千米，种植经济果木林 1.16 万平方千米，新增水土流失治理面积 3.11 万平方千米，减少土壤流失量 3.9 亿吨；累计实施生态修复 5.55 万平方千米。一处处昔日山光、地瘦水土流失严重的治理区生态环境逐步改善，重现山清水秀，林茂粮丰的景象。②

① 吴芳：《沾益多部门联动 推进生态文明建设》，http://mini.eastday.com/a/170528074103460.html（2017-05-28）。
② 张锐：《云南省扎实治理水土流失 从山脚到山顶合理布设防治措施》，《云南日报》2017 年 7 月 3 日，第 1 版。

第三章　云南省生态红线建设编年（2016—2017 年）

　　为了更好地保护云南的生态环境，2016 年 4 月 15 日，云南省环境保护厅颁布了《云南省生态保护红线划定工作方案》，此方案意味着云南生态保护红线工作的正式开展。根据《云南省生态保护红线划定工作方案》，结合云南实际，生态红线划定范围具体包括各级自然保护区、风景名胜区、森林公园、地质公园、湿地、国家公园、世界自然遗产地、水产种质资源保护区、生态公益林、全省 43 个重点城市主要集中式饮用水水源地保护区、牛栏江流域水源保护区、九大高原湖泊等区域，以及各地、各部门认为需要划为生态保护红线的区域等，依据生态服务功能分别归并为重点生态功能区红线、生态敏感区/脆弱区红线、禁止开发区红线三个类型。

　　根据《云南省生态保护红线工作方案》，云南各州市陆续开展工作。2016 年 12 月下旬，为加快推进昆明市生态文明建设，构建全市生态安全战略格局，昆明市提出生态保护红线划定工作，到 2017 年底，要全面完成昆明市生态保护红线划定方案，2020 年前完成红线边界实地勘察、落地工作，并筹备建立全市生态保护红线信息管理数据库，逐步形成具有昆明市特色的生态空间保护格局；2017 年经红河哈尼族彝族自治州委经济工作会确定的 47 个重点项目，在规划图上落点定位，红河哈尼族彝族自治州划定耕地保护红线和生态保护红线；2017 年 1 月中旬，随着《玉溪市林业生态保护红线划定原则方案》和《玉溪市生态保护红线监督管理办法》的实施，以及首期生态红线范围的划定，玉溪市划定自然保护区、高原湖泊区等七大林业生态保护红线，在此基础上，根据国务院批复的自然保护区及各功能分区，玉溪市划定首批自然保护区生态保护红线面积 36 653.9 公顷，占全市总面积的 2.45%。其中，哀牢山国家级自然保护区红线面积 14 275 公顷，元江国家级自然保护区红线面积为 22 378.9 公顷。玉溪市成为全省首个启动林业生态保护红线划定的州市。

云南的生态红线划定工作尚处于探索阶段，正在陆续开展，自然保护区、高原湖泊区、湿地、国家公园、森林公园等区域取得了一定成效，通过逐渐建立生态保护红线管控办法，初步形成具有云南特色的生态保护空间格局，将为云南生态文明排头兵建设提供坚实保障。

2016 年 3 月 17 日，"十三五"规划纲要正式发布，再次强调"落实生态空间用途管制，划定并严守生态保护红线，确保生态功能不降低、面积不减少、性质不改变。"[1]

2016 年 3 月 27 日，昆明市政府办公厅下发了《关于印发昆明市生态保护红线划定工作方案的通知》，要求昆明市生态保护红线将在今年内完成工作大纲及其他基础工作，2017 年底完成《昆明市生态保护红线划定方案》，同时筹划建立全市生态保护红线信息管理数据库，到 2020 年前完成昆明市生态保护红线边界勘察和落地工作。目前，昆明市正在编制《昆明市生态保护红线划定技术方案》，经讨论通过后，就能开展昆明市生态保护红线划定工作。[2]

2016 年 4 月 14 日，云南省生态文明体制改革专项小组印发《云南省生态保护红线划定工作方案》（以下简称《方案》）的通知，明确云南省开始启动生态保护红线划定工作，并于2016年7月底前完成划定工作。根据《方案》，在一级管控区将禁止一切形式的开发建设活动，二级管控区实行差别化管控措施，严禁有损主导生态功能的开发建设活动。根据《环境保护法》和《生态保护红线划定技术指南》有关划定生态保护红线的规定，结合云南实际，将在重点生态功能区、生态环境敏感区、生态环境脆弱区、禁止开发区和生态公益林等区域划定生态保护红线。生态红线划定范围具体包括各级自然保护区、风景名胜区、森林公园、地质公园、湿地、国家公园、世界自然遗产地、水产种质资源保护区、生态公益林、全省 43 个重点城市主要集中式饮用水水源地保护区、

① 董宇虹：《昆明生态红线划定工作 2020 年前完成勘界和落地》，《昆明日报》2016 年 5 月 8 日。
② 董宇虹：《昆明生态红线划定工作 2020 年前完成勘界和落地》，《昆明日报》2016 年 5 月 8 日。

牛栏江流域水源保护区、九大高原湖泊等区域，以及各地、各部门认为需要划为生态保护红线的区域等，依据生态服务功能分别归并为重点生态功能区红线、生态敏感区/脆弱区红线、禁止开发区红线三个类型。

《方案》明确指出，结合云南实际，不同类型的生态保护红线区域按"一级管控区"和"二级管控区"两个层次进行分区管控。一级管控区是生态保护红线的核心区域，实行最严格的管控措施，禁止一切形式的开发建设活动，具体范围包括自然保护区核心区和缓冲区、国家公园严格保护区和生态保育区、43个重点城市主要集中饮用水水源地保护区一级保护区、牛栏江流域水源保护核心区、九大高原湖泊一级保护区、珍稀濒危、特有和极小种群物种分布的栖息地等，以及其他需要纳入一级管控区的区域。二级管控区即黄线区，实行差别化管控措施，严禁有损主导生态功能的开发建设活动，具体范围包括自然保护区实验区、风景名胜区、国家公园游憩展示区、省级以上森林公园、饮用水水源保护区二级保护区、牛栏江流域水源保护区的重点污染控制区和重点水源涵养区、九大高原湖泊一级管控区外的其他生态保护红线区域，以及其他需要纳入二级管控区的区域。《方案》明确表示，生态保护红线的划定要严格按保护优先原则、合法性原则、协调性原则、分级分区分类原则、稳定性原则进行，于2016年7月底完成全省生态红线划定工作。

2016年5月中旬，云南省环境保护厅公布的《云南省生态保护红线划定工作方案》显示，2016年全省将完成生态保护红线划定，初步建成具有云南特色的生态保护空间格局。省生态经济学会会长董文渊认为，此方案的出台，意味着云南生态保护红线工程将正式实施，具体划线保护区域、任务等将于7月底完成。

为了更好保护云南生态环境，树立云南生态文明建设排头兵品牌，《云南省生态保护红线划定工作方案》提出由省发改委、省环境保护厅、省林业厅三部门牵头。此张初步厘清的生态环境保护分解图表明，省环境保护厅牵头负责全省生态保护红线的划定工作，负责划定工作的组织协调。同时，还负责环境保护部门主管的自然保护区、九大高原湖泊、牛栏江流域水源保护区等生态保护红线的划定及相关红线的边界落实，制订生态环境保护红线划定工作方案和技术方案等；省发改委负责提供《云南省主体功能区规划》矢量图件及相关资料等；省财政厅负责研究生态转移支付政策研究等工作。省人大法制委、省财政厅、省住建厅等相关单位按职责分工协作，共同划定云南省生态保护红线。

对于牵头之一的林业厅，不仅及时开会讨论落实了关于划定生态保护红线的相关内容，还成立了由副厅长万勇挂帅的"云南省林业生态保护红线划定技术组"。据省环境保护厅相关处室负责人介绍，在生态保护红线划定过程中，要体现"生态立省、环境优先"的发展战略，把切实需要保护的重要生态功能区、生态环境敏感区和脆弱区等纳入生态保护红线范畴。同时，还将现有相关法定的自然生态保护地或已经列入的保护区域作为生态保护红线划定对象。万勇表示，加大生态环境保护力度，厘清生态环境保护红线划定，及时研究并建立新的生态保护红线管控办法，这是落实中央领导人考察云南时，提出云南要争当全国生态文明建设排头兵的具体体现。方案显示，生态保护红线实行分级划定，省级层面统筹划定全省生态保护红线，各州（市）、县可根据保护需要进一步划定州（市）、县级生态保护红线。统一划定的生态保护红线，根据区域内生态保护地类型不同，由各有关行业主管部门按职责分工和相关管理规定组织划分和管理，实行谁主管，谁划定，谁管理。严守生态保护红线。坚持绿色发展，争当全国生态文明建设排头兵是国家赋予云南的使命。董文渊认为，红线一旦划定，全省上下应严密防守，不破、不跨、不碰，全省形成生态保护的良好氛围。云南天蓝、水清、山绿、生物丰富、人与自然和谐、空气质量优良，是我国生物多样性最为丰富的省份，也是北半球生物多样性最为丰富的地区，区域环境质量好或较好的比例高出全国 11.2 个百分点，这给云南开发与生态保护相互协调创造了条件。

董文渊说："一方面，云南是我国西南生态安全屏障，承担着维护区域、国家乃至国际生态的安全。同时，云南的生态环境也比较脆弱敏感，生态环境保护任务十分繁重。"除此之外，还要树立市场配置理念，建立健全统一、竞争、开放、有序的资源产权市场，依据市场规则、市场价格、市场竞争来增强资源节约高效利用的内生动力。据其理解，首先，要树立保护优先理念，设定并严守资源消耗上限、环境质量底线、生态保护红线，绝不以牺牲生态环境为代价换取一时的经济增长。其次，还要树立节约、集约理念，创新资源利用政策，加强与投资、财税、信贷、环境保护等政策的配套联动，从生产、流通、仓储、消费各环节落实全面节约，促进资源节约循环高效使用。事实上，云南为加大生态环境保护力度，先后出台了"气十条""水十条"，即将出台的"土十条"目前正在拟定。生态保护红线一旦划定，必须保持相对稳定，保证保护面积不减少、保护性质不改变、生态功能不退化。①

---

① 先锋：《生态划线滇厘清保护分解图》，《云南经济日报》2016 年 5 月 19 日，第 2 版。

2016年5—6月，云南省林业生态保护红线划定方案通过部门专家预审。按照省委生态文明体制改革专项小组印发的《云南省生态保护红线划定工作方案》和《云南省生态保护红线划定技术方案》要求，云南省林业厅组织开展了林业部门主管的自然保护区、国家公园、森林公园、生态公益林、湿地、陆生珍稀濒危特有和极小种群物种栖息地等 6 种类型生态保护红线的划定工作，编制完成了《云南省林业生态保护红线划定方案》。①

2016 年 6 月 28 日，《云南省林业生态保护红线划定方案》通过省林业厅组织的专家审查。来自中科院昆明动物研究所、中科院昆明植物研究所、云南大学、西南林业大学的动植物、生态和湿地专家认为方案编制内容翔实，数据准确，实事求是，科学合理，完全符合云南省生态保护红线划定工作方案和技术方案要求，同意通过审查。②

2016 年 6 月中旬，云南省丽江市老君山国家公园管理局已完成老君山世界自然遗产地、国家地质保护培育相关等级划定情况以及《关于划定老君山区域生态保护红线的前期征求意见》等资料的收集，会同省国土、环境保护等部门正在进行生态保护红线划定工作。据介绍，老君山国家地质公园总面积 637 平方千米，由黎明高山丹霞地貌景区、金丝厂冰蚀地貌景区、九十九龙潭冰蚀地貌景区以及金沙江峡谷游览线（金庄至上虎跳峡段）三片一线组成，以典型低纬度高山丹霞地貌景观为主体，融合冰川遗迹地貌、构造地貌、高山峡谷地貌等奇特地质遗迹景观，是"三江并流"世界自然遗产、国家级风景名胜区和国家公园的重要组成部分。老君山国家地质公园是边疆少数民族聚居地、经济欠发达区，同时也是资源富集、生态脆弱、经济贫困的典型区域，保护、发展、建设任务十分艰巨。因此，老君山国家地质公园划定生态保护红线，既要保护住环境资源，又要能科学合理利用资源，发展生态经济，推动社区发展。丽江市老君山国家公园管理局将按照地质公园生态保护红线的划定范围严格实施主体功能区建设，建立生态红线管控制度，有效开展资源有偿使用和生态补偿等工作，创新生态环境保护管理体制机制，实现资源的永续利用。③

---

① 杨华：《云南省林业生态保护红线划定方案通过部门专家预审》，http://www.ynly.gov.cn/yunnanwz/pub/cms/2/8407/8415/8494/8497/107535.html（2016-06-30）。

② 杨华：《云南省林业生态保护红线划定方案通过部门专家预审》，http://www.ynly.gov.cn/yunnanwz/pub/cms/2/8407/8415/8494/8497/107535.html（2016-06-30）。

③ 李映芳：《云南丽江：老君山国家地质公园拟划定生态保护红线》，http://www.yn.xinhuanet.com/2016info2/20160611/3198000_c.html（2016-06-11）。

2016年7月中旬，云南生态红线划定顺利通过了省林业厅组织专家审查的预审。参与此次审查的业内专家表示，方案总体内容翔实，划定范围符合实际，调查数据准确，自己也在预审方案通过上举手同意并签了字。省林业厅湿地保护办钟明川介绍，生态红线划定预审通过后，已进入最后一道程序，预计7月底将通过省委生态文明体制改革专项小组审查通过后统一印发。

　　按照云南省委生态文明体制改革专项小组印发的《云南省生态保护红线划定工作方案》和《云南省生态保护红线划定技术方案》要求，目前云南关于红线划定两个方案都按时间表正在有序推进。生态红线划定涉及方方面面，省林业厅副厅长万勇表示，结合云南多年来因开发造成生态的影响与破坏，今年推进的红线划定与规划布局很及时。为什么要划定生态红线？中科院专家高力志介绍，生态保护红线是为维护国家或区域生态安全和可持续发展，划定的需要实施特殊保护的区域，是生态环境安全的底线，划定并严守生态保护红线是国家的一项重大战略决策。党的十八大以来，党中央、国务院先后出台了一系列重要文件，明确要求划定并严守生态保护红线。去年5月，《中共中央国务院关于加快推进生态文明建设的意见》要求，"在重点生态功能区、生态敏感区和脆弱区等区域划定生态保护红线，确保生态功能不降低、面积不减少、性质不改变。"《云南省生态保护红线划定工作方案》列入一级管控区的为何不能搞开发？高力志认为，一级管控区属于有相关法律法规明确规定需要保护、禁止开发的区域，具体管理保护根据相应的法律法规执行。例如，昆明是省会城市，她的生命线水源松华坝水库的保护，首先有《中华人民共和国水法》《中华人民共和国水污染防治法》《饮用水水源保护区污染防治管理规定》等法律法规保障。此外，昆明市还制定了《昆明市松华坝水库保护条例》，严格划分了一级、二级、三级保护区范围以及保护方式，一旦有人违反相关规定，就要根据法律法规进行处罚。实际上，根据规定，昆明松华坝水库列入一家保护区，为昆明城市生活用水不仅提供了安全保障，还起到了积极的调节作用。在云南，除了昆明松华坝水库，玉溪、昭通、曲靖等很多州市已建或正建的水库，几大高原湖泊、江河等一级保护区，这些法律法规都有禁止在水源地一级保护区内进行开发建设、排污等的相关规定。[①]

　　2016年12月17日，《生物多样性公约》缔约方大会第十三次会议在墨西哥坎昆闭

---

① 张珂：《生态保护红线划定步入最后关口》，《云南经济日报》2016年7月14日，第7版。

幕。大会期间，中国环境科学研究院和联合国环境规划署共同主办的"中国 TEEB 行动与地方实践"会议，景东县是唯一受邀出席的 TEEB 示范县代表。TEEB 示范县项目实施中，景东还探索建立自然资源资产产权制度和用途管制制度，建立健全资源有偿使用制度和生态补偿制度，划定生态保护红线，创新生态环境保护管理体制。①

2016 年 12 月下旬，为了加快推进昆明市生态文明建设，构建全市生态安全战略格局，昆明市提出生态保护红线划定工作，到 2017 年底，要全面完成昆明市生态保护红线划定方案，2020 年前完成红线边界实地勘察、落地工作，并筹备建立全市生态保护红线信息管理数据库，逐步形成具有昆明市特色的生态空间保护格局。

其一，生态保护红线划定应预留适当发展空间。按照昆明市生态保护红线划定工作方案，昆明要在事关国家、区域、省及昆明市生态安全的重点生态功能区、生态环境敏感区和脆弱区以及其他重要的生态区域内，划定生态保护红线，依法依规实施严格保护。生态保护红线划定按照先易后难、先粗后细、先小后大的原则逐步推进，红线面积可随生产力提高、生态保护能力增强。同时，生态保护红线划定应与昆明市经济社会发展需求和当前监管能力相适应，预留适当的发展空间和环境容量空间，切合实际确定生态保护红线面积规模并落到实地。此次生态保护红线划定工作采取"自上而下和自下而上相结合"的方式开展。2016 年 3 月底前，开展前期调研、成立领导小组、专家组和技术组等；2016 年 3 月至 12 月，编制划定工作大纲，各部门收集、整理、汇总相关资料，各县（市）区政府、开发（度假）园区管委会提出辖区内生态保护红线范围。2017年，在各部门在初期成果的基础上全面推进所负责的生态保护红线划定工作等。

其二，划定国家级、省级和市级生态保护红线区。昆明市生态保护红线划定工作范围包括两个方面：一是按照国家、云南省要求，完成昆明市范围内国家级、省级生态保护红线区域的划定。二是根据昆明市生态保护需要，划定市级生态保护红线区域。其中，国家级生态保护红线区主要包括国家级重点生态功能区、生态敏感区、生态脆弱区、禁止开发区等。省级生态保护红线区主要包括省级重点生态功能区、生态敏感区、生态脆弱区、禁止开发区等。市级生态保护红线区主要包括禁止开发区（自然保护区、世界文化自然遗产、风景名胜区、重要湿地、森林公园、地质公园、重要水源保护地）中的核心区、缓冲区或重要保护区域；需要增设的其他生态保护红线区域，主要包括生

---

① 李汉勇、沈浩：《景东全面推进生态文明建设》，《云南日报》2017 年 1 月 6 日，第 3 版。

态公益林、资源保护区等。①

在 2017 年的工作中，红河哈尼族彝族自治州泸西县国土资源局主动适应经济发展新常态，以五大发展理念为引领，顺势而为，乘势而上，以"责任落实年"活动为抓手，认真履行保护资源、保障发展的职责，工作中全力保障"十三五"重点项目用地需求。围绕全县"十三五"规划蓝图，加强土地利用总体规划调整完善工作，将土地利用总体规划与水利、交通、电力、通信、管网等专项规划相衔接，做到多规合一，统筹城乡空间布局，提高城镇土地利用效率。对所有调整完善涉及的地块进行空间分析和数据统计，将重点项目用地纳入规划调整完善范围，全力保障重点项目用地不闯红线、依法落地。②

2017 年，云南"两会"期间，省政协委员热议云南如何保护好"蓝天白云"。杨晓雪代表则强调，必须尽早划定点苍山和洱海之间有明确地理坐标的生态保护红线，并进一步明确生态保护范围、面积和空间分布，加强空间管控，提高保护治理工作效率和执行力。"严禁任何人、任何单位以任何形式触及红线，更不能越线。一旦触线、越线，必须依法使其付出沉重代价。我们的环境保护关口必须前移，要坚决摒弃'末端治理'陈习，及早发现、及早处理；环境保护图章必须真正'硬'起来。"在具体的保护治理工作中，要秉持"全民参与"理念，充分依靠群众、发动群众，发挥群众的主体作用，强化多部门联动协作机制，让"苍山不墨千秋画，洱海无弦万古琴"的美景永驻人间。③

2017 年 1 月 5 日，记者从玉溪市林业局局长会上获悉，2017 年全市林业工作将紧扣落实市委五届二次全会和市委经济工作会精神，立足实施七大林业生态建设重点工程，落实造林绿化、资源保护、产业提质、林业改革等六项保障措施，大力推进"森林玉溪"建设再上新台阶。2017 年，全市林业系统将实施 18.6 万亩营造林，推进 4 万亩低效林改造，确保森林火灾受害率控制在 1‰以内，火灾当日扑灭率高于 98%，林业有害生物成灾率控制在 4‰以下，无公害防治率达 82%以上，种苗产地检疫率达 99%。围绕目标任务，全市林业系统将组织实施 0.9 万亩新一轮退耕还林工程；实施 1.2 万亩陡坡地生

① 许孟婕：《2017 年年底 昆明将全面完成生态保护红线划定方案》，http://finance.yunnan.cn/html/2016-12/22/content_4664708.htm（2016-12-22）。

② 佚名：《红河泸西县做好重点建设项目用地保障》，http://honghe.yunnan.cn/html/2017-05/10/content_4819740.htm（2017-05-10）。

③ 许孟婕：《【云南两会】省政协委员热议云南如何保护好"蓝天白云"》，http://politics.yunnan.cn/html/2017-01/21/content_4705805_2.htm（2017-01-21）。

态治理项目；实施 9 万亩省级木本油料产业发展项目；实施 6.6 万亩石漠化综合治理工程；实施 0.9 万亩国家造林补助项目；实施 4 万亩低效林改造项目。同时，整合国家和省级项目，实施 16 万亩市级核桃提质增效项目。为确保各项林业重点建设工程顺利推进，市林业局要求各级林业部门进一步加强林业专项资金管理，提高资金拨付进度。在造林绿化工作中，要围绕市委经济工作会提出的"森林玉溪"建设要求，重点抓好城乡绿化造林、天然林保护、退耕还林还草、石漠化综合治理、水土流失治理、湿地保护，打牢林业生态屏障基础。在推进林业产业发展上，要以产业提质增效为抓手，加大科技扶持力度，推进核桃整形修剪、施肥抚育、品种改良、园地改平、树盘垄作和病虫害防治；要加大林业专业合作示范社、林业龙头企业培育力度，应用新技术、新工艺推进产品精深加工，提升产品附加值。在森林资源保护上，要切实落实森林防火责任，健全完善森林防火网格化管理体系，推进投资 4000 万元的森林防火基础设施建设；要继续抓好集中整治破坏森林资源违法违规行为，推进林业生态保护红线划定工作，强化林业有害生物监测、预警、检疫和防治。在林业改革方面，要稳步推进国有林场改革及转型升级，积极开展林木权证登记发证工作，进一步规范集体林权流转。同时，要做好自然保护区、森林公园、湿地公园建设。①

2017 年 1 月 16 日在云南省第十二届人民代表大会第五次会议上，政府工作报告明确指出要加强生态保护修复。划定并严守生态保护红线，积极探索建立资源有偿使用和生态补偿制度，扎实推进国家重点生态功能区建设。深入推进"森林云南"建设，进一步提高森林覆盖率。加大矿山生态修复力度，实施退耕还林还草等生态工程。强化自然保护区、森林公园、国家公园等保护地管理，加强生物多样性保护，全面提升生态系统功能。加强环境执法能力建设，加快推动省以下环境保护机构监测监察执法垂直管理，推进生态监测网络建设。②

2017 年 1 月中旬，记者从市林业局获悉，随着《玉溪市林业生态保护红线划定原则方案》和《玉溪市生态保护红线监督管理办法》的实施，以及首期生态红线范围的划定，玉溪市成为全省首个启动林业生态保护红线划定的州市。划定自然保护区、高原湖

---

① 唐文霖：《实施七大重点工程 落实六项保障措施：玉溪市林业工作锁定 2017 年目标任务》，《玉溪日报》2017 年 1 月 6 日，第 2 版。

② 阮成发：《政府工作报告——2017 年 1 月 16 日在云南省第十二届人民代表大会第五次会议上》，《云南日报》2017 年 1 月 23 日，第 1 版。

泊区等七大林业生态保护红线，将为玉溪生态文明建设提供坚实保障。作为全省首个启动林业生态保护红线划定工作的州市，玉溪市在一无经验二无标准的情况下，借鉴先行省区经验，结合自身实际，完成了工作方案和管理办法的制定。在此基础上，根据国务院批复的自然保护区及各功能分区，划定首批自然保护区生态保护红线面积 36 653.9 公顷，占玉溪市土地面积的 2.45%。其中，哀牢山国家级自然保护区红线面积 14 275 公顷，元江国家级自然保护区红线面积为 22 378.9 公顷。生态保护红线是指依法在重点生态功能区、生态环境敏感区和生态脆弱区等区域划定的严格管控边界，是国家和区域生态安全的底线。生态保护红线所包围的区域为生态保护红线区，对维护生态安全格局、保障生态系统功能、支撑经济社会可持续发展具有重要作用。据介绍，玉溪市林业生态保护红线划定以生态文明建设为主线，以维护和改善生态功能，提高生态公共服务质量和效益为中心，以构建生态安全屏障，实现经济社会可持续发展为目的。立足生态优先、保护为本以及合法性、协调性、分级分区分类、稳定性与动态性结合、分步实施原则展开。结合全市林地保护利用规划以及"十三五"规划，全市林业生态保护红线划定总体目标为：林地红线——林地保有量不低于98.13万公顷。森林红线——森林保有量不低于84.85万公顷，森林蓄积量不低于5500万立方米。湿地红线——湿地面积不低于4.31万公顷。公益林红线——公益林面积保有量不低于56.24万公顷。物种红线——保持现有保护野生动植物的种类和数量不减少。玉溪市林业生态保护红线划定基准年为2015 年，按照规定技术流程分期实施。首期主要划定全市范围的国家级自然保护区林业生态保护红线，二期根据全省生态红线划定要求划定全市林业生态保护红线。全市林业生态保护红线划定范围主要有重点生态功能区、生态环境敏感和脆弱区的林地、湿地以及其他需要保护区域。林业生态保护红线类型包括自然保护区、森林公园、高原湖泊区、公益林、湿地、其他红线区和重叠区。按照法规和管理规定，林业生态保护红线功能分区为一级管控区和二级管控区。[①]

2017 年 2 月 17 日，省长阮成发主持召开省政府第 107 次常务会议，研究政府核准的投资项目目录、"四个一百"重点建设项目、加强洱海保护治理等工作。会议指出，投资项目核准，一定要坚守生态保护红线，坚决管住会造成生态环境破坏的项目；对符合条件的投资项目，要进一步转变作风，加快核准进度，提高服务质量、效

---

① 唐文霖：《玉溪市在全省首启生态保护红线划定》，《玉溪日报》2017 年 1 月 18 日。

率和水平。会议审议通过《政府核准的投资项目目录（云南省2016年本）》。会议强调，要坚决贯彻落实习近平总书记考察云南重要讲话精神，进一步提高对"云南经济要发展，优势在区位、出路在开放"的认识，解放思想，增强紧迫感，以更高的站位、更大的气魄、更实的举措、更强的力度，加快推进面向南亚东南亚经济贸易中心建设，助推面向南亚东南亚辐射中心建设。会议审议通过《云南省人民政府关于建设面向南亚东南亚经济贸易中心的实施方案》。会议强调，要时刻牢记习近平总书记的殷殷嘱托，按照省委书记陈豪"采取断然措施，开启抢救模式"的要求，不断增强责任感和使命感，坚定不移地抓好洱海保护治理工作。要站在讲政治的高度，认清严峻形势，全力以赴推进洱海保护治理与流域生态建设；要高标准制定保护治理规划，坚持问题导向、明确时限要求，切实解决突出问题；要坚持标本兼治、长短结合，统筹推进重点工作；要加大投入、敢于碰硬、狠抓落实，扎实打好洱海保护治理翻身仗，努力实现洱海生态环境根本好转。会议审议通过《洱海保护治理与流域生态建设"十三五"规划》《关于开启抢救模式全面加强洱海保护治理的实施意见》。会议对加强高铁运营安全管理、加快推动高铁经济建设等工作进行研究部署，要求加大宣传力度，提高社会各界对维护高铁安全的认识。审议通过《云南省高速铁路安全管理规定》。会议还对贯彻落实省委《关于省级领导进一步贯彻落实中央八项规定精神的意见》等提出明确要求。①

2017年5月初，云南省对外公开了《云南省贯彻落实中央环境保护督察反馈意见问题整改总体方案》，要求2017年底前，划定全省生态保护红线。加强生物多样性保护，建立云南省生物多样性保护委员会，实施生物多样性保护重大工程，促进生物多样性可持续利用，推动国家生物多样性博物馆建设。同时，实施重大生态修复工程，到2020年，全省森林覆盖率达60%，新增水土流失治理面积200万公顷，完成退耕还林和陡坡地生态治理67万公顷，恢复和治理湿地2万公顷，自然湿地保护率达45%，推进45个重点县实施石漠化综合治理工程，全省生态功能区保护得到加强，局部区域生态退化得到扭转，生态安全屏障得到巩固。此外，还将完善自然保护区管理机制，严格自然保护区环境管理，每年开展2次国家级、1次省级自然保护区人类活动卫星遥感动态

---

① 李绍明、陈晓波：《省政府召开第107次常务会议》，《云南日报》2017年2月18日，第1版。

监测的监督检查，加强重点流域保护区环境管理。①

2017年6月初，云南寻甸黑颈鹤省级自然保护区总体规划已获得云南省人民政府批复。批复指出，《云南寻甸黑颈鹤省级自然保护区总体规划》规划期调整为2016—2025年，期间，寻甸黑颈鹤省级自然保护区规划总面积7217.32公顷，其中核心区1708.50公顷。批复要求，加快健全和完善自然保护区管理机构，将自然保护区建设纳入经济社会发展规划，科学处理好生态保护与当地经济社会协调发展的关系。此外，当地行政主管部门和自然保护区管理机构要根据总体规划认真做好标桩定界、资源保护、科研监测、科普教育等工作，不断提升自然保护区管理规范化、科学化水平。要依法严守生态红线，科学开展湿地生态恢复，确保清水海保护区域生态系统正向演替。同时，要进一步加强自然保护区管理机构能力建设，多渠道加大自然保护区建设和管理投入，切实解决自然保护区管护设施设备不适应管理需求的矛盾。根据批复，寻甸黑颈鹤省级自然保护区保护类型为湿地生态系统类型，主要保护对象为：黑颈鹤为主的珍稀野生动物及其栖息地——亚高山沼泽化草甸湿地生态系统。在规划期2016—2025年，保护区规划总面积7217.32公顷，其中，核心区1708.50公顷，季节性核心区1502.84公顷，实验区为4005.98公顷。②

2017年8月10日，玉溪市环境保护局组织召开了《云南省生态保护红线划定方案（征求意见稿）》意见征询工作安排会。划定并严守生态保护红线，是贯彻落实主体功能区制度、实施生态空间用途管制的重要举措，是提高生态产品供给能力和生态系统服务功能、构建国家生态安全格局的有效手段，是健全生态文明制度体系、推动绿色发展的有力保障。习近平总书记多次发表重要讲话，强调划定并严守生态保护红线的重要性。云南省委省政府统一安排部署，编制完成了《云南省生态保护红线划定方案（征求意见稿）》，向各州市征求意见。按照玉溪市政府领导的批示要求，玉溪市环境保护局组织各县区人民政府，市发改委、国土资源局、住房城乡建设局、农业局、林业局、水利局等部门召开了意见征询工作安排会。要求结合玉溪市各县区及各部门实际认真研究，重点在生态保护红线划定范围及空间分布的适宜性、生态保护红

① 李丹丹、董宇虹：《云南公开中央环境保护督察整改方案 对40多个环境保护问题实施清单制》，《昆明日报》2017年5月3日。
② 张小燕：《昆明寻甸黑颈鹤省级自然保护区总体规划获批》，《都市时报》2017年6月4日。

线划定方案与本行政区域重大规划和项目的协调性、提出生态保护红线管控措施及"准入正面清单"、落实生态保护红线的边界数据四个方面提出修改补充意见，按时汇总报送省环境保护厅，使生态保护红线的划定切实成为维护全市生态安全，促进经济社会可持续发展的有力支撑。①

---

① 玉溪市环境保护局：《玉溪市及时组织开展〈云南省生态保护红线划定方案〉意见征询工作》，http://www.ynepb.gov.cn/zwxx/xxyw/xxywzsdt/201708/t20170814_171259.html（2017-08-14）。

参 考 文 献

一、期刊

黄德亮：《红河州扎实推进"林业生态绿洲景观美州产业富州"建设》，《云南林业》2015 年第 5 期。

李志青：《"绿色化"——算好生态文明建设"政治账"》，《决策探索》2015 年第 8 期。

刘慧娴：《争当生态文明建设排头兵—— 访云南省财政厅厅长陈秋生》，《中国财政》2013 年第 16 期。

刘婧：《美丽乡村规划及建设要点浅析——以墨江哈尼族自治县景星镇新华村大平掌小组为例》，《城市建设理论研究》2015 年第 23 期。

刘燕屏：《生态文明视野下的"美丽乡村"建设》，《中共云南省委党校学报》2014 年第 5 期。

欧阳志云、王如松：《生态规划的回顾与展望》，《自然资源学报》1995 年第 3 期。

彭正章：《富源县连片攻坚扮靓"美丽乡村"》，《今日民族》2014 年第 1 期。

沈涛、朱勇生、吴建国：《基于包容性绿色发展视域的云南边疆民族地区旅游扶贫转向研究》，《云南民族大学学报》（哲学社会科学版）2016 年第 5 期。

唐亚凯、李永勤：《发展生态农业，建设美丽乡村》，《经济研究导刊》2015 年第 4 期。

王骞：《加速推进林业生态建设步伐，构建云南生态文明先行示范区》，《云南林业》2015 年第 4 期。

王奇：《云南省创意农业与美丽乡村建设研究》，《安徽农业科学》2014 年第 20 期。

肖应明：《少数民族地区美丽乡村多维构建途径》，《生态经济》2014 年第 9 期。

张玉胜：《污染治理需作长远计》，《西部大开发》2016 年第 4 期。

中共云南省委党校课题组：《红塔区美丽乡村建设问题研究》，《中共云南省委党校学报》2014 年第 6 期。

中共云南省委党校课题组：《美丽乡村建设的勐海实践》，《中共云南省委党校学报》2014 年第 5 期。

二、报纸

茶志福、李冬松：《昆明市北部县区着力打好"生态牌"》，《云南日报》2017 年 1 月 24 日，第 7 版。

陈晓波、李绍明：《陈豪：守住发展和生态两条底线 让绿色发展理念厚植七彩云南》，《云南日报》2016 年 6 月 17 日，第 1 版。

陈晓波、李绍明：《陈豪调研环保工作时强调守住发展和生态两条底线 让绿色发展理念厚植七彩云南》，《云南日报》2016 年 6 月 17 日，第 1 版。

董宇虹：《昆明生态红线划定工作 2020 年前完成勘界和落地》，《昆明日报》2016 年 5 月 8 日。

董宇虹：《昆明生态环境整治取得成效 空气质量监测站覆盖主城》，《昆明日报》2017 年 5 月 18 日。

董宇虹：《云南省将于今年 7 月前划定生态保护红线》，《昆明日报》2016 年 4 月 15 日。

董宇虹、王爱红：《昆明市开展"关爱山川·义务植树"活动 170 余志愿者为生态屏障添绿》，《昆明日报》2017 年 5 月 27 日。

窦盛荣：《我市开展生态文化进课堂活动》，《临沧日报》2017 年 3 月 14 日。

甘仕恩：《在发展中保护 在保护中开发》，《云南法制报》2007 年 7 月 13 日。

耿嘉：《"三个利用"促进德宏争创全国生态文明示范区》，《中国环境报》2017 年 8 月 11 日。

何映荷：《多元化投入建设德宏美丽乡村》，《德宏团结报》2013 年 8 月 2 日，第 1 版。

胡梅君：《红河州与华南环科所合作携手加快生态文明建设》，《云南日报》2016 年 5 月 20 日。

胡晓蓉：《林业小额贴息贷款"贷"出绿色致富路》，《云南日报》2015 年 10 月 28 日。

胡晓蓉：《全省环境保护工作会议提出 提升生态环境质量 助推云南绿色发展》，《云南日报》2016 年 1 月 23 日。

胡晓蓉：《云南省全面构建生态环境监测网络》，《云南日报》2017 年 2 月 12 日。

胡晓蓉：《云南探索健全生态保护补偿机制》，《云南日报》2017 年 3 月 25 日，第 1 版。

蒋朝晖：《4 县市通过国家生态县考核验收》，《中国环境报》2016 年 12 月 22 日。

蒋朝晖：《陈豪调研洱海保护治理和生态文明建设时强调 增强忧患意识 担起时代重任》，《中国环境报》2016 年 9 月 18 日。

蒋朝晖：《创新工作方法和理念 科学编制"十三五"规划 云南构建环保工作八大体系》，《中国环境报》2016 年 1 月 28 日。

蒋朝晖：《大理"十三五"强化绿色发展 洱海水质要稳定向好》，《中国环境报》2016 年 1 月 15 日。

蒋朝晖：《大理施行乡村清洁条例 违规将被处 2000 元以下罚款》，《中国环境报》2017 年 6 月 1 日。

蒋朝晖：《昆明：全面深化河长制 持续改善水环境》，《中国环境报》2017 年 6 月 30 日。

蒋朝晖：《昆明东川区建设重点生态功能区 坚持保护优先 推动绿色发展》，《中国环境报》2016 年 10 月 21 日。

蒋朝晖：《昆明河道管理条例下月施行 明确河（段）长负有巡查、监督和协调职责》，《中国环境报》2017 年 2 月 16 日。

蒋朝晖：《昆明举办生态文明建设专题培训班 提升环境监管能力和服务水平》，《中国环境报》2016 年 11 月 11 日。

蒋朝晖：《昆明人大常委会专题询问滇池整治 督促政府认真研究解决有关治理的重大

问题》，《中国环境报》2016 年 9 月 13 日。

蒋朝晖：《昆明市委书记程连元强调突出"六治"把滇池治理作为头号工程推进》，
　　《中国环境报》2017 年 3 月 28 日。

蒋朝晖：《罗平综合整治农村环境见成效　农村规模化畜禽粪污处理利用率达到
　　95%》，《中国环境报》2016 年 12 月 5 日。

蒋朝晖：《稳步推进生态文明体制改革　上半年重点改革任务精准落地》，《中国环境
　　报》2016 年 7 月 15 日。

蒋朝晖：《县域生态价值每年 545 亿元，生产总值年均增长 9.7%云南景东印证绿水青山
　　就是金山银山》，《中国环境报》2017 年 5 月 18 日。

蒋朝晖：《营造绿色山川　发展绿色经济　部分云南两会代表委员为生态文明建设建言献
　　策》，《中国环境报》2016 年 3 月 7 日。

蒋朝晖：《玉溪"十三五"加大"三湖两库"保护力度　抚仙湖全流域开展生态修复》，
　　《中国环境报》2016 年 1 月 20 日。

蒋朝晖：《云南部署生态文明体制改革工作 40 项工作列入省委改革台账》，《中国环
　　境报》2016 年 5 月 13 日。

蒋朝晖：《云南持续加大环境监察力度执法力度小地区将被约谈》，《中国环境报》
　　2017 年 5 月 23 日。

蒋朝晖：《云南出台文件明确党政领导环保责任　损害生态环境终身追责》，《中国环
　　境报》2016 年 3 月 28 日。

蒋朝晖：《云南高校社团宣传环保法律　利用多种宣传平台　增强全民法制观念》，
　　《中国环境报》2016 年 12 月 9 日。

蒋朝晖：《云南加快生态环境监测网络建设 2020 年基本建成大数据平台》，《中国环
　　境报》2017 年 2 月 17 日。

蒋朝晖：《云南将实现生态保护补偿全覆盖》，《中国环境报》2017 年 2 月 6 日。

蒋朝晖：《云南启动湿地保护演讲大赛企业参与搭建公众宣教平台》，《中国环境报》
　　2016 年 1 月 7 日。

蒋朝晖：《云南省省长阮成发：争分夺秒抓好洱海保护治理》，《中国环境报》2017
　　年 5 月 16 日。

蒋朝晖：《云南省委常委会议审议并同意生态文明建设排头兵规划 绿色发展理念要贯穿各个领域和环节》，《中国环境报》2016 年 9 月 30 日。

蒋朝晖：《云南省委生态文明体制改革专项小组会议提出 落实责任推动生态文明》，《中国环境报》2016 年 7 月 15 日。

蒋朝晖：《云南省委书记陈豪在省第十次代表大会上强调 坚持生态优先绿色发展》，《中国环境报》2016 年 12 月 23 日。

蒋朝晖：《云南省委书记调研"三湖"保护治理工作时强调深入推进水环境综合治理》，《中国环境报》2017 年 5 月 19 日。

蒋朝晖：《云南实施生态文明建设重大工程包涉及 220 个项目，总投资 2112 亿元》，《中国环境报》2017 年 5 月 17 日。

蒋朝晖：《云南探索绿色发展新模式 努力实现经济发展和生态建设双赢》，《中国环境报》2016 年 6 月 12 日。

蒋朝晖：《云南通报检察机关提起公益诉讼试点工作情况生态环境领域案件线索超五成》，《中国环境报》2017 年 6 月 29 日。

蒋朝晖：《云南推进领导干部自然资源资产离任审计试点 客观评价生态环境保护责任情况》，《中国环境报》2016 年 3 月 21 日。

蒋朝晖：《云南元阳县强力治污提升区域环境质量哈尼梯田生机盎然》，《中国环境报》2017 年 6 月 2 日。

蒋朝晖：《云南制定生物多样性保护条例 系统完善生物多样性保护内容和制度》，《中国环境报》2016 年 10 月 12 日。

蒋朝晖、马骅：《云南成立污染防治领导小组》，《中国环境报》2017 年 5 月 25 日。

蒋朝晖、陈雪、龚尚林：《改造生态种植园 整治橡胶加工业 勐腊发展绿色产业促转型》，《中国环境报》2016 年 5 月 13 日。

蒋朝晖、陈雪、罗蒂：《推进生物多样性保护 景洪建设两条生态保护廊道》，《中国环境报》2016 年 5 月 19 日。

李畅：《怒江今年共受理 30 件破坏环境资源类案件》，《怒江日报》2016 年 12 月 16 日，第 2 版。

李春林、谢进：《让农民住在"绿色银行"》，《云南日报》2015 年 2 月 27 日。

李丹丹：《云南省千万农民受益低碳经济》，《昆明日报》2012 年 12 月 14 日。

李丹丹、董宇虹：《云南公开中央环保督察整改方案 对 40 多个环保问题实施清单制》，《昆明日报》2017 年 5 月 3 日。

李婧：《石林县等 4 县市通过国家生态县考核验收》，《云南信息报》2016 年 12 月 23 日。

李立章：《如画山村——山色村"美丽家园"建设一瞥》，《红河日报》2015 年 2 月 6 日，第 1 版。

李绍明、陈晓波：《云南省政府常务会议研究加强洱海保护治理等工作》，《云南日报》2017 年 2 月 18 日，第 1 版。

李双双：《云南严打破坏森林资源违法犯罪"成绩单"出炉 清理非法征占用林地项目 3134 个》，《昆明日报》2017 年 2 月 15 日。

李秀春：《丽江构建"六大体系"加快推进水生态文明城市建设》，《云南日报》2016 年 1 月 8 日。

刘光信：《破茧成蝶的美丽蜕变——待补镇扶贫开发与美丽乡村建设纪实》，《曲靖日报》2015 年 4 月 1 日，第 1 版。

木胜玉、朱红霞：《云南双江：荒山上建起"绿色银行"》，《临沧日报》2016 年 6 月 20 日。

浦美玲：《滇池草海水质 上半年达Ⅴ类》，《云南日报》2017 年 8 月 6 日。

浦美玲：《昆明 34 条入滇池河道 实施生态补偿》，《昆明日报》2017 年 8 月 7 日。

浦美玲：《昆明市委常委会强调 努力建成全省生态文明建设首善之区》，《云南日报》2016 年 12 月 31 日。

浦美玲：《昆明通报水环境污染典型案例》，《云南日报》2017 年 8 月 15 日。

普绍忠：《树立青山绿水就是金山银山理念，切实增强生态环境保护的急迫感和责任感》，《红河日报》2015 年 7 月 22 日。

期俊军：《2016 年云南省环境状况公报发布 9 大高原湖泊水质 2 优 2 重度污染》，《春城晚报》2017 年 6 月 6 日，第 A07 版。

曲威：《环保督察整改 倒逼云南绿色发展》，《云南经济日报》2017 年 5 月 4 日。

沈浩、李荣：《普洱抓好"六个林业"争当排头兵》，《云南日报》2017 年 3 月 15

日，第 9 版。

孙潇：《昆明开出 5 月河道生态补偿账单 沿线政府需缴纳 170 万元》，《昆明日报》
　　2017 年 6 月 22 日。

孙永佳：《芒市：田园之美 生态之城》，《云南日报》2016 年 9 月 30 日。

谭雅竹：《城镇添绿农民增收》，《云南日报》2017 年 3 月 29 日，第 10 版。

唐文霖：《实施七大重点工程 落实六项保障措施：玉溪市林业工作锁定 2017 年目标任
　　务》，《玉溪日报》2017 年 1 月 6 日，第 2 版。

唐文霖：《玉溪市在全省首启生态保护红线划定》，《玉溪日报》2017 年 1 月 18 日。

田静、张寅：《陈豪主持召开省委全面深化改革领导小组第三十次会议》，《中国环境
　　报》2017 年 6 月 2 日。

王博喜莉：《云南省第四环境保护督察组进驻普洱市—— 赵建生任组长》，《普洱日
　　报》2017 年 7 月 3 日，第 RB1 版。

王淑娟：《我省落实绿色发展理念加强水资源治理管理保护：河长制年内覆盖全域河湖
　　库渠》，《云南日报》2017 年 3 月 23 日，第 1 版。

王陶：《红河州 21 个乡镇跻身云南省生态文明乡镇行列》，《红河日报》2017 年 3 月
　　22 日。

王文生：《保护中开发，开发中保护》，《水电周刊》2016 年 2 月 24 日，第 A04 版。

王永刚：《普洱市在全国率先推行绿色经济考评体系—— 走上绿色生态惠民发展路》，
　　《云南日报》，2017 年 7 月 10 日，第 4 版。

魏江跃：《临沧黄金走廊红塔绿色生态烟叶基地转让协议签订》，《临沧日报》2016
　　年 10 月 14 日。

吴劲梅 ：《云南省第一环境保护督察组进驻丽江市—— 董英任组长》，《丽江日报》
　　2017 年 7 月 4 日，第 1 版。

吴松：《"云南：探索建立绿色发展试验示范区"》，《云南日报》2016 年 6 月 3 日，
　　第 7 版。

武爱萍：《楚雄探索绿水青山变金山银山路子 实现经济生态同发展》，《楚雄日报》
　　2017 年 4 月 22 日，第 1 版。

先锋：《生态划线滇厘清保护分解图》，《云南经济日报》2016 年 5 月 19 日，第 2 版。

邢定生：《玉溪市有序推进抚仙湖生态圈建设》，《玉溪日报》2017年9月19日。

杨旻昊、乐志伟：《扶贫开发，闯出增收致富路》，《云南日报》2015年8月7日。

余红：《生态玉溪的海绵城市建设》，《曲靖日报》2017年5月11日，第1版。

余红、师云波：《玉溪通海杞麓湖国家湿地公园开建》，《云南日报》2017年4月3日，第1版。

张登海、黎云皎、陈映波：《丘北全面推进水网建设大会战》，《云南日报》2016年4月18日。

张帆、李茂颖：《云南大理古生村网格管理划定生态红线：护得洱海清水 守住美丽乡愁》，《人民日报》2016年6月15日，第1版。

张辉、王琳琳、蒋朝晖：《留得清水在 映得景更美 昭通提升城乡人居环境，构建长江上游生态屏障》，《中国环境报》2017年6月1日。

张辉、王琳琳、蒋朝晖：《治理小江就是保护长江 昆明东川区坚持"生态立区"念好山水经》，《中国环境报》，2017年5月10日。

张捷：《云南再添7个省级生态文明教育基地》，《昆明日报》2017年7月26日，第T03版。

张俊：《董保同：全面落实河长制 切实保障水安全》，《曲靖日报》2017年5月11日，第1版

张珂：《生态保护红线划定步入最后关口》，《云南经济日报》2016年7月14日，第7版。

张锐：《云南省扎实治理水土流失 从山脚到山顶合理布设防治措施》，《云南日报》2017年7月3日，第1版。

张潇予：《住苏全国政协委员考察团到云南考察 实施生态优先》，《云南日报》2017年4月20日，第1版。

张小燕：《昆明寻甸黑颈鹤省级自然保护区总体规划获批》，《都市时报》2017年6月4日。

张寅：《陈豪：深入推进以高原湖泊为重点的水环境综合治理》，《云南日报》2017年4月23日，第1版。

赵菊芳：《洱源梨园村景点开发进展顺利》，《大理日报》2013年3月28日，第B3版。

赵文宣：《昆明5条入滇河道开展生态补偿》，《春城晚报》2017年7月1日，第A05版。

中共云南省委云南省人民政府：《关于推进美丽乡村建设的若干意见》，《云南日报》
　　2014 年 7 月 23 日，第 1 版。

朱丹：《落实整改要求依法保护湖区生态抚仙湖保护红线内别墅开始拆除》，《云南日
　　报》2017 年 8 月 16 日，第 2 版。

朱丹：《切实抓好今年各项改革事项落实　为争当生态文明建设排头兵提供制度保
　　障》，《云南日报》2016 年 9 月 23 日，第 3 版。

左超：《云南省人大常委会召开会议听取 2016 年度云南省环境状况和环境保护目标完
　　成情况》，《云南日报》2017 年 7 月 1 日，第 4 版。

三、网络资源

安丽华、孙培培：《全省农村能源建设业务工作会议在昆明召开》。http://www.ynly.
　　gov.cn/8415/8494/8503/99784.html（2014-11-27）。

白诚颖：《抚仙湖国家湿地公园力争 5 年后正式挂牌》，http://yuxi.yunnan.cn/html/2016-
　　04/06/content_4267332.htm（2016-04-06）。

保山市环境保护局：《省委省政府环保督察组调查了解昌宁生态城市建设和自然保护区
　　管理工作》，http://www.ynepb.gov.cn/zwxx/xxyw/xxywzsdt/201709/t20170912_172242.
　　html（2017-09-12）。

保山市环境保护局：《施甸县召开申报创建省级生态文明县动员会》，http://www.
　　ynepb.gov.cn/zwxx/xxyw/xxywzsdt/201703/t20170308_165634.html（2017-03-08）。

蔡侯友：《云南省政协调研组到昭通调研　促进金沙江流域生态保护与绿色发展》，
　　http://politics.yunnan.cn/html/2017-04-17/content_4793699.htm（2017-04-17）。

茶志福、李冬松：《昆明市北部县区着力打好"生态牌"》，http://llw.yunnan.cn/html/
　　2017-01/24/content_4709854_2.htm（2017-01-24）。

陈瑾：《西双版纳州被命名授牌为首批"国家生态文明建设示范州"》，http://xsbn.
　　yunnan.cn/html/2017-09-22/content_4947070.htm（2017-09-22）。

陈怡希：《云南抚仙湖国家湿地公园试点建设获批》，http://yuxi.yunnan.cn/html/2016-
　　01/19/content_4126018.htm（2016-06-19）。

楚雄彝族自治州环境保护局：《大姚县环保优先生态立县》，http://www.ynepb.gov.cn/zwxx/xxyw/xxywzsdt/201704/t20170407_166803.html（2017-04-07）。

楚雄彝族自治州环境保护局：《大姚县居全省重点生态功能区建设先进县前 3 名》，http://www.ynepb.gov.cn/zwxx/xxyw/xxywzsdt/201708/t20170818_171472.html（2017-08-18）。

楚雄彝族自治州环境保护局：《双柏县人民政府与楚雄州环境保护局签订建设全州生态文明先行示范区合作框架协议》，http://www.ynepb.gov.cn/zwxx/xxyw/xxywzsdt/201702/t20170206_164704.html（2017-02-06）。

楚雄彝族自治州环境保护局：《永仁县召开省级生态县创建动员会》，http://www.ynepb.gov.cn/zwxx/xxyw/xxywzsdt/201706/t20170619_169220.html（2017-06-19）。

崔仁璘：《"美丽乡村"内涵解读》，http://yn.yunnan.cn/html/2013-03-07/content_2644799.htm（2013-03-07）。

大理白族自治州环境保护局：《大理市环保局对开启洱海保护治理抢救模式工作进行动员部署》，http://www.ynepb.gov.cn/zwxx/xxyw/xxywzsdt/201701/t20170122_164473.html（2017-01-22）。

大理白族自治州环境保护局：《云南省环境保护厅对祥云县进行县域生态环境质量考核》，http://www.ynepb.gov.cn/zwxx/xxyw/xxywrdjj/201603/t20160328_150990.html（2016-03-28）。

德宏傣族景颇族自治州林业局：《德宏州召开森林生态效益补偿天然商品林停伐工作电视电话会议》，http://www.ynly.gov.cn/yunnanwz/pub/cms/2/8407/8415/8494/8499/110566.html（2017-04-17）。

迪庆藏族自治州环境保护局：《迪庆州办理省第三环境保护督察组转办件情况通报（一）》，http://www.ynepb.gov.cn/zwxx/xxyw/xxywzsdt/201707/t20170713_170185.html（2017-07-13）。

迪庆藏族自治州环境保护局：《迪庆州维西县召开创建省级生态文明县推进会》，http://www.ynepb.gov.cn/zwxx/xxyw/xxywzsdt/201703/t20170331_166590.html（2017-03-31）。

迪庆藏族自治州环境保护局：《积极服务，迪庆环保部门做好影视拍摄期间生态环境监督管理工作》，http://www.ynepb.gov.cn/zwxx/xxyw/xxywzsdt/201703/t20170323_166
284.html（2017-03-23）。

迪庆藏族自治州环境保护局：《生态创建添新绿——迪庆州命名 73 个生态文明村》，
http://www.ynepb.gov.cn/zwxx/xxyw/xxywzsdt/201708/t20170802_170851.html（2017-
08-02）。

迪庆藏族自治州环境保护局：《维西县一中以立德育人办学理念 倾心创建省级绿色学
校 》， http://www.ynepb.gov.cn/zwxx/xxyw/xxywzsdt/201706/t20170607_168854.html
（2017-06-07）。

迪庆藏族自治州环境保护局：《维西县召开城乡环境总体规划编制启动会—— 将确定
区域生态红线、排污上限、资源底线、质量基线》，http://www.ynepb.gov.cn/zwxx/
xxyw/xxywzsdt/201703/t20170323_166291.html（2017-03-23）。

董地华：《市人大常委会副主任聂祖良到会泽调研河长制工作情况》，http://www.yne
pb.gov.cn/zwxx/xxyw/xxywzsdt/201708/t20170809_171128.html（2017-08-09）。

董宇虹：《云南省环保系统着力构建环境保护工作"八大体系"》，http://kunming.
yunnan.cn/html/2016-12/23/content_4666289.htm（2016-12-13）。

杜托：《王喜良：把富民建成昆明后花园和产业转移承接地》，http://yn.yunnan.cn/
html/2016-01/16/content_4120879.htm（2016-01-06）。

杜仲莹、张梦曦、钟士盛等：《昆明云龙水库水源区将实施28项"安全工程"》，http://
society.yunnan.cn/html/2017-05/29/content_4839521.htm（2017-05-29）。

段昌群：《以生态文明建设排头兵为己任 努力打造云南经济社会发展升级版》，http://
special.yunnan.cn/feature13/html/2016-01/19/content_4126004.htm（2016-01-19）。

段磊：《保山市全面启动省级生态文明市申报创建工作》，http://www.ynepb.gov.cn/zw
xx/xxyw/xxywzsdt/201704/t20170401_166685.html（2017-04-01）。

段先鹤：《云南省环境保护厅"生态文明走边疆·看环保"宣传活动走进景洪市、勐腊
县3个生态乡村》，http://www.ynepb.gov.cn/zwxx/xxyw/xxywrdjj/201612/t20161212_
163028.html（2016-12-12）。

段先鹤：《云南省环境保护厅"生态文明走边疆·看环保"宣传活动座谈会在西双版纳
州环保局召开》，http://www.ynepb.gov.cn/zwxx/xxyw/xxywrdjj/201612/t20161210_

162994.html（2016-12-10）。

段先鹤、华培垚：《"云南环保流动展"走进安宁市县街乡开展生态文明环境保护宣传》，http://www.ynepb.gov.cn/zwxx/xxyw/xxywrdjj/201707/t20170707_169916.html（2017-07-07）。

段莹：《曲靖麒麟区创建云南省生态文明区通过省级技术评估》，http://qj.news.yunnan.cn/html/2017-07/31/content_4898433.htm（2017-07-31）。

冯天娇、宋礼春：《玉溪三县喜获云南省生态文明县称号》，http://www.ynepb.gov.cn/zwxx/xxyw/xxywzsdt/201703/t20170314_165900.html（2017-03-14）。

高涟榕：《元阳县牛角寨乡获"云南省第十批生态文明乡镇"称号》，http://honghe.yunnan.cn/html/2017-03/16/content_4760693.htm（2017-03-16）。

高艺萌、杨莎：《院士专家齐聚云大 共探"一带一路"建设与地球科学发展》，http://edu.yunnan.cn/html/2016-11-25/content_4631766.htm（2016-11-25）。

顾燕波：《嵩明县创建省级生态文明县市级考核验收通过》，http://kunming.yunnan.cn/html/2016-10/20/content_4583617.htm（2016-10-20）。

管毓树、尚伟：《"森林大理"扮靓苍洱大地》，http://dali.yunnan.cn/html/2017-02/06/content_4719895_2.htm（2017-02-06）。

郭曼：《普洱茶首个生态原产地认证落户高新区》，http://finance.yunnan.cn/html/2017-08/30/content_4924853.htm（2017-08-30）。

郭孝宇：《西双版纳州勐海县、普洱市澜沧县建立行政边界生态保护和环境污染执法联动机制》，http://www.ynepb.gov.cn/zwxx/xxyw/xxywzsdt/201706/t20170602_168640.html（2017-06-02）。

韩焕玉：《西双版纳成云南首个省级生态文明州市》，http://xsbn.yunnan.cn/html/2017-03/14/content_4758373.htm（2017-03-14）。

韩帅南、常国轩：《云南景洪市森林公安局销毁 841 公斤野生动物死体及制品》，http://society.yunnan.cn/html/2017-04/08/content_4785567.htm（2017-04-08）。

和茜：《丽江环保世纪行活动启动 推动农村饮用水问题解决》，http://lijiang.yunnan.cn/html/2016-08/16/content_4488849.htm（2016-08-16）。

和茜：《云南环保世纪行采访团走进丽江 剖析农村环境案例推动生态文明建设》，

http://www.yunnan.cn/html/2016-11/11/content_4611492.htm（2016-11-11）。

贺静：《保护生态文明 发展智慧旅游大理州政府与中国移动云南公司签署战略合作协议》，
http://special.yunnan.cn/feature13/html/2016-04-24/content_4303773.htm（2016-04-24）。

黑毅鹤、杨磊：《大理州召开洱海保护治理"七大行动"新闻发布会》，http://www.
ynepb.gov.cn/zwxx/xxyw/xxywzsdt/201704/t20170401_166680.html（2017-04-01）。

红河哈尼族彝族自治州环境保护局：《红河州"绿色创建"工作绿意盎然》，http://www.
ynepb.gov.cn/zwxx/xxyw/xxywzsdt/201707/t20170705_169877.html（2017-07-05）。

红河哈尼族彝族自治州环境保护局：《红河州两家企业因环保问题被约谈》，http://www.
ynepb.gov.cn/zwxx/xxyw/xxywzsdt/201707/t20170720_170412.html（2017-07-20）。

红河哈尼族彝族自治州环境保护局：《红河州蒙自市环境保护局开展固体废物污染环境
防治法情况调研》，http://www.ynepb.gov.cn/zwxx/xxyw/xxywzsdt/201707/t20170727_
170610.html（2017-07-27）。

红河哈尼族彝族自治州环境保护局：《红河州石屏县异龙湖国家湿地公园管理局开展湿
地清理整治工作》，http://www.ynepb.gov.cn/zwxx/xxyw/xxywzsdt/201707/t20170725_
170555.html（2017-07-25）。

红河哈尼族彝族自治州环境保护局：《开远市四个乡镇（街道）省级生态文明乡镇申报
材料通过省级http://www.ynepb.gov.cn/zwxx/xxyw/xxywzsdt/201705/t20170531_168554.
html（2017-05-31）。

红河哈尼族彝族自治州环境保护局：《屏边县创建省级生态文明县通过省级技术评
估》，http://www.ynepb.gov.cn/zwxx/xxyw/xxywzsdt/201708/t20170814_171277.html
（2017-08-14）。

红河哈尼族彝族自治州环境保护局：《屏边县环境监测站顺利通过标准化建设达标验
收》，http://www.ynepb.gov.cn/zwxx/xxyw/xxywzsdt/201708/t20170814_171249.html
（2017-08-14）。

红河哈尼族彝族自治州环境保护局：《石屏县创建省级生态文明县通过省级技术评
估》，http://www.ynepb.gov.cn/zwxx/xxyw/xxywzsdt/201708/t20170816_171363.html
（2017-08-16）。

红河哈尼族彝族自治州环境保护局：《云南省、红河州环境监测站到开远市开展工业固定污染源废气监测比对工作》http://www.ynepb.gov.cn/zwxx/xxyw/xxywzsdt/201707/t20170720_170410.html（2017-07-20）。

红河哈尼族彝族自治州政府网：《绿春县两乡镇获"省级生态文明乡镇"称号》，http://honghe.yunnan.cn/html/2017-03-15/content_4759635.htm（2017-03-15）。

胡晓蓉：《创新驱动绿色转型》，http://www.yunnan.cn/html/2017-02-13/content_4727276.htm（2017-02-13）。

胡晓蓉：《云南：解决突出环境问题提升生态文明建设水平》，http://www.yunnan.cn/html/2017-03-11/content_4755652.htm（2017-03-11）。

胡晓蓉：《云南森林防火和国土绿化工作电视电话会议提出 扎实推进国土绿化 齐抓共管森林防火》，http://politics.yunnan.cn/html/2017-03-31/content_4776430.htm（2017-03-31）。

胡晓蓉、段晓瑞：《云南省命名一批生态文明州市、县市区、乡镇街道》，http://yn.yunnan.cn/html/2017-03-19/content_4763368.htm（2017-03-19）。

胡晓蓉、张彤：《云南省"六·五"环境日系列活动启动》，http://yn.yunnan.cn/html/2017-06-04/content_4843918.htm（2017-06-04）。

虎遵会：《云南普洱：立足绿色生态 坚持文化引领 让城市品牌更有颜值》，http://yn.people.com.cn/news/yunnan/n2/2016/0804/c228496-28777869.html（2016-08-04）。

黄玫：《西双版纳州勐海县新增一批绿色创建单位》，http://www.ynepb.gov.cn/zwxx/xxyw/xxywzsdt/201706/t20170607_168840.html（2017-06-07）。

黄玫：《西双版纳州三县市率先在全省通过国家生态县（市）考核验收》，http://xsbn.yunnan.cn/html/2016-07-22/content_4446747.htm（2016-07-22）。

黄美龄：《富宁县里达镇、洞波乡获省级生态乡镇命名》，http://www.ynepb.gov.cn/zwxx/xxyw/xxywzsdt/201704/t20170417_166994.html（2017-04-17）。

黄翘楚：《云南高院发布法院年度环资司法保护情况共受理 84 件环境公益诉讼案》，http://fazhi.yunnan.cn/html/2017-06-06/content_4846177.htm（2017-06-06）。

吉哲鹏：《乌蒙山片区扶贫见闻：野马村化害为利"逆袭"记》，http://yn.xinhuanet.com/newscenter/2015-06-19/c_134340566.htm（2015-06-19）。

姜萍萍、程宏毅：《中共云南省委九届十二次全会在昆举行 李纪恒作重要讲话》，

http://cpc.people.com.cn/n/2015/1211/c117005-27917292.html（2015-12-11）。

蒋朝晖：《红河州委书记强调全面建立四级河长制体系 推进水生态环境整体改善》，http://www.ynepb.gov.cn/zwxx/xxyw/xxywrdjj/201708/t20170824_171627.htm（2017-08-24）。

蒋朝晖：《云南省长陈豪部署"十三五"九湖保护工作坚持问题导向 实施精准治理》，http://www.ynepb.gov.cn/zwxx/xxyw/xxywrdjj/201601/t20160107_100919.html（2016-01-07）。

晋宁县水务局：《市水务局调研晋宁大春河水土保持生态科技示范园》，http://www.wcb.yn.gov.cn/arti?id=56241（2016-02-26）。

晋宁县水务局：《长江流域水土保持监测中心站到大春河水土保持生态科技示范园进行年度监测工作检查》，http://www.wcb.yn.gov.cn/arti?id=57348（2016-04-29）。

孔树芳：《西双版纳集中整治破坏森林资源违法违规行为专项行动初见成效》，http://xsbn.yunnan.cn/html/2016-09-18/content_4536556.htm（2016-09-18）。

昆明度假区环境保护局：《度假区管委会王月冲副主任率队参观滇池流域生态文化博物馆》，http://www.wcb.yn.gov.cn/arti?id=58663（2016-07-19）。

郎晶晶：《云南省第二届节地生态安葬活动在昆明石林狮山生态陵园举行》，http://society.yunnan.cn/html/2017-04-04/content_4779531.htm（2017-04-04）。

黎鸿凯：《安宁市省级生态文明市创建通过省级技术评估》，http://www.yunnan.cn/html/2017-04-18/content_4795977.htm（2017-04-18）。

李畅：《怒江州7个乡镇被命名为第十批云南省生态文明乡镇》，http://www.ynepb.gov.cn/zwxx/xxyw/xxywzsdt/201703/t20170316_165973.html（2017-03-16）。

李成忠：《保山市督查评估考核组对施甸创建省级生态文明县进行市级评估考核》，http://www.yne pb.gov.cn/zwxx/xxyw/xxywzsdt/201707/t20170711_170113.html（2017-07-11）。

李成忠：《云南省环保厅在保山市组织召开生态环保智库调研座谈会》，http://www.ynepb.gov.cn/zwxx/xxyw/xxywrdjj/201610/t20161031_161289.html（2016-10-30）。

李成忠：《云南省环境保护厅召开保山市申报第一批国家生态文明建设示范 http://www.ynepb.gov.cn/zwxx/xxyw/xxywrdjj/201708/t20170817_171377.html（2017-08-17）。

李承韩：《省委生态文明体制改革专项小组会议提出扎实推进改革举措精准落地取得成效》，http://yn.yunnan.cn/html/2016-05-07/content_4325395.htm（2016-05-07）。

李国华：《牟定县环保局积极参与节能宣传周和全国低碳日宣传活动》，http://www.ynepb.gov.cn/zwxx/xxyw/xxywzsdt/201706/t20170623_169441.html（2017-06-23）。

李汉勇、沈浩：《景东全面推进生态文明建设》，http://puer.yunnan.cn/html/2017-01/06/content_4684048.htm（2017-01-06）。

李锦芳、张雅雄：《大理市持续发力不断推进洱海保护治理工作》，http://dali.yunnan.cn/html/2016-04-15/content_4286910.htm（2016-04-15）。

李婧：《2016年昆明空气质量全国排名第9省会城市排名第3》，http://kunming.yunnan.cn/html/2017-04-13/content_4790370.htm（2017-04-13）。

李婧：《昆明5县区入列云南生态文明县》，http://edu.yunnan.cn/html/2016-09-02/content_4514234.htm（2016-09-02）。

李菊娟：《昆明市委常委会议审议通过"开展生态修复城市修补工作实施意见"优化生态环境 提升城市品质》，http://yn.yunnan.cn/html/2017-07-19/content_4888214.htm（2017-07-19）。

李玲芬：《我省湿地生态监测培训圆满结束》，http://www.ynly.gov.cn/yunnanwz/pub/cms/2/8407/8415/8494/8501/108587.html（2016-09-26）。

李寿华、茶学华：《怒江森林公安开展"利剑行动"保护野生动植物安全》，http://nujiang.yunnan.cn/html/2017-04-11/content_4788075.htm（2017-04-11）。

李文利：《大屯海环湖生态格局构建工程可研通过评审》，http://www.wcb.yn.gov.cn/arti?id=57248（2016-04-26）。

李文圣：《大丽高速获评国家水土保持生态文明工程》，http://www.yunnan.cn/html/2017-04-29/content_4808124.htm（2017-04-29）。

李享：《红河州州级生态文明村创建有成效》，http://honghe.yunnan.cn/html/2014-06/20/content_3255386.htm（2014-06-20）。

李星伫：《【云南两会】生态云南颜值爆表 2016年云南退耕还林还草160万亩》，http://www.yunnan.cn/html/2017-01/16/content_4697071.htm（2017-01-16）。

李雪岗：《致公党保山市委领导到龙陵县龙江乡勐外坝村开展农村环境综合整治调研指

导工作》，http://www.ynepb.gov.cn/zwxx/xxyw/xxywzsdt/201708/t20170804_170975.html（2017-08-04）。

李燕：《个旧市红河生物谷绿色生态农村产业融合发展项目供水工程实施方案通过评审》，http://www.wcb.yn.gov.cn/arti?id=61462（2017-02-13）。

李燕华：《大姚县省级生态文明县创建通过州级技术审查》，http://www.ynepb.gov.cn/zwxx/xxyw/xxywzsdt/201707/t20170727_170673.html（2017-07-27）。

李映芳：《云南丽江：老君山国家地质公园拟划定生态保护红线》，http://www.yn.xinhuanet.com/2016info2/20160611/3198000_c.html（2016-06-11）。

李永明：《宾川县创建云南省生态文明县申报材料完成初审》，http://www.ynepb.gov.cn/zwxx/xxyw/xxywzsdt/201701/t20170122_164470.html（2017-01-22）。

李玉芳、余丰龙：《迪庆州出台生态环境监测方案构建测管联动机制》，http://diqing.yunnan.cn/html/2017-03-15/content_4759766.htm（2017-03-15）。

李元冰：《【云南两会】省政协委员热议云南如何保护好"蓝天白云"》，http://politics.yunnan.cn/html/2017-01-21/content_4705805_2.htm（2017-01-26）。

李志春：《西双版纳州勐海县举办党政干部生态文明体制改革知识讲座》，http://www.ynepb.gov.cn/zwxx/xxyw/xxywzsdt/201706/t20170602_168643.html（2017-06-02）。

丽江市环境保护局：《狠抓落实 坚定不移保护好"一江三湖"》，http://www.ynepb.gov.cn/zwxx/xxyw/xxywzsdt/201708/t20170809_171187.html（2017-08-09）。

刘畅：《用朗诵呼吁环保 云南环保"朗读者"颂美好家园生态》，http://kunming.yunnan.cn/html/2017-06/06/content_4846108.htm（2017-06-06）。

刘加春：《富源县富村镇召开全面推行河长制工作动员会议》，http://www.ynepb.gov.cn/zwxx/xxyw/xxywzsdt/201708/t20170824_171633.html（2017-08-24）。

刘师政：《张晓鸣副州长对龙川江西观桥断面水污染防治工作情况进行专题调研》，http://www.ynepb.gov.cn/zwxx/xxyw/xxywzsdt/201708/t20170818_171423.html（2017-08-18）。

刘云忠：《普洱市荣获 2016 创建生态文明标杆城市》，http://puer.yunnan.cn/html/2017-01/17/content_4699033.htm（2017-01-17）。

刘子语、刘冰洋、白永华：《西双版纳开展国门生物安全教育进校园活动》，http://

edu.yunnan.cn/html/2017-04/13/content_4790320.htm（2017-04-13）。

鲁爱昌、彭芳菲：《楚雄市生态乡镇建成率即将达 86%》，http://chuxiong.yunnan.cn/html/2017-01/17/con tent_4698623.htm（2017-01-17）。

鲁丽君：《南华县环保局认真组织开展对乡镇 2016 年"环境保护"指标的绩效考核工作》，http://www.ynepb.gov.cn/zwxx/xxyw/xxywzsdt/201702/t20170206_164706.html（2017-02-06）。

罗浩：《2016 生态文明建设与绿色发展高端论坛在昆举行助推西南林大学术发展》，http://yn.yunnan.cn/html/2016-12/01/content_4638684.htm（2016-12-01）。

罗浩：《2016 中国·昆明世界生态城市与屋顶绿化大会在昆召开专家学者共同研讨治理城市污染实用技术》，http://edu.yunnan.cn/html/2016-07/04/content_4417767.htm（2016-07-04）。

罗浩：《石漠化研究院在昆成立 将致力提升西南石漠化治理水平》，http://edu.yunnan.cn/html/2016-11/21/content_4624676.htm（2016-11-21）。

罗浩：《西南绿色发展研究院成立 将为云南建设生态文明排头兵贡献力量》，http://yn.yunnan.cn/html/2016-01/21/content_4131082.htm（2016-01-21）。

罗浩：《云南省生态文明建设研究会选举吴松担任第二届会长》，http://yn.yunnan.cn/html/2016-01/16/content_4121237.htm（2016-01-16）。

罗云辉：《个旧市政府进一步完善"大屯海水生态系统保护与修复工程"项目》，http://www.wcb.yn.gov.cn/arti?id=56582（2016-03-18）。

罗云辉：《个旧水务局四项措施落实水生态文明建设取得显著成效》，http://www.wcb.yn.gov.cn/arti?id=56583（2016-03-18）。

马恩勋：《纳云德：加快怒江生态文明建设》，http://nujiang.yunnan.cn/html/2016-09/07/content_4523180.htm（2016-09-07）。

牟顺泽：《巧家积极开展高寒山区农村能源示范点建设》，http://www.ynsncny.com/ztnews/265.htm（2012-04-20）。

穆加炼：《保山市环保局参加"生态文明与动物保护"专题讲座培训》，http://www.ynepb.gov.cn/zwxx/xxyw/xxywzsdt/201703/t20170324_166367.html（2017-03-24）。

穆加炼：《保山市永昌小学获 2016 年度国际生态学校绿旗荣誉》，http://www.ynepb.

gov.cn/zwxx/xxyw/xxywzsdt/201703/t20170303_165497.html（2017-03-03）。

穆加炼：《保山市召开环境保护暨创建省级生态文明市工作会议》，http://www.ynepb. gov.cn/zwxx/xxyw/xxywzsdt/201703/t20170331_166645.html（2017-03-31）。

穆加炼：《保山市召开申报创建省级生态文明市业务培训》，http://www.ynepb.gov. cn/zwxx/xxyw/xxywzsdt/201704/t20170418_167086.html（2017-04-18）。

纳板河国家级自然保护区管理局：《纳板河流域国家级自然保护区举办社区生态茶园建设与茶叶初制加工技术培训》，http://www.ynepb.gov.cn/zwxx/xxyw/xxywrdjj/2016 08/t20160817_157402.html（2016-08-17）。

纳板河国家级自然保护区管理局：《纳板河流域国家级自然保护区生物多样性保护示范项目顺利通过验收》，http://www.ynepb.gov.cn/zwxx/xxyw/xxywrdjj/201702/t201702 24_165192.html（2017-02-24）。

纳板河国家级自然保护区管理局：《南—南合作大湄公河次区域发展中国家生态系统管理能力建设和咨询研讨会成功在纳板河保护区管理局召开》，http://www.ynepb. gov.cn/zwxx/xxyw/xxywrdjj/201605/t20160517_153014.html（2016-05-17）。

纳板河国家级自然保护区管理局：《心系母亲河 落实河长制——寸敏副州长到纳板河保护区调研河长制工作情况》，http://www.ynepb.gov.cn/zwxx/xxyw/xxywrdjj/2017 07/t20170731_170810.html（2017-07-31）。

聂孝美、王娟：《昭通市召开环境保护暨中央环保督察整改工作推进会》，http://www. yunnan.cn/html/2017-05/11/content_4821416.htm（2017-05-11）。

怒江傈僳族自治州环境保护保局：《怒江州泸水市片马镇、鲁掌镇省级生态文明乡镇创建项目顺利通过州级验收》，http://www.ynepb.gov.cn/zwxx/xxyw/xxywzsdt/201702/ t20170223_165177.html（2017-02-23）。

怒江傈僳族自治州环境保护局：《怒江环保督察重点做好"四个一批"确保怒江山青水碧的良好环境持续稳定》，http://www.ynepb.gov.cn/zwxx/xxyw/xxywzsdt/201704/t2017 0409_166826.html（2017-04-09）。

怒江傈僳族自治州环境保护局：《省环境监测中心站深入泸水调研县域生态环境质量考核评价工作》，http://www.ynepb.gov.cn/zwxx/xxyw/xxywrdjj/201606/t20160608_154 659.html（2016-06-08）。

盘龙区水务局：《盘龙区积极开展水生态文明建设试点工作》，http://www.wcb.yn.gov.cn/arti?id=59040（2016-08-09）。

盘龙区水务局：《盘龙区省级水生态文明建设试点实施方案通过专家审查》，http://www.wcb.yn.gov.cn/arti?id=59205（2016-08-17）。

庞翠平：《姚安县开展与文明同行 和绿色相伴 为主题的城乡环境卫生整治活动》，http://www.ynepb.gov.cn/zwxx/xxyw/xxywzsdt/201707/t20170727_170656.html（2017-07-27）。

庞翠平：《姚安县正式启动全面深化生态文明体制改革实施方案》，http://www.ynepb.gov.cn/zwxx/xxyw/xxywzsdt/201702/t20170228_165313.html（2017-02-28）。

彭家良：《姚安：深入开展纪念"六·五"世界环境日宣传活动》，http://www.ynepb.gov.cn/zwxx/xxyw/xxywzsdt/201706/t20170623_169442.html（2017-06-23）。

彭锡：《〈云南省建立国家生态文明试验示范区战略研究报告〉获奖》，http://yn.yunnan.cn/html/2016-06/01/content_4370226.htm（2016-06-01）。

彭锡：《到 2020 年 云南全社会林业总产值将超过 5000 亿元》，http://www.yunnan.cn/html/2016-01/17/content_4121868.htm（2016-01-17）。

普洱市环境保护局：《墨江县各乡镇积极开展"6·5"世界环境日宣传活动》，http:// www.ynepb.gov.cn/zwxx/xxyw/xxywzsdt/201706/t20170615_169121.html（2017-06-15）。

普洱市环境保护局：《普洱市 11 家单位获云南省绿色学校、绿色社区称号》，http://www.ynepb.gov.cn/zwxx/xxyw/xxywzsdt/201706/t20170615_169119.html（2017-06-15）。

普洱市环境保护局：《普洱市召开生态文明体制改革专项小组会议》，http://www.ynepb.gov.cn/ zwxx/xxyw/xxywzsdt/201705/t20170527_168476.html（2016-05-27）。

期俊军：《昆明晋宁新增 3 个省级生态文明村》，http://finance.yunnan.cn/html/2016-11/07/content_4606028.htm（2016-11-07）。

期俊军：《昆明盘龙区北站幼儿园创建国际生态学校》，http://edu.yunnan.cn/html/2017-03/01/content_4744580.htm（2017-03-01）。

秦蒙琳：《洱海核心区餐饮客栈 10 日内停业接受核查》，http://society.yunnan.cn/html/2017-04/01/content_4777315.htm（2017-04-01）。

曲靖市环境保护局：《富源县环保局到河兴煤矿开展环境保护法培训》，http://www.

ynepb.gov.cn/zwxx/xxyw/xxywzsdt/201707/t20170717_170285.html（2017-07-17）。

曲靖市环境保护局：《富源县环保局到十八连山镇检查污染源自动监控设施建设工作》，http://www.ynepb.gov.cn/zwxx/xxyw/xxywzsdt/201708/t20170808_171071.html（2017-08-08）。

曲靖市环境保护局：《富源县竹园镇召开农村环境综合整治工程实施方案评审会》，http://www.ynepb.gov.cn/zwxx/xxyw/xxywzsdt/201708/t20170825_171715.html（2017-08-25）。

曲靖市环境保护局：《会泽黑颈鹤国家级自然保护区按时完成中央环保督导组反馈的整改任务》，http://www.ynepb.gov.cn/zwxx/xxyw/xxywzsdt/201707/t20170712_170151.html（2017-07-12）。

曲靖市环境保护局：《陆良县落实河长制巡查制度》，http://www.ynepb.gov.cn/zwxx/xxyw/xxywzsdt/201707/t20170717_170274.html（2017-07-17）。

曲靖市环境保护局：《曲靖出台最严〈曲靖市生态环境保护督察督办与通报制度（试行）〉》，http://www.ynepb.gov.cn/zwxx/xxyw/xxywzsdt/201704/t20170406_166740.html（2017-04-06）。

曲靖市环境保护局：《曲靖市麒麟区创建省级生态文明区通过省环境保护厅组织的技术评估》，http://www.ynepb.gov.cn/zwxx/xxyw/xxywzsdt/201708/t20170809_171136.html（2017-08-09）。

曲靖市环境保护局：《曲靖市生态文明体制改革专项小组召开2017年工作会议》，http://www.ynepb.gov.cn/zwxx/xxyw/xxywzsdt/201708/t20170818_171487.html（2017-08-18）。

曲靖市环境保护局：《省人大常委会对马龙河流域贯彻执行<牛栏江保护条例>情况进行执法检查》，http://www.ynepb.gov.cn/zwxx/xxyw/xxywzsdt/201707/t20170720_170425.html（2017-07-20）。

曲靖市环境保护局：《师宗县环保局对辖区内南盘江段开展环境综合整治》，http://www.ynepb.gov.cn/zwxx/xxyw/xxywzsdt/201708/t20170808_171074.html（2017-08-08）。

曲靖市环境保护局：《市委市政府自然保护区专项督查第四组对会泽县和马龙县自然保护区进行专项督查》，http://www.ynepb.gov.cn/zwxx/xxyw/xxywzsdt/201708/t20170828_171767.html（2017-08-28）。

曲靖市环境保护局：《市专家组到师宗县查看市级生态村建设创建情况》，http://www.

ynepb.gov.cn/zwxx/xxyw/xxywzsdt/201708/t20170808_171063.html（2017-08-08）。

曲靖市环境保护局：《像对待生命一样对待生态环境》，http://www.ynepb.gov.cn/zwxx/ xxywzsdt/201708/t20170809_171110.html（2017-08-09）。

曲靖市环境保护局：《宣威市环保部门到企业监督检查》，http://www.ynepb.gov.cn/zw xx/xxyw/xxywzsdt/201708/t20170809_171112.html（2017-08-09）。

曲靖市环境保护局：《宣威市召开珠江源自然保护区综合督查情况反馈会》，http://www. ynepb.gov.cn/zwxx/xxyw/xxywzsdt/201708/t20170824_171629.html（2017-08-24）。

沈迅、蔡侯友：《水富入列省级生态文明县》，http://zhaotong.yunnan.cn/html/2017-06/ 27/content_4866997.htm（2017-06-27）。

施国飞：《楚雄州双柏县、牟定县通过创建省级生态文明县省级技术评估》，http://www. ynepb.gov.cn/zwxx/xxyw/xxywzsdt/201705/t20170503_167613.html（2017-05-03）。

石全海：《云南省环保厅对楚雄市新村镇创建国家级生态乡镇申报材料审查》，http:// www.ynepb.gov.cn/zwxx/xxyw/xxywrdjj/201611/t20161116_161821.html（2016-11-16）。

石泉海：《云南省贯彻落实中央环境保护督查反馈意见整改督导组到楚雄市开展自然保 护区生态保护督查》，http://www.ynepb.gov.cn/zwxx/xxyw/xxywzsdt/201707/t2017 0727_170666.html（2017-07-27）。

史大成：《盐津拟 3 年建成国家级生态文明县》，http://www.ynyj.gov.cn/html/2016/ zjyj_1214/24790.html（2016-12-15）。

双良：《保山市召开申报第一批国家生态文明建设示范市创建工作会议》，http://www. ynepb.gov.cn/zwxx/xxyw/xxywzsdt/201708/t20170809_171189.html（2017-08-09）。

思买玉：《盈江县水利局加强水电站生态流量在线监测系统建设》，http://www.wcb.yn. gov.cn/arti?id=56636（2016-03-21）。

宋金艳：《西双版纳州唯一荣获首批省级生态文明州市称号》，http://www.ynepb.gov. cn/zwxx/xxyw/x xywzsdt/201703/t20170316_165989.html（2017-03-16）。

宋金艳：《云南省命名一批省级生态文明州市区西双版纳成首批省级生态文明州市》， http://yn.yun nan.cn/html/2017-03/14/content_4757942.htm（2017-03-14）。

宋礼春、魏中红：《玉溪市全面推进林业生态建设》，http://yuxi.yunnan.cn/html/ 2016-10/09/content_4566262.htm（2016-10-09）。

苏虹铭：《2017 年云南环保世纪行在昆启动　云南网记者作品去年荣获一等奖》，http://yn.yunnan.cn/html/2017-05/22/content_4832701.htm（2017-05-22）。

苏燕：《双江县启动生态文明教育基地创建工作》，http://www.ynly.gov.cn/yunnanwz/pub/cms/2/8407/8415/8477/108558.html（2016-07-19）。

苏宇箫：《政府工作报告——2017 年 1 月 16 日在云南省第十二届人民代表大会第五次会议上》，http://llw.yunnan.cn/html/2017-01/23/content_4708142_8.htm（2017-01-23）。

苏宇箫、王大林：《[学习贯彻党代会精神]加强生态文明建设理论研究和实践探索》，http://www.yunnan.cn/html/2017-02/28/content_4743186.htm（2017-02-28）。

孙潇：《34 条入滇池河道实施生态补偿机制》，http://kunming.yunnan.cn/html/2017-08/02/content_4900895.htm（2017-08-02）。

孙竹安：《楚雄州生态文明体制改革专项小组会议成功召开》，http://www.ynepb.gov.cn/zwxx/xxyw/xxywzsdt/201707/t20170727_170671.html（2017-07-27）。

谭晶纯、程三娟：《"美丽云南·穿越自然保护区"专栏开栏的话》，http://ynjjrb.yunnan.cn/html/2017-05/20/content_4830946.htm（2017-05-20）。

唐国富、黄海婧：《督导洱海抢救行动　保护治理进展顺利》，http://www.ynepb.gov.cn/zwxx/xxyw/xxywzsdt/201702/t20170222_165134.html（2017-02-22）。

陶兴春：《云南省下达 2017 年省级陡坡地生态治理 20 万亩计划任务》，http://www.ynly.gov.cn/yunnanwz/pub/cms/2/8407/8415/8494/8500/110392.html（2017-03-28）。

田静、李绍明、张寅：《云南省委召开常委会议：切实把生态文明建设抓紧抓实抓好》，http://llw.yunnan.cn/html/2017-06/07/content_4846812.htm（2017-06-07）。

田仁梅、黄文徽：《文山州开展打击破坏野生动物犯罪专项行动》，http://wenshan.yunnan.cn/html/2017-04/27/content_4805740.htm（2017-04-27）。

王博喜莉：《卫星在普洱市委理论学习中心组集体学习时强调　牢固树立"绿水青山就是金山银山"理念　争当生态文明建设排头兵》，http://puer.yunnan.cn/html/2016-12/19/content_4659711.htm（2016-12-19）。

王大林：《云南社科专家双柏行之生态环保实地考察》，http://llw.yunnan.cn/html/2017-04/25/content_4802526.htm（2017-04-25）。

王连泽、周晓艳：《保山市环保局对昌宁县农村环境综合整治项目进行专项督查》，

http://www.ynepb.gov.cn/zwxx/xxyw/xxywzsdt/201707/t20170728_170752.html（2017-07-28）。

王连泽、周晓艳：《昌宁县开展环境保护督查工作》，http://www.ynepb.gov.cn/zwxx/xxyw/xxywzsdt/201707/t20170705_169878.html（2017-07-05）。

王淑娟：《水利部专家调研洱海流域水生态修复与治理工作》，http://yn.yunnan.cn/html/2017-08/29/content_4923219.htm（2017-08-29）。

王淑娟：《云南完成新增水土流失治理面积 4720 平方千米》，http://yn.yunnan.cn/html/2017-02/18/content_4733270.htm（2017-02-18）。

王艳龙、王忠会：《云南年底前全面推行河长制 省领导任重要河湖河长》，http://www.chinanews.com/gn/2017/05-11/8221126.shtml（2017-05-11）。

王云波：《永仁县认真落实中央环境保护督察组反馈意见精神 专题传达中央关于祁连山生态环境破坏问题处理情况》，http://www.ynepb.gov.cn/zwxx/xxyw/xxywzsdt/201708/t20170803_170875.html（2017-08-03）。

魏江跃：《临沧市政府组团到昆明考察水生态文明城市建设情况》，http://www.wcb.yn.gov.cn/arti?id=62738（2017-05-02）。

文山壮族苗族自治州环境保护局：《富宁县那能乡通过州级生态文明村现场复核》，http://www.ynepb.gov.cn/zwxx/xxyw/xxywzsdt/201708/t20170811_171218.html（2017-08-11）。

文山壮族苗族自治州环境保护局：《砚山县召开 2017 年度生态文明建设工作第一次部门联席会议》，http://www.ynepb.gov.cn/zwxx/xxyw/xxywzsdt/201704/t20170417_166991.html（2017-04-17）。

邬丽亚：《马关 2016 年世界环境日宣传活动暨省级生态文明县创建工作启动》，http://wenshan.yunnan.cn/html/2016-06/06/content_4377018.htm（2016-06-06）。

吴国平：《跨地区多部门开展林业植物检疫联合执法行动》，http://diqing.yunnan.cn/html/2017-06/26/content_4866536.htm（2017-06-26）。

吴杰、自建丽：《专家学者云南大学共话"云南如何成为生态文明建设排头兵"》，http://edu.yunnan.cn/html/2017-03/01/content_4744618.htm（2017-03-01）。

吴茂全：《"支部+生态环境提升"带动绿色水库建设》，http://www.wcb.yn.gov.cn/art

i?id=62235（2017-03-22）。

武建雷：《云南第二批省级生态文明教育基地授牌》，http://www.ynly.gov.cn/8415/84 77/105494.html（2017-01-25）。

武建雷：《云南新增六个生态文明教育基地》，http://news.yuanlin.com/detail/2017222/ 250571.htm（2017-02-23）。

武建雷：《昭通大山包国家级自然保护区等7单位创建省级生态文明教育基地通过专家评审》，http://www.ynly.gov.cn/yunnanwz/pub/cms/2/8407/8415/8477/111564.html（2017-07-24）。

夏文燕：《西双版纳州省级生态文明州创建工作 通过云南省环保厅考核验收》，http:// xsbn.yunnan.cn/html/2016-05-17/content_4341225.htm（2016-05-17）。

肖锦锋：《洱源县凤羽河生态示范河道工程征地进入冲刺阶段》，http://www.wcb.yn. gov.cn/arti?id=58883（2016-07-29）。

辛向东、李冲：《大理举行"青少年生态文明志愿行动示范区"建设暨"青少年洱海生态保护公益基金"设立启动仪式》，http://dali.yunnan.cn/html/2017-03-13/content_47 57277.htm（2017-03-13）。

许孟婕：《2017 年年底 昆明将全面完成生态保护红线划定方案》，http://finance.yun nan.cn/html/2016-12-22/content_4664708.htm（2016-12-22）。

许孟婕：《昆明 10 县区已获云南省生态文明县区命名》，http://yn.yunnan.cn/html/2017-08/01/content_4899530.htm（2017-08-01）。

许孟婕：《云南省环保厅拟命名版纳为首批省级生态文明州》，http://finance.yunnan. cn/html/2016-08-17/content_4490331.htm（2016-08-17）。

许孟婕：《云南试点环境污染强制责任险 首批 131 家企业投保》，http://society. yunnan.cn/html/2016-06-17/content_4390840.htm（2016-06-17）。

薛丹：《云南贫困人口四年减少440万 力争到2020年消除绝对贫困》，http://yn.people. com.cn/news/yunnan/n/2015/0619/c228496-25296447.html（2015-06-19）。

严娅、石勇、依应香：《勐腊县生态文明建设开启新局面》，http://xsbn.yunnan.cn/html/ 2016-08/09/content_4478990.htm（2016-08-09）。

杨春：《西双版纳三县市通过国家生态县（市）考核验收省级预审》，http://xsbn.yun

nan.cn/html/2016-02/22/content_4182888.htm（2016-02-22）。

杨富东：《云南省委生态文明体制改革专项小组第十次会议提出 精准发力确保改革取得
突破》，http://yn.yunnan.cn/html/2017-06/02/content_4842493.htm（2017-06-22）。

杨官荣：《昆明水资源实行红黄绿管理 县区考核不合格亮红牌》，http://finance.yun
nan.cn/html/2017-02/27/content_4771745.htm（2017-02-27）。

杨官荣：《昆明新增 5 个省级生态文明县 目前已达 10 个》，http://yn.yunnan.cn/html/
2017-03/13/content_4756832.htm（2017-03-13）。

杨国威：《云南省人民政府批复同意实施云南苍山洱海国家级自然保护区总体规划》，
http://www.ynepb.gov.cn/zwxx/xxyw/xxywrdjj/201606/t20160608_154592.html（2016-
06-08）。

杨华：《云南省林业生态保护红线划定方案通过部门专家预审》，http://www.ynly.gov.
cn/yunnanwz/pub/cms/2/8407/8415/8494/8497/107535.html（2016-06-30）。

杨雪梅：《瑞丽：当好国门森林卫士 构建"生态软环境"》，http://special.yunnan.cn/
feature15/html/2017-05/27/content_4838901.htm（2017-05-27）。

杨映丽：《腾冲市被正式命名为云南省生态文明市》，http://www.ynepb.gov.cn/zwxx/xx
yw/xxywzsdt/201703/t20170316_166014.html（2017-03-16）。

杨勇：《王承才：坚持绿色发展理念 构筑长江上游生态安全屏障》，http://diqing.yun
nan.cn/html/2017-06/20/content_4860527.htm（2017-06-20）。

杨钰洁：《"党建＋生态"助力绿色云龙建设》，http://dali.yunnan.cn/html/2017-03/14/
content_4758289.htm（2017-03-14）。

杨钰洁：《大理市生态文明建设成果显著》，http://dali.yunnan.cn/html/2016-02/04/
content_4157177.htm（2016-02-04）。

杨之辉、彭锡：《民族团结进步示范区建设 云南一直在路上》，http://yn.yunnan.cn/
html/2015-03/14/content_3644115.htm（2015-03-14）。

佚名：《"2016 年云南省政府工作报告解读"》，http://www.yn.gov.cn/yn_zt/bgjd/2016
bg/new_20.html（2016-10-12）。

佚名：《"中央宣讲团与云南省干部群众座谈交流：树立新理念 实现新发展"》，
http://yn.yunnan.cn/html/2015-11/13/content_4009500.htm（2015-11-13）。

佚名：《建水县官厅镇等 5 个乡镇荣获省级生态文明乡镇命名》，http://honghe.yunnan.cn/html/2017-03-21/content_4765636.htm（2017-03-21）。

佚名：《新平县加大资金投入推进农村能源建设》，http://www.mof.gov.cn/mofhome/mof/xinwenlianbo/yunnancaizhengXinxilianbo/201503/t20150310_1200069.html（2015-03-10）。

尹朝平、谭晶纯：《云南省生态文明建设工作：把绿色发展理念贯穿到各领域各环节》，http://llw.yunnan.cn/html/2016-09-21/content_4542625.htm（2016-09-21）。

尹力可：《省人大常委会领导到曲靖经开区调研白石江河道生态治理情况》，http://qj.news.yunnan.cn/html/2017-08-09/content_4906768.htm（2017-08-09）。

尤祥能：《香格里拉市 推进造林绿化 3 年行动计划》，http://www.yunnan.cn/html/2017-04-17/content_4793422.htm（2017-04-17）。

余秋霞：《镇雄干群到赤水河源头义务植树 200 亩》，http://zhaotong.yunnan.cn/html/2016-03-14/content_4226974.htm（2016-03-14）。

余兴亮：《省县域生态环境质量考核现场核查组到永仁进行现场核查》，http://www.ynepb.gov.cn/zwxx/xxyw/xxywzsdt/201704/t20170407_166800.html（2017-04-07）。

余雪彬：《云南农村公路总里程近 20 万公里 通达率超 90%》，http://www.chinanews.com/df/2014/02-18/5852476.shtml（2014-02-18）。

渔洞水库管理局：《渔洞水库启动水生生态系统调查工作》，http://www.wcb.yn.gov.cn/arti?id=56709（2016-03-25）。

玉坎金：《西双版纳州勐海县审计局对勐海县实施的中央、省级农村环境综合整治项目开展实地检查与复核》，http://www.ynepb.gov.cn/zwxx/xxyw/xxywzsdt/201708/t20170809_171167.html（2017-08-09）。

玉溪市环境保护局：《澄江县加强生物多样性保护，为打造生态美丽澄江奠定资源基础》，http://www.ynepb.gov.cn/zwxx/xxyw/xxywzsdt/201704/t20170411_166893.html（2017-04-11）。

玉溪市环境保护局：《澄江县顺利通过省级生态文明县创建技术评估》，http://www.ynepb.gov.cn/xxgk/read.aspx?newsid=165051（2017-02-17）。

玉溪市环境保护局：《峨山县政府常务会专题研究建设生态文明先行县工作》，http://www.ynepb.gov.cn/zwxx/xxyw/xxywzsdt/201708/t20170814_171253.html（2017-08-14）。

玉溪市环境保护局：《峨山县制定下发〈党政领导干部生态环境损害责任追究实施办法试行〉》，http://www.ynepb.gov.cn/zwxx/xxyw/xxywzsdt/201708/t20170828_171764.html（2017-08-28）。

玉溪市环境保护局：《红塔区统筹推进生态文明建设》，http://www.ynepb.gov.cn/zwxx/xxyw/xxywzsdt/201708/t20170809_171176.html（2017-08-09）。

玉溪市环境保护局：《华宁县华溪镇小寨村农村环境综合整治工程开工建设》，http://www.ynepb.gov.cn/zwxx/xxyw/xxywzsdt/201702/t20170220_165088.html（2017-02-20）。

玉溪市环境保护局：《华宁县召开第一批国家生态文明建设示范县技术评估会》，http://www.ynepb.gov.cn/zwxx/xxyw/xxywzsdt/201708/t20170824_171596.html（2017-08-24）。

玉溪市环境保护局：《华宁县争取到第一批国家生态文明建设示范市县评选资格》，http://www.ynepb.gov.cn/zwxx/xxyw/xxywzsdt/201708/t20170809_171145.html（2017-08-09）。

玉溪市环境保护局：《坚守环保底线，打好生态保护攻坚战》，http://www.ynepb.gov.cn/zwxx/xxyw/xxywzsdt/201701/t20170118_164343.html（2017-01-18）。

玉溪市环境保护局：《省环保厅湖泊处到通海县督促检查杞麓湖"十三五"规划项目推进情况》，http://www.ynepb.gov.cn/zwxx/xxyw/xxywzsdt/201708/t20170828_171766.html（2017-08-28）。

玉溪市环境保护局：《省九湖办到玉溪市考核"三湖"水污染综合防治"十二五"规划执行情况》，http://www.ynepb.gov.cn/zwxx/xxyw/xxywrdjj/201603/t20160307_104167.Html（2016-03-07）。

玉溪市环境保护局：《省委省政府第三督查组对玉溪自然保护区开展专项督查》，http://www.ynepb.gov.cn/zwxx/xxyw/xxywzsdt/201707/t20170727_170705.html（2017-07-27）。

玉溪市环境保护局：《市三湖办调度星云湖杞麓湖"十三五"规划项目进展及水质变化情况》，http://www.ynepb.gov.cn/zwxx/xxyw/xxywzsdt/201708/t20170824_171593.html（2017-08-24）。

玉溪市环境保护局：《通海县环保局组织学习〈关于甘肃祁连山国家级自然保护区生态环境问题督查处理情况及其教训的通报〉》，http://www.ynepb.gov.cn/zwxx/xxyw/xxywzsdt/201707/t20170731_170806.html（2017-07-31）。

玉溪市环境保护局：《县委书记黄云鹍对生态建设与环境保护工作提出新的要求》，http://

www.ynepb.gov.cn/zwxx/xxyw/xxywzsdt/201706/t20170620_169292.html（2017-06-20）。

玉溪市环境保护局：《新平县召开 2017 年环境保护工作会》，http://www.ynepb.gov.cn/zwxx/xxyw/xxywzsdt/201703/t20170309_165677.html（2017-03-09）。

玉溪市环境保护局：《星云湖主要入湖河道市级河长开始履职》，http://www.ynepb.gov.cn/zwxx/xxyw/xxywzsdt/201706/t20170613_169053.html（2017-06-13）。

玉溪市环境保护局：《玉溪市"十三五"生态建设与环境保护目标确定》，http://www.ynepb.gov.cn/zwxx/xxyw/xxywzsdt/201612/t20161223_163650.html（2016-12-23）。

玉溪市环境保护局：《玉溪市 2017 年上半年市县级集中式饮用水水源地水质 100%达标》，http://www.ynepb.gov.cn/zwxx/xxyw/xxywzsdt/201707/t20170731_170805.html（2017-07-31）。

玉溪市环境保护局：《玉溪市环境监测站开展"六·五"世界环境日党员进社区宣传活动》，http://www.ynepb.gov.cn/zwxx/xxyw/xxywzsdt/201706/t20170620_169286.html（2017-06-20）。

玉溪市环境保护局：《玉溪市落实河长制编制三湖入湖河道综合整治及水质监测方案》，http://www.ynepb.gov.cn/zwxx/xxyw/xxywzsdt/201706/t20170613_169054.html（2017-06-13）。

玉溪市环境保护局：《玉溪市全面部署开展自然保护区突出生态环境问题整治及督查工作》，http://www.ynepb.gov.cn/zwxx/xxyw/xxywzsdt/201706/t20170620_169297.html（2017-06-20）。

玉溪市环境保护局：《玉溪市生态文明建设示范区创建迈出新步伐》，http://www.ynepb.gov.cn/zwxx/xxyw/xxywzsdt/201704/t20170421_167189.html（2017-04-21）。

玉溪市环境保护局：《玉溪市生态文明体制改革专项小组专题研究环境保护工作责任》，http://www.ynepb.gov.cn/zwxx/xxyw/xxywzsdt/201703/t20170331_166609.html（2017-03-31）。

玉溪市环境保护局：《玉溪市省级生态文明县创建实现零突破》，http://www.ynepb.gov.cn/zwxx/xxyw/xxywzsdt/201612/t20161226_163736.html（2016-12-26）。

玉溪市环境保护局：《玉溪市委印发贯彻落实生态文明体制改革总体方案的实施意见》，http://www.ynepb.gov.cn/zwxx/xxyw/xxywzsdt/201612/t20161226_163738.html

（2016-12-26）。

玉溪市环境保护局：《元江县召开 2017 年县域生态环境质量监测评价与考核工作推进会》，http://www.ynepb.gov.cn/zwxx/xxyw/xxywzsdt/201612/t20161230_163846.html（2016-12-30）。

岳晓琼：《省政府九湖督导组调研异龙湖水污染综合防治工作》，http://www.ynepb.gov.cn/zwxx/xxyw/xxywzsdt/201704/t20170414_166984.html（2017-04-14）。

云南省发展和改革委员会：《〈云南省国民经济和社会发展第十三个五年规划纲要〉解读》，http://www.yn.gov.cn/jd_1/jdwz/201606/t20160617_25597.html（2016-06-17）。

云南省发展和改革委员会：《〈云南省生态文明建设排头兵规划（2016—2020 年）〉解读》，http://www.yndpc.yn.gov.cn/content.aspx?id=256121185050（2016-11-25）。

云南省发展和改革委员会：《关于〈中共云南省委 云南省人民政府关于贯彻落实生态文明体制改革总体方案的实施意见〉的解读方案》，http://www.yndpc.yn.gov.cn/content.aspx?id=454729730100（2016-07-29）。

云南省环保宣教中心新闻网络室：《云南省环保宣教中心摘得环境保护宣传教育"品质之星"》，http://www.ynepb.gov.cn/zwxx/xxyw/xxywrdjj/201707/t20170719_170369.html（2017-07-19）。

云南省环境保护督察工作领导小组办公室：《云南省对外公开中央环境保护督察整改方案》，http://www.ynepb.gov.cn/zwxx/xxyw/xxywrdjj/201704/t20170427_167458.html（2017-04-27）。

云南省环境保护厅：《云南省环保机构监测监察执法垂直管理改革领导小组办公室组织召开省环保机构监测监察执法垂直管理制度改革工作推进会》，http://www.ynepb.gov.cn/zwxx/xxyw/xxywrdjj/201706/t20170619_169255.html（2017-06-19）。

云南省环境保护厅督察筹备办：《云南省第三环境保护督察组进驻迪庆州——张登亮任组长》，http://www.ynepb.gov.cn/zwxx/xxyw/xxywrdjj/201707/t20170706_169898.html（2017-07-06）。

云南省环境保护厅对外合作中心：《全球环境基金"中国生活垃圾综合环境管理项目"昆明示范项目实施进展检查》，http://www.ynepb.gov.cn/zwxx/xxyw/xxywrdjj/201706/t20170629_169612.html（2017-06-29）。

云南省环境保护厅湖泊保护与治理处：《国家环保部调研组来滇指导滇池"十三五"规划编制工作》，http://www.ynepb.gov.cn/zwxx/xxyw/xxywrdjj/201606/t20160621_155034.html（2016-06-21）。

云南省环境保护厅湖泊保护与治理处：《小湾电站库区生态环境保护总体实施方案编制推进会在大理州召开》，http://www.ynepb.gov.cn/zwxx/xxyw/xxywrdjj/201611/t20161101_161306.html（2016-11-01）。

云南省环境保护厅环境监测处：《迅速部署 狠抓落实 云南省全面启动 2016 年国家重点生态功能区县域生态环境质量监测评价与考核工作》，http://www.ynepb.gov.cn/zwxx/xxyw/xxywrdjj/201609/t20160927_160252.html（2016-09-27）。

云南省环境保护厅环境监测处：《云南省环境保护厅举办 2017 年国家重点生态功能区县域生态环境质量监测评价与考核工作培训班》，http://www.ynepb.gov.cn/zwxx/xxyw/xxywrdjj/201708/t20170814_171271.html（2017-08-14）。

云南省环境保护厅生态文明建设处：《省环保厅组织专家对西双版纳州创建省级生态文明州进行考核验收》，http://www.ynepb.gov.cn/zwxx/xxyw/xxywrdjj/201605/t20160517_153025.html（2016-05-17）。

云南省环境保护厅生态文明建设处：《云南省环境保护厅召开专题会议研究部署 2016 年生态文明体制改革工作》，http://www.ynepb.gov.cn/zwxx/xxyw/xxywrdjj/201605/t20160510_152817.html（2016-05-10）。

云南省环境保护厅生态文明建设处：《云南省环境保护厅组织召开省级生态文明乡镇现场检查工作部署会议》，http://www.ynepb.gov.cn/zwxx/xxyw/xxywrdjj/201603/t20160329_151035.html（2016-03-29）。

云南省环境保护厅政策法规处：《云南省环保厅召开〈云南省生态环境损害 赔偿制度改革试点工作实施方案〉新闻通气会》，http://www.ynepb.gov.cn/zwxx/xxyw/xxywrdjj/201612/t20161202_162507.html（2016-12-02）。

云南省环境保护宣传教育中心：《安宁市举办"绿色出行 千人走宁湖"环境日主题宣传活动》，http://www.ynepb.gov.cn/zwxx/xxyw/xxywrdjj/201706/t20170605_168721.html（2017-06-05）。

云南省环境保护宣传教育中心：《曲靖市"关爱人居环境·我们在行动"2017 年环保

公益活动启动》，http://www.ynepb.gov.cn/zwxx/xxyw/xxywrdjj/201705/t20170509_1
67792.html（2017-05-09）。

云南省环境保护宣传教育中心：《生态活动家冈特·鲍利走进云南开展中国少年儿童生
态教育示范课进校园活动》，http://www.ynepb.gov.cn/zwxx/xxyw/xxywrdjj/201705/
t20170510_167877.html（2017-05-10）。

云南省环境保护宣传教育中心：《云南环保加大推进社区环保宣教工作寻求环境教育能
力新突破》，http://www.ynepb.gov.cn/zwxx/xxyw/xxywrdjj/201702/t20170213_16492
9.html（2017-02-13）。

云南省环境保护宣传教育中心：《云南省环保宣教中心抓住机会宣传云南生态文明传播
绿色发展理念》，http://www.ynepb.gov.cn/zwxx/xxyw/xxywrdjj/201611/t20161103_1
61423.html（2016-11-03）。

云南省环境保护宣传教育中心：《云南省环境保护宣传教育中心到昆明新迎中学调研绿
色学校创建工作》，http://www.ynepb.gov.cn/zwxx/xxyw/xxywrdjj/201607/t201607
14_156196.html（2016-07-14）。

云南省环境保护宣传教育中心：《云南省环境保护宣传教育中心组织"云南环保流动讲
堂"进州市》，http://www.ynepb.gov.cn/zwxx/xxyw/xxywrdjj/201603/t20160315_117
028.html（2016-03-15）。

云南省环境工程评估中心：《云南省生态保护红线划定技术培训班在昆明举办》，http://
www.ynepb.gov.cn/zwxx/xxyw/xxywrdjj/201604/t20160425_152029.html（2016-04-25）。

云南省环境科学学会：《云南省环境科学学会到永平县厂街乡瓦金村开展生态文明调研
与宣传》，http://www.ynepb.gov.cn/zwxx/xxyw/xxywrdjj/201609/t20160901_158946.
html（2016-09-01）。

云南省环境科学学会：《云南省环境科学学会李唯理事长为石林县党校的中青班作"生
态文明建设与绿色发展"的讲座》，http://www.ynepb.gov.cn/zwxx/xxyw/xxywrdjj/
201609/t20160901_158947.html（2016-09-01）。

云南省人民政府办公厅：《云南省人民政府关于命名第一批云南省生态文明州市第二批
云南省生态文明县市区和第十批云南省生态文明乡镇街道的通知》，http://www.yn.
gov.cn/yn_zwlanmu/qy/wj/yzh/201703/t20170310_28723.html（2017-03-10）。

云南省水利厅：《抚仙湖北岸生态调蓄带二期项目开工建设》，http://www.wcb.yn.gov.
　　cn/arti?id=57671（2016-05-19）。

云南省水利厅：《国家水利部到文山调研生态文明建设工作》，http://www.wcb.yn.gov.
　　cn/arti?id=62099（2017-03-09）。

云南省水利厅：《省水利厅到洱源县调研"河长制"工作落实情况》，云南省水利厅，
　　http://www.wcb.yn.gov.cn/arti?id=62422（2017-04-06）。

云南省水利厅：《省水利厅召开丽江坝区生态水网建设规划协调推进会》，http://www.
　　wcb.yn.gov.cn/arti?id=59525（2016-09-05）。

云南省水利厅：《省水土保持生态环境监测总站检查楚雄州水土保持监测点安全生产及
　　运行管理工作》，http://www.wcb.yn.gov.cn/arti?id=58043（2015-06-25）。

云南省水利厅：《省委省政府审议通过云南省全面推行河长制实施意见》，http://www.
　　wcb.yn.gov.cn/arti?id=62577（2017-04-20）。

云南省水利厅：《腾冲市成功申报云南首家国家水土保持生态文明综合治理工程》，
　　http://www.wcb.yn.gov.cn/arti?id=62226（2017-03-21）。

云南省水利厅：《腾冲市国家水土保持生态文明综合治理工程通过水利部专家评审》，
　　http://www.wcb.yn.gov.cn/arti?id=61124（2016-12-30）。

云南省水利厅：《文山州水土保持生态环境监测站获批准设立》，http://www.wcb.yn.
　　gov.cn/arti?id=59230（2016-08-17）。

云南省水利厅：《玉溪市东片区暨"三湖"生态保护水资源配置应急工程 2017 年度星
　　云湖补水计划正式启动》，http://www.wcb.yn.gov.cn/arti?id=62294（2017-03-24）。

云南水利厅：《省水土保持生态环境监测总站召开 2016 年重点工作任务安排布置
　　会》，http://www.wcb.yn.gov.cn/arti?id=56362（2016-05-13）。

云南网全媒体前方报道组：《陈豪：把七彩云南建设成为祖国南疆的美丽花园》，
　　http://www.yunnan.cn/html/2016-12-19/content_4659592.htm（2016-12-19）。

詹晶晶：《云南大学首届"生态文明建设与区域模式"论坛在昆举行》，http://www.yn.
　　xinhuanet.com/2016original1/20160817/3381004_c.html（2016-08-17）。

张国英：《中老跨境生物多样性 联合保护交流取得新进展》，http://xsbn.yunnan.cn/
　　html/2017-06-05/content_4844839.htm（2017-06-05）。

张海城：《永平县省级生态文明县创建通过省级技术评估》，http://www.ynepb.gov.cn/zwxx/xxyw/xxywzsdt/201703/t20170321_166183.html（2017-03-21）。

张蕊：《【共舞长江经济带】云南搭建生态环境监测网络》，http://special.yunnan.cn/feature15/html/2017-07-06/content_4876798.htm（2017-07-06）。

张锐荣：《西双版纳州通过省级生态文明州创建技术评估》，http://xsbn.yunnan.cn/html/2016-02-23/content_4185730.htm（2016-02-23）。

张伟锋：《国家林业局赴临沧考核国家森林城市创建工作》，http://lincang.yunnan.cn/html/2016-07-04/content_4418729.htm（2016-07-04）。

张文清、李春丽：《禄丰香醋通过生态原产地产品保护现场评定》，http://chuxiong.yunnan.cn/html/2016-10-28/content_4595160.htm（2016-10-28）。

张小燕：《昆明 34 条入滇河道全面开展生态补偿机制》，http://www.sohu.com/a/161623027_115092（2017-08-02）。

张小燕：《云南又添 6 个生态文明教育基地》，http://special.yunnan.cn/feature14/html/2017-02-14/content_4728956.htm（2017-02-14）。

张雁群：《昆明新增 5 个省级生态文明县》，http://finance.yunnan.cn/html/2017-04-25/content_4803260.htm（2017-04-25）。

张钊：《云南省环保公益书画摄影展举行 展出作品 300 幅》，http://yn.yunnan.cn/html/2016-06-02/content_4371962.htm（2016-06-02）。

昭通市环境保护局：《强化规划编制，落实规划引领》，http://www.ynepb.gov.cn/zwxx/xxyw/xxywzsdt/201702/t20170215_164954.html（2017-02-15）。

昭通市环境保护局：《昭通市环保局局长童世新到守望卡子检查指导制毒窝点遗留废水治理工作》，http://www.ynepb.gov.cn/zwxx/xxyw/xxywzsdt/201708/t20170810_171200.html（2017-08-10）。

昭通市环境保护局：《昭通首家生态文明县落地水富 新增 8 个省级生态文明乡镇》，http://www.ynepb.gov.cn/zwxx/xxyw/xxywzsdt/201703/t20170320_166113.html（2017-03-20）。

赵超超：《云南省 2016 年度森林生态效益补偿工作业务培训班在弥勒召开》，http://www.ynly.gov.cn/yunnanwz/pub/cms/2/8407/8415/8494/8499/109442.html（2016-12-21）。

赵岗：《昆明将"高起点高标准"推进捞渔河国家湿地公园试点申报》，http://yn.yunnan.cn/html/2017-03/30/content_4775825.htm（2017-03-30）。

赵岗、冯书：《云南省生态产业联盟生态旅游分会成立》，http://yn.yunnan.cn/html/2016-02/01/content_4151428.htm（2016-02-01）。

赵岗、张耀辉：《云南河口"十三五"末将实现库库连通 可解决 5.98 万群众安全饮水》，http://finance.yunnan.cn/html/2016-06/21/content_4396545.htm（2016-06-21）。

赵嘉：《水系发达 形势严峻 云南省全面推行河长制刻不容缓》，http://special.yunnan.cn/feature15/html/2017-05/11/content_4820402.htm（2017-05-11）。

赵江洪、王睿：《泸西县"美丽家园"建设绘制山村新画卷》，http://www.hh.cn/news_1/xw01/201502/t20150205_1146109.html（2015-02-05）。

赵菊生：《省政协主席罗正富一行到丽江、迪庆督察调研金沙江河长制及流域保护治理工作》，http://www.ynepb.gov.cn/zwxx/xxyw/xxywzsdt/201707/t20170712_170144.html（2017-07-12）。

赵荣华：《保山市人民政府第4次常务会议专题研究健全生态保护补偿机制》，http://www.ynepb.gov.cn/zwxx/xxyw/xxywzsdt/201707/t20170717_170304.htmll（2017-07-17）。

赵荣华：《保山市以"三个万亩"为抓手 力求在城市生态化上取得突破》，http://www.ynepb.gov.cn/zwxx/xxyw/xxywzsdt/201701/t20170112_164197.html（2017-01-12）。

赵荣华：《龙陵昌宁两县省级生态文明乡镇创建率均达百分百》，http://www.ynepb.gov.cn/zwxx/xxyw/xxywzsdt/201703/t20170314_165888.html（2017-03-14）。

赵荣华：《隆阳区龙陵县昌宁县省级生态文明县区创建通过省技术评估》，http://www.ynepb.gov.cn/zwxx/xxyw/xxywzsdt/201612/t20161206_162637.html（2017-12-06）

中国农业发展银行云南省分行：《农发行楚雄州分行营业部 6 亿元支持生态防护林建设》，http://finance.yunnan.cn/html/2017-07/04/content_4874576.htm（2017-07-04）。

周琼：《60 名专家学者聚焦云南生态安全建设》，http://edu.yunnan.cn/html/2016-12/14/content_4653617.htm（2016-12-14）。

周汝芬：《楚雄州市环保部门开展城乡环境卫生集中整治活动》，http://www.ynepb.gov.cn/zwxx/xxyw/xxywzsdt/201702/t20170206_164714.html（2017-02-06）。

周永伟：《省水土保持生态环境监测总站领导检查石屏县异龙湖弥太柏小流域水土保持

生态环境监测站点建设》，http://www.wcb.yn.gov.cn/arti?id=58379（2017-06-30）。

朱宏：《动植物王国的生物多样性更需要科学的保护》，http://comment.yunnan.cn/html/2017-05-23/content_4833582.htm（2017-05-23）。

庄俊华：《大理州推出洱海保护治理新举措》，http://finance.yunnan.cn/html/2017-04-05/content_4781862.htm（2017-04-05）。

邹龙飞：《海外借智 云南大学高原湖泊研究助力生态文明建设》，http://special.yunnan.cn/feature14/html/2016-06-14/content_4385897.htm（2016-06-14）。

附录：生态文明建设部分相关通知、公示文件、规划、方案目录

一、相关通知、公示文件

（一）2016 年

2016 年 3 月 20 日

云南省委办公厅、省政府办公厅印发《开展领导干部自然资源资产离任审计试点实施方案》

2016 年 8 月 15 日

云南省环境保护厅关于拟命名的省级生态文明州、生态文明县（市、区）、生态文明乡（镇、街道）的公示

2016 年 11 月 14 日

云南省环境保护厅关于 2016 年拟上报环境保护部复核命名的国家级生态乡镇（街道）的公示

（二）2017 年

2017 年 3 月 17 日

关于命名第一批云南省生态文明州市第二批云南省生态文明县市区和第十批云南省生态文明乡镇街道的通知

2017 年 8 月 21 日

云南省环境保护厅关于推荐申报云南省第一批国家生态文明建设示范市县的公示

二、规划、方案、实施意见

（一）规划

1. 2016 年

《云南寻甸黑颈鹤省级自然保护区总体规划》

《云南省生态文明建设排头兵规划（2016—2020 年）》

《云南省高原特色农业现代化建设总体规划（2016—2020 年）》

《云南省岩溶地区石漠化综合治理二期工程规划（2016—2025）》

《大理生态州建设规划（2009—2020 年）》

《西双版纳州"十三五"生态建设与环境保护规划》

《迪庆州城镇生活垃圾无害化处理设施建设规划》

《迪庆州生态保护与建设示范区规划》

《迪庆州生态文明建设排头兵"十三五"规划》

《玉溪市"十三五"生态建设与环境保护规划》

《昭通市"十三五"生态环境保护规划》

《阳宗海流域水环境保护治理"十三五"规划》

2. 2017 年

《云南青华海国家湿地公园总体规划》

《云南省水功能区划》

《文山州岩溶地区石漠化综合治理工程"十三五"建设规划》

（二）方案

1. 2016 年

《云南省生态保护红线划定工作方案》

《云南省生态保护红线划定技术方案》

《小湾电站库区生态环境保护总体实施方案（2016—2019 年）》

《落实国家和省级支持普洱市建设国家绿色经济试验示范区相关 政策责任分解方案》

《大理州生态文明建设及生态州创建实施方案》

《红河州异龙湖水体达标三年行动方案（2016—2018 年）》

《迪庆州全面深化生态文明体制改革总体实施方案》

2. 2017 年

《云南省土壤污染防治工作方案》

《云南省生态环境监测网络建设工作方案》

《云南省生态环境监测网络建设工作方案》

《玉溪市林业生态保护红线划定原则方案》

《玉溪市生态保护红线监督管理办法》

《澄江县生物多样性保护实施方案（2017—2030）》

《昆明市贯彻落实中央环境保护督察反馈意见问题整改方案》

《丽江市水生态文明城市建设试点实施方案》

《澄江县生物多样性保护实施方案（2017—2030）》

《普洱市省级生态文明市建设实施方案》

（三）实施意见

1. 2016 年

《云南省环境保护厅关于构建环境保护工作"八大体系"的实施意见》

《关于加快森林保山建设构建桥头堡生态安全屏障的实施意见》

2. 2017 年

《云南省全面推行河长制的实施意见》

《关于进一步加强"两江四路"沿岸沿边生态恢复治理的意见》

《关于加快陡坡地生态治理的实施意见》

《关于开启抢救模式全面加强洱海保护治理的实施意见》

《云南省人民政府办公厅关于健全生态保护补偿机制的实施意见》

《2017 年云南省生态环境监测工作方案》

后　记

　　本书是云南大学服务云南行动计划项目"生态文明建设的云南模式研究"（KS161005）的中期成果之一，笔者于 2015 年开展云南生态文明建设相关研究，鉴于云南生态文明建设在历史进程中所取得的成绩斐然，业师周琼教授认为云南生态文明建设事件应当以书本形式保留下来，这对于云南乃至我国生态文明建设理论与实践探索具有重要意义。

　　受业师周琼教授委托，笔者于2016年3月开始搜集资料，由于信息更迭频繁，资料搜集工作与编辑、分类、考证工作同时进行，一直到2017年6月结束，加上书稿的后期修改，历时一年零4个月。在书稿的修改中，业师周琼教授对书稿的格式、内容给予了极大的帮助，从章节的构思到内容的修正，以及一些细节上的考辨，业师周琼教授进行了细致、深入的指导。经过多次修订，业师周琼教授及笔者共同完成本书，在此对业师周琼教授表示真挚的感谢。

　　"博学之，审问之，慎思之，明辨之，笃行之"，虽书稿面世，但仍有尚待补充之内容，亦有待考辨之处，敬请有识之士多加指正！

杜香玉

2017 年 7 月于云南大学西南环境史研究所